Bayern

10

Gymnasium

Unsere erde

Herausgegeben von
Martina Flath
Ellen Rudyk

Autorinnen und Autoren:
Martina Flath, Vechta
Sarah Hirsch, Freising
Christa Jandausch, Bad Kissingen
Hannah Lathan, Vechta
Ellen Rudyk, Allensbach

in Zusammenarbeit
mit der Verlagsredaktion

Cornelsen

Mit Beiträgen von: Peter Fischer, Frank V. Kühnen, Susanne McClelland,
Jürgen Neumann
Redaktion: Heidrun Kiegel
Bildassistenz: Anja Schwerin und Matthias Stephan
Kartenanhang: Michael Kunz
Grafik: Volkhard Binder, Franz-Josef Domke, Oliver Hauptstock, Matthias Pflügner,
Dieter Stade, Hans Wunderlich
Karten: Oliver Hauptstock, cartomedia, Dortmund;
Peter Kast, Ingenieurbüro für Kartographie, Wismar

Umschlaggestaltung: Corinna Babylon, Berlin
Layout und technische Umsetzung: CMS Cross Media Solutions GmbH, Würzburg
Titelfoto: Fluss Sangha, Republik Kongo (Foto: Shutterstock.com/Sergey Uryadnikov)

Die Links verweisen auf digitale Inhalte, die der Verlag bei verlagsseitigen Angeboten in eigener Verantwortung zur Verfügung stellt. Links auf Angebote Dritter wurden nach den gleichen Qualitätskriterien wie die verlagsseitigen Angebote ausgewählt und bei Erstellung des Lernmittels sorgfältig geprüft. Für spätere Änderungen der verknüpften Inhalte kann keine Verantwortung übernommen werden.

www.cornelsen.de

Soweit in diesem Lehrwerk Personen fotografisch abgebildet sind und ihnen von der Redaktion fiktive Namen, Berufe, Dialoge und Ähnliches zugeordnet oder diese Personen in bestimmte Kontexte gesetzt werden, dienen diese Zuordnungen und Darstellungen ausschließlich der Veranschaulichung und dem besseren Verständnis des Inhalts.

1. Auflage, 1. Druck 2022

Alle Drucke dieser Auflage sind inhaltlich unverändert und können im Unterricht nebeneinander verwendet werden.

Druck: Mohn Media Mohndruck, Gütersloh

ISBN 978-3-06-064574-9 (Schulbuch)
ISBN 978-3-06-065299-0 (E-Book)

PEFC
PEFC/04-31-1033

PEFC zertifiziert
Dieses Produkt stammt aus nachhaltig bewirtschafteten Wäldern und kontrollierten Quellen.
www.pefc.de

Inhaltsverzeichnis

New Delhi, Indien

Palmöl-Raffinerie, Malaysia

Kalbender Hubbard Gletscher, Alaska

Burj Al Arab, Dubai

Arequipa und Vulkan Misti in Peru

Arbeitsaufträge und ihre Bedeutung

Arbeitsaufträge haben einen bestimmten Zweck: Sie helfen Ihnen, die Materialien in Ihrem Geographiebuch richtig zu erschließen und zu bearbeiten. Materialien sind zum Beispiel: Bilder, Diagramme, Karten, Profile, Schaubilder, Tabellen, Texte. Dabei werden Ihre Fähigkeiten und Fertigkeiten, also Ihre Kompetenzen, trainiert.
Wenn Sie die Arbeitsaufträge bearbeitet haben, können Sie selbst kontrollieren, ob Sie alles richtig gemacht haben.

Bereich „Wissen und Kenntnisse“	
Arbeitsauftrag	**Was von Ihnen erwartet wird**
Analysieren Sie	Sie untersuchen gezielt Materialien und stellen fest, welche der einzelnen Aussagen von Bedeutung oder richtig sind.
Arbeiten Sie heraus	Sie entnehmen Informationen aus den Materialien und geben sie unter bestimmten Gesichtspunkten wieder.
Berichten Sie	Sie erkennen Informationen und Aussagen und geben diese richtig wieder.
Beschreiben Sie	Sie geben in eigenen Worten zusammenhängend, sachlich und möglichst genau wieder, was die Materialien aussagen. Erklärungen sind nicht nötig.
Charakterisieren/ Kennzeichnen Sie	Sie benennen und beschreiben typische Merkmale eines Sachverhaltes, die Ihnen auffallen.
Entwickeln Sie	Sie finden zu einer Problemstellung selbstständig eine Lösung und begründen diese.
Erklären Sie	Sie stellen mit eigenen Worten die Ursachen, Folgen und Gesetzmäßigkeiten von Sachverhalten und Abläufen verständlich dar.
Erläutern Sie	Sie beschreiben die Zusammenhänge von Sachverhalten und erklären diese verständlich anhand von Beispielen.
Ermitteln Sie	Sie forschen nach Fakten und finden heraus, wie sich ein bestimmter Sachverhalt verhält.
Fassen Sie zusammen	Sie legen die wichtigsten Aussagen eines Sachverhaltes dar.
Nennen/Benennen Sie	Sie geben einen Sachverhalt ohne Erklärung wieder.
Ordnen Sie ein/zu	Sie versuchen Sachverhalte oder Räume in einen Zusammenhang zu stellen.
Stellen Sie dar/ Legen Sie dar	Sie zeigen einen Sachverhalt sprachlich oder grafisch ausführlich auf.
Vergleichen Sie	Sie ermitteln Gemeinsamkeiten und Unterschiede, stellen diese gegenüber und formulieren ein Ergebnis.
Zeigen Sie auf	Sie geben komplexe Informationen und Sachverhalte knapp und eventuell vereinfacht wieder.

Bereich „Methoden, Arbeitstechniken und Handeln"	
Arbeitsauftrag	**Was von Ihnen erwartet wird**
Erstellen/Fertigen Sie an	Sie stellen Sachverhalte zeichnerisch dar in Diagrammen, Kartenskizzen, Fließdiagrammen und anderen Darstellungen und beschriften diese mit Fachbegriffen.
Führen Sie durch	Sie untersuchen einen Sachverhalt, zum Beispiel durch eine Befragung oder durch einen Versuch, nach einer genauen Anleitung.
Gestalten Sie	Sie fertigen mit verschiedenen Materialien zu einem vorgegebenen Thema ein Produkt an. Das kann zum Beispiel ein Lernplakat sein.
Planen Sie	Sie legen Ihre Vorgehensweise zur Bearbeitung einer Fragestellung, einer Problemstellung oder eines Projektes fest.
Präsentieren Sie	Sie stellen einen Sachverhalt anderen in verständlicher Form und möglichst mit von Ihnen erarbeiteten Aussagen und Materialien vor.
Recherchieren/ Informieren Sie sich	Sie suchen selbstständig oder mit Hilfe Informationen zu unbekannten Sachverhalten und stellen diese zusammen.
Werten Sie aus	Sie entnehmen Informationen und Sachverhalte aus Karten, Texten, Diagrammen oder Tabellen und geben diese in Aussagen wieder.
Zeichnen Sie	Sie stellen einen Sachverhalt zeichnerisch dar, zum Beispiel als Mindmap oder Diagramm.

Bereich „Beurteilen und Bewerten"	
Arbeitsauftrag	**Was von Ihnen erwartet wird**
Begründen Sie	Materialien beinhalten Aussagen und stellen Behauptungen auf. Sie suchen Argumente oder Beispiele, die diese Aussagen und Behauptungen unterstützen.
Beurteilen Sie	Sie prüfen Aussagen, Vorschläge oder Maßnahmen auf ihre Richtigkeit, indem Sie Einzelheiten benennen und zu einem eigenen Urteil kommen.
Bewerten Sie	Sie nehmen persönlich Stellung zu den Materialien oder Aussagen und begründen anschließend Ihre Meinung.
Erörtern/Diskutieren Sie	Sie entwickeln zu einer Problemstellung eigene Gedanken, untersuchen Pro und Kontra und vergleichen diese miteinander, bevor Sie zu einem Sachurteil kommen.
Nehmen Sie Stellung	Sie vertreten zu einer Aussage eine eigene Meinung und begründen diese.
Prüfen/Überprüfen Sie	Sie untersuchen an konkreten Sachverhalten, ob Aussagen, Behauptungen und Darstellungsweisen richtig beziehungsweise stimmig sind.

Unsere erde – Ihr Geographiebuch

Das klappt – eine **ausklappbare Kartenseite** zu Kapitelbeginn. Sie klappen sie aus und können sich bei den einzelnen Themen des Geographiebuches jederzeit orientieren, wo Städte, Landschaften, Flüsse und Länder liegen.

Jedes Kapitel startet mit einem großen Bild, auf dem es viel zu entdecken gibt.

In der rechten Spalte erfahren Sie, was Sie am Ende des Kapitels wissen und können sollen.

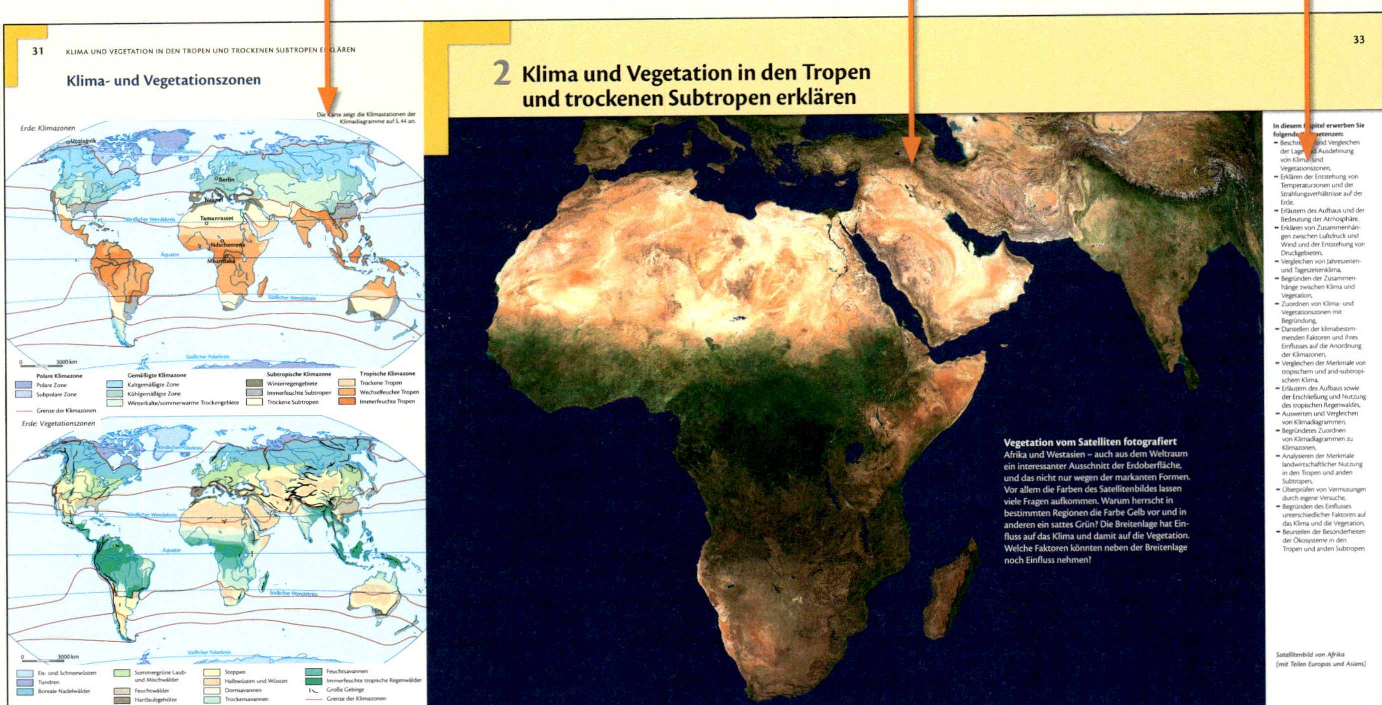

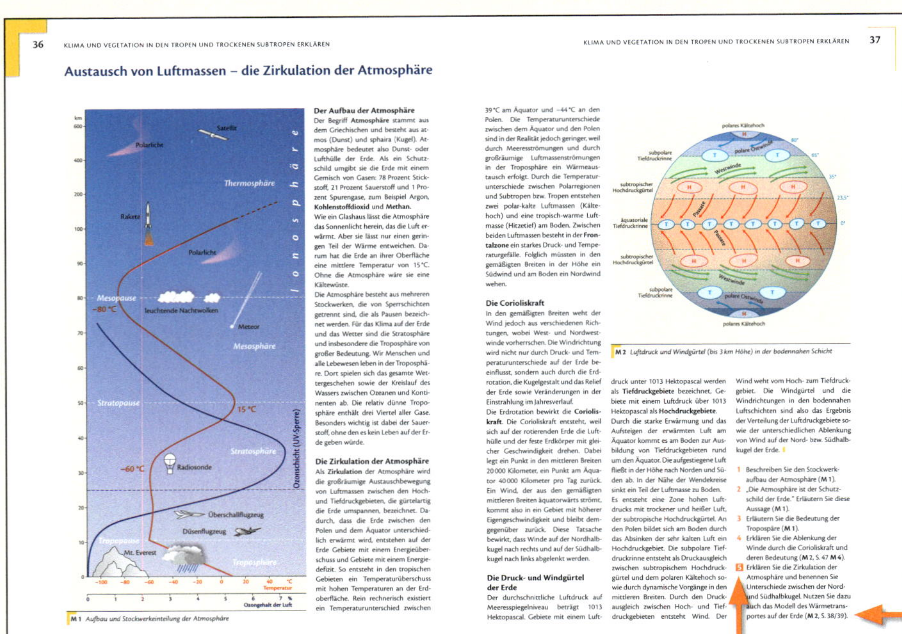

Die großformatigen Grafiken der **Panoramaseiten** ermöglichen eine intensive Auseinandersetzung mit dem Thema.

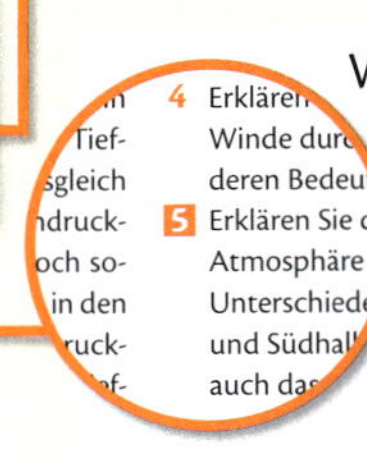

Wenn Sie so 5 gekennzeichnete Aufgaben nicht sofort lösen können – kein Problem! Im Anhang erhalten Sie dazu Lösungstipps.

Eine Welt – viele Welten

Wir alle leben in dieser einen Welt, doch die „Eine Welt" ist längst noch nicht Wirklichkeit. Gegensätze und Ungleichheiten prägen die Welt.

In diesem Kapitel erwerben Sie folgende Kompetenzen:

- Lokalisieren von Ländern und Regionen unterschiedlichen Entwicklungsstandes,
- Erläutern unterschiedlicher Ansätze zur Einteilung von Ländern nach ihrem Entwicklungsstand und kritisch Stellung nehmen,
- Analysieren und Vergleichen der Merkmale von Entwicklungsländern und Schwellenländern,
- Vergleichen der Lebenssituation von Kindern und Jugendlichen in verschiedenen Ländern,
- Analysieren und Bewerten der Situation von Flüchtlingen im Heimatraum,
- Darstellen von Zielen, Formen und Notwendigkeit der Entwicklungszusammenarbeit,
- Beurteilen von Maßnahmen zur Überwindung von Ungleichheiten in der Entwicklung,
- Bewerten von Möglichkeiten wirtschaftlicher und sozialer Entwicklung,
- Erörtern gesellschaftlicher Entwicklungen und deren räumliche Folgen.

links: New Delhi, Indien
rechts: Darling Harbour in Sydney, Australien

Wir führen ein Langzeitprojekt durch: Die Lebenssituation von Kindern und Jugendlichen vergleichen

Über das ganze Schuljahr sollen Sie ein Langzeitprojekt zu folgendem Thema durchführen: „Die Lebenssituation von Kindern und Jugendlichen in ausgewählten Ländern". Greifen Sie das Thema in den unterschiedlichen Regionen der Erde, die Sie kennenlernen werden, immer wieder auf. Achten Sie darauf, dass Sie das Leben von Kindern und Jugendlichen in Ländern unterschiedlichen Entwicklungsstandes untersuchen. Vergleichen Sie die Lebenssituation dieser Kinder und Jugendlichen mit Ihrem Leben in Deutschland.

Ein Projekt ist eine besondere Lernmethode. Bilden Sie Kleingruppen, teilen Sie das Thema in Teilthemen auf, planen Sie die einzelnen Schritte vor der Durchführung und bearbeiten Sie dann die Teilthemen in den Kleingruppen!

M 1 *Was ist ein Projekt?*

Zeitumfang und Zeitpunkt der Projektarbeit

Sie können die Arbeit an diesem Projekt beispielsweise an mehreren Projekttagen in der Schule durchführen – verteilt auf das gesamte Schuljahr – oder zusammenhängend in einer Projektwoche.

M 2 *Arbeiten in der Projektgruppe*

Die einzelnen Projektschritte in Kurzform

Projektplanung
- Arbeitsgruppen bilden
- Thema und Teilthemen formulieren

Planung in den Arbeitsgruppen
- Ziel festlegen
- Arbeitsschritte planen
- Zeitplan festlegen

▼

Projektdurchführung: Aufgaben in den Arbeitsgruppen
- Informationsmaterial besorgen und sichten (z. B. Zeitungen, Fachzeitschriften, Internet)
- Informationen bzw. Material themenbezogen auswerten und ordnen (Texte, Bilder, Grafiken)
- Teil-Arbeitsergebnisse formulieren, diskutieren und überprüfen
- Anregungen, Fragen und Material mit den anderen Arbeitsgruppen austauschen
- Präsentation vorbereiten

▼

Projektnachbereitung: Arbeitsergebnisse präsentieren und bewerten
- Gesamtergebnis des Projektes formulieren und präsentieren
- Projektarbeit kritisch analysieren und bewerten (zum Beispiel: Stärken und Schwächen in Planung und Durchführung, Gruppenarbeit)

M 3 *Ablauf eines Projektes*

M 4 *Freizeit von Jugendlichen in Deutschland*

M 5 *Kinderarbeiter auf einer Kakaoplantage*

Familien- und Wohnsituation	Bevölkerungsstruktur
Anzahl und Alter der Familienmitglieder (z. B. Anzahl und Alter der Kinder, Stellung der Frau, Großfamilie, …)	Anteil der Kinder/Jugendlichen bzw. Erwerbstätigen bzw. der Älteren über 65 Jahre an der Gesamtbevölkerung
Wohnraum (z. B. eigenes Haus, Größe der Wohnung, Anzahl der Zimmer, Kochmöglichkeiten/Küche, Schlafräume, Kinderzimmer, Bad/Dusche/WC, …)	Geburtenrate bzw. Wachstumsrate
	Zahl der Kinder pro Frau
	Lebenserwartung, Säuglingssterblichkeit

Bildung	Gesundheit
Anteil der Analphabeten an der Gesamtbevölkerung, Einschulungsrate, Schulbesuchsdauer, Kinderarbeit	Einwohner pro Arzt, Entfernung zu Krankenhäusern, Fachärzten, Vorsorgeuntersuchungen
Fördermöglichkeiten bei Problemen, Bildungsabschlüsse, Studienmöglichkeiten	Umfang der Unterernährung
Anzahl der Schüler je Lehrkraft, Ausstattung von Klassenräumen und Schulgebäude	Zugang zu sauberem Trinkwasser bzw. zu Sanitäranlagen in Prozent der Bevölkerung
Schulweg (Länge, Dauer, Kosten, Transportmittel, Gefahren auf dem Weg zur Schule, …)	Gesundheitsausgaben des Staates pro Einwohner

M 6 *Mögliche Bereiche und Teilthemen für die Untersuchung der Lebenssituation von Kindern und Jugendlichen*

Tipps zur Auswahl von Teilthemen

Teilen Sie das Projektthema „Vergleich von Lebensumständen von Kindern und Jugendlichen weltweit" in Teilthemen auf, die auch zeitlich gut zu bearbeiten sind. Für die Auswahl der Teilthemen kann die Tabelle in **M 6** als Orientierungshilfe dienen. Überlegen Sie, ob Sie noch weitere Teilthemen wie Wohnen in der Stadt bzw. auf dem Land oder die finanzielle Situation der Familie ebenfalls berücksichtigen sollten.

Tipps zur Präsentation der Ergebnisse

Auf jeden Fall müssen die einzelnen Gruppen am Ende unbedingt einen Austausch und Vergleich der Informationen und Einzelergebnisse vornehmen, damit Sie zu einem aussagekräftigen Gesamtergebnis kommen. Dabei ist es wichtig, dass die Kleingruppen genau überlegen, wie sie ihre Ergebnisse darstellen und begründen, welche Diagramme, Tabellen, Bilder und andere Materialien sie einsetzen. Vergessen Sie nicht die Angabe von Quellen. Sie können an die Präsentation eine Diskussion der Arbeitsergebnisse anschließen.

M 7 *Vortragsgliederung*

Unsere Erde – eine Welt?

M 1 *Entwicklungsunterschiede*

Entwicklungsunterschiede

Unsere eine Welt, in der wir leben, ist heute politisch, wirtschaftlich sowie ökologisch eng verflochten. Staatsgrenzen spielen kaum noch eine Rolle, denn Menschen suchen ihren Arbeitsplatz weltweit und Unternehmen produzieren in verschiedenen Ländern und finden überall Absatzmärkte für ihre Produkte.

Dennoch leben wir in einer Welt voller Ungleichheiten, Gegensätze und Konflikte. Nicht nur zwischen den ärmsten und den reichsten Ländern der Erde bestehen erhebliche Entwicklungsunterschiede, sondern auch innerhalb von Staaten ist die Kluft zwischen Arm und Reich teilweise sehr groß.

Es gibt verschiedene Kriterien, nach denen versucht wird, ein Land nach seinem Entwicklungsstand einzuordnen. Die Weltbank legt ihrer Einteilung das **Bruttonationaleinkommen** pro Kopf der Bevölkerung zugrunde. Doch das sagt wenig über die tatsächliche Lebenssituation der Menschen in einem Land aus. Deshalb zieht das Entwicklungsprogramm der Vereinten Nationen (UNDAP) seit 1990 den **Human Development Index,** den **HDI,** als Grundlage zur Ermittlung des Entwicklungsstandes heran. Beim HDI werden neben dem Bruttonationaleinkommen auch die durchschnittliche **Lebenserwartung** bei Geburt, die durchschnittliche Schulbesuchsdauer (Anzahl der Jahre, die eine 25-jährige Person oder älter die Schule besucht hat) und die voraussichtliche Schulbesuchsdauer eines 5-jährigen Kindes mit berücksichtigt.

Vielfalt in der einen Welt

Nach dem HDI werden die Länder der Erde nach dem Stand der Entwicklung in vier Gruppen eingeteilt. Häufig wird die Welt aber auch in drei Ländergruppen unterteilt, wobei die Zuordnung jedoch nicht immer eindeutig ist: Industrieländer, Schwellenländer und Entwicklungsländer.

Als **Industrieländer** bezeichnet man sehr hoch entwickelte Länder mit einem hohen Anteil des Dienstleistungssektors (über 70 Prozent) sowie einer technologisch hoch entwickelten Industrieproduktion. Das jährliche Bruttonationaleinkommen pro Kopf der Bevölkerung liegt über 12 375 US-Dollar (Weltbank 2019). Weitere Merkmale sind eine geringe Auslandsverschuldung, niedrige Arbeitslosigkeit, eine gut ausgebaute Infrastruktur sowie ein hoher Bildungsstand und politische Stabilität.

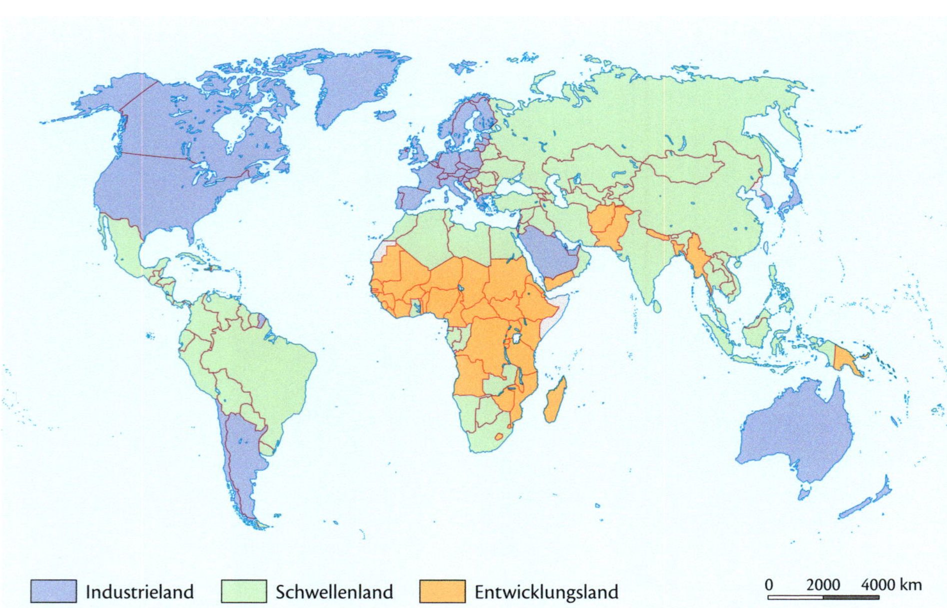

M 2 *Die Welt nach dem Stand der menschlichen Entwicklung*

Die **Schwellenländer** stehen aufgrund ihrer wirtschaftlichen Entwicklung an der Schwelle zum Industrieland. Vergleichsweise hohe wirtschaftliche Wachstumsraten, die Herstellung von hochwertigen Industrieprodukten und ein Bruttonationaleinkommen pro Kopf der Bevölkerung von über 1026 US-Dollar im Jahr kennzeichnen diese Länder. Die wirtschaftliche Entwicklung in den Schwellenländern konzentriert sich jedoch häufig in wenigen Zentren innerhalb des Landes, zum Beispiel den großen Städten. Deshalb verstärkt die wirtschaftliche Entwicklung vielfach den Gegensatz von Arm und Reich innerhalb dieser Länder.

Entwicklungsländer sind auf einem niedrigen Entwicklungsstand. Es mangelt häufig an der Versorgung mit lebensnotwendigen Gütern und Dienstleistungen. Aufgrund hoher **Geburtenraten,** fehlender Bildungsangebote und einer starken Ausrichtung auf die Landwirtschaft verfügt die Bevölkerung nur über ein geringes Bruttonationaleinkommen pro Kopf der Bevölkerung (unter 1026 US-Dollar im Jahr). Armut, Hunger und Krankheiten sind die Folgen.

	Industrieländer	Schwellenländer	Entwicklungsländer	Welt
Einwohner (in Mrd.)	1,215	5,844	0,665	7,753
Jährliches Bevölkerungswachstum (in %)	0,3	1,0	2,7	1,0
Geburtenrate je 1000 Einwohner (in %)	10	17,7	34,4	17,9
Sterberate je 1000 Einwohner (in %)	8,9	7,2	7,6	7,5
Anteil der städtischen Bevölkerung (in %)	81,8	53,3	33,5	56,2
Bruttonationaleinkommen je Einwohner (in US-$)	46 036	5 308	811	11 327
Anteil der Bevölkerung, die mit weniger als 1,9 US-$ pro Tag auskommen muss (in %)	0,6	39,3	46,8	34,2

Einteilung nach Weltbank 2020 *Quelle: Weltbank 2021*

M 3 *Aufteilung der Welt*

1 Werten Sie die Karikaturen aus und formulieren Sie deren Aussage (**M 1**, ***Karikaturen auswerten***).

2 Benennen Sie die Kriterien, mit denen Länder ihrem Entwicklungsstand entsprechend eingeteilt werden, und vergleichen Sie diese (**M 1, M 2, M 3, M 4**).

3 Erläutern Sie die Verteilung der Länder mit unterschiedlichem Entwicklungsstand auf der Erde. Legen Sie eine Tabelle an und ordnen Sie jeder der drei Gruppen jeweils fünf Länderbeispiele zu. Recherchieren Sie wenn nötig im Internet (**M 2**, Karte S. 198/199, Atlas,).

4 Vergleichen und erläutern Sie die unterschiedlichen Merkmale von Industrie-, Schwellen-, Entwicklungsländern (**M 1, M 2, M 3, M 4,** Karte S. 198/199, Atlas).

5 Begründen Sie, warum Armut in den Entwicklungsländern die menschliche Entwicklung beeinflusst (**M 5**).

6 Vergleichen Sie die Kriterien der Weltbank sowie des HDI und nehmen Sie kritisch Stellung zu deren Aussagekraft in Hinblick auf den Stand der menschlichen Entwicklung (**M 2, M 3**).

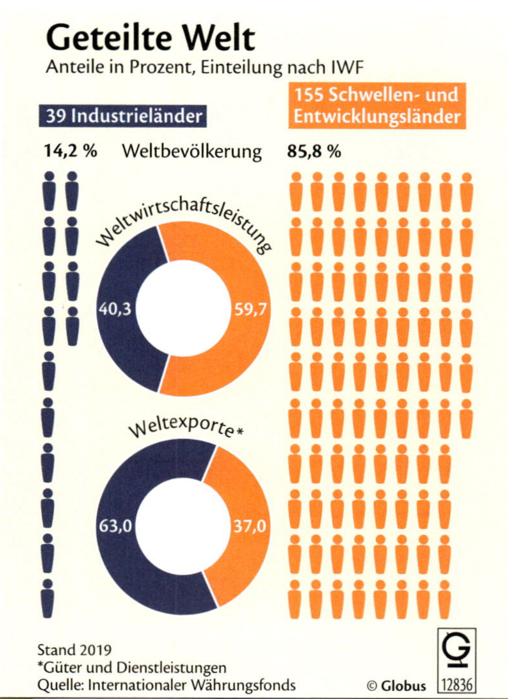

M 4 *Geteilte Welt*

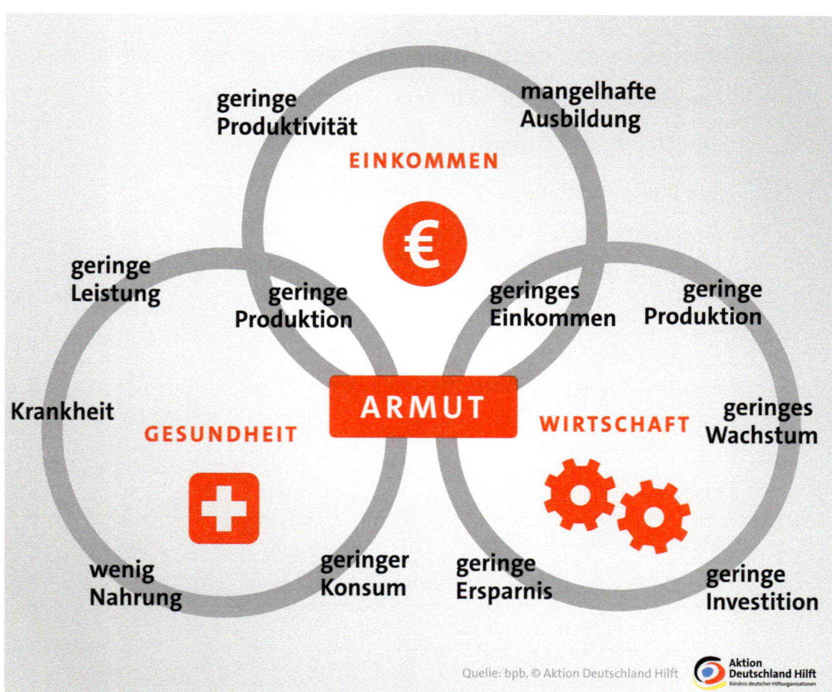

M 5 *Kreislauf der Armut*

Bangladesch – Entwicklung trotz großer Probleme

M 1 *Überschwemmung in Bangladesch*

Erfolgreiche Entwicklung

In Bangladesch leben über 160 Millionen Menschen auf einer Fläche so groß wie Bayern und Baden-Württemberg zusammen. Seit mehr als zehn Jahren hat sich in diesem armen Land viel zum Positiven gewandelt: Die Wirtschaft wächst und das Bevölkerungswachstum ist gesunken. Wichtige Entwicklungsziele wie die Verringerung von Armut sowie der Säuglings- und Kindersterblichkeit wurden erreicht. Jungen und Mädchen besuchen fast zu gleichen Anteilen die Grundschule und weiterführende Schulen.

Wenn sich diese Entwicklung fortsetzt, könnte Bangladesch ab 2024 nicht mehr zur Gruppe der am wenigsten entwickelten Länder gehören. Die internationale **Entwicklungszusammenarbeit** unterstützt Bangladesch auf diesem Weg. Auch Deutschland ist in diesem Land aktiv. Ein Schwerpunkt ist dabei die Sicherung einer verlässlichen und modernen Energieversorgung, um den steigenden Energiebedarf möglichst klimaneutral zu decken. Dazu wird auch der Anteil erneuerbarer Energien am Energiemix erhöht. Es gilt, die Arbeitsbedingungen für die Beschäftigten zu verbessern, vor allem in der Textil- und Bekleidungsindustrie, aber auch Abfall und Abwasser umweltgerecht zu entsorgen.

Herausforderungen und Probleme

Die Städte wachsen rasant. In der Hauptstadt Dhaka leben über 12 Millionen Menschen. Neben den Glaspalästen ausländischer Unternehmen stehen die Hütten der einheimischen Bevölkerung. Die Textilindustrie ist der Hauptarbeitgeber für die heranwachsende junge Bevölkerung. Diese ist aber abhängig von der Entwicklung

		Bangladesch	Deutschland
Einwohner (in Mio.)		163,0	83,1
Bevölkerungsdichte (Einwohner je Quadratkilometer Landfläche)		1 252	238
Anteil der städtischen Bevölkerung (in %)		37,4	77,4
Jährliches Bevölkerungswachstum (in %)		1,0	0,3
Säuglingssterblichkeit (je 1000 Lebendgeborene)		25,6	3,2
Wirtschaftskraft: Bruttonationaleinkommen (BNE) je Einwohner (in US-$)		1 940	48 580
Anteil am BNE (in %):	– Landwirtschaft	12,7	0,7
	– Industrie	29,6	26,7
	– Dienstleistungen	57,7	72,6
Erwerbstätige nach Wirtschaftssektoren (in %):	– Landwirtschaft	38,3	1,2
	– Industrie	21,3	27,2
	– Dienstleistungen	40,4	71,6
Alphabetisierungsrate (in %)		m 77 / w 72	99
Ärzte je 10 000 Einwohner		5,8	42,0
Internetnutzer je 100 Einwohner		12,9	88,1
Rang im Human Development Index (HDI)		133	6

Quelle: Weltbank 2021/UNDP 2021

M 2 *Strukturdaten von Bangladesch 2019, zum Vergleich Deutschland*

In Zusammenarbeit mit der Internationalen Arbeitsorganisation (ILO) sowie mit den Niederlanden berät Deutschland die Regierung Bangladeschs zudem beim Aufbau einer Unfallversicherung für die Beschäftigten in der Textil-, Bekleidungs- und Lederindustrie. Darüber hinaus werden Finanzinstitute und Textilfabriken dabei unterstützt, in Sicherheits- und Umweltmaßnahmen zu investieren und neu geschaffene Weiterbildungs- und Informationsangebote zu diesem Thema zu nutzen. Durch ein regionales Vorhaben werden Produzenten in mehreren asiatischen Ländern miteinander vernetzt, damit sie sich über Initiativen, Aktivitäten, Erfahrungen und Handlungsbedarf rund um das Thema Nachhaltigkeitsstandards austauschen können. Auch ein regionales Netzwerk von Nichtregierungsorganisationen, die sich für die Rechte von Frauen in der Textilindustrie einsetzen, wurde mitaufgebaut. Darüber hinaus hat das BMZ mit der Gründung des Bündnisses für nachhaltige Textilien 2014 eine Plattform geschaffen, um die Umwelt- und Sozialstandards innerhalb der gesamten Lieferkette zu verbessern.

(Quelle: BMZ)

M3 *Beispiel für deutsche Entwicklungszusammenarbeit mit Bangladesch*

der Absatzmärkte in den USA und Europa.
Bangladesch verfügt nur über wenige natürliche Ressourcen und ist auf Importe angewiesen, unter anderem von Energie, Dünger und Nahrungsmitteln. Die landwirtschaftliche Nutzfläche ist erschöpft. Überschwemmungen, ein hohes Wachstum der Städte und Industrialisierung verringern die Anbaufläche jährlich um etwa ein Prozent. Der Großteil der Bevölkerung lebt daher in Armut, trotz der hohen landwirtschaftlichen Erträge auf dem fruchtbaren Schwemmland.
Auf 40 Prozent der Anbaufläche wird das Hauptnahrungsmittel Reis angebaut. Doch die Lebensmittelpreise sind stark gestiegen, allen voran der Reispreis. Die Exporteinnahmen aus dem Tee- und Juteanbau hingegen nehmen aufgrund sinkender Weltmarktpreise ab. Über zwei Drittel der Bauern besitzen maximal einen halben Hektar Land und müssen zusätzlich als Landarbeiter arbeiten, um ihre Familie ernähren zu können. Selbst die Kinder müssen Geld verdienen und so zum Einkommen beitragen. Viele Kinder gehen nicht in die Grundschule, obwohl deren Besuch kostenlos ist. Viele Erwachsene arbeiten als Saisonarbeiter in den Erdölstaaten des Nahen Ostens und überweisen einen Großteil des Lohnes zurück an ihre Familien.

Wasser – Segen und Fluch zugleich

Die Lage im Delta von Brahmaputra, Ganges und Meghna beschert Bangladesch einen großen Wasserreichtum. Die regelmäßigen Überschwemmungen lagern fruchtbares Schwemmland ab. Zur Vergrößerung der Anbaufläche rodete man sogar einen Großteil der tropischen Regenwälder. Diese Überflutungen verursachen aber auch den Verlust von Ackerland, Siedlungen, Verkehrswegen und kosten Menschenleben. In der Regenzeit steht mehr als die Hälfte des Landes unter Wasser. Epidemien wie Cholera oder Malaria sind die Folge. Das Wasser ist verseucht – nicht zuletzt durch den hohen Einsatz von Chemikalien in der Landwirtschaft.
Bei Wirbelstürmen fließt das Wasser zudem nicht in den Golf von Bengalen ab. Bei Sturmfluten dringt Meerwasser ins Landesinnere und versalzt die Böden. All dies verringert die Ernteerträge. Zerstört werden auch die riesigen **Mangrovenwälder** an der Küste, die gerade Schutz gegen die Stürme bieten. Aus diesen Wäldern bezieht die Bevölkerung Honig, Muscheln, Krabben, Fische und Holz für den Eigenverbrauch und den Export. Die Folgen des Klimawandels stellen neue große Herausforderungen an das Land.

1 Beschreiben Sie die geographische Lage von Bangladesch (Karte S. 192/193, Atlas).
2 Charakterisieren Sie Bangladesch als ein Entwicklungsland (**M1**, **M2**).
3 Erläutern Sie Ziele und Inhalte der Entwicklungszusammenarbeit zwischen Deutschland und Bangladesch (**M3**).
4 Erklären Sie die Bedeutung des Klimas für die wirtschaftliche und soziale Situation der Bevölkerung. Fertigen Sie dazu ein Erklärvideo an (**M1** bis **M3**, ***Erklärvideos erstellen***).
5 Erörtern Sie die Herausforderungen, vor denen Bangladesch steht, in einem Kurzvortrag (**M1** bis **M3**).

Malaysia – auf dem Weg zur Industrienation

M 1 *Kuala Lumpur mit den Petronas Towers*

Auf dem Weg von der Kronkolonie zu einer Industrienation

Malaysia war bis 1948 britische Kolonie. Nach der Unabhängigkeit und dem blutigen Dschungelkrieg hat das Land seit 1957 konsequent seine wirtschaftliche Entwicklung vorangetrieben. In dieser Zeit lebten mehr als 90 Prozent der Malaysier in Dörfern, die landwirtschaftliche Produktivität war gering, die Armut sehr hoch. Die malaysische Industrie war relativ schwach entwickelt. Große Unternehmen, besonders der internationale Handel, waren immer noch in den Händen von Ausländern.

Kern des wirtschaftlichen Aufbaus war eine Politik zur industriellen Entwicklung des Landes. Da am Anfang kaum finanzielle Mittel zur Verfügung standen, begann man mit arbeitsintensiven Industrien wie der Textil- und Nahrungsmittelindustrie. Durch die Ausfuhr von Fertigwaren stiegen die Einnahmen des Landes. Die Abhängigkeit von Rohstoffexporten und Preisschwankungen nahmen ab. Weitere Industrien folgten, die auch mithilfe ausländischer Unternehmen aufgebaut wurden.

Mittlerweile haben sich malaysische Unternehmen wie die Ölgesellschaft Petronas entwickelt, die selbst in ausländische Projekte investieren. Heute bestreitet das Land 90 Prozent der Exporte mit verarbeiteten Gütern und erwirtschaftet damit 80 Prozent des Bruttonationaleinkommens. Malaysia hat den Aufstieg vom britischen Rohstofflager über das Billiglohnland zum Hersteller und Exporteur von Hightech-Elektronik geschafft.

		Malaysia
Einwohner (in Mio.)		31,9
Bevölkerungsdichte (Einwohner je Quadratkilometer Landfläche)		97
Anteil der städtischen Bevölkerung (in %)		77
Jährliches Bevölkerungswachstum (in %)		1,3
Säuglingssterblichkeit (je 1000 Lebendgeborene)		7,3
Wirtschaftskraft: Bruttonationaleinkommen (BNE) je Einwohner (in US-$)		11 230
Anteil am BNE (in %):	– Landwirtschaft	7,3
	– Industrie	37,4
	– Dienstleistungen	55,3
Erwerbstätige nach Wirtschaftssektoren (in %):	– Landwirtschaft	10,3
	– Industrie	27,0
	– Dienstleistungen	62,7
Alphabetisierungsrate (in %)		m 96 / w 91
Ärzte je 10 000 Einwohner		15,1
Internetnutzer je 100 Einwohner		84,2
Rang im Human Development Index (HDI)		62

Quellen: Weltbank 2021/UNDP 2021

M 2 *Strukturdaten von Malaysia 2019*

Malaysia ist bereits heute weltweit der größte Hersteller von Halbleitern und elektronischen Erzeugnissen. Die Abhängigkeit von Erdöl und Erdgas soll reduziert und der Einsatz von Biomasse, Sonnenenergie und Wasserkraft durch staatliche Subventionen gefördert werden.

Mit dem Programm „Vision 2020“ will das Land zu den Industrienationen der Welt aufschließen. Die Wirtschaft soll jährlich wachsen. Damit steigt auch der Energiebedarf. Deshalb schenkt der Staat Malaysia der Förderung **erneuerbarer Energien** besondere Aufmerksamkeit. Gefördert werden auch der Ausbau des Breitbandnetzes, des Gesundheitswesens, der Verkehrswege und der Wohnungsbau. Ein Beispiel ist die geplante Schnellzugverbindung von der Hauptstadt Kuala Lumpur nach Singapur und der Bau einer S-Bahn in Kuala Lumpur.

Es gibt aber auch eine große Zahl von Menschen, die die sich bietenden Chancen nicht nutzen können. Sie gehören politischen, ethnischen oder religiösen Minderheiten an oder leben in entlegenen Gegenden Malaysias.

Erfolg durch Bildung

Dieser Aufstieg macht Malaysia zu einem der wohlhabenderen Länder Asiens. Immer mehr Familien verfügen über ausreichende Mittel, wenigstens einem Kind nach elfjähriger Highschool-Pflichtzeit auch ein Studium zu ermöglichen.

Die Regierung gibt jedes Jahr bis zu 30 Prozent der Staatsausgaben für Bildung aus. Das kommt auch den Studenten an den zahlreichen staatlichen und privaten Hochschulen zugute. Von 2016 bis 2020 galt der „11. Malaysiaplan“, um das Land zu einer Wissensgesellschaft zu entwickeln.

Zu lösende Probleme

Staatliche Maßnahmen sollen dazu beitragen, Malaysia zu einem Land mit hohem Einkommen zu machen. Der Anteil der Menschen unterhalb der Armutsgrenze soll auf zwei Prozent sinken. Denn Armut ist immer noch das Hauptproblem, vor allem in den ländlichen Gebieten. Immer noch leben relativ viele Menschen in Malaysia von der Landwirtschaft.

Die auf Export ausgerichteten Plantagen nehmen 40 Prozent der landwirtschaftlichen Nutzfläche ein. Hier werden **Cash Crops** erzeugt, wie Kautschuk und Palmöl. Daneben existieren kleinbäuerliche Familienbetriebe, die in staatlichen Genossenschaften organisiert sind. Eine nachhaltige Landwirtschaft und die Verringerung der Entwaldung sind wichtige Aufgaben für die 2020er-Jahre.

Stärken	Schwächen
- Förderung ausländischer Investitionen - Junge, relativ gut ausgebildete Bevölkerung; weitgehend englischsprachig - Noch niedrige Geschäftskosten; gutes Preis-Leistungs-Verhältnis - Öl- und Gasvorkommen sowie Palmöl und Gummi	- Abhängigkeit der Staatsfinanzen von Öl- und Gaseinnahmen - Kleiner Binnenmarkt - Fachkräftemangel - Starke Einkommensungleichheiten und wirtschaftliches Gefälle zwischen einzelnen Landesteilen
Chancen	**Risiken**
- Firmenverlagerungen von China nach Malaysia - Vision Hocheinkommensland führt zu Investitionen in Produktionsanlagen und Digitalisierung - Erneuerbare Energien sollen ausgebaut werden	- Hohe Exportabhängigkeit - Fehlende Nachhaltigkeit bei natürlichen Ressourcen - Verschlechterung der Rahmenbedingungen für ausländische Unternehmen durch Arbeitsmarktregularien

Quelle: Germany Trade & Invest

M 3 *Analyse der Wirtschaft Malaysias*

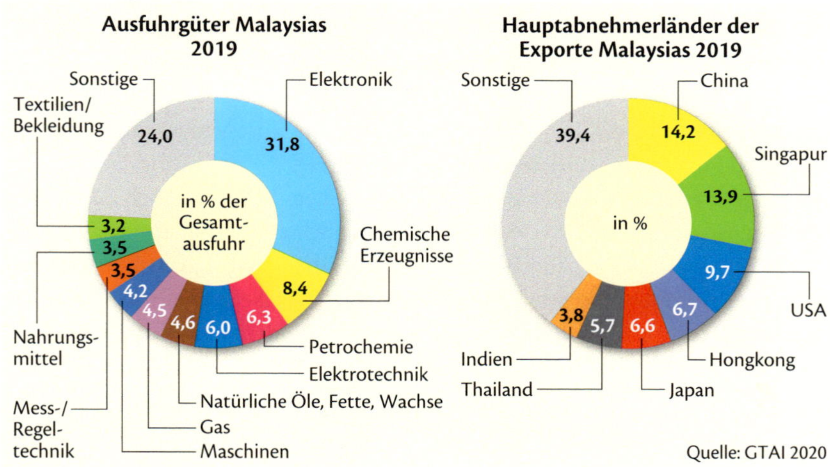

M 4 *Exporte Malaysias*

1 Beschreiben Sie Malaysias geographische Lage (Karte S. 192/193, Atlas).

2 Vergleichen Sie die Entwicklung von Malaysia und Bangladesch (S. 18/19, **M 2** bis **M 4**).

3 Erläutern Sie, welche Bedeutung das Bildungswesen und die staatliche Förderung für den Aufstieg des Landes haben (**M 1** bis **M 4**).

4 Fertigen Sie eine Tabelle an, in der Sie Gunst- und Ungunstfaktoren für die gesellschaftliche Entwicklung in Malaysia gegenüberstellen (**M 2** bis **M 4**).

5 Erstellen Sie einen Bericht zum Entwicklungsstand von Malaysia (***Eine Internetrecherche durchführen***).

Brasilien – Wirtschaftsmacht in Südamerika

M 1 *Weltgrößter Eisenerztagebau im Norden Brasiliens am Rande des Amazonas*

Reich an Rohstoffen

Brasilien besitzt riesige Eisenerz- und Kupferlagerstätten sowie Gold- und Diamantenvorkommen. Im Atlantik vor der Küste Brasiliens befinden sich umfangreiche Rohöl- und Erdgasfelder. Die großen Flüsse stellen den Rohstoff Wasser in ausreichendem Maße zur Verfügung.
Oft fehlen brasilianischen Unternehmen oder dem Staat die wirtschaftlichen Mittel, um diese reichen Vorkommen zu erschließen und zu nutzen. So werden Förderrechte für Rohölfelder an ausländische Unternehmen, wie Shell, Total oder BP, versteigert.
Die Rohstoffe werden oft unverarbeitet exportiert. Die Einnahmen aus den Rohstoffexporten und der Export landwirtschaftlicher Erzeugnisse machen Brasilien zu einer der zehn größten Volkswirtschaften weltweit. Die sehr stark schwankenden Preise für Rohstoffe führen allerdings zu unsicheren Einnahmen für den brasilianischen Staat.

Exportorientierte Landwirtschaft

Großbetriebe, an denen vor allem ausländische Unternehmen beteiligt sind, bestimmen die Landwirtschaft. Sie erzielen große Gewinne, weil Monokulturen, wie Soja, angebaut werden. Durch den Einsatz von Hochleistungssaatgut und modernster Technik können immer größere Flächen intensiver bewirtschaftet werden. Auch umweltschädliche Pflanzenschutzmittel spielen für die Ertragssteigerung eine bedeutende Rolle.
Der Großteil der Landwirtschaftsfläche wird aber als Weideland genutzt. Der brasilianische Bestand an Rindern und Schweinen ist einer der größten im weltweiten Vergleich.
Die exportorientierte Landwirtschaft Brasiliens hat eine große Bedeutung für die Sicherung der Ernährung in der Welt.

Industrie und Dienstleistungen auf dem Vormarsch

Aufgrund günstiger Standortfaktoren sowie staatlicher Förderung wächst die brasilianische Industrie stetig. Zahlreiche multinationale Unternehmen haben sich in Brasilien niedergelassen. Aber auch einheimische, international sehr erfolgreiche Firmen, wie der Flugzeugbauer Embraer und der Elektromotorhersteller WEG, tragen zum Wachstum der industriellen Produktion bei. Neben der Industrie leistet der stetig wachsende Dienstleistungssektor einen bedeutenden Beitrag zur wirtschaftlichen Entwicklung und zur wirtschaftlichen Leistungsfähigkeit

Stärken	Schwächen
– Großer Binnenmarkt mit großem Potenzial – Hochproduktive Agrarwirtschaft und Rohstoffreichtum – Breit aufgestellte Industrie mit Vielzahl deutscher Fabrikanten – Hoher Anteil erneuerbarer Energien am Energieverbrauch – Stabiles Finanzsystem	– Schlechte Infrastruktur und hohe Transportkosten – Handelshemmnisse und Bürokratie – Hohe Produktionskosten behindern internationale Wettbewerbsfähigkeit – Mangel an langfristiger Planung – Hohe Steuerlast, komplexes Steuersystem
Chancen	**Risiken**
– Junge Bevölkerung aufgeschlossen für Innovation und Digitalisierung – Entbürokratisierung verbessert das Geschäftsumfeld – Anreize für private Investitionen – Staatliche Unterstützung für Unternehmen in Krisensituationen	– Hohe Unsicherheit über die Staatsverschuldung birgt Inflationsrisiko und schwächt die Währung – Politische Konflikte lähmen wichtige Reformen – Kaufkraftverlust und zunehmende Einkommensunterschiede steigern Konfliktpotenzial und Sicherheitsrisiken

Quelle: Germany Trade & Invest

M 2 *Analyse der Wirtschaft Brasiliens*

Brasiliens. Allerdings ist vor allem die Verkehrsinfrastruktur ein Schwachpunkt des Landes. Deshalb sind Investitionen in die Infrastruktur eine wichtige Grundlage der weiteren wirtschaftlichen Entwicklung Brasiliens. Dabei steht der Neubau von Eisenbahnlinien und Autobahnen im Vordergrund.

Deutsch-brasilianische Wirtschaftsbeziehung

Brasilien ist der bedeutendste Handelspartner Deutschlands in Südamerika. Nach Deutschland exportiert werden vor allem Eisenerz, Soja und Sojaprodukte, Kaffee und Kaffeeprodukte, Autoteile, Zivilflugzeuge, Maschinen, Fleisch, Kupfer und Rohöl. Aber auch die deutschen Importe nach Brasilien sind bedeutend: Chemische Erzeugnisse, Maschinen, Fahrzeuge und Fahrzeugteile und vieles mehr. Der Grundstein für die wirtschaftliche Zusammenarbeit wurde bereits vor rund 200 Jahren gelegt. Rund 1500 deutschen Unternehmen produzieren in Brasilien. Allein im größten Finanz- und Wirtschaftszentrum des Landes São Paulo haben sich über 900 deutsche Firmen angesiedelt. Dazu gehören Volkswagen, Bayer und Mercedes-Benz. Die Stadt ist der größte deutsche Industriestandort außerhalb Deutschlands.

Deutsche Unternehmen sind längst Teil der brasilianischen Gesellschaft. Mit ihrem Know-how und der Bereitschaft zu investieren tragen sie wesentlich zur Entwicklung der brasilianischen Wirtschaft bei. Sie schaffen Arbeitsplätze und engagieren sich unter anderem auch im Bereich der beruflichen Bildung.

		Brasilien
Einwohner (in Mio.)		211,0
Bevölkerungsdichte (Einwohner je Quadratkilometer Landfläche)		25
Anteil der städtischen Bevölkerung (in %)		87
Jährliches Bevölkerungswachstum (in %)		0,8
Säuglingssterblichkeit (je 1000 Lebendgeborene)		12
Wirtschaftskraft: Bruttonationaleinkommen (BNE) je Einwohner (in US-$)		9 130
Anteil am BNE (in %):	– Landwirtschaft	4,4
	– Industrie	17,9
	– Dienstleistungen	77,7
Erwerbstätige nach Wirtschaftssektoren (in %):	– Landwirtschaft	9,1
	– Industrie	20,0
	– Dienstleistungen	70,9
Alphabetisierungsrate (in %)		m 93 / w 93
Ärzte je 10 000 Einwohner		21,6
Internetnutzer je 100 Einwohner		70,4
Rang im Human Development Index (HDI)		84

Quellen: Weltbank 2021/UNDP 2021

M 3 *Strukturdaten von Brasilien 2019*

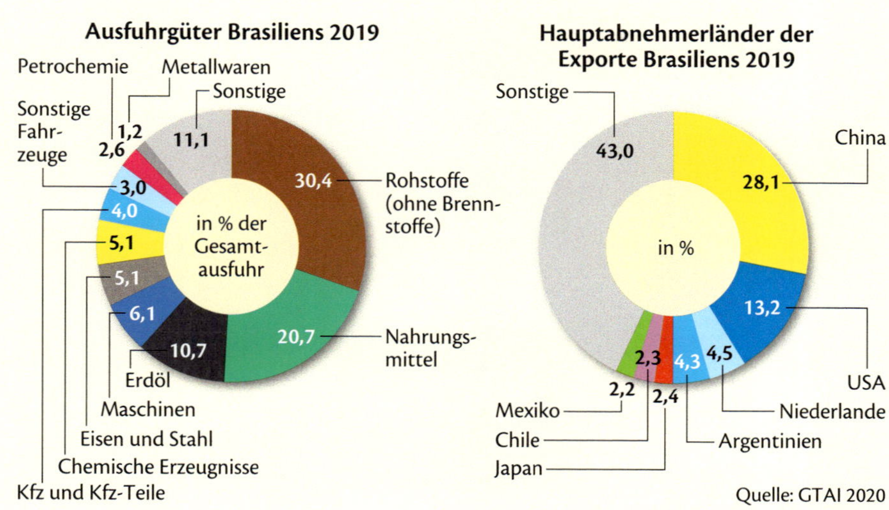

M 4 *Exporte Brasiliens*

1 Beschreiben Sie die geographische Lage Brasiliens (Karte S. 196, Atlas).

2 Nennen Sie bedeutende Rohstoffe Brasiliens und beschreiben Sie deren Vorkommen (**M 1**, Karte S. 197, Atlas).

3 Erläutern Sie wichtige Merkmale der wirtschaftlichen und sozialen Entwicklung Brasiliens (**M 1** bis **M 4**).

4 Erörtern Sie Vor- und Nachteile der exportorientierten brasilianischen Wirtschaft (**M 1** bis **M 4**).

5 „Deutsche Qualität – made in Brasilien". Erläutern Sie diese Aussage (**M 4**).

6 Vergleichen Sie die Entwicklung von Malaysia und Brasilien (S. 20/21, **M 2** bis **M 4**).

Entwicklungszusammenarbeit

„Entwicklungszusammenarbeit will Menschen die Freiheit geben, ohne materielle Not selbstbestimmt und eigenverantwortlich ihr Leben zu gestalten und ihren Kindern eine gute Zukunft zu ermöglichen. Sie leistet Beiträge zur nachhaltigen Verbesserung der weltweiten wirtschaftlichen, sozialen, ökologischen und politischen Verhältnisse. Sie bekämpft die Armut und fördert Menschenrechte, Rechtsstaatlichkeit und Demokratie. Entwicklungszusammenarbeit trägt zur Prävention von Krisen und gewalttätigen Konflikten bei. Sie fördert eine sozial gerechte, ökologisch tragfähige und damit nachhaltige Gestaltung der Globalisierung."
(bmz.de 2020)

M 1 *Ziele der Bundesregierung für die Entwicklungszusammenarbeit*

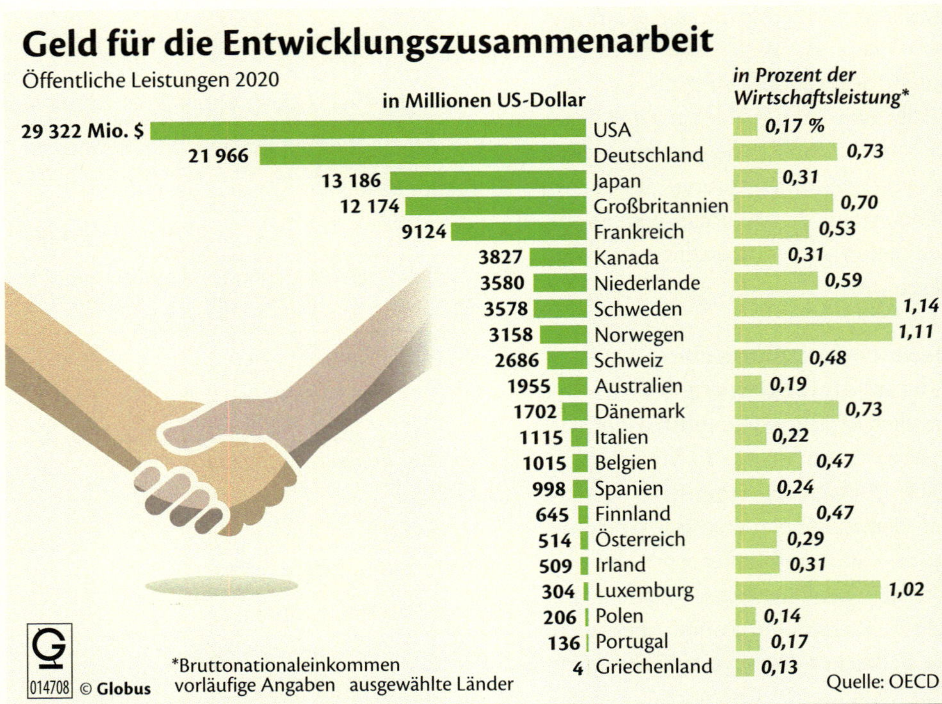

M 2 *Öffentliche Gelder für die Entwicklungszusammenarbeit 2020*

terre des hommes – Hilfe für Kinder in Not
giz – Deutsche Gesellschaft für Internationale Zusammenarbeit (GIZ) GmbH
KFW
DSW – Deutsche Stiftung Weltbevölkerung – youth can
welt hunger hilfe
Brot für die Welt
MISEREOR – IHR HILFSWERK
BGR
PTB

M 3 *Institutionen für Entwicklungszusammenarbeit (Auswahl)*

Formulieren Sie selbstständig Aufgaben, um die Ziele, Inhalte, Formen und Methoden der Entwicklungszusammenarbeit zu untersuchen.
Hier einige Anregungen für Ihre Untersuchung. Sie können
- die Begriffe „Entwicklungszusammenarbeit" und „Entwicklungspolitik" mithilfe des Internets recherchieren,
- eine komplette Übersicht über die Sustainable Development Goals (SDGs) erstellen und diese diskutieren (**M 4, M 5**),
- Ziele, Formen, Wege und Akteure von Entwicklungszusammenarbeit erarbeiten (**M 1** bis **M 3**),
- die weltweite Entwicklung der öffentlichen Entwicklungszusammenarbeit erläutern (**M 2, M 4**),
- die Aussage „Die meisten europäischen Länder haben das Ziel verfehlt." erläutern (**M 2, M 4, M 5**),
- Gruppen zu einem Entwicklungsschwerpunkt oder einem der Entwicklungsziele (SDGs) bis 2030 (Armut, Bildung, Ernährung, Gesundheit, Umwelt, Wirtschaft) bilden und eine Präsentation erstellen (**M 4, M 5**),
- mithilfe des Internets beurteilen, inwieweit bei der Entwicklungszusammenarbeit Fortschritte erzielt worden sind,
- sich über die acht Millenniums-Ziele (MDGs, Millennium Development Goals) informieren, die von 2000 bis 2015 liefen, und überprüfen, wieweit diese Ziele erreicht wurden.

Am 25. September 2015 wurden die 17 Sustainable Development Goals (SDGs, *engl.: Ziele nachhaltiger Entwicklung*) als Leitbild der globalen Entwicklung bis zum Jahr 2030 von der Generalversammlung der UN verabschiedet. Sie basieren auf den großen globalen Herausforderungen wie Klimawandel, Migration und nachhaltige Ressourcennutzung, die das Handeln der internationalen Staatengemeinschaft bestimmen sollen. Die SDGs berücksichtigen die soziale, wirtschaftliche und ökologische Entwicklung. Es wird damit eine nachhaltige, globale Entwicklung der Weltgemeinschaft angestrebt, die auch auf neue Möglichkeiten der handelnden Akteure zum Beispiel durch die Kraft der Schwellenländer setzt.

M4 *Die Sustainable Development Goals*

Ziel 1 – Kampf gegen Armut: Spätestens im Jahr 2030 soll niemand auf der Welt mehr von weniger als 1,25 Dollar pro Tag leben müssen. 836 Millionen Menschen haben derzeit weniger Geld zur Verfügung und gelten damit als extrem arm. In den Millenniums-Zielen war noch beabsichtigt, die Zahl der Menschen in extremer Armut bis 2015 auf 625 Millionen zu halbieren. Dieses Ziel wurde verfehlt – trotzdem ist die Armut weltweit in den vergangenen 15 Jahren stark zurückgegangen.

Ziel 2 – Kampf gegen Hunger: Zehn Prozent aller Menschen auf der Welt sind unterernährt. Um dieses Problem zu bekämpfen, sieht die Agenda 2030 vor, die Produktivität und das Einkommen von Kleinbauern zu verdoppeln. Die Bekämpfung von Hunger und von Armut waren schon vor 15 Jahren zentrale Ziele der Vereinten Nationen.

Ziel 3 – Gesundheit: Aids, Tuberkulose, Malaria und anderen Krankheiten sagt die Agenda 2030 den Kampf an. Auch die Geburten- und Kindersterblichkeit soll radikal gesenkt werden. Schon die Millenniums-Ziele hatten diese Absicht. Trotzdem sterben jährlich immer noch sechs Millionen Kinder vor ihrem fünften Geburtstag.

Ziel 4 – Bildung: Alle Jungen und Mädchen sollen eine Grundschule sowie eine weiterführende Schule besuchen. Bei den Millenniums-Zielen hatte man sich noch auf die Grundschulbildung beschränkt. Insgesamt gehen weltweit 91 Prozent aller Kinder im Schulalter zur Grundschule.

Ziel 5 – Geschlechtergleichstellung: Die Diskriminierung von Frauen und Mädchen soll, ebenso wie Gewalt gegen das weibliche Geschlecht, ein Ende haben. Das gleiche Ziel setzten sich die Vereinten Nationen auch schon vor 15 Jahren.

Ziel 6 – Zugang zu Trinkwasser und sanitären Anlagen: 663 Millionen Menschen haben derzeit keinen Zugang zu sauberem Trinkwasser. Bis 2030 soll sich das ändern. Außerdem soll die Qualität von Wasser weiter verbessert werden.

Ziel 7 – Energie: Jeder soll Zugang zu verlässlicher, bezahlbarer und nachhaltiger Energie haben. Die Agenda 2030 sieht zudem vor, den Anteil an erneuerbaren Energien sowie die Energieeffizienz zu erhöhen.
(...)

(aus FAZ 25.9.2015, „UN-Nachhaltigkeitsgipfel. Das steckt hinter der Agenda 2030." Autorin: Lisa Hofmeier, © Alle Rechte vorbehalten. Frankfurter Allgemeine Zeitung GmbH, Frankfurt. Zur Verfügung gestellt vom Frankfurter Allgemeine Archiv)

M5 *Die Sustainable Development Goals (Ziele 1 bis 7)*

Spurensuche – Flüchtlinge in unserer Nachbarschaft

Menschen auf der Flucht

Ende 2019 waren laut UN-Flüchtlingshilfswerk weltweit fast 80 Millionen Menschen auf der Flucht – so viele wie nie zuvor. Sie fliehen vor Krieg, Konflikten und Verfolgung, aber auch vor Naturkatastrophen, Hungersnöten und Perspektivlosigkeit.

Das Jahr 2015

Im Sommer 2015 spitzt sich die Lage im Bürgerkriegsland Syrien zu. Auch aus Eritrea und dem Irak flüchten immer mehr Menschen – über vier Millionen Menschen verlassen diese drei Staaten. Zudem wählen immer mehr Menschen aus Nordafrika in ihrer Verzweiflung den Weg über das Mittelmeer in Richtung Europa – der Zustrom nach Deutschland kletterte 2015 auf fast 900 000. Unter denen, die in Deutschland ankamen, waren auch 20 000 unbegleitete Minderjährige.

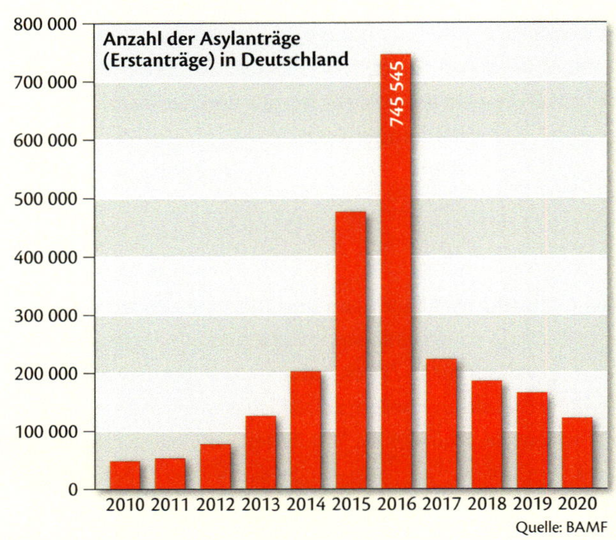

M 1 *Entwicklung der Anzahl der Asylanträge*

Gehen Sie auf Spurensuche und beantworten Sie diese Fragen:

- Wo wohnen diese Personen, während ihr Asylantrag bearbeitet wird?
- Dürfen oder müssen Kinder von Asylbewerbern eine deutsche Schule besuchen?
- Dürfen Erwachsene und Jugendliche in dieser Zeit arbeiten?
- Müssen sie die deutsche Sprache lernen?

Formulieren Sie selbst Aufgaben, um das Thema „Flüchtlinge und Asyl" zu untersuchen. Dazu können Sie:

- im Grundgesetz die Bestimmungen zum Asylrecht nachlesen,
- in der Genfer Flüchtlingskonvention ermitteln, wer als Flüchtling bezeichnet wird, denn rechtlich gesehen ist nicht jeder, der flüchtet, ein Flüchtling,
- den Ablauf eines Asylverfahrens analysieren, das vom Bundesamt für Migration und Flüchtlinge BAMF durchgeführt wird,
- die Rechte und Pflichten eines Asylbewerbers bzw. Asylberechtigten in Deutschland recherchieren.

Rechtliche Grundlagen

Nicht wenige Flüchtlinge sehen das Industrieland Deutschland als attraktives Zielland. Mehr als 1,8 Millionen Schutzsuchende waren Ende 2019 in Deutschland registriert. Schutzsuchende, die nach Deutschland kommen und bleiben wollen, beantragen Asyl.

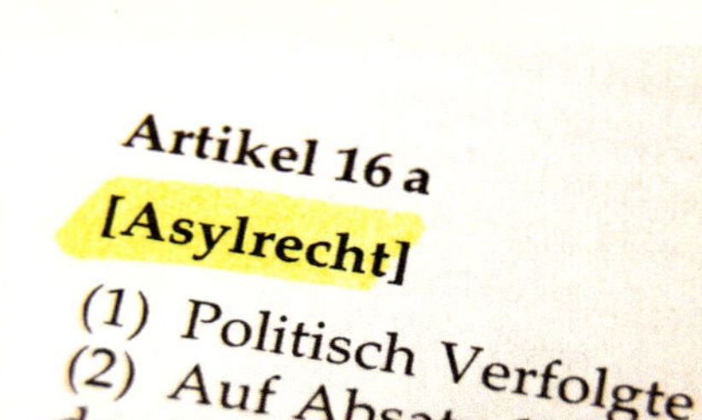

M 2 *Asylrecht in Deutschland*

Spurensuche – Gesetzliche Grundlagen

Ermitteln Sie, welche Voraussetzungen erfüllt sein müssen, damit die Eingereisten in Deutschland eine Aufenthaltserlaubnis bekommen, und wie ein Asylverfahren bei uns abläuft. Vergleichen Sie die Chancen von Flüchtlingen, in Deutschland bleiben zu können, mit den Chancen, die Flüchtlinge in anderen EU-Staaten haben.

Neue Chancen mit einer Aufenthaltserlaubnis

Wer eine Aufenthaltserlaubnis bekommt, hat Anspruch auf finanzielle Unterstützungsleistungen der Grundsicherung und kann sich auf Wohnungssuche begeben. Bleibeberechtigte haben auch Zugang zum Arbeitsmarkt und einen Anspruch, an Integrationskursen teilzunehmen, die auch Sprachkurse beinhalten.

Spurensuche – vom Flüchtling zum Nachbarn

Sicher leben auch in Ihrer Stadt oder Gemeinde, vielleicht sogar in Ihrer Nachbarschaft einige ausländische Mitbürger, die erst in den letzten Jahren nach Deutschland gekommen sind. Vielleicht besuchen auch geflüchtete Kinder oder Jugendliche Ihre Schule.

Gehen Sie wieder auf Spurensuche und befragen Sie Personen, die als Flüchtlinge nach Deutschland gekommen sind!

Nehmen Sie bei Ihrer Spurensuche Kontakt mit den ehemaligen Flüchtlingen auf. Sie haben sicher viel zu berichten über ihre Fluchtgründe, den Fluchtweg und die Zeit nach ihrer Ankunft in Deutschland. Auch anerkannte Flüchtlinge haben viele Hürden zu überwinden, um in Deutschland Fuß zu fassen. Besonders herausfordernd sind die deutsche Sprache, die Suche nach einer eigenen Unterkunft und nach einem Ausbildungs- bzw. Arbeitsplatz.

Für eine gezielte Befragung sollten Sie einen Fragebogen erstellen.

Für eine erfolgreiche Spurensuche haben Sie neben einer Befragung der Betroffenen weitere Möglichkeiten, Informationen zu Geflüchteten in Ihrer Stadt oder Gemeinde zu erhalten. Berücksichtigen Sie dabei, dass wegen der geltenden Datenschutzrichtlinien von Behörden und Institutionen nicht alle Fragen beantwortet werden dürfen.

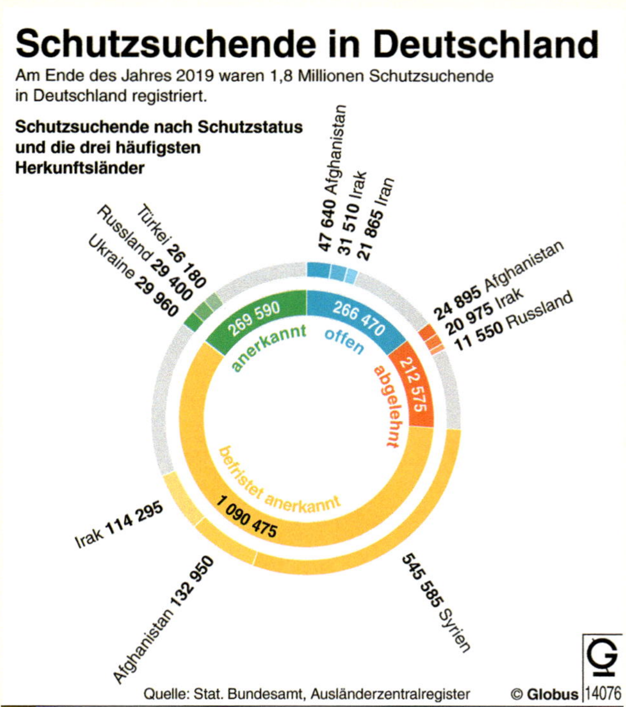

M 3 *Herkunft der Schutzsuchenden*

Fragen an (ehemalige Flüchtlinge)

- Nennen Sie Gründe für die Flucht.
- Berichten Sie über besondere Ereignisse auf der Flucht.
- Erklären Sie, warum Deutschland Ihr Ziel war.
- Beschreiben Sie Fortschritte und Probleme beim Erlernen der deutschen Sprache. Benötigen Sie immer noch Hilfe?
- Berichten Sie, wie es Ihren Kindern in der Schule ging oder geht. Welche Kontakte zu Mitschülern gibt es?
- Nennen Sie Fortschritte und Probleme, die es bei der Suche nach einer eigenen Wohnung und nach einem Arbeits- oder Ausbildungsplatz gab.
- Nennen Sie Gründe, warum Sie in Deutschland bleiben möchten oder warum Sie nicht bleiben möchten.
- …

M 4 *Beispiel für einen Fragebogen*

Moawi – ein unbegleiteter minderjähriger Flüchtling aus Syrien

Der 15-jährige Moawi flüchtete 2015 ohne Familie aus Damaskus und erreichte nach zwei Monaten als unbegleiteter Flüchtling sein Ziel Deutschland. Er hatte in seiner Heimat ein Gymnasium besucht, beherrschte die englische Sprache gut, aber verstand und sprach kein Deutsch. Moawi ist ein sehr ehrgeiziger und selbstständiger Jugendlicher. Sein Ziel ist es von Anfang an gewesen, schnell die deutsche Sprache zu lernen, wieder auf ein Gymnasium zu gehen und dort sein Abitur abzulegen. Sein Vormund, den er als unbegleiteter minderjähriger Flüchtling benötigt, hat ihn von Anfang an bei allen seinen Zielen unterstützt.

Moawi fand rasch Kontakt zu seinen Mitschülern, die sich sehr um ihn bemühten. Auch von den Lehrern seines neuen Gymnasiums bekam er vielfältige Unterstützung. So lernte er innerhalb von drei Jahren erfolgreich Deutsch in Wort und Schrift und konnte nach fünf Jahren sein Abitur bestehen. Er sagt selbst: „Sprache ist der wichtigste Schlüssel zur Integration" und „Offenheit gegenüber den kulturellen und gesellschaftlichen Besonderheiten im neuen Land und Kontaktfreude erleichtern die Integration ungemein."

M 5 *Integration kann erfolgreich sein!*

Geo-Check: Leben in der Einen Welt analysieren

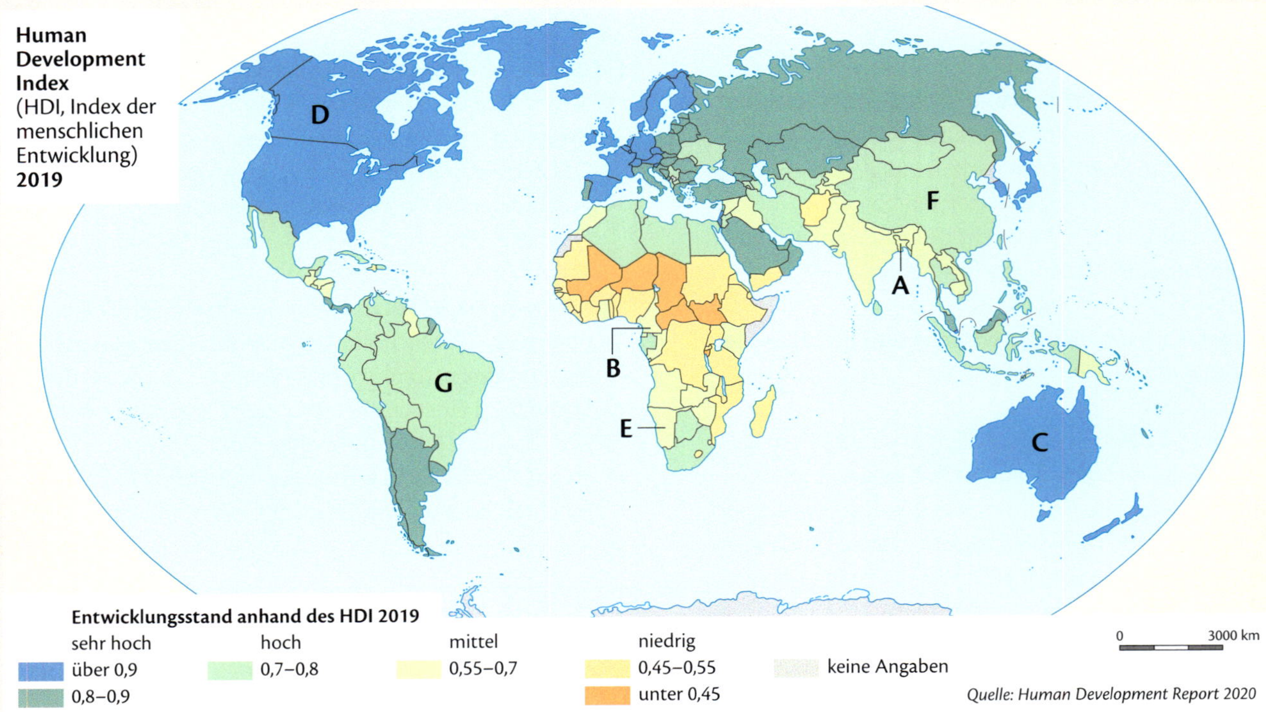

M 1 *Weltkarte des Human Development Index (HDI) 2019*

Sich orientieren

1 Benennen Sie die mit Buchstaben gekennzeichneten Staaten. Tragen Sie diese in eine Tabelle mit vier Spalten ein (**M 1**).

2 Füllen Sie die Spalten aus. Tragen Sie bei Entwicklungsstand „sehr hoch entwickelt", „hoch entwickelt" oder „gering entwickelt" ein.

Buchstabe	Land	HDI-Wert	Entwicklungsstand
…	…	…	…

Wissen und verstehen

3 Ordnen Sie jedem dieser Begriffe (**M 2**) mindestens zwei Merkmale zu.

M 2 *Geo-Begriffestapel*

4 Sortieren Sie die Aussagen in richtige und falsche. Verbessern Sie die falschen Aussagen und schreiben Sie sie richtig auf.

Richtig oder falsch?

- In den Schwellenländern steigt insbesondere die landwirtschaftliche Produktion.
- Der Human Development Index gibt die jährlichen Ausgaben eines Staates für die Bildung in US-Dollar an.
- Malaysia ist eines der ärmsten Länder Asiens, weil es zu wenig in Bildung investiert.
- Die Entwicklungszusammenarbeit hilft den Industrieländern ihre Produkte in den Entwicklungsländern besser zu verkaufen.
- Bangladesch verfügt über zahlreiche Ressourcen und exportiert viele Rohstoffe.
- Brasilien ist die stärkste Volkswirtschaft in Südamerika, trotzdem gibt es große Ungleichheiten im Einkommen und zwischen städtischen und ländlichen Räumen.
- Unsere Welt ist durch große Unterschiede in der wirtschaftlichen und sozialen Entwicklung gekennzeichnet, obwohl wir für die ökologische Entwicklung eine Welt brauchen.

2 Klima und Vegetation in den Tropen und Trockenen Subtropen erklären

Wie in vielen afrikanischen Staaten ist Armut auch in Tansania ein Problem. Laut dem Bundesentwicklungsministerium lebt etwa ein Drittel der Bevölkerung unterhalb der nationalen Armutsgrenze, fast die Hälfte muss mit weniger als 1,90 US-Dollar am Tag auskommen. Sortiert man die Länder der Welt nach dem Bruttoinlandsprodukt pro Kopf, dann liegt Tansania auf Platz 165 von 193. Im Index der menschlichen Entwicklung (HDI) ist es Platz 159 von 189 erfassten Ländern. Im afrikanischen Vergleich liegt Tansania meist irgendwo im Mittelfeld. Es gibt weitaus ärmere Länder auf dem Kontinent [...]. Die tansanische Wirtschaft wächst seit Jahren konstant um etwa sieben Prozent, die politische Lage ist stabil. Seit der Unabhängigkeit bildet die sozialistische Partei CCM (Chama Cha Mapinduzi – „Partei der Revolution") durchgehend die Regierung. Der aktuell fünfte Präsident John Magufuli regiert seit 2015. Für seinen Kampf gegen die Korruption feierte ihn die Bevölkerung zunächst. Im Korruptionsindex von Transparency International ist Tansania seitdem zwar nach oben geklettert, liegt aber noch immer auf Platz 96 von 180 in der Welt. Abgesehen davon ist Magufuli gerade bei der Oberschicht Tansanias beliebt. Er sorgte für kostenlose Bildung in der Grundschule und investiert massiv in die Infrastruktur: neue Flugzeuge für die marode Staatsairline, gigantische Brücken in Daressalam und am Viktoriasee, eine neue Schnellzugverbindung quer durch das Land. Projekte, die einen Teil der Bevölkerung beeindrucken. 38 Prozent des tansanischen Haushalts fließen in Infrastruktur. Zum Vergleich: Für Gesundheit investiert das Land gerade mal vier Prozent des Budgets, erklärt mir die NGO TYVA (Tanzania Youth Vision Association).

Quelle: www.heinz-kuehn-stiftung.de/pdf/jahrb34/jahrb34_6.pdf

M 3 *Bericht über Tansania*

Fertilitätsrate Geburten pro Frau (2020)	4,8
Alphabetisierungsrate Erwachsene über 15 Jahre (in %) (2021)	77,6
Ärztedichte pro 10 000 Einwohner	0,5
Erwerbstätige nach Wirtschaftssektoren (in %) (2020)	Landwirtschaft 29,2 Industrie 31,3 Dienstleistungen 39,5

Quelle: Weltbank

M 4 *Ausgewählte Strukturdaten von Tansania*

5 Erläutern Sie am Beispiel von Tansania typische Merkmale eines Entwicklungslandes (**M 3, M 4**).

Sich verständigen, beurteilen und handeln

6 Informieren Sie sich über die Arbeit einer der Hilfsorganisationen. Beurteilen Sie die Rolle der Hilfsorganisationen bei der Armutsbekämpfung (**M 5**).

7 „Jeder kann etwas gegen die Armut tun!" Nehmen Sie Stellung zu dieser Aussage und diskutieren Sie mit Ihren Mitschülern die Chancen, Ungleichheiten im Entwicklungsstand auszugleichen.

Brot für die Welt
MISEREOR IHR HILFSWERK
terre des hommes Hilfe für Kinder in Not
KFW
giz Deutsche Gesellschaft für Internationale Zusammenarbeit (GIZ) GmbH
welt hunger hilfe
DSW Deutsche Stiftung Weltbevölkerung youth car

M 5 *Hilfsorganisationen*

8 Fertigen Sie eine Analyse des Entwicklungsstandes von Kambodscha an (**M 5** bis **M 7**, Karte S. 11, Atlas).
- Eine mögliche Fragestellung könnte sein: Kambodscha – ein Entwicklungs- oder Schwellenland?
- Vergleichen Sie anschließend die Aussagen der thematischen Karte und der Tabelle mit den Materialien zu Bangladesch, Malaysia und Brasilien (S. 18 bis 23).

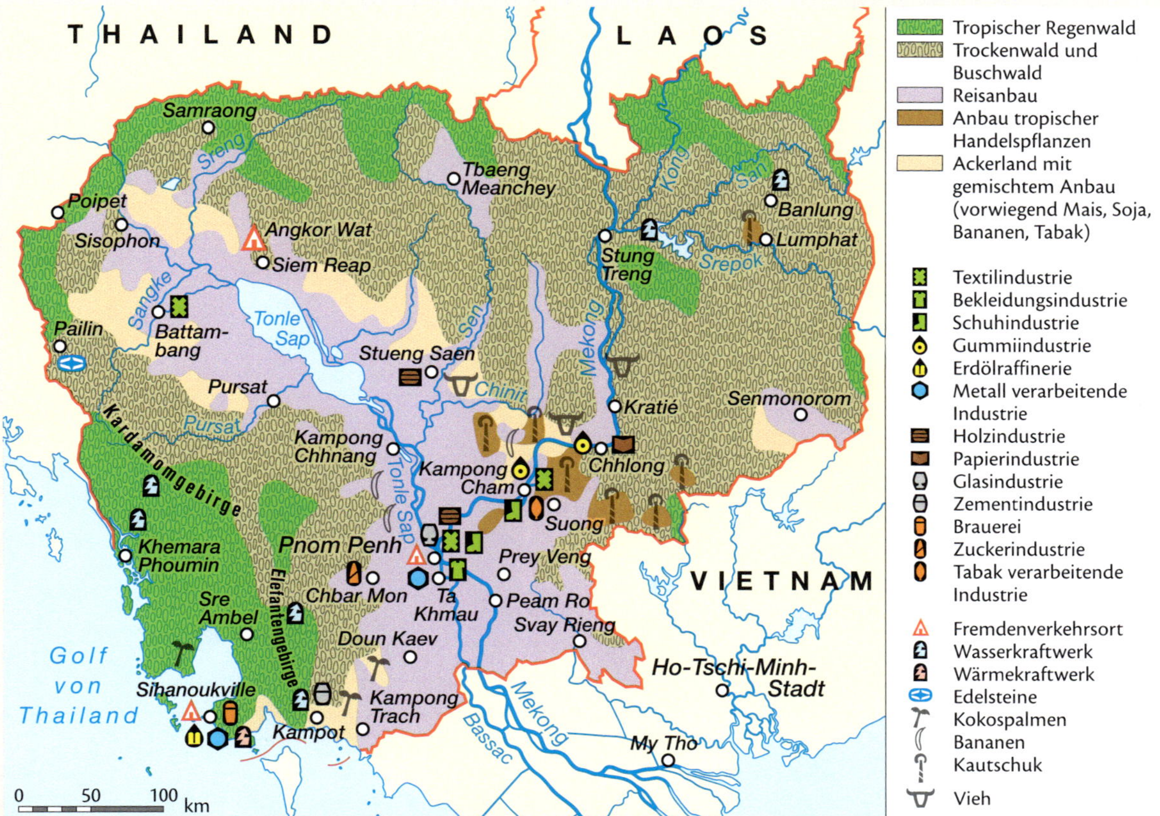

M 6 *Wirtschaft Kambodschas*

Einwohner (in Mio.)		16,5
Bevölkerungsdichte (Einwohner je Quadratkilometer Landfläche)		93,4
Anteil der städtischen Bevölkerung (in %)		23,8
Jährliches Bevölkerungswachstum (in %)		1,45
Säuglingssterblichkeit (je 1000 Lebendgeborene)		22,8
Wirtschaftskraft: Bruttonationaleinkommen (BNE) je Einwohner (in US-$)		1 530
Anteil am BNE (in %):	– Landwirtschaft	20,7
	– Industrie	34,2
	– Dienstleistungen	45,1
Erwerbstätige nach Wirtschaftssektoren (in %):	– Landwirtschaft	34,5
	– Industrie	27,9
	– Dienstleistungen	37,6
Alphabetisierungsrate (in %)		m 87 / w 75
Ärzte je 10 000 Einwohner		1,9
Internetnutzer je 100 Einwohner		41
Rang im Human Development Index (HDI)		144

Quellen: Weltbank 2021/UNDP 2021

M 7 *Strukturdaten von Kambodscha 2019*

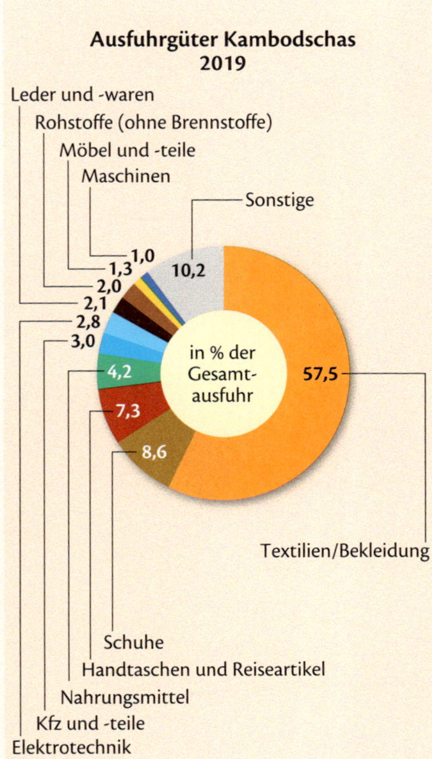

M 8 *Exporte Kambodschas*

Klima- und Vegetationszonen

Die Karte zeigt die Klimastationen der Klimadiagramme auf S. 44 an.

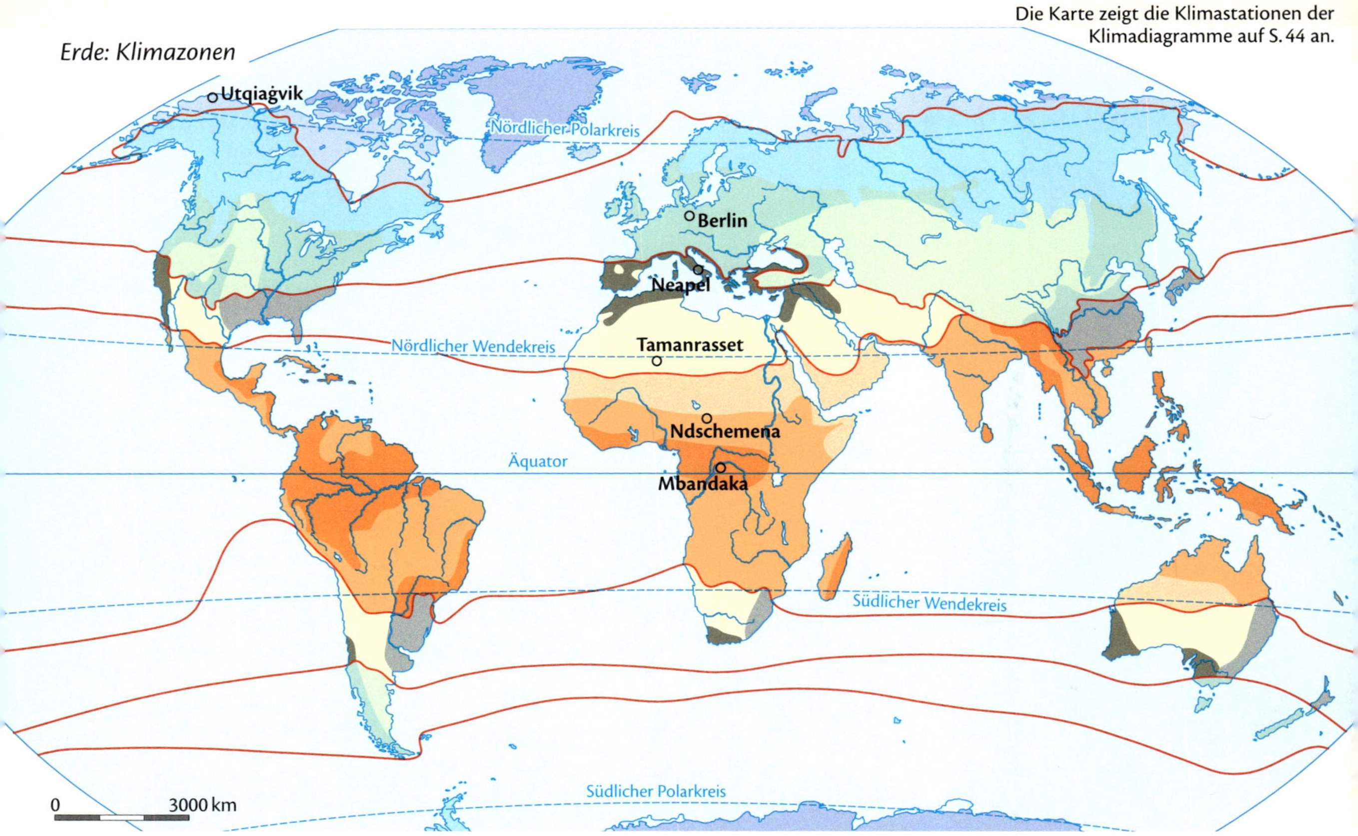

Polare Klimazone
- Polare Zone
- Subpolare Zone

Gemäßigte Klimazone
- Kaltgemäßigte Zone
- Kühlgemäßigte Zone
- Winterkalte/sommerwarme Trockengebiete

Subtropische Klimazone
- Winterregengebiete
- Immerfeuchte Subtropen
- Trockene Subtropen

Tropische Klimazone
- Trockene Tropen
- Wechselfeuchte Tropen
- Immerfeuchte Tropen

Grenze der Klimazonen

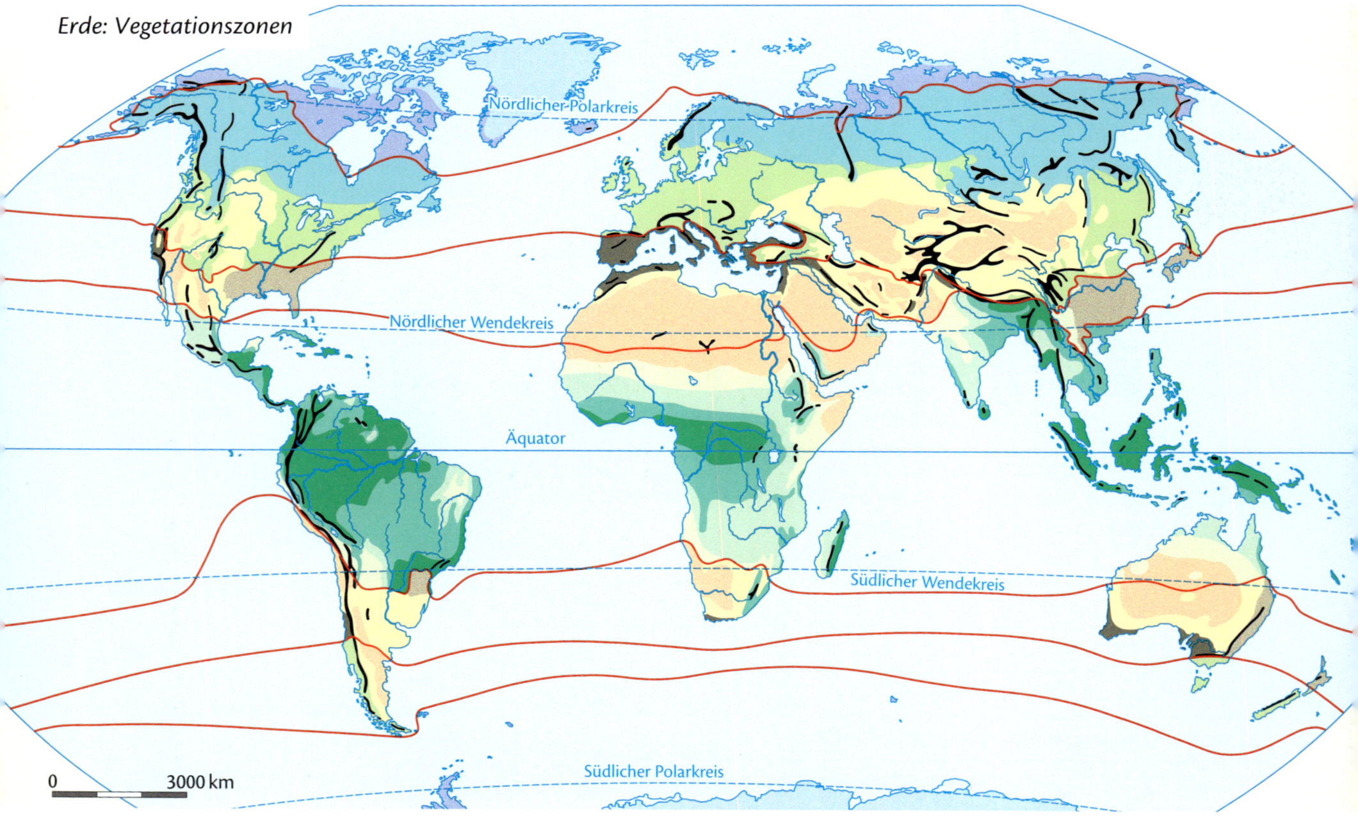

- Eis- und Schneewüsten
- Tundren
- Boreale Nadelwälder
- Sommergrüne Laub- und Mischwälder
- Feuchtwälder
- Hartlaubgehölze
- Steppen
- Halbwüsten und Wüsten
- Dornsavannen
- Trockensavannen
- Feuchtsavannen
- Immerfeuchte tropische Regenwälder
- Große Gebirge
- Grenze der Klimazonen

Vegetation vom Satelliten fotografiert

Afrika und Westasien – auch aus dem Weltraum ein interessanter Ausschnitt der Erdoberfläche, und das nicht nur wegen der markanten Formen. Vor allem die Farben des Satellitenbildes lassen viele Fragen aufkommen. Warum herrscht in bestimmten Regionen die Farbe Gelb vor und in anderen ein sattes Grün? Die Breitenlage hat Einfluss auf das Klima und damit auf die Vegetation. Welche Faktoren könnten neben der Breitenlage noch Einfluss nehmen?

In diesem Kapitel erwerben Sie folgende Kompetenzen:

- Beschreiben und Vergleichen der Lage und Ausdehnung von Klima- und Vegetationszonen,
- Erklären der Entstehung von Temperaturzonen und der Strahlungsverhältnisse auf der Erde,
- Erläutern des Aufbaus und der Bedeutung der Atmosphäre,
- Erklären von Zusammenhängen zwischen Luftdruck und Wind und der Entstehung von Druckgebieten,
- Vergleichen von Jahreszeiten- und Tageszeitenklima,
- Begründen der Zusammenhänge zwischen Klima und Vegetation,
- Zuordnen von Klima- und Vegetationszonen mit Begründung,
- Darstellen der klimabestimmenden Faktoren und ihres Einflusses auf die Anordnung der Klimazonen,
- Vergleichen der Merkmale von tropischem und arid-subtropischem Klima,
- Erläutern des Aufbaus sowie der Erschließung und Nutzung des tropischen Regenwaldes,
- Auswerten und Vergleichen von Klimadiagrammen,
- Begründetes Zuordnen von Klimadiagrammen zu Klimazonen,
- Analysieren der Merkmale landwirtschaftlicher Nutzung in den Tropen und ariden Subtropen,
- Überprüfen von Vermutungen durch eigene Versuche,
- Begründen des Einflusses unterschiedlicher Faktoren auf das Klima und die Vegetation,
- Beurteilen der Besonderheiten der Ökosysteme in den Tropen und ariden Subtropen.

Satellitenbild von Afrika (mit Teilen Europas und Asiens)

Von heiß bis kalt – die Temperaturzonen der Erde

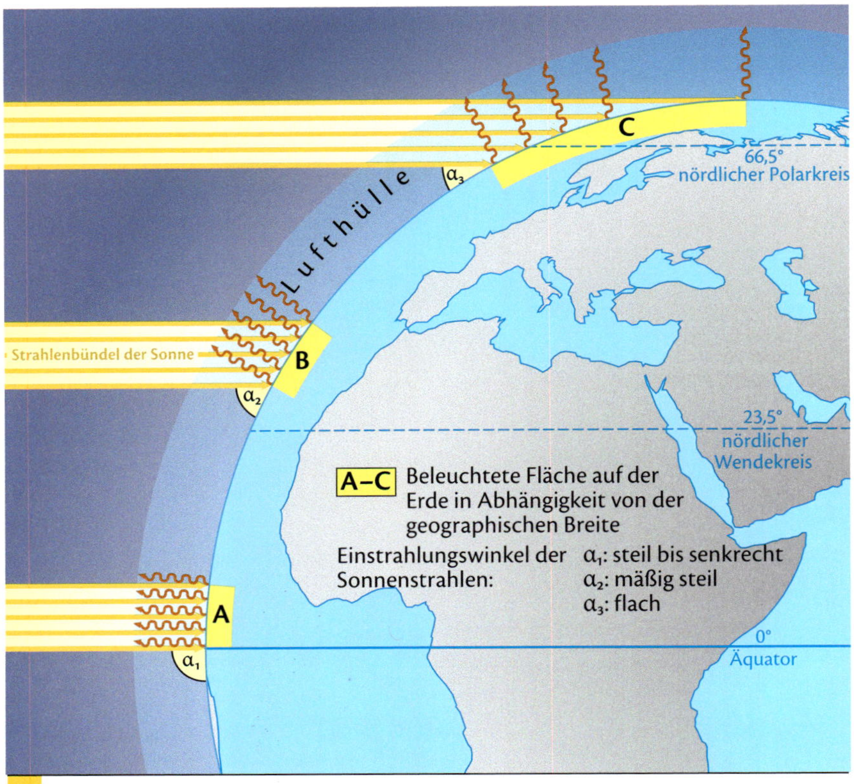

M 1 *Einstrahlungswinkel der Sonnenstrahlen am 21. März und 23. September*

Temperaturzonen

Durch die Rotation der Erde und den ständigen Umlauf der Erde um die Sonne sind auf der Erde die Beleuchtungsstärke und die Beleuchtungsdauer nicht an allen Orten gleich. Da unsere Erde in ihrer eigenen Achse geneigt ist, entstehen unterschiedliche Einfallswinkel, während der Planet die Sonne umkreist.

Die unterschiedliche Erwärmung der Erde durch die Sonne lässt parallele Zonen auf der Erdoberfläche entstehen, die als **Temperaturzonen** bezeichnet werden. In diesen Zonen herrschen gleiche oder ähnliche Temperaturverhältnisse.

Die Temperaturzonen werden auch als **Beleuchtungszonen** bezeichnet. Sie umspannen die ganze Erdkugel. Ihre Grenzen sind die Polarkreise und die Wendekreise.

Durch die Neigung der Erdachse verschieben sich die Beleuchtungszonen im Jahresverlauf. Damit ändern sich auch die Temperaturen, die in den jeweiligen Gebieten gemessen werden.

Beeinflusst werden die Temperaturen auch durch die Lage und Höhe von Gebirgen, durch kalte und warme Meeresströmungen und die unterschiedliche Verteilung von Land- und Wassermassen auf der Erde.

Die Temperaturen haben Auswirkungen auf die Pflanzen- und Tierwelt und auf das Klima.

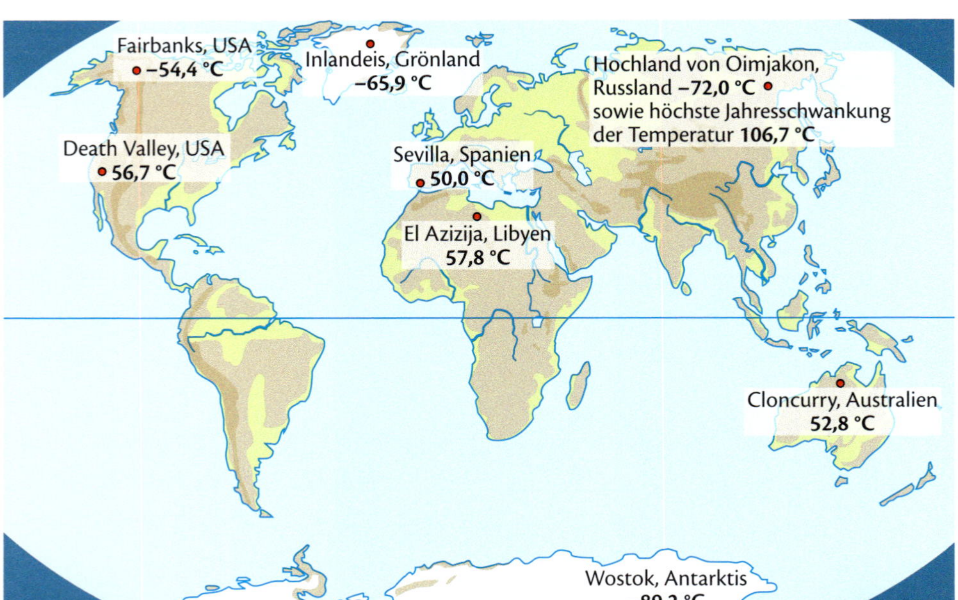

M 2 *Temperaturrekorde der Erde*

Die Kugelgestalt der Erde

Hätte die Erde die Gestalt einer Scheibe, so wäre es überall auf der Erde gleich warm oder kalt. An jedem Punkt der Erdoberfläche würde die gleiche Menge Sonnenlicht einstrahlen und in Wärmeenergie umgewandelt werden. Da die Erde aber die Gestalt einer Kugel hat, fallen die Sonnenstrahlen unterschiedlich steil auf die Erde ein. Der Winkel, in dem die Sonnenstrahlen auf die Erdoberfläche treffen, wird **Einstrahlungswinkel** genannt. Die Luft erwärmt sich dort am stärksten, wo die Sonnenstrahlen sehr steil oder gar senkrecht auf die Erde einstrahlen. Am Äquator gelangt dreimal mehr Sonnenenergie auf einen Quadratmeter Boden als an den Polen.

Die von der Sonne ausgehende Strahlungsmenge, die auf die Lufthülle der Erde trifft, ist nahezu konstant. Nur ein Viertel der Sonnenstrahlen trifft direkt auf den Erdboden. Die restlichen Strahlen werden von den Wolken und der Lufthülle aufgenommen und zurückgeworfen.

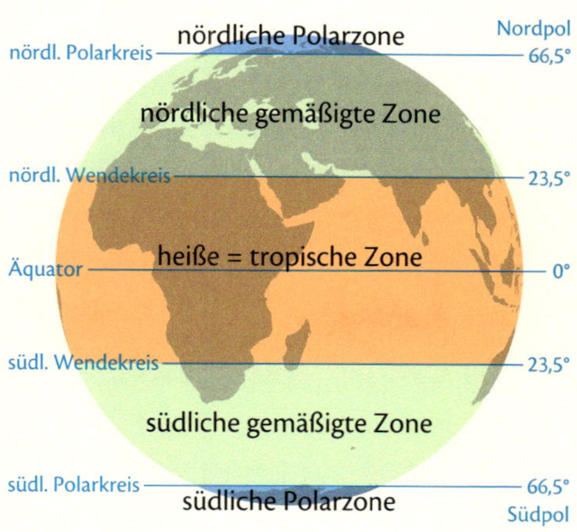

Breite	Temperatur ohne Wärmetransport	Temperatur mit Wärmetransport
Nordpol	−44 °C	−23 °C
66,5°	−25 °C	−7 °C
nördliche gemäßigte Zone	−6 °C	+6 °C
23,5°	+32 °C	+24 °C
0°	+39 °C	+26 °C
23,5°	+32 °C	+22 °C
66,5°	−30 °C	−8 °C
Südpol	−44 °C	−33 °C

Temperaturzonen	Einstrahlungswinkel der Sonnenstrahlen	Tageslänge	Sonnenscheindauer	Jahresmittel der Temperatur	Temperaturdiagramm
nördliche Polarzone	flach	starker Wechsel (Polartag/Polarnacht)	0–24 h	niedrig	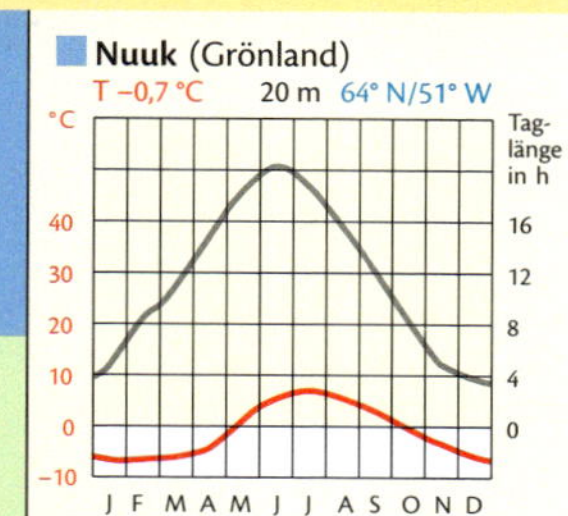
nördliche gemäßigte Zone	mäßig steil	mäßiger Wechsel (Jahreszeiten)	2–22 h	gemäßigt	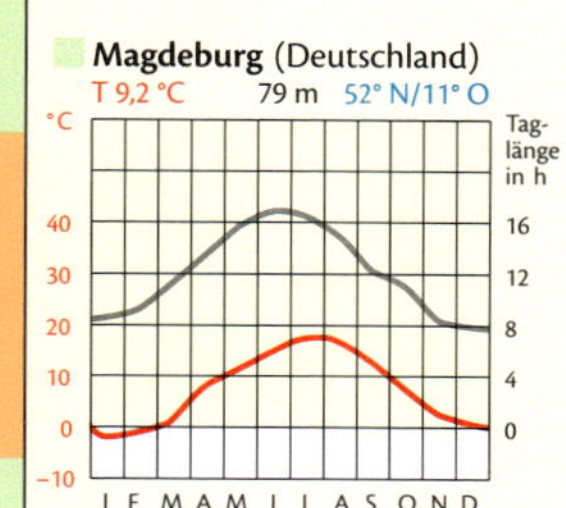
heiße = tropische Zone	steil bis senkrecht	stets gleich lang	10–12 h	hoch	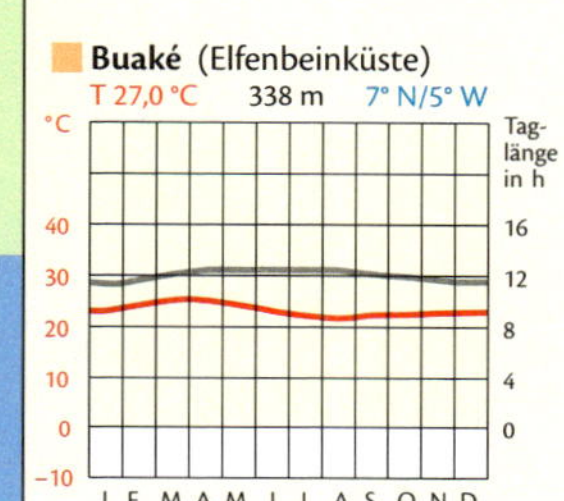
südliche gemäßigte Zone	mäßig steil	mäßiger Wechsel (Jahreszeiten)	2–22 h	gemäßigt	
südliche Polarzone	flach	starker Wechsel (Polartag/Polarnacht)	0–24 h	niedrig	

M 3 *Merkmale der Temperaturzonen der Erde*

1 Benennen Sie die Temperaturzonen und deren Grenzen (**M 3**).

2 Beschreiben Sie die Merkmale der Temperaturzonen. Benennen Sie ihre Veränderungen vom Äquator aus (**M 3**).

3 Drei gleich große Strahlenbündel (A, B, C) bescheinen auf der Erdoberfläche unterschiedliche Flächen. Erklären Sie, wo die Erwärmung am stärksten ist (**M 1**).

4 Erläutern Sie die Ursachen für die Entstehung der Temperaturzonen (**M 1, M 3**).

5 Erklären Sie, warum es gerade an diesen Orten zu den Temperaturrekorden gekommen ist (**M 2**, Atlas).

Versuch

Einstrahlungswinkel der Sonne

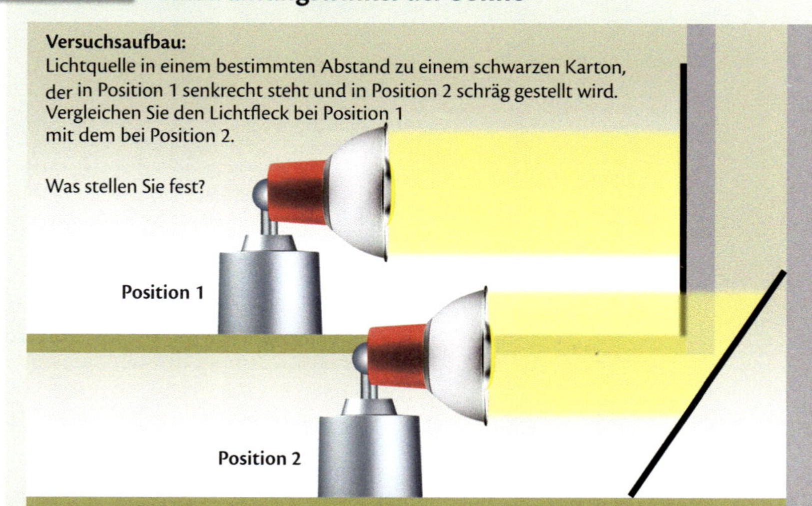

M 4 *Versuch zum Einstrahlungswinkel*

Austausch von Luftmassen – die Zirkulation der Atmosphäre

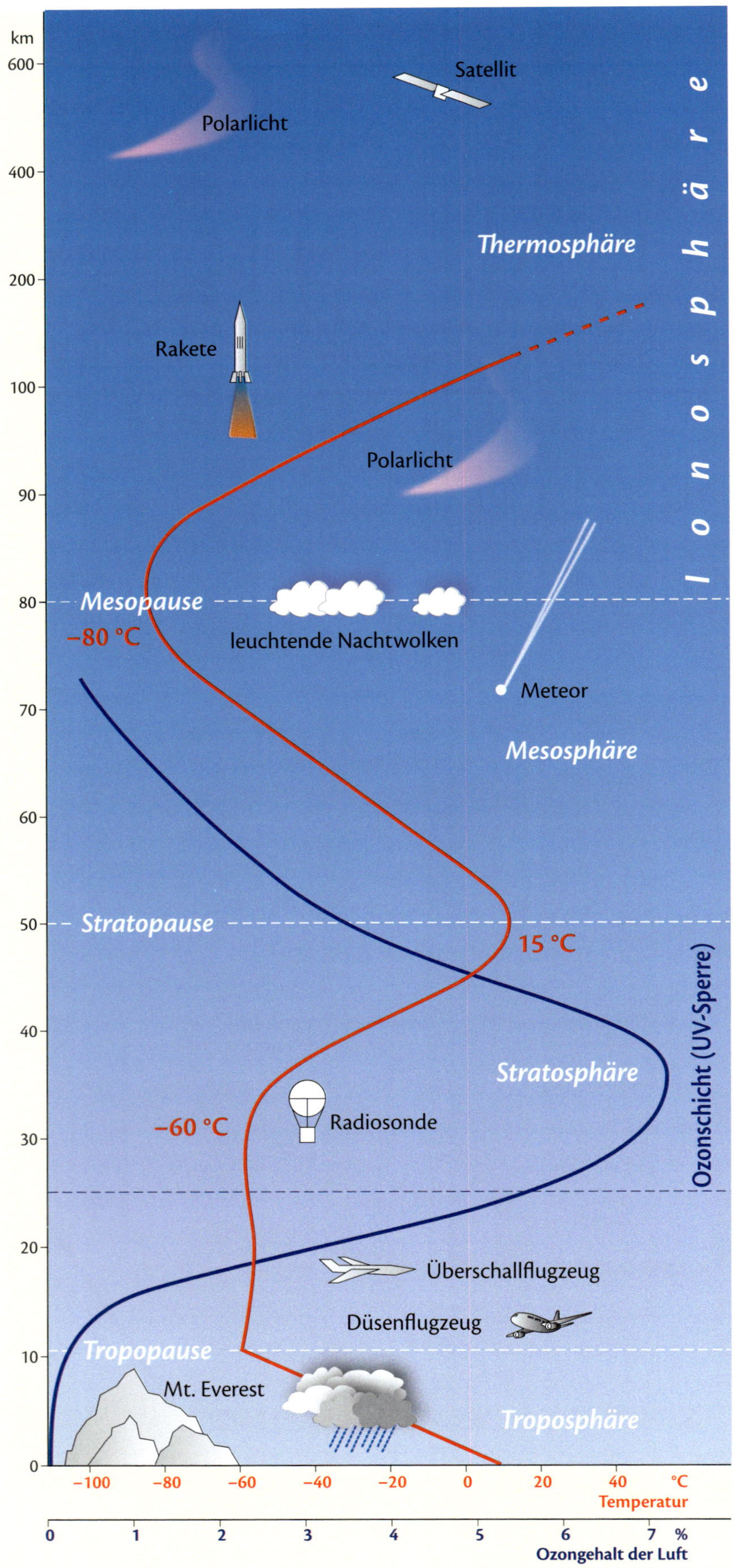

M 1 *Aufbau und Stockwerkeinteilung der Atmosphäre*

Der Aufbau der Atmosphäre

Der Begriff **Atmosphäre** stammt aus dem Griechischen und besteht aus atmos (Dunst) und sphaira (Kugel). Atmosphäre bedeutet also Dunst- oder Lufthülle der Erde. Als ein Schutzschild umgibt sie die Erde mit einem Gemisch von Gasen: 78 Prozent Stickstoff, 21 Prozent Sauerstoff und 1 Prozent Spurengase, zum Beispiel Argon, **Kohlenstoffdioxid** und **Methan.**

Wie ein Glashaus lässt die Atmosphäre das Sonnenlicht herein, das die Luft erwärmt. Aber sie lässt nur einen geringen Teil der Wärme entweichen. Darum hat die Erde an ihrer Oberfläche eine mittlere Temperatur von 15 °C. Ohne die Atmosphäre wäre sie eine Kältewüste.

Die Atmosphäre besteht aus mehreren Stockwerken, die von Sperrschichten getrennt sind, die als Pausen bezeichnet werden. Für das Klima auf der Erde und das Wetter sind die Stratosphäre und insbesondere die Troposphäre von großer Bedeutung. Wir Menschen und alle Lebewesen leben in der Troposphäre. Dort spielen sich das gesamte Wettergeschehen sowie der Kreislauf des Wassers zwischen Ozeanen und Kontinenten ab. Die relativ dünne Troposphäre enthält drei Viertel aller Gase. Besonders wichtig ist dabei der Sauerstoff, ohne den es kein Leben auf der Erde geben würde.

Die Zirkulation der Atmosphäre

Als **Zirkulation** der Atmosphäre wird die großräumige Austauschbewegung von Luftmassen zwischen den Hoch- und Tiefdruckgebieten, die gürtelartig die Erde umspannen, bezeichnet. Dadurch, dass die Erde zwischen den Polen und dem Äquator unterschiedlich erwärmt wird, entstehen auf der Erde Gebiete mit einem Energieüberschuss und Gebiete mit einem Energiedefizit. So entsteht in den tropischen Gebieten ein Temperaturüberschuss mit hohen Temperaturen an der Erdoberfläche. Rein rechnerisch existiert ein Temperaturunterschied zwischen

39 °C am Äquator und −44 °C an den Polen. Die Temperaturunterschiede zwischen dem Äquator und den Polen sind in der Realität jedoch geringer, weil durch Meeresströmungen und durch großräumige Luftmassenströmungen in der Troposphäre ein Wärmeaustausch erfolgt. Durch die Temperaturunterschiede zwischen Polarregionen und Subtropen bzw. Tropen entstehen zwei polar-kalte Luftmassen (Kältehoch) und eine tropisch-warme Luftmasse (Hitzetief) am Boden. Zwischen beiden Luftmassen besteht in der **Frontalzone** ein starkes Druck- und Temperaturgefälle. Folglich müssten in den gemäßigten Breiten in der Höhe ein Südwind und am Boden ein Nordwind wehen.

Die Corioliskraft

In den gemäßigten Breiten weht der Wind jedoch aus verschiedenen Richtungen, wobei West- und Nordwestwinde vorherrschen. Die Windrichtung wird nicht nur durch Druck- und Temperaturunterschiede auf der Erde beeinflusst, sondern auch durch die Erdrotation, die Kugelgestalt und das Relief der Erde sowie Veränderungen in der Einstrahlung im Jahresverlauf.
Die Erdrotation bewirkt die **Corioliskraft**. Die Corioliskraft entsteht, weil sich auf der rotierenden Erde die Lufthülle und der feste Erdkörper mit gleicher Geschwindigkeit drehen. Dabei legt ein Punkt in den mittleren Breiten 20 000 Kilometer, ein Punkt am Äquator 40 000 Kilometer pro Tag zurück. Ein Wind, der aus den gemäßigten mittleren Breiten äquatorwärts strömt, kommt also in ein Gebiet mit höherer Eigengeschwindigkeit und bleibt demgegenüber zurück. Diese Tatsache bewirkt, dass Winde auf der Nordhalbkugel nach rechts und auf der Südhalbkugel nach links abgelenkt werden.

Die Druck- und Windgürtel der Erde

Der durchschnittliche Luftdruck auf Meeresspiegelniveau beträgt 1013 Hektopascal. Gebiete mit einem Luftdruck unter 1013 Hektopascal werden als **Tiefdruckgebiete** bezeichnet, Gebiete mit einem Luftdruck über 1013 Hektopascal als **Hochdruckgebiete**.
Durch die starke Erwärmung und das Aufsteigen der erwärmten Luft am Äquator kommt es am Boden zur Ausbildung von Tiefdruckgebieten rund um den Äquator. Die aufgestiegene Luft fließt in der Höhe nach Norden und Süden ab. In der Nähe der Wendekreise sinkt ein Teil der Luftmasse zu Boden. Es entsteht eine Zone hohen Luftdrucks mit trockener und heißer Luft, der subtropische Hochdruckgürtel. An den Polen bildet sich am Boden durch das Absinken der sehr kalten Luft ein Hochdruckgebiet. Die subpolare Tiefdruckrinne entsteht als Druckausgleich zwischen subtropischem Hochdruckgürtel und dem polaren Kältehoch sowie durch dynamische Vorgänge in den mittleren Breiten. Durch den Druckausgleich zwischen Hoch- und Tiefdruckgebieten entsteht Wind. Der Wind weht vom Hoch- zum Tiefdruckgebiet. Die Windgürtel und die Windrichtungen in den bodennahen Luftschichten sind also das Ergebnis der Verteilung der Luftdruckgebiete sowie der unterschiedlichen Ablenkung von Wind auf der Nord- bzw. Südhalbkugel der Erde.

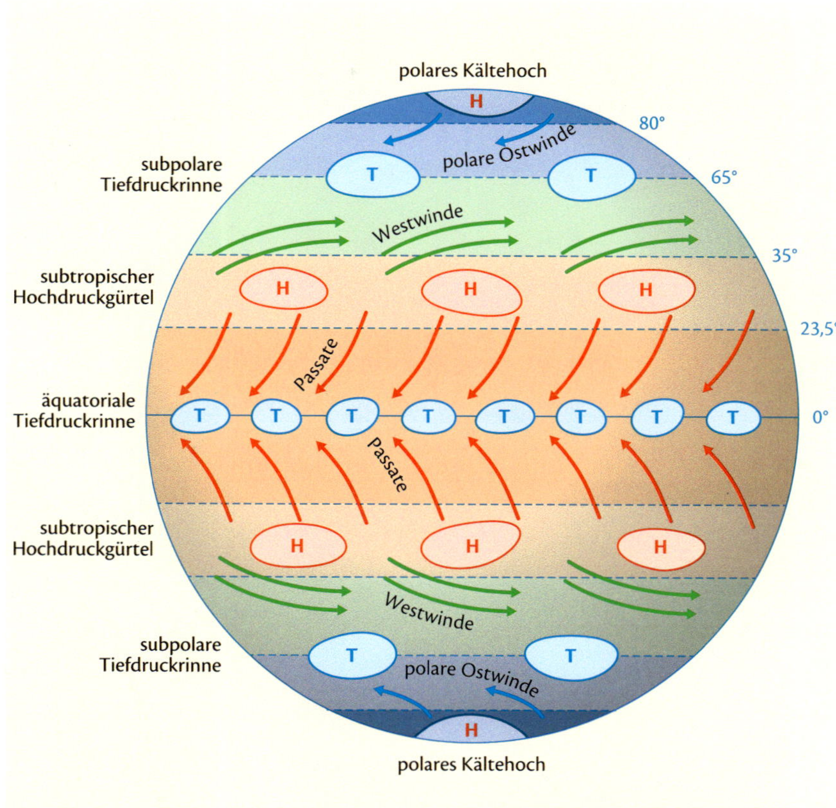

M 2 *Luftdruck und Windgürtel (bis 3 km Höhe) in der bodennahen Schicht*

1 Beschreiben Sie den Stockwerkaufbau der Atmosphäre (**M 1**).
2 „Die Atmosphäre ist der Schutzschild der Erde." Erläutern Sie diese Aussage (**M 1**).
3 Erläutern Sie die Bedeutung der Troposphäre (**M 1**).
4 Erklären Sie die Ablenkung der Winde durch die Corioliskraft und deren Bedeutung (**M 2**, S. 47 **M 4**).
5 Erklären Sie die Zirkulation der Atmosphäre und benennen Sie Unterschiede zwischen der Nord- und Südhalbkugel. Nutzen Sie dazu auch das Modell des Wärmetransportes auf der Erde (**M 2**, S. 38/39).

Wärmetransport auf der Erde

Dünen in der Wüste: Sahara/Marokko

Passatwalze auf La Palma, Kanarische Inseln

Passatwinde tragen Wüstensand über das Meer

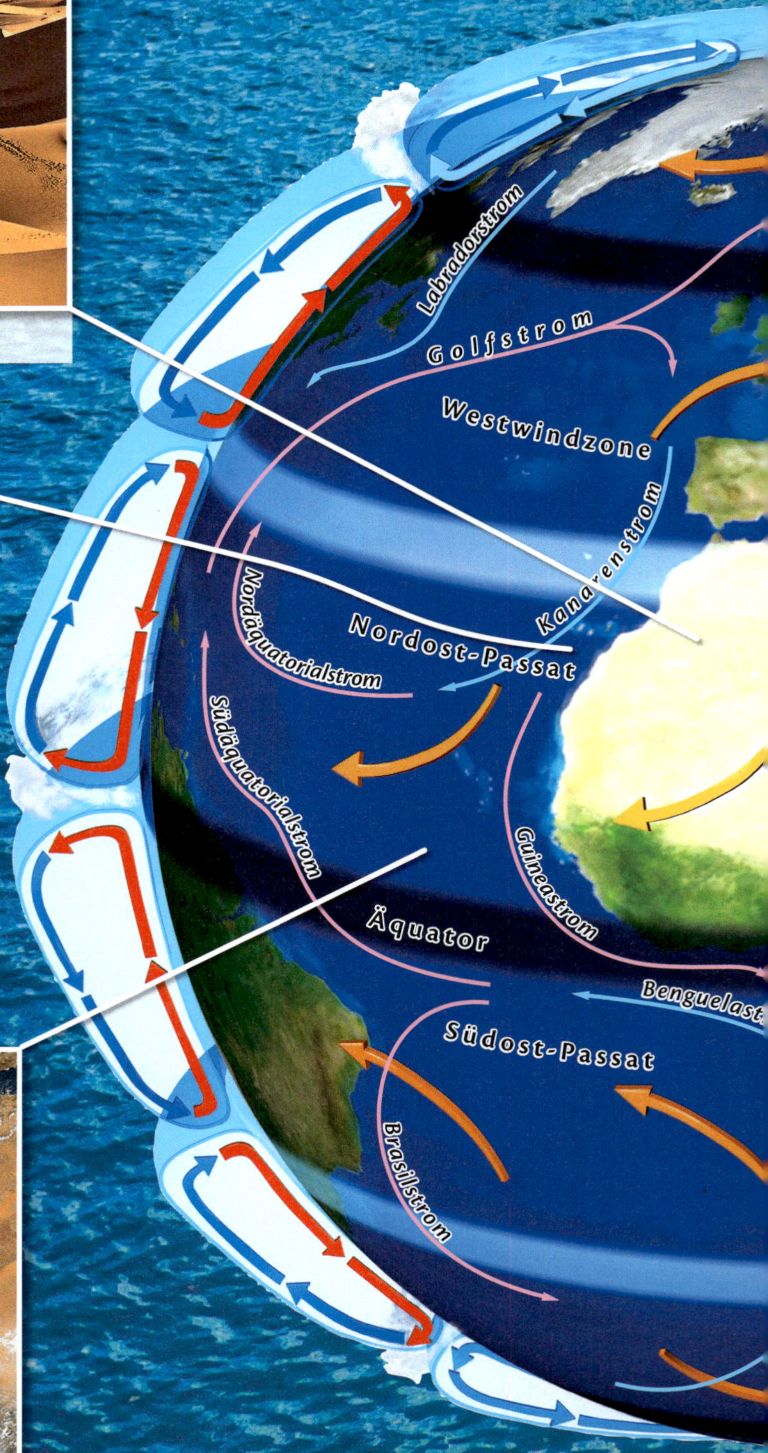

Im Winter eisfreier Hafen auf den Lofoten, Norwegen

Monsunzeit in Kolkata, Indien

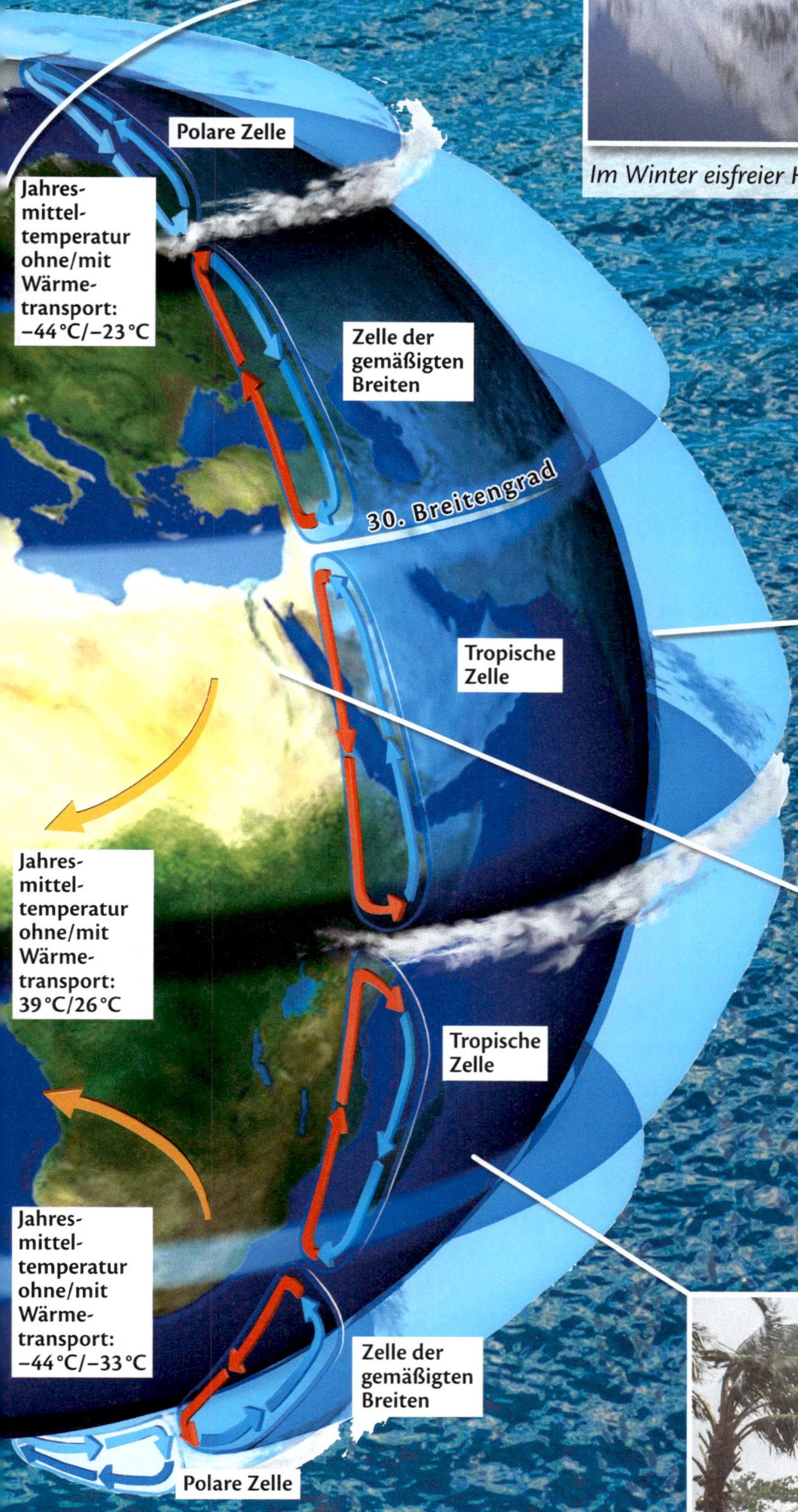

Starke Luftströmung über Ägypten und dem Roten Meer

Tropischer Wirbelsturm auf Reunion

Passate – Segeln im Atlantik und Surfen auf Hawaii

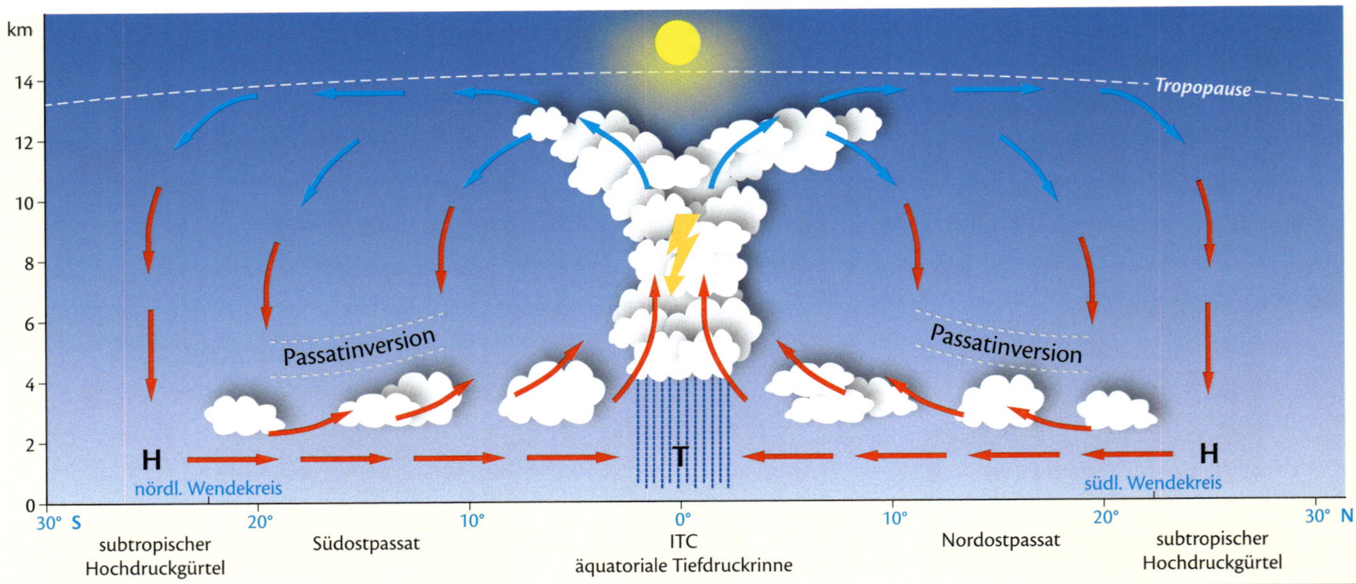

M 1 *Das Modell des Passatkreislaufs*

Der Passatkreislauf

Der Passatkreislauf ist ein gewaltiger Transport von Luftmassen zwischen 30° nördlicher Breite und 30° südlicher Breite. Motor des Passatkreislaufes ist die starke Erwärmung der Erdoberfläche in Äquatornähe. Diese entsteht durch den **Zenitstand** der Sonne. Die Luft wird am Erdboden erwärmt, dehnt sich aus und steigt in die Höhe. Durch die Verdunstung über dem Meer und den tropischen Regenwäldern entstehen große Mengen Wasserdampfes. Die aufsteigende Luft ist deshalb sehr feucht und es bilden sich riesige Wolkentürme. Durch die mit der Höhe zunehmende Abkühlung kondensiert der Wasserdampf, es bilden sich Wassertröpfchen und aus den Gewitterwolken fällt kräftiger **Zenitalregen** beiderseits des Äquators. In großer Höhe strömt die Luft nach Norden und Süden und lässt einen tiefen Luftdruck am Boden entstehen, die äquatoriale Tiefdruckrinne oder **innertropische Konvergenzzone (ITC).**

An den Wendekreisen sinkt die Luft ab und bildet im Bereich der Wendekreise am Boden Hochdruckgebiete. Beim Absinken über den Wendekreisen erwärmt sich die Luft, sie kann deshalb mehr Feuchtigkeit aufnehmen. So kommt es zur Wolkenauflösung.

Die bodennahen Ausgleichsströmungen zwischen dem hohen Luftdruck an den Wendekreisen und dem niedrigen Luftdruck am Äquator werden **Passate** genannt. Der Passat auf der Nordhalbkugel weht aus Nordosten, der Passat auf der Südhalbkugel aus Südosten.

Die stetig wehenden Passatwinde nutzten und nutzen die Menschen für die Segelschifffahrt. Bereits Christoph Kolumbus segelte auf seiner vierten Reise bei der Entdeckung von Martinique in der Karibik auf der klassischen Passatwind-Route. Heute setzen internationale Segelwettbewerbe wie zum Beispiel die Atlantic Rallye for Cruisers (ARC) auf die Passate. Sie startet im November in Las Palmas. Das Ziel liegt auf der Insel St. Lucia in der Karibik.

Die Verlagerung der ITC

Aufgrund der Neigung der Erdachse verlagert sich der Zenitstand der Sonne und damit auch die innertropische Konvergenzzone.

Am 21. März und am 23. September befindet sich die Zone mit der höchsten Sonneneinstrahlung in Höhe des Äquators. Am 21. Juni, im Nordsommer, sind die ITC und damit die Zone starker Niederschläge nach Norden verlagert. In einer Breitenlage von etwa 15° Nord fallen besonders starke Niederschläge. Am 21. Dezember verlagert sich die ITC mit dem höchsten Sonnenstand auf die Südhalbkugel.

Durch die Verlagerung der ITC erhalten die äquatornahen, Immerfeuchten Tropen zwei Regenzeiten, die Wechselfeuchten Tropen mit einer Breitenlage von etwa 15° weisen hingegen jeweils nur eine Regenzeit auf.

Die Passatinversion ist eine Temperaturumkehr. An den Wendekreisen ist es in der Höhe wärmer als am Boden. Dies steht im Gegensatz zur normalen Temperaturabnahme mit der Höhe. Die Ursache für diese Temperaturumkehr liegt in der innertropischen Konvergenzzone (ITC). Dort wurde die Luft nicht nur durch die Sonnenstrahlung erwärmt, sondern zusätzlich auch mit Wärme aus der Verdunstung der sehr feuchten Luftmassen angereichert.

M 2 *Passatinversion*

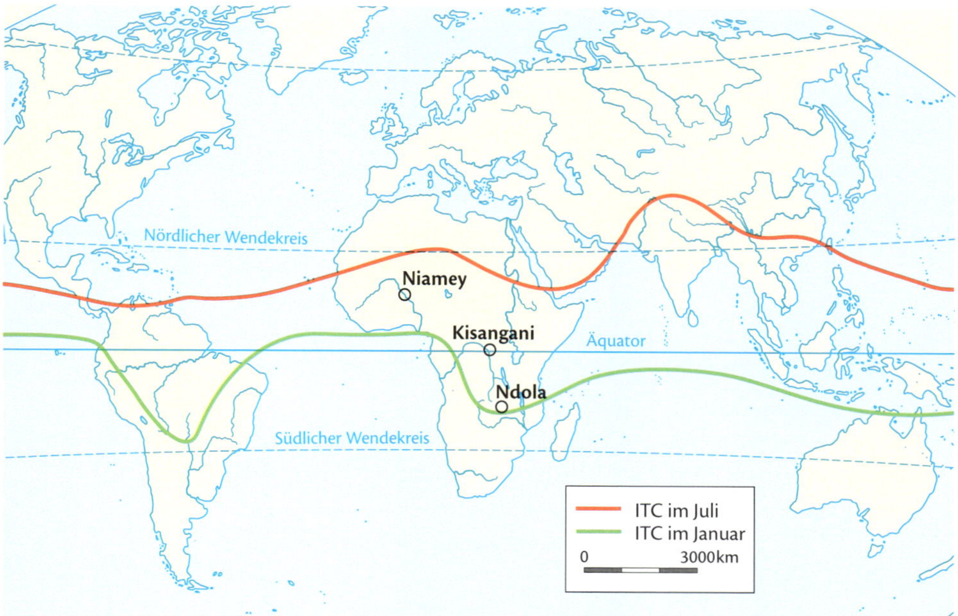

M 3 *Die jahreszeitliche Verlagerung der ITC*

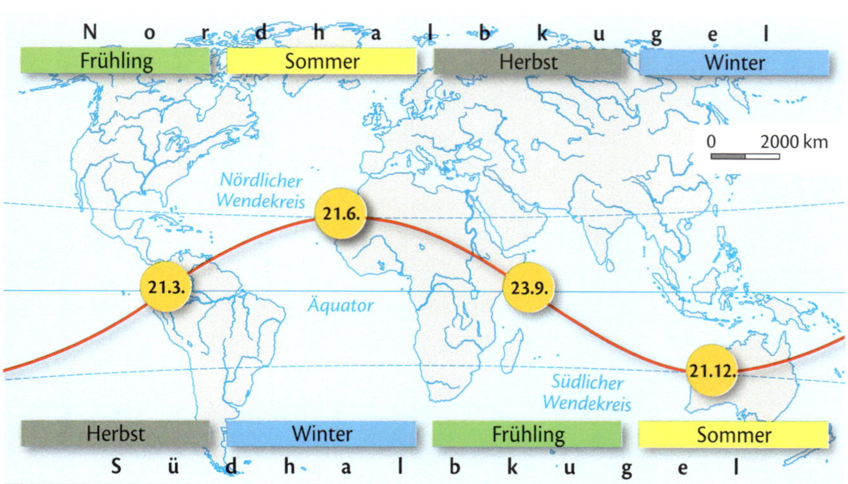

M 4 *Zenitstände der Sonne*

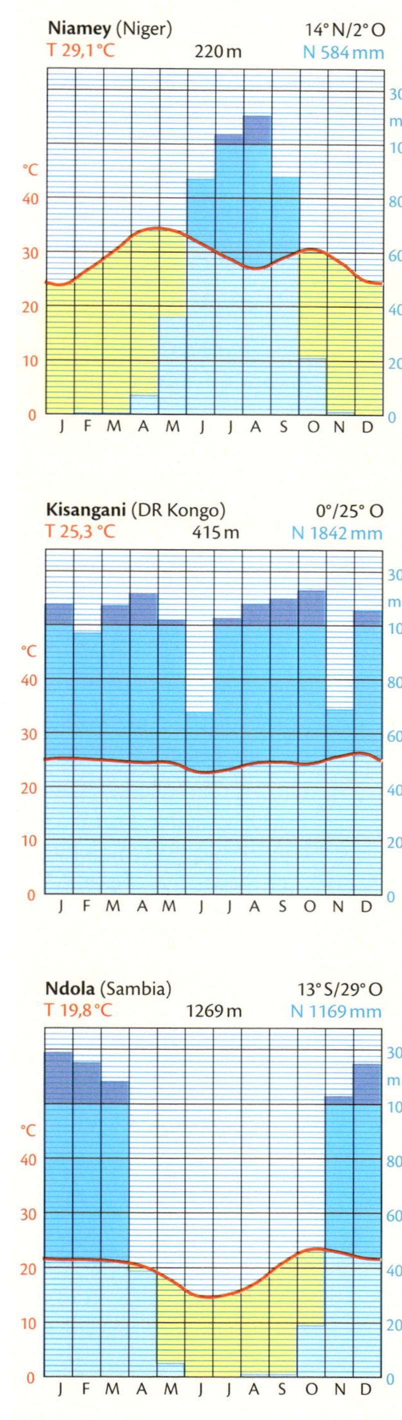

M 5 *Klimadiagramme aus den Tropen*

1 Erklären Sie, warum die Luft im Bereich des Äquators aufsteigt (**M 1**).

2 Erläutern Sie den Passatkreislauf und die Entstehung des Nordostpassats und des Südostpassats (**M 2** bis **M 4**, S. 36/37, S. 38/39).

3 Werten Sie die Klimadiagramme aus und vergleichen Sie diese bezüglich der Wirkung der Passate (**M 5**).

4 Beschreiben Sie regionale klimatische Unterschiede in der tropischen Zone im Jahresverlauf (**M 1** bis **M 5**).

5 Die Verlagerung der ITC verläuft nicht parallel zu den Breitenkreisen. Nennen Sie Ursachen hierfür (**M 3**).

6 Erläutern Sie das „Wandern des Zenitstands der Sonne" und vergleichen Sie es mit der Verlagerung der ITC. Warum können die Zenitalregen die Wendekreise nicht erreichen (**M 3, M 4**)?

7 Erklären Sie, warum gerade auf Hawaii ideale Bedingungen für das Windsurfen herrschen (Atlas).

Wir zeichnen Klimadiagramme und werten sie aus

Das Klimadiagramm

Das Klimadiagramm eines Ortes wird durch langfristiges Messen der Tages-, Monats- und Jahresmitteltemperaturen und Niederschlagsmengen ermittelt. Klimadiagramme geben Auskunft über die Höhe von Temperaturen und Niederschlägen, Wachstumszeiten von Pflanzen, ob das Klima feucht oder trocken ist und in welcher Klimazone die Klimastation liegt.

Ein Klimadiagramm zeichnen

Die Klimawerte einer Klimastation sollen in einem Klimadiagramm veranschaulicht werden. Wir wählen dazu die Klimawerte von Alexandria in Ägypten. Zum Zeichnen von Klimadiagrammen benötigen Sie folgende Materialien: Millimeterpapier, Lineal, Bleistift, roter, hellblauer, dunkelblauer und gelber Buntstift.

Zur Erinnerung: Checkliste zum Zeichnen eines Klimadiagramms

1. Schritt: Erstellen des Diagrammrahmens

Zeichnen Sie mit dem Bleistift eine 12 cm lange Grundachse und tragen Sie die zwölf Monate mit den Anfangsbuchstaben ein. Zeichnen Sie zwei 14 cm hohe Hochachsen. Beschriften Sie die linke Hochachse mit den Temperaturwerten in Zehnerschritten von −10 bis 30 °C (Maßstab: Ein Grad entspricht zwei Millimeter.) und die rechte Hochachse mit Niederschlagswerten in Zwanzigerschritten (Maßstab: Ein Millimeter Niederschlag entspricht einem Millimeter.). Beachten Sie, dass sich null Grad und null Millimeter Niederschlag auf einer Linie befinden und dass der Maßstab ab 100 mm Niederschlag verkürzt wird (Maßstab: Zehn Millimeter Niederschlag entsprechen einem Millimeter.). Beschriften Sie das Diagramm mit dem Namen der Klimastation, den Angaben zum Gradnetz und zur Höhe.

2. Schritt: Zeichnen des Temperaturdiagramms

Beschriften Sie das Diagramm mit der Jahresmitteltemperatur. Markieren Sie die Höhe der Monatsmitteltemperatur mittig im jeweiligen Monat mit einem Punkt und verbinden Sie alle Punkte zu einer Kurve. Markieren Sie die Temperaturkurve mit dem roten Stift.

3. Schritt: Zeichnen des Niederschlagsdiagramms

Beschriften Sie das Diagramm mit den Jahresniederschlägen. Markieren Sie die Monatsniederschlagssummen durch einen Strich über dem jeweiligen Monat. Verbinden Sie die Striche durch eine senkrechte Linie mit der Nulllinie. Malen Sie die entstandenen Niederschlagssäulen mit dem dunkelblauen Stift oberhalb und mit dem hellblauen Stift unterhalb der Temperaturkurve an. Verdeutlichen Sie mit dem gelben Stift den Bereich, wo die Niederschlagssäulen unter der Temperaturkurve liegen.

Zur Erinnerung: Checkliste zum Auswerten eines Klimadiagramms

1. Schritt: Angaben zur Klimastation

Name der Station
Höhenlage und die Lage im Gradnetz

2. Schritt: Temperaturen

Jahresmitteltemperatur
wärmster Monat des Jahres (Monat, T in °C)
kältestet Monat des Jahres (Monat, T in °C)
Temperaturamplitude
Frostmonate

3. Schritt: Niederschläge

Jahresniederschlagssumme
niederschlagsreichster Monat (N in mm)
niederschlagsärmster Monat (N in mm)
Verteilung der Niederschläge

4. Schritt: Wachstumszeit

Dauer der Wachstumszeiten für Pflanzen

5. Schritt: Temperatur und Niederschläge im Vergleich

Klimatyp: Arid, semiarid, semihumid, humid
Dauer der Regen- und Trockenzeiten

6. Schritt: Klimazone/Klimagebiet zuordnen

Nairobi, Kenia 1° S/37° O	Monat												Jahr
	J	F	M	A	M	J	J	A	S	O	N	D	
Monatsmitteltemperaturen (°C)	19,4	20,2	20,7	20,2	19,1	17,7	16,7	17,3	18,6	19,7	19,3	19,0	19,0
Monatsniederschläge (mm)	42	48	69	157	108	27	12	14	25	43	121	80	745

M 1 *Klimawerte für Nairobi*

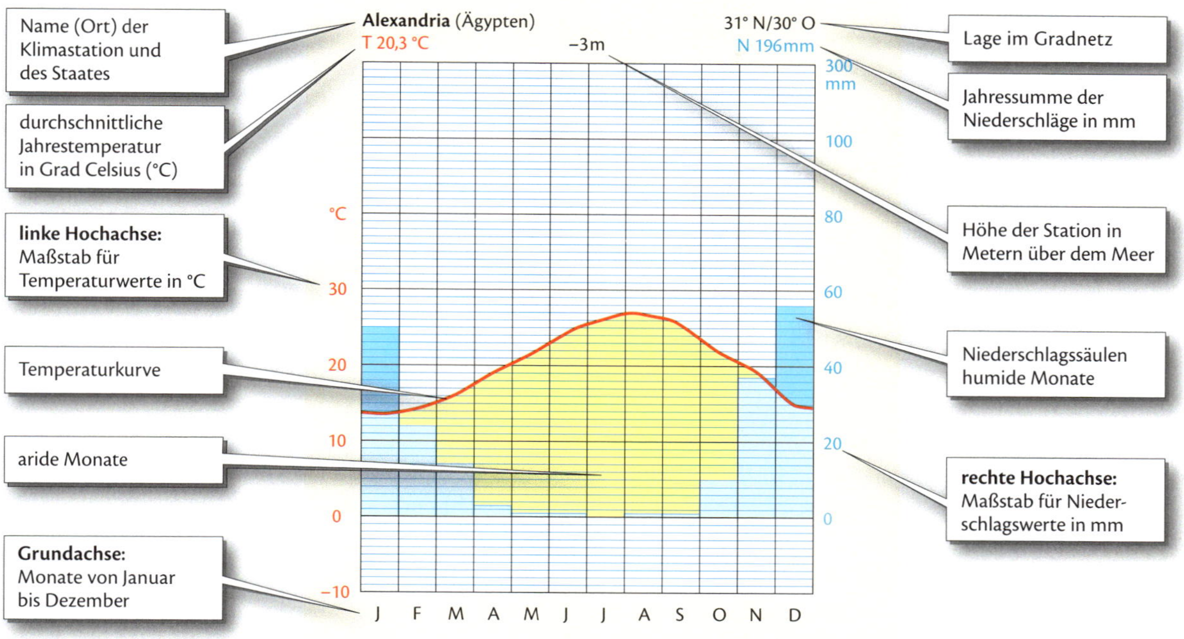

M 2 *Aufbau eines Klimadiagramms*

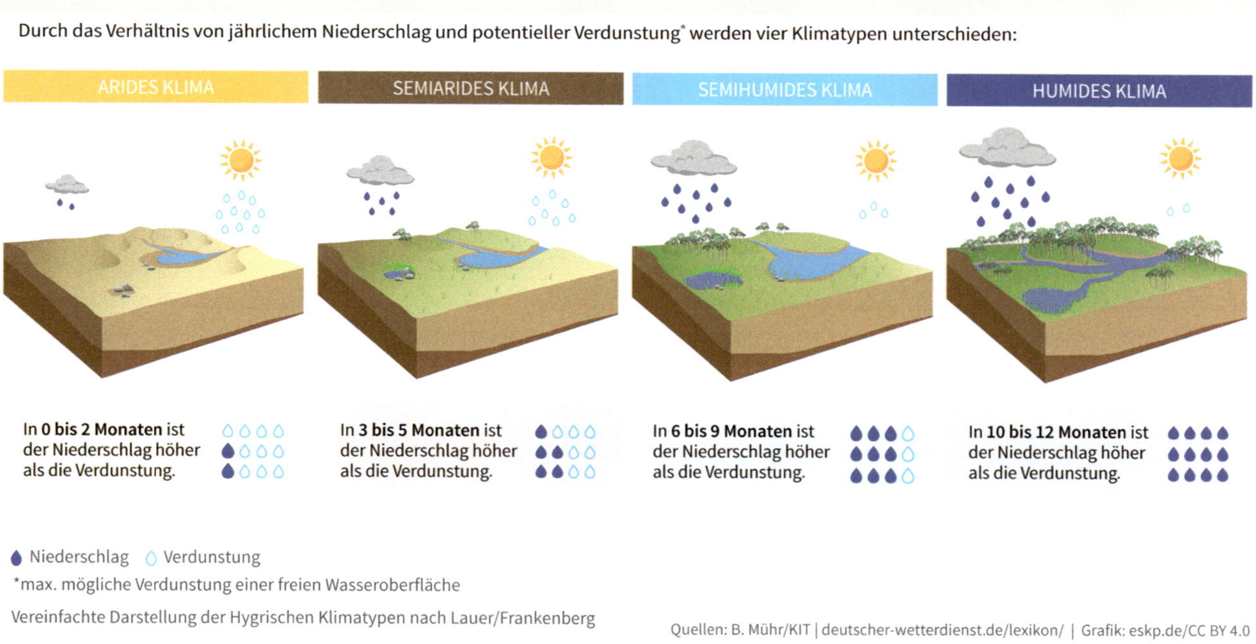

M 3 *Klimatypen von arid bis humid*

Klimatypen

In **semiariden** und **semihumiden** Räumen gibt es während eines Jahres einen Wechsel zwischen **Regenzeiten** und **Trockenzeiten**. Semiaride und semihumide Räume gibt es in verschiedenen Klimazonen: in den Tropen, den Subtropen und in der gemäßigten Zone. Der jahreszeitliche Wechsel von Regenzeiten und Trockenzeiten stellt die Pflanzen- und Tierwelt, aber auch die landwirtschaftliche Nutzung dieser Gebiete vor Probleme. Vor allem die Trockenzeiten erfordern Anpassung bzw. besondere Maßnahmen.

1 Zeichnen Sie mithilfe der Checkliste ein Klimadiagramm von Nairobi (**M 1**).

2 Werten Sie das Klimadiagramm von Nairobi aus.

Klima- und Vegetationszonen der Erde

Klimazonen

Klimazonen erstrecken sich in Ost-West-Richtung um die Erde. Eine Klimazone zeichnet sich durch ihre charakteristischen Klimaverhältnisse aus und unterscheidet sich so von anderen Klimazonen. Für die Einteilung der Klimazonen sind folgende Faktoren ausschlaggebend: Die Sonneneinstrahlung, die Temperatur, der Niederschlag, der Wärmetransport durch Meeresströmungen und Winde, die Verteilung von Kontinenten und Ozeanen.

In der Regel sind die Klimazonen gürtelförmig um die Erde angeordnet. Allerdings gibt es Abweichungen, in den Polarregionen sind sie kreisförmig. Teilweise können die Gürtel unterbrochen sein. Wie bei den Temperaturzonen gibt es auch bei den Klimazonen eine Abfolge von warm zu kalt zwischen dem Äquator und den Polen.

Vegetationszonen

Licht, Temperatur, Bodenbeschaffenheit und Niederschläge an einem Ort bewirken, dass sich typische Pflanzengesellschaften entwickeln. Höhere Pflanzen und Bäume benötigen für das Wachstum eine längere Vegetationsperiode mit ausreichend Wärme und Wasser.

Für jede Klimazone sind „typische“ Pflanzengesellschaften kennzeichnend. Sie stellen die Vegetationszone dar.

1 Grenzen Sie die Klimazonen mithilfe der Breitenkreise voneinander ab und ordnen Sie die Klimadiagramme zu (**M 1**, Karte S. 31 oben, Atlas).

2 Werten Sie die Klimadiagramme aus und tragen Sie die Merkmale des Klimas in eine Tabelle ein (**M 1**).

3 Erläutern Sie, wie sich das Klima vom Äquator nach Norden und nach Süden verändert (**M 1**).

4 Beschreiben Sie die Merkmale der Vegetationszonen (**M 2** bis **M 7**).

5 Erläutern Sie die Zusammenhänge zwischen Klima und Vegetation (**M 1** bis **M 7**).

6 Ordnen Sie die Vegetationszonen den Klimazonen zu (**M 1** bis **M 7**, Karte S. 31 oben).

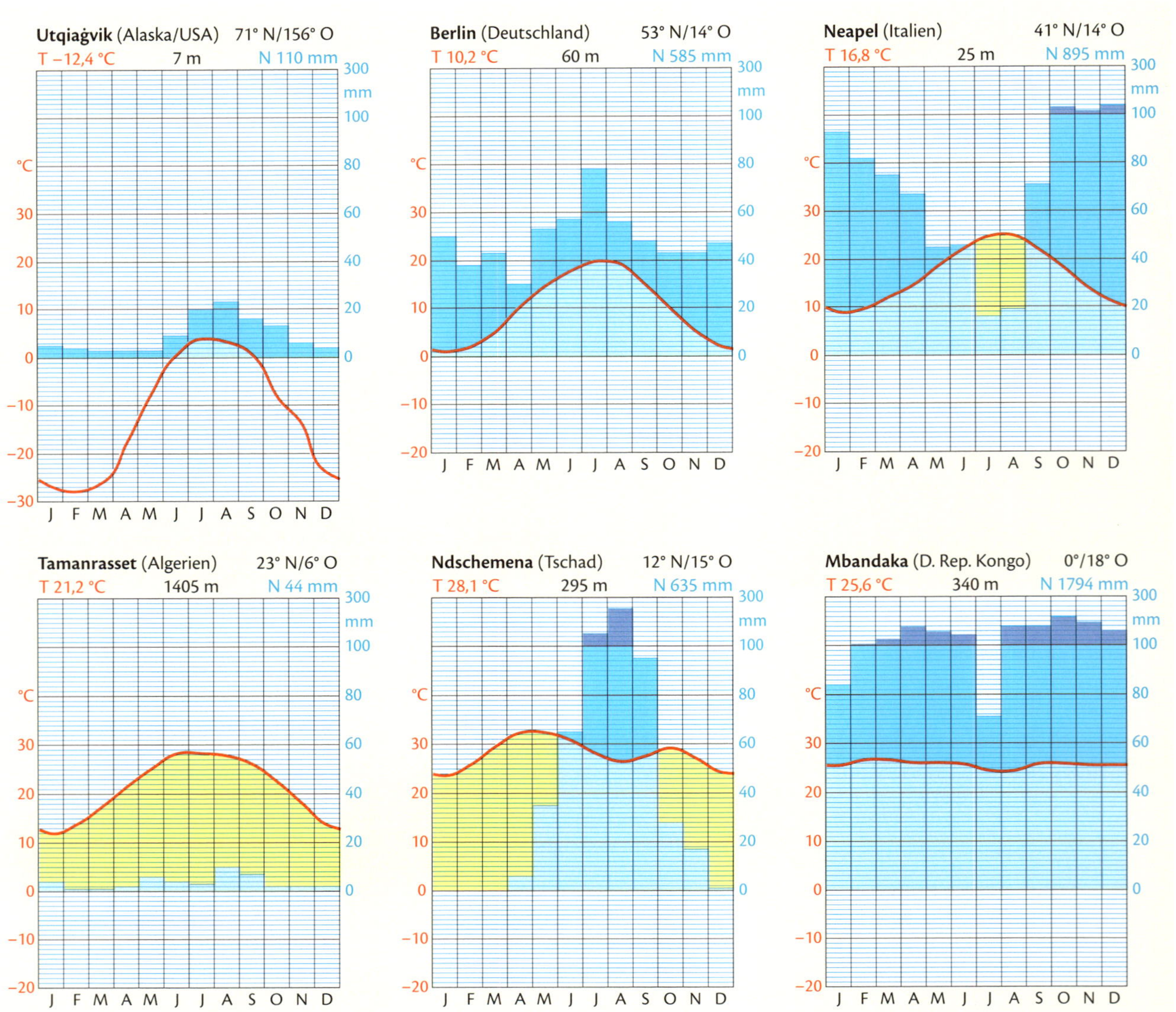

M 1 *Klimadagramme*

M 2 *Tundra*

M 3 *Laub- und Mischwald*

M 4 *Hartlaubgehölze*

M 5 *Halbwüste und Wüste*

M 6 *Trockensavanne*

M 7 *Tropischer Regenwald*

Klima- und bodenkundliche Versuche

Regenwald auf der Fensterbank

Benötigtes Material:
ein großes Glas, etwas Blumenerde, Moos, Frischhaltefolie, Gummiband

Versuchsbeschreibung:
- Geben Sie etwas Blumenerde in das saubere Glas, sodass sie etwa 3 cm den Boden bedeckt.
- Begießen Sie die Blumenerde.
- Setzen Sie etwas feuchtes Moos auf die Erde.
- Befestigen Sie die Frischhaltefolie mit dem Gummiband am Glasrand, sodass es fest verschlossen ist.
- Stellen Sie das Glas auf die Fensterbank, wo es möglichst lange sonnig ist.

1 Beschreiben Sie Ihre Beobachtungen.
2 Übertragen Sie Ihre Beobachtungen auf den Wasserkreislauf im Regenwald.

Luftfeuchtigkeit im Regenwald

Benötigtes Material:
ein verschließbares Glas (z. B. Marmeladenglas), ein Papiertaschentuch, etwas Wasser

Versuchsbeschreibung:
- Halten Sie das Papiertaschentuch unter Wasser.
- Wringen Sie es etwas aus.
- Legen Sie das feuchte Taschentuch in das Glas und verschließen Sie es.

1 Beschreiben Sie Ihre Beobachtungen.

- Gehen Sie mit Ihrem Glas nach draußen (es muss draußen kälter sein als drinnen).

2 Beschreiben Sie Ihre Beobachtungen.
3 Erklären Sie mithilfe Ihrer Beobachtungen die hohe Luftfeuchtigkeit im tropischen Regenwald.

Versalzung von Böden in den Subtropen

Benötigtes Material:
100 g Blumenerde, Salz, Wasser, zwei Gefäße, Waage, Messzylinder, Teelöffel, Folienschreiber, Kressesamen

Versuchsbeschreibung:
- Beschriften Sie die beiden Gefäße („mit Salz / ohne Salz").
- Geben Sie vier Teelöffel Salz auf den Boden eines der beiden Gefäße.
- Füllen Sie nun beide Gefäße mit je 50 g Blumenerde auf und drücken Sie die Kressesamen in die Erde.
- Gießen Sie vorsichtig so viel Wasser hinzu, dass die Erde sichtbar feucht aussieht.
- Stellen Sie beide Gefäße auf die Heizung oder auf eine Stelle, die möglichst lange sonnig ist.

1 Beschreiben Sie das Keimen und Wachsen der Kresse.
2 Erklären Sie Ihre Beobachtungen.
3 Übertragen Sie Ihre Beobachtungen auf die Bewässerungslandwirtschaft in den Tropen.

Corioliskraft – Ablenkung der Winde

Benötigtes Material:

Pappe (DIN A3), Pappscheibe (muss leicht dehnbar sein), weißes Papier, Musterbeutelklammer, Lineal oder Holzleiste, 2 Radiergummis, Bleistift

Der Versuch lässt sich leichter durchführen, wenn man zu zweit arbeitet.

Versuchsbeschreibung:

- Befestigen Sie in der Mitte der Pappe die Pappscheibe mit der Musterbeutelklammer. Der Mittelpunkt stellt den Nordpol und der Rand den Äquator der Erde dar.
- Legen Sie mit etwas Abstand das Lineal über die Scheibe. Nutzen Sie dazu die Radiergummis.
- Achten Sie darauf, dass eine Kante über den Pol führt.
- Führen Sie den Bleistift entlang der Linealkante vom Pol zum Äquator und drehen Sie dabei die Scheibe gegen den Uhrzeigersinn.

1 Beschreiben Sie Ihre Beobachtungen.

2 Erklären Sie mithilfe Ihrer Beobachtungen die Wirkung der Corioliskraft auf der Nordhalbkugel.

- Wiederholen Sie den Versuch. Der Mittelpunkt der Scheibe stellt nun den Südpol dar. Die Scheibe wird deshalb im Uhrzeigersinn gedreht.

3 Beschreiben Sie Ihre Beobachtungen.

4 Erklären Sie mithilfe Ihrer Beobachtungen die Wirkung der Corioliskraft auf der Südhalbkugel.

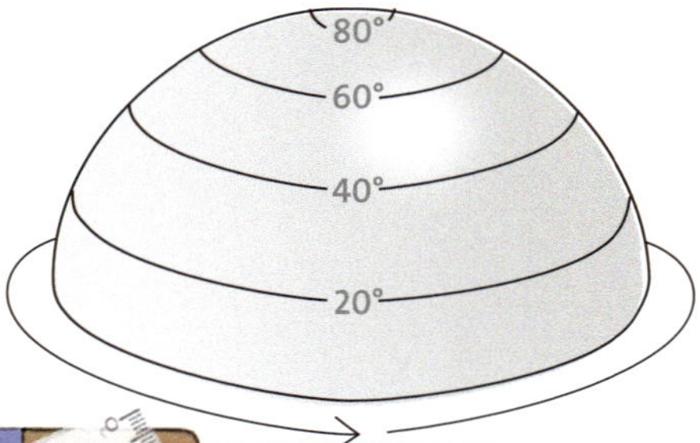

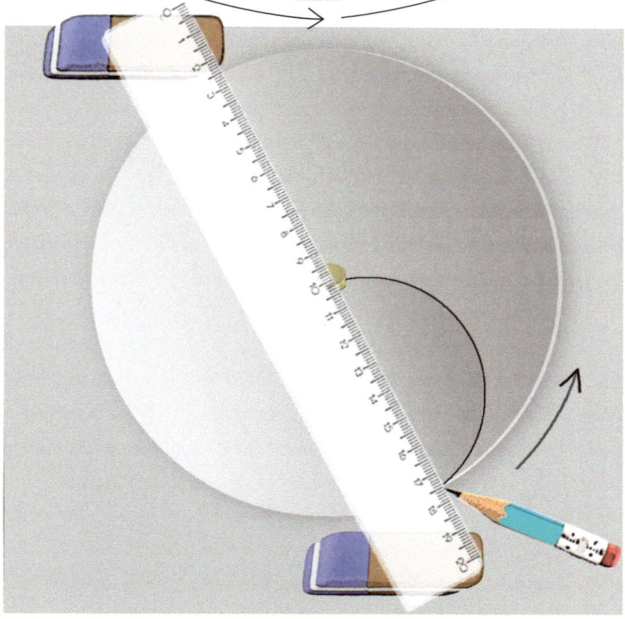

Nutzholz aus dem Regenwald

Benötigtes Material:

zwei hohe Gläser (z. B. Einmachgläser), zwei robuste Pflanzen (z. B. Tomaten oder Peperoni), Blumenerde, Material zum Abdecken (z. B. dunkles Papier oder Stoff)

Versuchsbeschreibung:

- Bepflanzen Sie die Gefäße mit den Pflanzen.
- Decken Sie eines der beiden Gläser ringsherum mit dem dunklen Papier oder Stoff ab.

1 Beschreiben und vergleichen Sie das Wachstum der Pflanzen.

2 Erklären Sie Ihre Beobachtungen.

3 Übertragen Sie Ihre Beobachtungen auf das Wachstum der Pflanzen im Regenwald.

4 Begründen Sie, warum das Nutzholz aus dem Regenwald in der Möbelindustrie begehrt ist.

Das Klima der Tropen

M 1 *Im tropischen Regenwald*

Mit dem Boot fahren wir auf einem Nebenarm des Amazonas durch den Regenwald. Wir legen an, um in die Tiefe des Regenwaldes einzudringen. Die Luft ist schwül. Wir haben uns schnell an die mittäglichen Wolkenbrüche und die feuchte und schwüle Luft, die auch in der Nacht nur wenig abkühlt, gewöhnt. Am angenehmsten sind die Stunden kurz nach Sonnenaufgang. Nur dann ist die Luft mit etwa 22 °C angenehm kühl und klar, bevor die Hitze des Tages das Thermometer auf über 35 °C im Schatten ansteigen lässt. Aber auch damit lernen wir umzugehen, ebenso wie wir uns an die ständig feuchte und klamme Kleidung gewöhnt haben. Unheimlich ist jedoch das ständige Dämmerlicht während unserer Erkundungen und erst recht die absolute Dunkelheit während der Nacht.
(nach: T. Breitbach, Aus einem Reisetagebuch)

M 2 *Eine Trekkingtour im Regenwald*

Die Tropen

Als Tropen wird das Gebiet zwischen den Wendekreisen bezeichnet. Das griechische Wort für „wenden" heißt „prepein". Die Tropen sind folglich das Gebiet, in dem der Zenitstand der Sonne wendet. Nur in den Tropen können die Sonnenstrahlen senkrecht einfallen. Den Übergang zwischen den Tropen und den gemäßigten Breiten bilden die Subtropen.

Klima und Wasserkreislauf

Im Vergleich zu anderen Gebieten der Erde erhalten die Tropen die höchste Sonneneinstrahlung. Dabei sind die jahreszeitlichen Unterschiede der Einstrahlung gering. Deshalb sind die Temperaturen im gesamten Jahresverlauf gleichbleibend hoch. Nur selten kommt es zu Schwankungen. Die starke Sonneneinstrahlung bewirkt, dass ein Großteil des Regens sofort wieder verdunstet. Die feuchtwarme Luft steigt auf, kühlt sich mit zunehmender Höhe ab und der in ihr enthaltene Wasserdampf kondensiert zu Wolken. Es kommt beinahe täglich zu schauerartigen intensiven Niederschlägen. Nur ein Viertel des Wassers versickert im Boden. So entsteht ein zusammenhängender eigener Wasserkreislauf.

Tageszeitenklima

In den Tropen ist es das ganze Jahr über warm und feucht. Es gibt es keine Jahreszeiten. Der Unterschied zwischen den Durchschnittstemperaturen des kältesten und des wärmsten Monats ist kleiner als der Unterschied zwischen der Tages- und der Nachttemperatur. Deshalb bezeichnet man dieses Klima als **Tageszeitenklima**.
Unser Klima hingegen ist ein **Jahreszeitenklima**, das vom jahreszeitlichen Wechsel der Temperatur gekennzeichnet ist.

Immerfeuchte und Wechselfeuchte Tropen

In den Immerfeuchten Tropen liegen die durchschnittlichen Jahresniederschläge bei 2000 mm und darüber. Die höchsten Regenmengen fallen, wenn die Sonne im Zenit steht. Je größer die Entfernung zum Äquator, desto weniger ergiebig sind die Niederschläge. In den Wechselfeuchten Tropen wechseln jahreszeitlich die niederschlagsreiche Äquatorialluft und die niederschlagsarme Passatluft einander ab. Da es ganzjährig warm ist, werden dort die Jahreszeiten vom Wechsel der Regen- und Trockenzeiten geprägt.

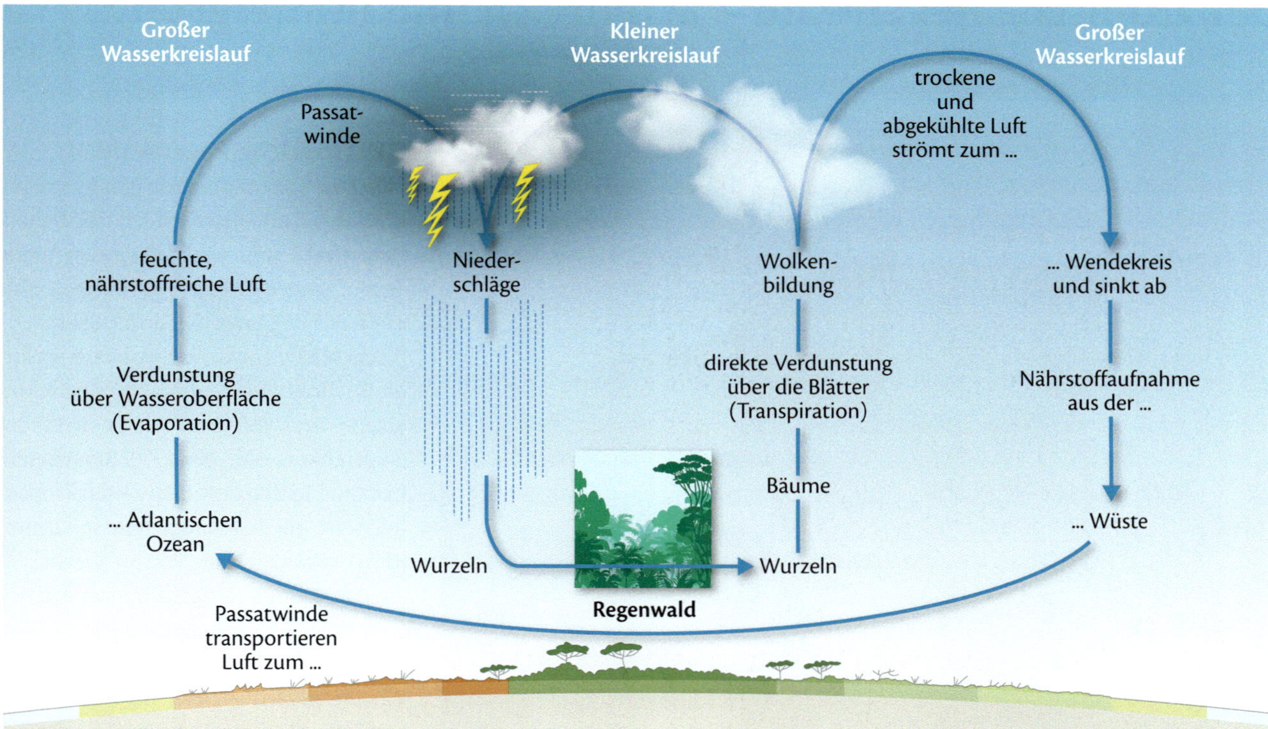

M 3 *Wasserkreislauf in den Immerfeuchten Tropen*

1. Beschreiben Sie die geographische Lage der Tropen und lokalisieren Sie den „Tropengürtel" (Karte S. 31 oben).
2. Erläutern Sie einen typischen Tagesablauf in den Immerfeuchten Tropen, indem Sie eine Tabelle anlegen (**M 2**).
3. Werten Sie die Klimadiagramme und Thermoisoplethendiagramme aus und vergleichen Sie das Klima am Äquator mit jenem in Deutschland (**M 4** bis **M 7**, 🔑).
4. Legen Sie den Unterschied zwischen einem Tages- und einem Jahreszeitenklima dar (**M 4** bis **M 7**).
5. Erklären Sie den kleinen und den großen Wasserkreislauf im tropischen Regenwald (**M 3**).
6. Bilden Sie Gruppen und rekonstruieren Sie einen typischen Tagesablauf in Belém. Gehen Sie dabei auf die Unterschiede zu Deutschland ein (**M 2, M 4** bis **M 7**).

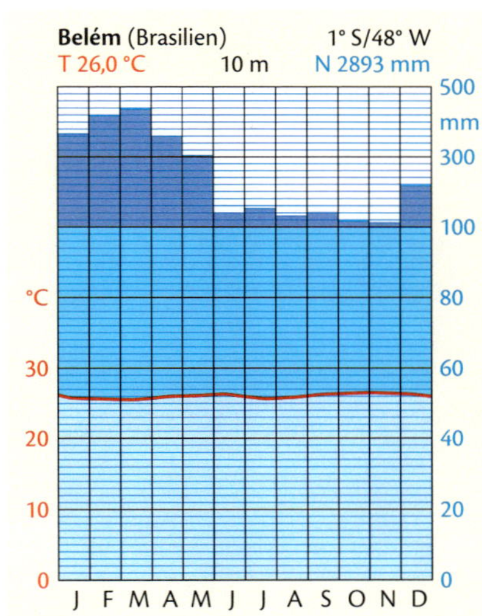

M 4 *Klimadiagramm Belém*

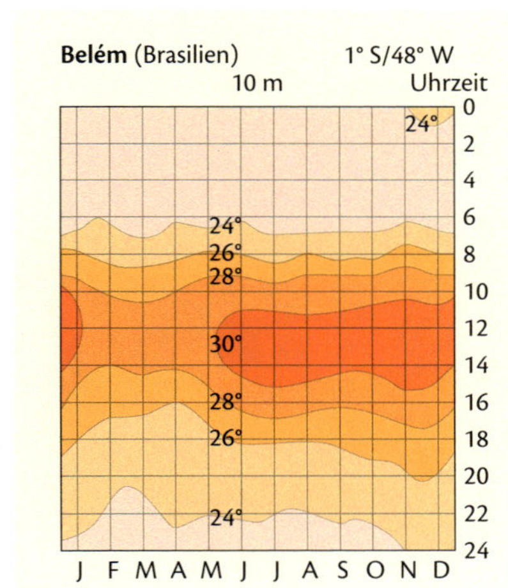

M 5 *Thermoisoplethendiagramm Belém*

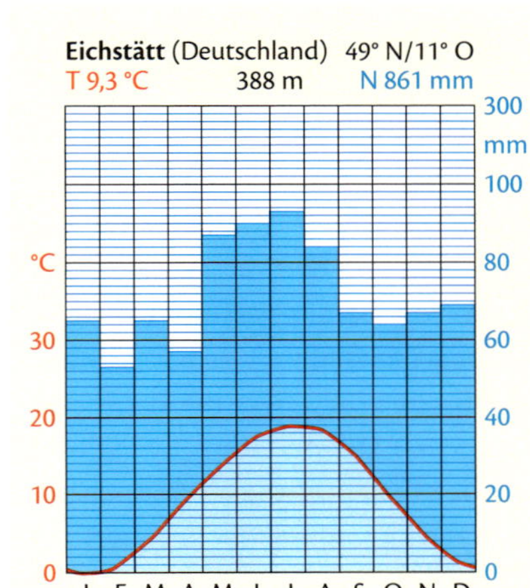

M 6 *Klimadiagramm Eichstätt*

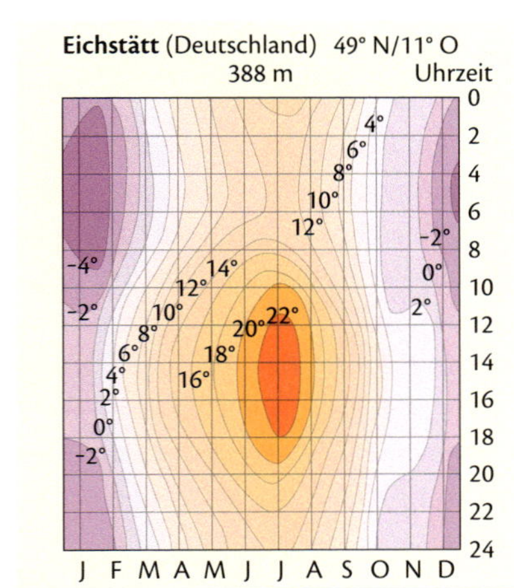

M 7 *Thermoisoplethendiagramm Eichstätt*

Der tropische Regenwald – artenreich und immergrün

In diesem Treibhaus zu arbeiten, reicht ja schon. Aber auf Bäumen voller giftiger Spinnen, Schlangen, Frösche, Tausendfüßler und Skorpione herumzuklettern – das gehört auch zur Arbeit von uns Regenwaldforschern!
Heute bringen uns Kräne, an denen eine Art Gondel hängt, in die Gipfel der Urwaldriesen. Früher mussten wir hinaufklettern – auf die schmutzigsten Bäume, die ich kenne. An den Stämmen und Ästen wachsen Moose, Farne und Orchideen. Ihre Wurzeln bilden ein dichtes Geflecht, in dem sich Laub, Exkremente sowie tote Kleintiere sammeln und verrotten. Daraus entsteht eine dünne, nährstoffreiche Humusschicht. Einige Baumarten treiben Wurzeln aus den Ästen in diese Schicht vor. Zwei Drittel aller Pflanzen und Tiere des Regenwaldes leben im Bereich der Baumkronen in 30 bis 40 Metern Höhe. Deshalb ist dieser Kronenraum für uns Forscher von großer Bedeutung. Hier können wir immer noch neue Arten entdecken, aber auch die Bedeutung der Regenwälder für das Klima der Erde erforschen.

M 1 *Forscher im Amazonas-Regenwald*

Der tropische Regenwald

In keiner Region der Erde gibt es so viele Pflanzen und Tiere wie im tropischen Regenwald und täglich werden neue Arten entdeckt. Rund 90 Prozent der Tiere des Regenwaldes sind Insekten.
Nach Schätzungen von Forschern gibt es im Regenwald über 10 000 Baumarten. Im Vergleich dazu sind in Deutschland nur etwa 50 Baumarten bekannt. In den Immerfeuchten Tropen herrscht ein beständig feuchtwarmes Klima. Wasser und Wärme bewirken ein ganzjährig kräftiges Pflanzenwachstum. Frische und welkende Blätter, Blüten und Früchte können sich gleichzeitig an einem Baum befinden. Der tropische Regenwald ist immergrün.

Der Kampf ums Licht

Auf der Suche nach ausreichend Licht hat sich der **Stockwerkbau** des tropischen Regenwaldes entwickelt. Die bis zu 40 Meter hohen Bäume, deren Kronen ein dichtes Dach bilden, nehmen einen Großteil des Sonnenlichtes auf. Dieses Kronendach ist ein wichtiger Lebensraum für Säugetiere und Vögel. Die Baumschicht wird nur vereinzelt von bis zu 70 Meter hohen Baumriesen überragt, die jedoch nicht überall anzutreffen sind. Unter der Baumschicht befindet sich die Strauchschicht mit Sträuchern und jungen Bäumen.
Die am Boden wachsenden Kräuter und Kriechpflanzen müssen mit sehr wenig Licht auskommen. Bei ihrem Kampf um das wenige Licht, das durch die Baumkronen fällt, haben die Pflanzen ganz spezielle Blätter entwickelt. Einige, die ganz unten wachsen, haben eine Oberfläche von mehr als einem Quadratmeter. Andere Pflanzen mit kleineren Blättern klettern an den Bäumen entlang zum Licht.

Der Boden

Lange Zeit vermutete man, dass die Böden des tropischen Regenwaldes besonders fruchtbar seien. Das ist jedoch ein Irrtum. Im warmen und immerfeuchten tropischen Klima verwittern Gesteine wesentlich schneller als im gemäßigten Klima Europas. In dem seit zehn Millionen Jahren kaum veränderten Klima am Äquator hat sich ein sehr tiefgründiger Boden entwickelt, der mehrere Dezimeter tief ausgeprägt ist. Die täglichen Regengüsse waschen die fruchtbaren Tonmineralien im Boden bis in tiefe Schichten aus, sodass ein saurer, nährstoffarmer Boden entsteht.

Die „Nährstofffalle"

Auf den Boden fallende Blätter, abgestorbene Äste sowie verendete Tiere werden von Ameisen, Termiten sowie Würmern zersetzt. Diese Nährstoffumwandlung läuft schnell ab, sodass sich kaum Humus bilden kann. Der Kreislauf wird als **kurzgeschlossener Nährstoffkreislauf** bezeichnet, da sich die Nährstoffe überwiegend in den lebenden Organismen befinden und nicht in den Boden gelangen. Die Bäume haben nur flache Wurzeln, die direkt unter der Oberfläche bleiben. Ihre Standfestigkeit erhalten sie durch meterhohe, verzweigte überirdische **Brettwurzeln**.
Die Wurzeln der Pflanzen sind von einem Pilzgeflecht umkleidet. Dabei gehen sie eine Symbiose ein: Die **Mykorrhiza**-Pilze entziehen der Pflanze die Photosyntheseprodukte Stärke und Zucker, da die Pilze durch ihre unterirdische Lage diese nicht selbst herstellen können. Als Gegenleistung liefern sie der Pflanze Wasser und Mineralien.

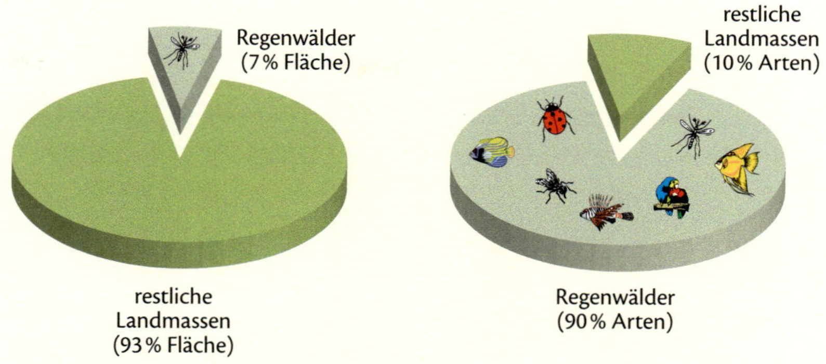

- **Lebensraum Regenwald:** Er ist Lebensraum für die Ureinwohner sowie eine Vielzahl von Tier- und Pflanzenarten, die zum Teil noch nicht einmal entdeckt sind.
- **Apotheke Regenwald:** Obwohl bisher nur etwa ein Prozent aller Pflanzen im tropischen Regenwald auf ihre Heilwirkung untersucht wurde, sind schon mehrere Pflanzen entdeckt worden, die medizinische Wirkstoffe enthalten und in der Arzneimittelindustrie eingesetzt werden, zum Beispiel bei der Antibiotika-Herstellung oder bei Malaria-Medikamenten.
- **Speisekammer Regenwald:** Über 80 Prozent aller weltweiten Nutzpflanzen sind tropischen Ursprungs – wie Banane, Tomate, Kartoffel und Kakao.
- **Rohstoffquelle Regenwald:** Neben den wertvollen Edelhölzern, die im Regenwald wachsen, lagern teilweise dort auch wertvolle Bodenschätze wie Eisenerz, Gold oder Erdöl.
- **Klimaregulator Regenwald:** Die tropischen Regenwälder können große Mengen an Kohlenstoffdioxid speichern, das zur globalen Erwärmung beiträgt.

M 2 *Schatzkammer Regenwald*

1 Erläutern Sie den Stockwerkbau im tropischen Regenwald (**M 1**, Blockbild S. 52/53).
2 Erklären Sie die Aussage: „Der tropische Regenwald ist die Schatzkammer des Lebens" (**M 2**).
3 Erklären Sie den Nährstoffkreislauf im tropischen Regenwald vor und nach der Rodung (**M 3**).
4 Vergleichen Sie den tropischen Regenwald mit dem europäischen Wald (**M 3**).

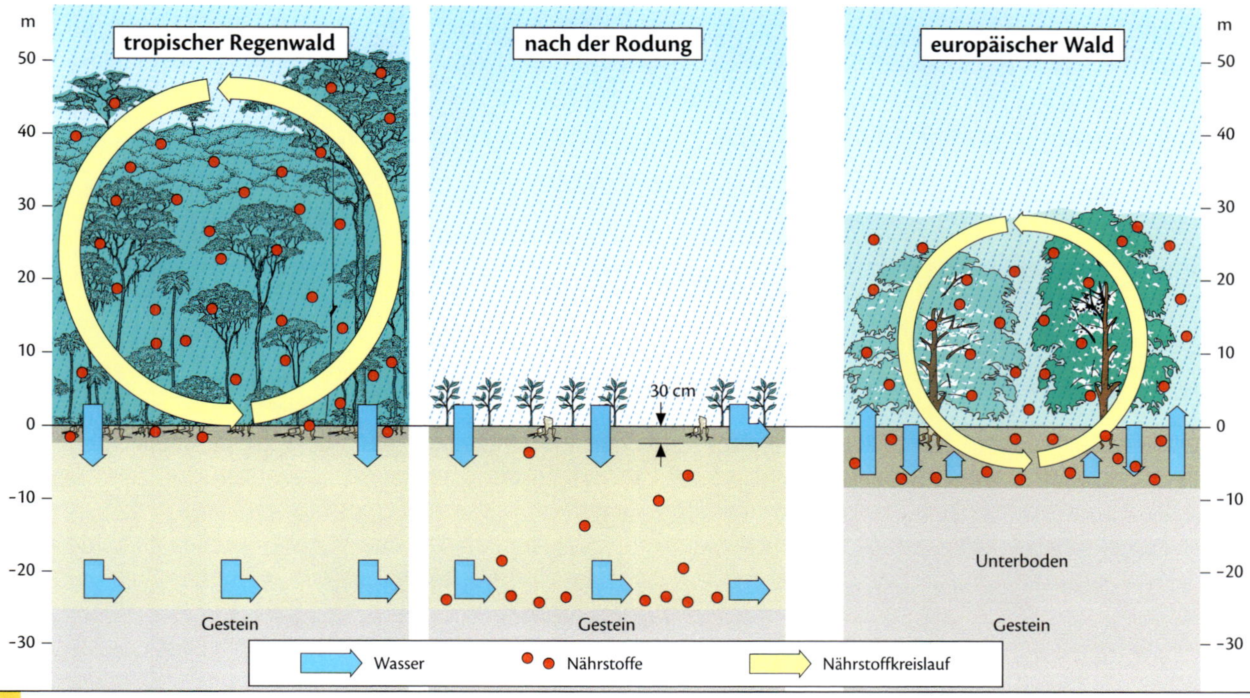

M 3 *Nährstoffkreislauf im tropischen Regenwald vor und nach der Rodung und im europäischen Wald*

Aufbau des tropischen Regenwaldes

Junge Kapuzineraffen spielen im tropischen Regenwald. Im Gegensatz zu diesen bekannten Gesichtern sind die meisten Tierarten weder benannt, beschrieben noch analysiert.

Der Blue-Morpho-Schmetterling kann eine Flügelspannweite von 17 Zentimetern erreichen. Infolge seiner blau schillernden Färbung sieht man ihn noch in einem Kilometer Entfernung. Im Regenwald gibt es Millionen von Insektenarten.

Der Arakanga ist eine von über 5000 Vogelarten im tropischen Regenwald.

Eine Anakonda – sie kann bis zu 9 Meter lang und 230 Kilogramm schwer werden.

Epiphyten (Aufsitzerpflanzen) auf einem Urwaldbaum

Brettwurzeln eines Urwaldriesen

Landwirtschaft in den Immerfeuchten Tropen

M 1 *Brandrodung im tropischen Regenwald*

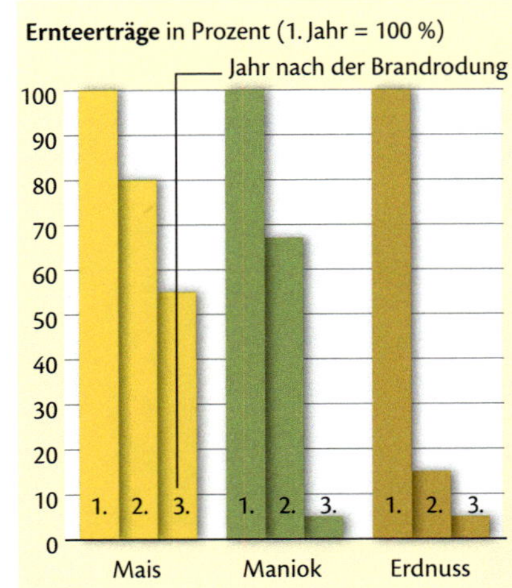

M 2 *Entwicklung der Ernteerträge*

Natürliche Bedingungen für die Landwirtschaft

Im tropischen Regenwald ist es immer warm und es steht ausreichend Wasser zur Verfügung. Durch diese klimatischen Bedingungen hat sich der Bodentyp des Ferralsol ausgebildet. Er ist durch die Verwitterungsprozesse gekennzeichnet, sauer und trägt eine rotgelbliche Farbe. Ferralsole sind wenig fruchtbar und müssen intensiv gedüngt werden, um Kulturpflanzen anbauen zu können.

Brandrodung für den Anbau

Für das Anlegen der Felder wird der Wald am Beginn der Trockenzeit gerodet. Sträucher und kleinere Bäume werden gefällt. Die Stümpfe verbleiben im Boden. Anschließend werden die gerodeten Gehölze in Brand gesetzt. Die Asche düngt den Boden der Rodungsflächen. Durch die **Brandrodung** entstehen freie Flächen, die etwa zwei Hektar groß sind.

Wenn die Regenzeit einsetzt, wird der Boden bepflanzt. Das Unkraut wurde vom Feuer vernichtet. Zudem muss der Boden schonend mit Hacke und Pflanzstock gelockert werden, bevor die Saat ausgebracht wird.

Traditionelle Anbauformen

Auf den neu gewonnenen Feldern kann Landwirtschaft betrieben werden. Die Kleinbauern bauen traditionelle Kulturpflanzen an. Das sind Knollenfrüchte wie Süßkartoffeln (Bataten), Maniok, Taro oder Yams sowie Getreide (Mais) und Früchte wie Kochbananen. Nach etwa zwei Jahren sind die Nährstoffe durch die starken Niederschläge ausgewaschen und die Bodenfruchtbarkeit sinkt rasch ab. Nach drei bis fünf Jahren reichen die Erträge nicht mehr aus, um die Bevölkerung der Siedlung zu ernähren. Die Rodungsinsel muss aufgegeben und eine neue Brandrodungsfläche vorbereitet werden. Wenn in Dorfnähe keine neuen Brandrodungsflächen mehr angelegt werden können, muss das Dorf verlegt werden. Diese Wirtschaftsform heißt Wanderfeldbau oder **Shifting Cultivation**.

Die ungenutzten Rodungsflächen werden in kurzer Zeit überwuchert und vom Wald zurückerobert. Nach etwa 20 Jahren ist ein **Sekundärwald** nachgewachsen, der jedoch nicht die Üppigkeit und den Artenreichtum des ursprünglichen Primärwaldes erreicht.

Übergang zum Dauerfeldbau

Durch das dynamische Bevölkerungswachstum und die steigende Produktion von tropischen Marktfrüchten wächst der Nutzungsdruck auf die Flächen. Die Brachzeiten werden nicht mehr ausreichend eingehalten und neues Rodungsland wird knapp. Das häufige Wechseln der Felder ist kaum mehr möglich. Die Erträge gehen zurück und die Ernährungssicherung der lokalen Bevölkerung ist nicht mehr gewährleistet. Deshalb werden heute nur noch die Felder verlegt, während die Dörfer dauerhaft bewohnt sind. Viele Dorfgemeischaften sind zum **Dauerfeldbau** übergegangen. Dauerfeldbau ist nur möglich, wenn die Bodenfruchtbarkeit zum Beispiel durch Düngen oder längere Brachzeiten erhalten bleibt.

Viele Dörfer haben Hausgärten, in denen alles für den täglichen Bedarf angebaut wird. In größerer Entfernung werden Produkte angebaut, die auf den Märkten der Städte verkauft oder in kleinen Betrieben weiterverarbeitet werden. So werden aus den faserigen Schalen von Kokosnüssen feste Gewebe hergestellt, die für die Innenausstattung von Autos verwendet werden.

Klein- und großbäuerliche Nutzung

Die Bewirtschaftung des tropischen Regenwaldes erfolgt einerseits durch die Kleinbauern, die auf kleinen Parzellen Nahrungsmittel für ihren täglichen Bedarf anbauen. Oftmals sind diese Flächen eher karg und unfruchtbar. Mithilfe von Düngemitteln versuchen die Kleinbauern, die Ernten zu verbessern. Andererseits gibt es die Großbauern, die großflächige Rodungen durchführen und die Kleinbauern zurückdrängen. Sie haben durch ihre finanziellen Mittel größeren Einfluss bei der Vergabe von neuen Rodungsflächen. Zudem unterstützen sie das Wirtschaftswachstum, schaffen Arbeitsplätze und finanzieren die weitere infrastrukturelle Erschließung des Regenwaldes. Die Bäume werden gerodet und das Holz in die Industrieländer verschifft. Auf einem Teil der Flächen werden Marktfrüchte wie Kaffee, Kakao, Ölpalmen, Bananen oder Sojabohnen in **Monokulturen** angebaut. Ein anderer Teil wird für die Tierhaltung genutzt.

1 Charakterisieren Sie die Bedingungen für die landwirtschaftliche Nutzung in den Immerfeuchten Tropen (**M 1**, **M 2**, **M 3**, S. 42/43 **M 1**).

2 Vergleichen Sie die Merkmale von Shifting Cultivation und Dauerfeldbau (**M 1** bis **M 3**).

3 Erläutern Sie die Entwicklung der Ernteerträge im Wanderfeldbau (**M 2**).

4 Begründen Sie den Übergang vom Wander- zum Dauerfeldbau.

5 Beurteilen Sie den Einsatz von Düngemitteln zur Ertragssteigerung von Rodungsflächen im tropischen Regenwald (**M 3**, **M 4**).

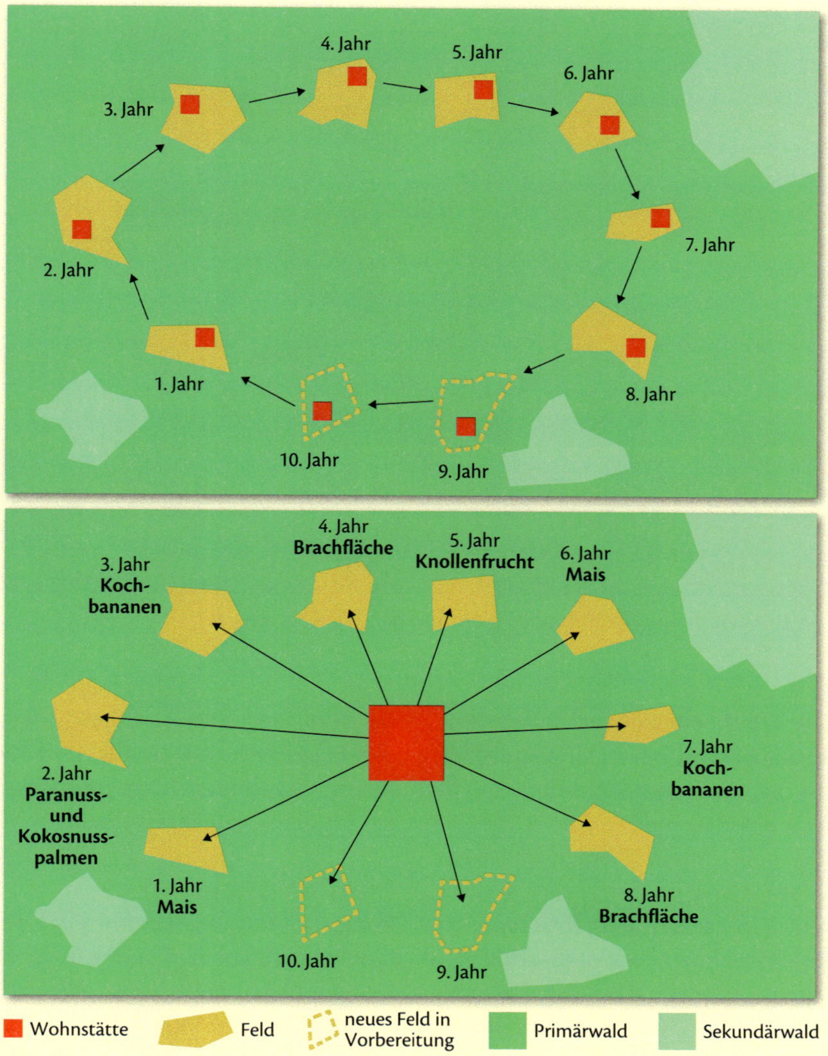

M 3 *Shifting Cultivation und Dauerfeldbau im schematischen Vergleich*

Die spezielle Beschaffenheit der Böden in den Tropen erfordert ein angepasstes Bodenmanagement. Der verstärkte und ungeplante Einsatz von Düngemitteln, insbesondere von synthetischem Stickstoff, trägt langfristig dazu bei, dass der Boden weiter versauert und das Pflanzenwachstum hemmt. Zudem kommt es zum verstärkten Abbau von Humus, der für die Verfügbarkeit von Wasser und Nährstoffen besonders wichtig ist. „Die Entscheidung der Regierungen Zentralafrikas den Ankauf von Düngemitteln zu unterstützen, ist daher grundlegend falsch"; erläutert Djuma Mambwe von der Universität Kisangani. „Die großen Investitionen in Düngemittel sind kontraproduktiv und führen allenfalls zu kurzfristigen Ertragssteigerungen", führt er weiter aus. Der Boom der Düngemittel nützt vor allem den großen Agrarkonzernen, die umfangreiche Lobbyarbeit leisten. Dadurch tappen viele Kleinbauern in die Schuldenfalle. Langfristig ist es aus seiner Sicht wichtiger, auf den synthetischen Dünger zu verzichten und organische Nährstoffe zu nutzen. Zu einer umfassenden und nachhaltigen Bodenbearbeitungsstrategie zählen auch traditionelle Methoden wie die Gründüngung oder die Intensivbrache.

M 4 *Einsatz von Dünger*

Savannen – Grasländer der Wechselfeuchten Tropen

M 1 *Affenbrotbaum (Baobab) während der Trockenzeit*

Die Wechselfeuchten Savannen

Savannen sind weite Grasländer, die mit Bäumen und Sträuchern durchsetzt sind. Sie sind an das Klima der Wechselfeuchten Tropen angepasst. Dieses Klima ist durch den Wechsel von Regenzeiten und Trockenzeiten gekennzeichnet, sodass es **aride** und humide Monate gibt. Die Savannen sind deshalb **semiarid** beziehungsweise **semihumid**. Je weiter ein Gebiet vom Äquator entfernt liegt, desto kürzer ist die Regenzeit und umso länger die Trockenzeit. Die Dauer und die Menge des Niederschlags bestimmen die Art der Savannenvegetation.

Die Dornsavanne

In der Dornsavanne kommt Gras nur büschelweise vor und wird höchstens 25 Zentimeter hoch. Ganz vereinzelt stehen mal Bäume in der Dornsavanne, die meiste Zeit des Jahres ohne Blätter. Vorherrschend sind Kakteen, die Wasser speichern können, und Dornbüsche. Diese bieten mit ihren kleinen Blättern kaum Oberfläche für die Verdunstung. Die Flüsse führen nur während der Regenzeit Wasser.

Die Trockensavanne

In der Trockensavanne kann das Gras bis zu 1,50 Meter hoch wachsen. Aber auch Bäume kommen vor, die in der Trockenzeit ihre meist kleinen und harten Blätter abwerfen. Ein typischer Baum der Trockensavanne ist die Schirmakazie, die mit ihren langen Pfahlwurzeln auch noch Wasser aus großer Tiefe nutzen kann. Der Affenbrotbaum übersteht die Trockenzeit, weil er in seinem Stamm über Monate Wasser speichern kann.
Auch die Flüsse der Trockensavanne führen nicht ganzjährig Wasser. Dennoch hat sich an den Flussufern ein dichter, ganzjährig grüner Baumstreifen herausgebildet.

Die Feuchtsavanne

Die Feuchtsavanne ist eine Vegetationsform mit bis zu drei Meter hohem Gras und dichtem Baumbewuchs. Die Bäume sind immergrün, nur einige werfen in der Trockenzeit ihr Laub ab. Die Flüsse führen ganzjährig Wasser. An ihren Ufern wächst ein dichter Wald mit vielen Pflanzen. Diese sogenannten „Galeriewälder" nutzen das flach liegende Grundwasser in der Flussnähe und sind immergrün.

M 2 *Affenbrotbaum in der Regenzeit*

1 Vergleichen Sie die Vegetationsprofile und die Fotos. Beschreiben Sie die Veränderungen der Vegetation mit zunehmender Entfernung vom Äquator (**M 1, M 2, M 6** bis **M 8,** Karte S. 31 unten, Atlas).

2 Erklären Sie die unterschiedlichen Anpassungsformen der Vegetation an die Trockenzeit (**M 1** bis **M 8**).

3 Stellen Sie die Merkmale der drei Savannenarten in einer Tabelle zusammen: Dauer der Regen- und Trockenzeit, Vegetation (**M 3** bis **M 8**).

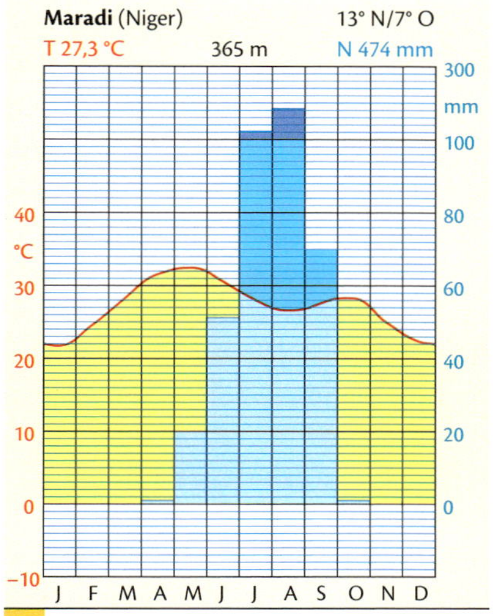

M 3 *Klimadiagramm von Maradi*

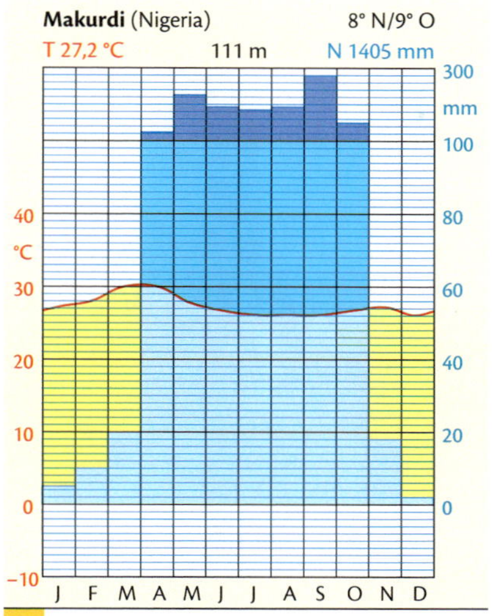

M 4 *Klimadiagramm von Makurdi*

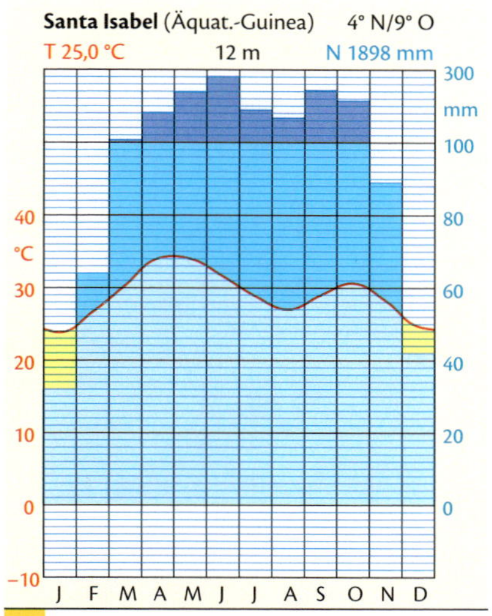

M 5 *Klimadiagramm von Santa Isabel*

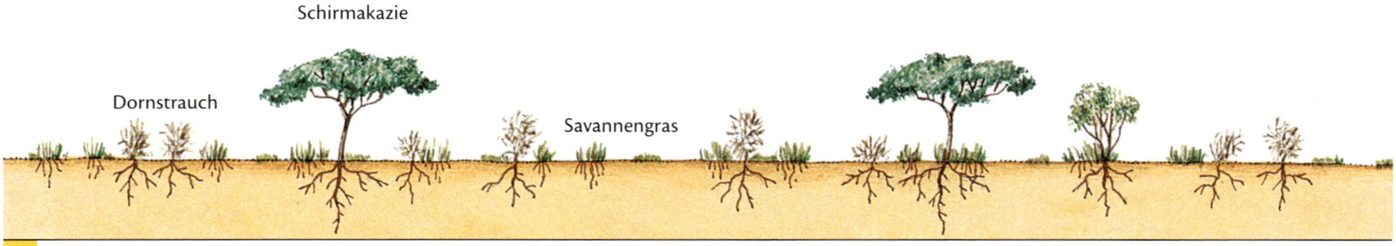

M 6 *Dornsavanne*

M 7 *Trockensavanne*

M 8 *Feuchtsavanne*

Landwirtschaft in den Wechselfeuchten und Trockenen Tropen

M 1 *Ackerbau in Mali*

Natürliche Bedingungen für die Landwirtschaft

In der Dorn- und Trockensavanne muss sich die Landwirtschaft an den Wechsel von Regen- und Trockenzeiten anpassen. Ackerbau ist dort möglich, wo mindestens 250 Millimeter Niederschlag im Jahr fallen. Diese Niederschlagsmenge markiert die **Trockengrenze des Anbaus**. Werden diese Niederschlagsmengen nicht erreicht, ist nur noch Viehzucht möglich.

Regenfeldbau zur Selbstversorgung

Die Bauern leben in festen Siedlungen und bestellen ihre Felder ohne Bewässerung. Diese Form des Anbaus wird **Regenfeldbau** genannt. Am Ende der Trockenzeit beginnen die Bauern mit dem Bestellen ihrer Felder. Mit einfachen Hacken lockern sie die oberste Bodenschicht etwa zehn Zentimeter tief auf. Dieser **Hackbau** ist mühsam, da der Boden ausgetrocknet und dadurch sehr hart ist. Nach den ersten Regenfällen muss schnell gesät werden, damit die Pflanzen die ohnehin geringen Niederschläge voll nutzen können. Es werden Hirse, Mais oder Gerste angebaut, die einmal jährlich geerntet werden können. Der Regenfeldbau ist stark abhängig von den Niederschlagsmengen. Die hohe Variabilität der Niederschläge sorgt dafür, dass es verstärkt zu Ernteverlusten und Hungersnöten in den Wechselfeuchten und Trockenen Tropen kommt.

Hirse – eine standortgerechte Pflanze

Hirse ist ein anspruchsloses Getreide. Die Pflanze braucht viel Wärme, aber nur wenig Feuchtigkeit. Deshalb kann Hirse in der Dornsavanne noch angebaut werden. Die Pflanze erreicht trotz der kurzen Wachstumszeit bis zu fünf Meter Höhe. Die Hirsebauern besitzen meistens kleine Felder von maximal fünf Hektar, die sie mühsam von Hand bewirtschaften. Von den geringen Erträgen müssen ausreichend Körner als Saatgut für das kommende Jahr zurückgelegt und gleichzeitig die Ernährung der Familie gesichert werden.

Bewässerungskulturen für den Export

Die **agronomische Trockengrenze** kennzeichnet die Grenze des Regenfeldbaus. Dafür müssen mindestens 400 bis 500 Millimeter Niederschlag konzentriert auf etwa vier Monate fallen. Auf Feldern außerhalb dieser Grenze erfolgt Bewässerungsfeldbau. Erdnüsse und Zuckerrohr sind Bewässerungskulturen, die für den Export erzeugt werden. Sie werden in Monokulturen in großbäuerlichen Betrieben angebaut.

Probleme der Landnutzung

Durch das exponentielle Bevölkerungswachstum in diesen Regionen steigt der Nutzungsdruck auf die landwirtschaftlichen Flächen, da immer mehr

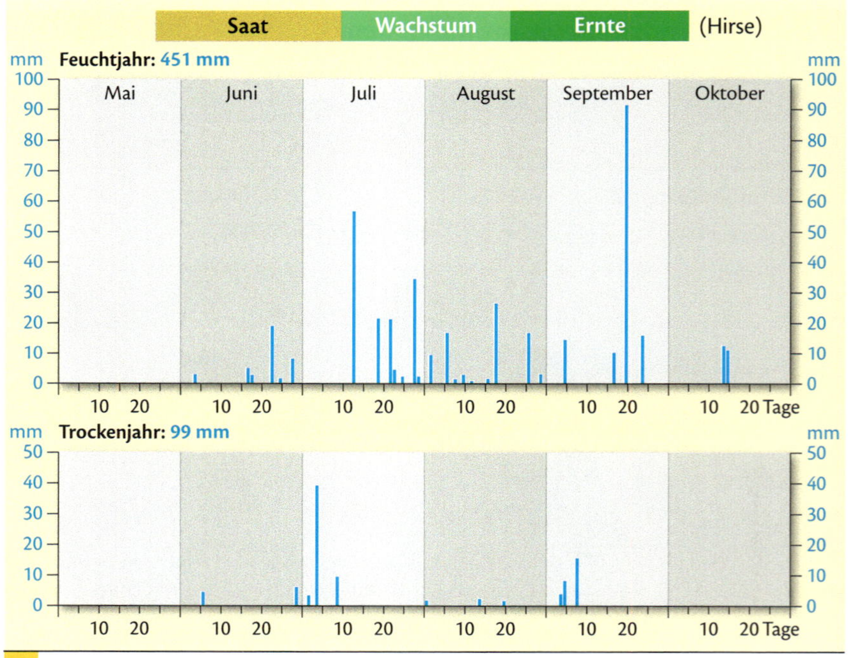

M 2 *Niederschlagsverteilung in Kassala (Sudan) und Feldarbeiten im Hirseanbau*

Menschen ernährt werden müssen. Die Fruchtfolgen und Brachzeiten werden nicht mehr eingehalten und die Flächen durchgängig bewirtschaftet. Der Boden kann sich nicht mehr erholen und die Erträge sinken. Damit die Menschen nicht hungern müssen, wird der Ackerbau auf neue Flächen ausgeweitet. Diese sind jedoch kaum geeignet, da sie nährstoffarm sind oder zusätzlich bewässert werden müssen. In der Folge sinkt der Grundwasserspiegel und die Brunnen versiegen. Durch die Bewässerung und die hohe Verdunstung kommt es zur Bodenversalzung. Es bildet sich auf dem Boden eine harte Kruste aus, die das Wachstum der Pflanzen erschwert.

Einjähriger Anbaukalender für zwei Felder

Monat	Temp. (in °C)	Niederschlag (N in mm)	Tage mit N	Anbaufeld Hirse		Brachfeld
Januar	24	0	0			
Februar	26	0	0	Hacken		
März	30	1	1			
April	33	7	1	Aussaat		
Mai	33	33	4		Jäten	
Juni	31	65	5			Weide für Rinder, Schafe, Ziegen
Juli	28	154	11	Blüte		
August	26	246	13	Ernte		
September	28	100	8			
Oktober	29	21	2			
November	27	1	1	Hacken		
Dezember	24	0	0			

M 3 *Anbaukalender für Hirse*

Nach drei ausgebliebenen Regenzeiten hintereinander steht Somalia vor einer humanitären Katastrophe. Fast jeder vierte Bewohner des Landes ist von Hunger und Unterernährung bedroht. Bei gleichbleibender Situation sind im nächsten Jahr über 4,5 Millionen Menschen in Somalia auf Nahrungsmittelhilfen angewiesen. Die Bevölkerung wächst schnell: Mit etwa sechs Geburten pro Frau liegt Somalia damit weltweit auf einen der vorderen Plätze bei der Fertilität. Leben aktuell etwa 12 Millionen Menschen im Land am Horn von Afrika, werden es Schätzungen der Vereinten Nationen nach 2050 über 35 Millionen sein. Wegen der anhaltenden Dürre werden Nahrung, Wasser und Ackerland in der Region knapp. In den letzten Jahrzehnten kam es außerdem zu Bürgerkriegen und anderen blutigen Auseinandersetzungen der herrschenden Milizen. Etwa 170 000 Menschen haben ihre Heimat deshalb aufgegeben und ziehen als Flüchtlinge nach Norden, auf der Suche nach einer neuen Lebensgrundlage. „Die Konflikte und die Folgen der Corona-Pandemie haben die von Hunger betroffenen Regionen der Erde hart getroffen", erläutert Bundesentwicklungsminister Müller auf einer Pressekonferenz. Viele Menschen müssen fliehen, globale Lieferketten sind unterbrochen und die Preise für Lebensmittel steigen. Müller führt weiter aus: „Hunger ist Mord, denn wir haben das Wissen und die Technologie, alle Menschen satt zu machen. Eine Welt ohne Hunger ist möglich. Wir müssen Hunger- und Armutsbekämpfung als Friedensaufgabe verstehen und auf nachhaltige Ernährungs- und Landwirtschaft setzen. Durch gemeinsames Engagement aller kann es gelingen, den Hunger bis 2030 zu besiegen!".

M 4 *Humanitärer Notstand in Somalia 2021*

1 Charakterisieren Sie Bedingungen für die landwirtschaftliche Nutzung der Wechselfeuchten und Trockenen Tropen (**M 1** bis **M 3**, Klimadiagramme S. 56/57).

2 Erläutern Sie die Merkmale des Regenfeldbaus (**M 1** bis **M 3**).

3 Kennzeichnen Sie Hirse als Kulturpflanze (**M 3**).

4 Entwickeln Sie ein Wirkungsgefüge, an dem Sie die Probleme der Landnutzung in den Wechselfeuchten und Trockenen Tropen erklären (**M 4**, **M 5**).

5 Recherchieren Sie den Begriff Land Grabbing und informieren Sie sich im Internet über Großprojekte. Beurteilen Sie die Folgen des Land Grabbings für die Tropen (**M 5**, ***Eine Internetrecherche durchführen***).

In der nordnigerianischen Provinz Jigawa wird groß geplant: Ein chinesischer Investor hat 12 000 Hektar Land für den Anbau und die Verarbeitung von Zuckerrohr erworben. „Wir werben aktiv große landwirtschaftliche Unternehmen und Investoren aus anderen Ländern an", berichtet ein Regierungssprecher, „und unser Wunschpartner ist China". 23 Firmen aus dem Reich der Mitte haben bereits ihr Interesse bekundet. Jigawa hat seit einigen Jahren mit Angriffen einer islamistischen Terrorgruppe zu kämpfen. Die Felder werden kaum noch bestellt, weil die Menschen große Angst haben; es herrscht eine Hungersnot. Vom geplanten Projekt erhofft sich die Regierung eine Neubelebung der Region und die Schaffung von neuen Arbeitsplätzen. Zurzeit sichert der fruchtbare Landstrich noch das Leben von 12 000 Familien. Diese sollen zwangsumgesiedelt werden. Bürgervereine haben Klage gegen das Land Grabbing eingereicht. Sie befürchten durch das Projekt den Verlust ihrer Lebensgrundlage und die Anstellung in der Zuckerrohrplantage für einen zu niedrigen Lohn.

M 5 *Land Grabbing – große Agrarinvestitionen in Nigeria sichern Chinas Hunger nach Zucker*

Wüsten – trocken, doch nicht wüst und leer

Wüste ist nicht gleich Wüste

Wüsten bedecken etwa ein Fünftel der Festlandsfläche der Erde. Sie haben eine unterschiedliche geographische Lage und Größe. Wesentliche gemeinsame Merkmale sind das aride Klima, große Temperaturamplituden und die karge oder fehlende Vegetation. Im Bereich der Wendekreise entstehen aufgrund der Trockenheit **Wendekreis- oder Passatwüsten**. In den Polargebieten bilden sich durch den Wärmemangel **Kältewüsten**. Durch die meeresferne Lage im Inneren großer Kontinentmassen entstehen **Binnenwüsten**. Durch kalte Meeresströmungen kann es zur Ausbildung von **Küstenwüsten** kommen.

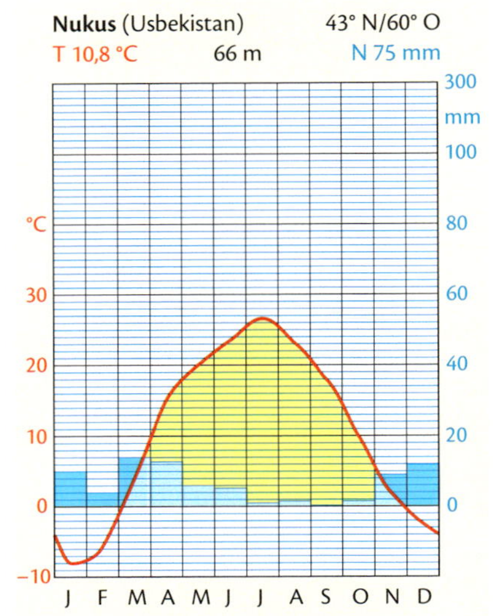

M 1 *Klimadiagramm Nukus*

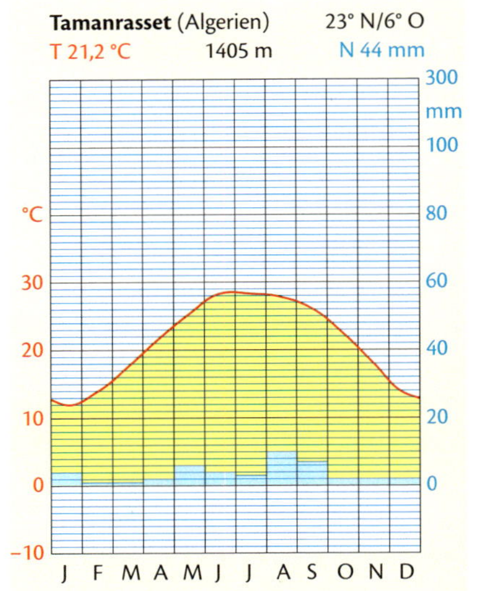

M 2 *Klimadiagramm Tamanrasset*

Die Sahara – größte Wüste der Erde

Die Sahara ist mit neun Millionen Quadratkilometern fast so groß wie Europa. Am meist tiefblauen Himmel scheint die Sonne im Jahr bis zu 4300 Stunden lang (in Deutschland durchschnittlich 1700 Stunden). Temperaturen zwischen 50 und 60 Grad Celsius sind möglich. In der Wüste kann es aber auch sehr kalt werden. Die sehr trockene Luft bietet nachts dem Boden keinen Schutz vor Wärmeverlust. Starke Abkühlung auf null Grad Celsius und darunter ist keine Seltenheit. Die starken Temperaturunterschiede zwischen Tag und Nacht führen zur Bildung von Tau, oft die einzige Feuchtigkeit in der Wüste. Der Wassermangel bestimmt das Leben von Pflanzen, Tieren und Menschen.

Gesichter einer Wüste

Die großen Temperaturunterschiede zwischen Tag und Nacht führen zu Spannungen im Gestein und schließlich zur physikalischen **Verwitterung.** Tagsüber dehnt das Gestein sich in der Hitze aus. Wenn es sich abends abkühlt, zieht es sich wieder zusammen. Dabei entstehen Risse. Felsplatten zerspringen in scharfkantige Stücke. Manchmal klingt es wie ein Pistolenschuss, wenn ein Stein zerspringt. Auf diese Weise werden die Stein- und Felswüsten der Sahara gebildet. Diese **Hamadas** sind zum Teil gewaltige Erhebungen mit blankem Fels und groben Gesteinstrümmern. Trotz der extremen Trockenheit kann man dort Spuren von fließendem Wasser erkennen. Es regnet selten in den Hamadas, aber wenn, dann stürzen die Wassermassen sintflutartig nieder. Der ausgetrocknete Boden kann die riesigen Regenmengen nicht aufnehmen. In Tälern, die sonst trocken liegen, fließt das Wasser oberflächlich ab. Diese Trockentäler heißen **Wadis**. Nach Regenfällen fließen dort reißende Flüsse. Wehe dem, der jetzt hier sein Zelt aufgeschlagen hat oder mit dem Geländewagen auf dem Weg durch das Wadi ist.

Wenn die Wadis Wasser führen, werden Geröll, Kies und auch Sand abgetragen und auf weiten ebenen Flächen abgelagert. So entstehen die Kieswüsten, die im Arabischen **Serir** heißen. Der feine Sand wird vom Wind ausgeblasen und als Sandwüste, **Erg,** abgelagert. Die **Dünen** können bis zu 300 Meter hoch werden.

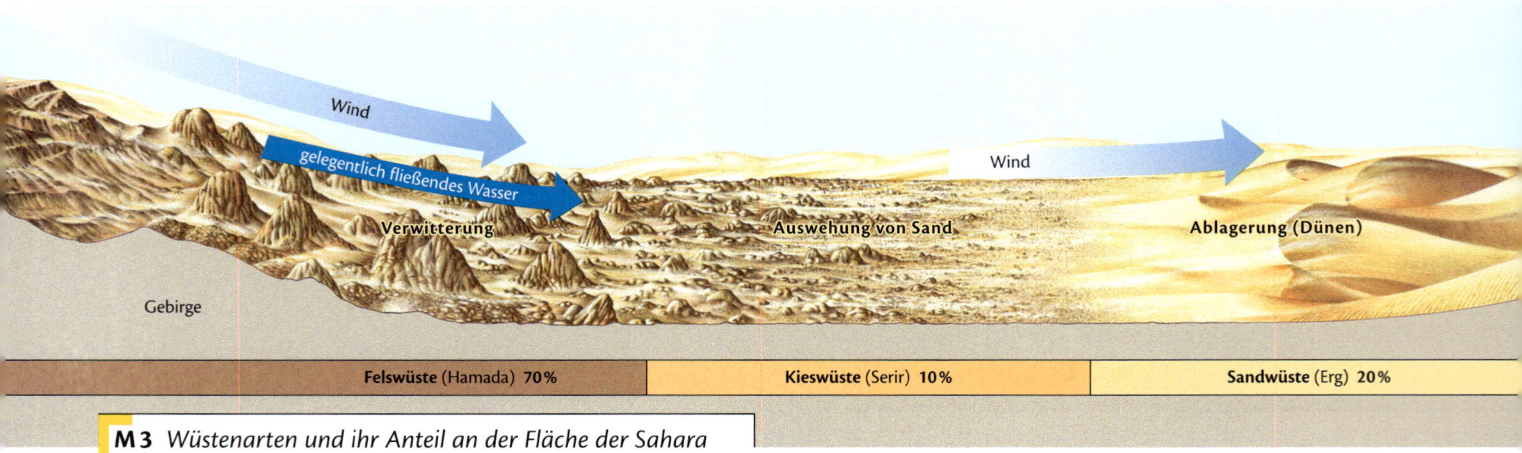

M 3 *Wüstenarten und ihr Anteil an der Fläche der Sahara*

Pflanzen – Meister der Anpassung

Pflanzen, die in der Wüste wachsen, haben sich dem extremen Klima angepasst. Man unterscheidet ausdauernde und kurzlebige Pflanzen. Die ausdauernden Pflanzen sind immer da. Ihnen reicht oft der nachts gebildete Tau als Wasserquelle. Manche von ihnen schränken ihre Verdunstung durch winzige Blätter oder Dornen ein. Andere speichern das wenige Wasser in ihren Blättern oder im Stamm. Außerdem besitzen manche Pflanzen, wie Dattelpalmen, Pfahlwurzeln, die bis tief in die Grundwasserschichten reichen. Der Samen der kurzlebigen Pflanzen wartet viele Jahre, um zu neuem Leben erweckt zu werden. Er hält jahrelange Dürre aus. Sobald es nach langer Zeit einmal wieder regnet, keimt er und die Pflanzen sprießen und blühen in kürzester Zeit, um bestäubt zu werden und wieder Samen oder Früchte auszubilden. Die Wüste verwandelt sich in ein einzigartiges Blumenmeer. Nach wenigen Wochen ist dieser Blütenzauber wieder vorbei. Die abgeworfenen Samen überdauern im Boden bis zum nächsten Regen.

1 Beschreiben Sie die Verbreitung von Wüsten auf der Erde und ordnen Sie diese den Begriffen Wendekreiswüste, Binnenwüste, Kältewüste und Küstenwüste zu (Satellitenbild S. 32/33, Atlas, ***Eine Internetrecherche durchführen***).
2 Vergleichen Sie die Merkmale des Klimas in Nukus und Tamanrasset und ordnen Sie die Begriffe heiße Wüste und winterkalte Wüste zu (**M 1** und **M 2**).
3 Erläutern Sie die Entstehung von Hamada, Serir und Erg (**M 3** bis **M 6**).
4 Stellen Sie die Anpassungsmechanismen von Pflanzen und Tieren in der Wüste dar. Wählen Sie dazu eine Pflanze, zum Beispiel die Wüstenrose, oder ein Tier, zum Beispiel den Fennek, aus (**M 4**).
5 Diskutieren Sie die Aussage: „Wüsten sind trocken, aber nicht wüst und leer."

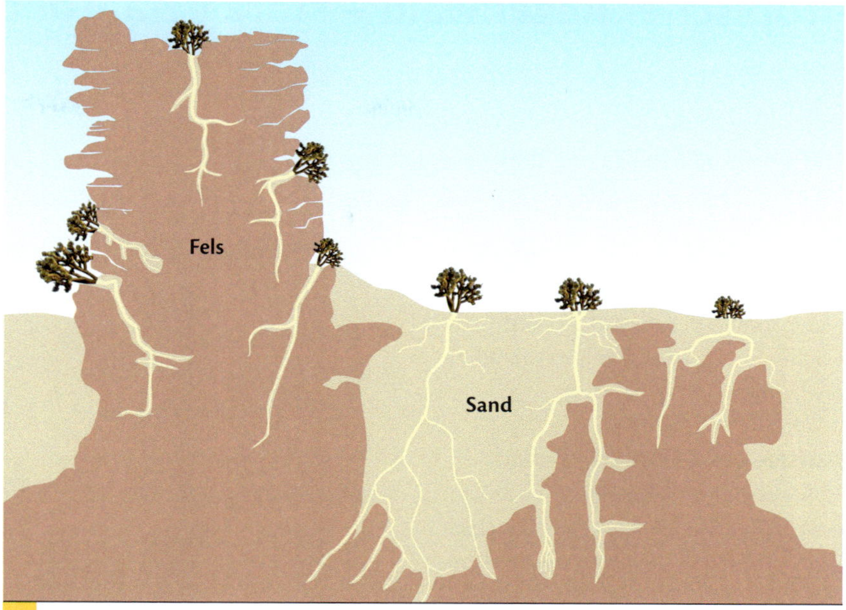

M 4 *Pflanzenwachstum bei Wassermangel*

M 5 *Fels- und Gesteinswüste (Hamada)*

M 6 *Sandwüste (Erg)*

Tropischer Regenwald – stark gefährdet und hoch sensibel

Dynamische Entwicklungen

Die Anzahl und die Größe der landwirtschaftlichen Nutzflächen in den Tropen hat in den letzten Jahren zugenommen. Das liegt vor allem am Bevölkerungswachstum in der Region. Es wird mehr Fläche zum Bau von Siedlungen und für die Landwirtschaft benötigt.

Aufstrebende Holzwirtschaft

Vor allem im Südosten Amazoniens lässt sich eine zunehmende Erschließung des tropischen Regenwaldes beobachten. Auf dem Gebiet des brasilianischen Bundesstaates Rondônia wurde in den 1970er-Jahren ein staatlich gefördertes Projekt zur großflächigen infrastrukturellen Erschließung in Auftrag gegeben. Zu dieser Zeit lebten dort nur indigene Völker wie die Guaporé. Anfang der 1980er-Jahre wurde Rondônia ein eigenständiger Bundesstaat. Der bedeutendste Wirtschaftsbereich ist die Holzwirtschaft. Für die Gewinnung von Nutz- und Brennholz und das Anlegen von Plantagen finden umfassende Rodungsmaßnahmen statt. Etwa 25 Prozent des Primärwaldes von Rondônia sind bereits abgeholzt worden. Neben der Holzindustrie und der Schaffung von landwirtschaftlicher Nutzfläche werden Bodenschätze abgebaut und neue Straßen angelegt.

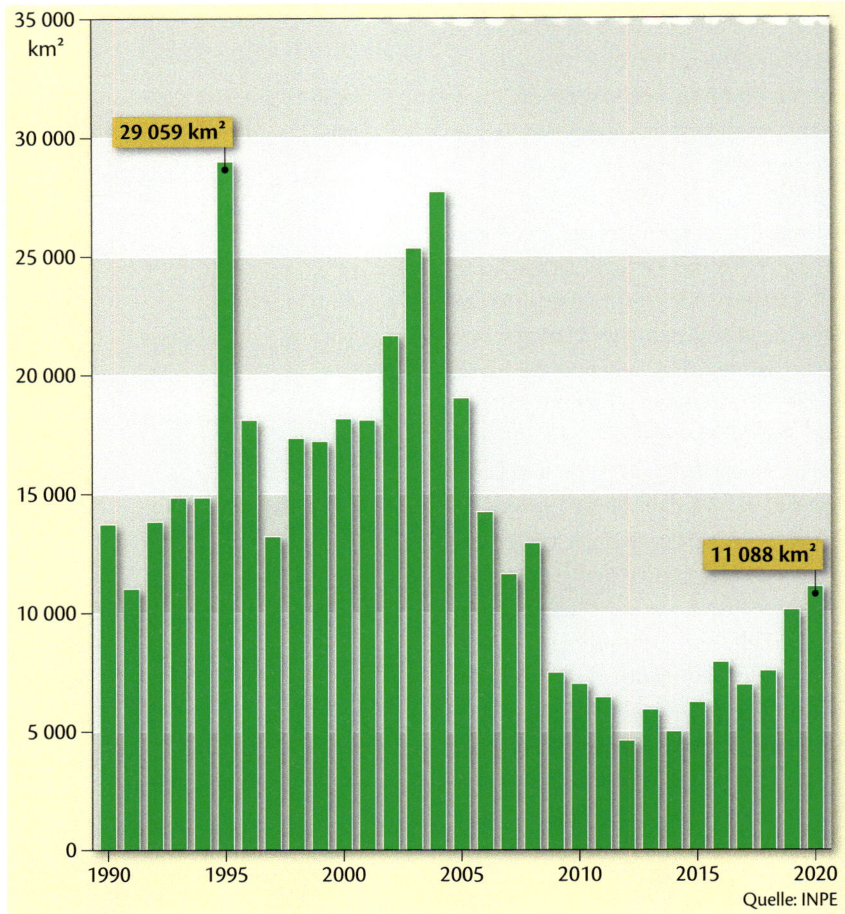

M 1 *Rodung von tropischem Regenwald in Brasilien seit 1990 in Quadratkilometer*

Gezielte Entwaldung für Siedlungen und Straßenbau

Die Bevölkerung Rondônias wächst schnell. Viele Menschen wandern in die Region ein, um auf den Plantagen, in den Sägewerken oder im Bergbau zu arbeiten. Sie roden den Wald, um ihre Häuser zu bauen und kleine Gärten für die Selbstversorgung anzulegen. Zusätzlich stellen sie Holzkohle her, die sie verkaufen können. Diese Arbeiten führen zu einem weiteren Holzeinschlag, der teilweise auch illegal erfolgt.

Für die Versorgung der Menschen und den Abtransport der gewonnenen Produkte werden Straßen ausgebaut und neu angelegt. Dafür müssen etwa 100 Meter breite Schneisen in den Regenwald geschlagen werden. Die Fernstraßen wie die Transamazônica durchqueren Südamerika auf etwa 4 500 Kilometern. Sie sind den starken Regenfällen und den schweren Lkw permanent ausgesetzt. Es kommt häufig zu Unterspülungen oder Brückeneinstürzen, die den Handel und die Versorgung der Bevölkerung gefährden. Manche Streckenabschnitte sind in der Regenzeit unbefahrbar. Um die Pisten dauerhaft zu sichern, wurden viele Straßen in den letzten Jahren asphaltiert. Auch Kanäle und Brücken werden zusätzlich angelegt. In Rondônia soll

Region	Anbau von Nutzpflanzen, Plantagen	Schaffung von Weideland	Gewinnung von Nutz- und Brennholz	Ausbau von Infrastruktur	Subsistenzwirtschaft	Waldbrände
Amazonien	8	63	6	2	12	9
Kongobecken	71	1	6	1	21	0
Indonesien	43	0	10	5	22	20

Quelle: Statista 2022

M 2 *Ursachen der Waldrodung im tropischen Regenwald, Angaben in Prozent*

langfristig ein Logistikzentrum aufgebaut werden, das den Handel zwischen dem Amazonas und den Anden kontrolliert.
Die Entwaldung des tropischen Regenwaldes in Amazonien erfolgt großflächig und systematisch. Sie wird staatlich unterstützt und kann als **Deforestation** bezeichnet werden. Die indigenen Völker werden dabei gezielt umgesiedelt. Sie müssen ihre Dörfer verlassen und arbeiten als Saisonarbeiter für niedrige Löhne.

Zerstörung des Regenwaldes

Schon das Fällen eines Urwaldriesen beeinträchtigt das Zusammenspiel der Arten im tropischen Regenwald. Die Luftfeuchtigkeit sinkt, die Temperatur steigt. Gerodete Flächen erwärmen sich schneller als bewaldete. Niederschläge werden nicht aufgenommen, sondern fließen oberflächlich ab. Der Grundwasserspiegel sinkt. Da die schützende Pflanzendecke fehlt, erodiert der Boden bei Starkregen. Die Kreisläufe von Wasser, Energie und Nährstoffen sind zerstört.
Durch die Abholzung der tropischen Regenwälder kann sich das Weltklima ändern, da der gerodete Regenwald keine Feuchtigkeit mehr an die Luft abgeben kann. Zudem nimmt der Kohlenstoffdioxidgehalt der Atmosphäre zu, da die abgeholzten Bäume nicht mehr als Kohlenstoffsenke dienen.
Mit dem tropischen Regenwald verschwindet auch der Artenreichtum. Experten schätzen, dass jährlich bis zu 17 500 Arten verloren gehen könnten, von denen viele noch gar nicht entdeckt worden sind.

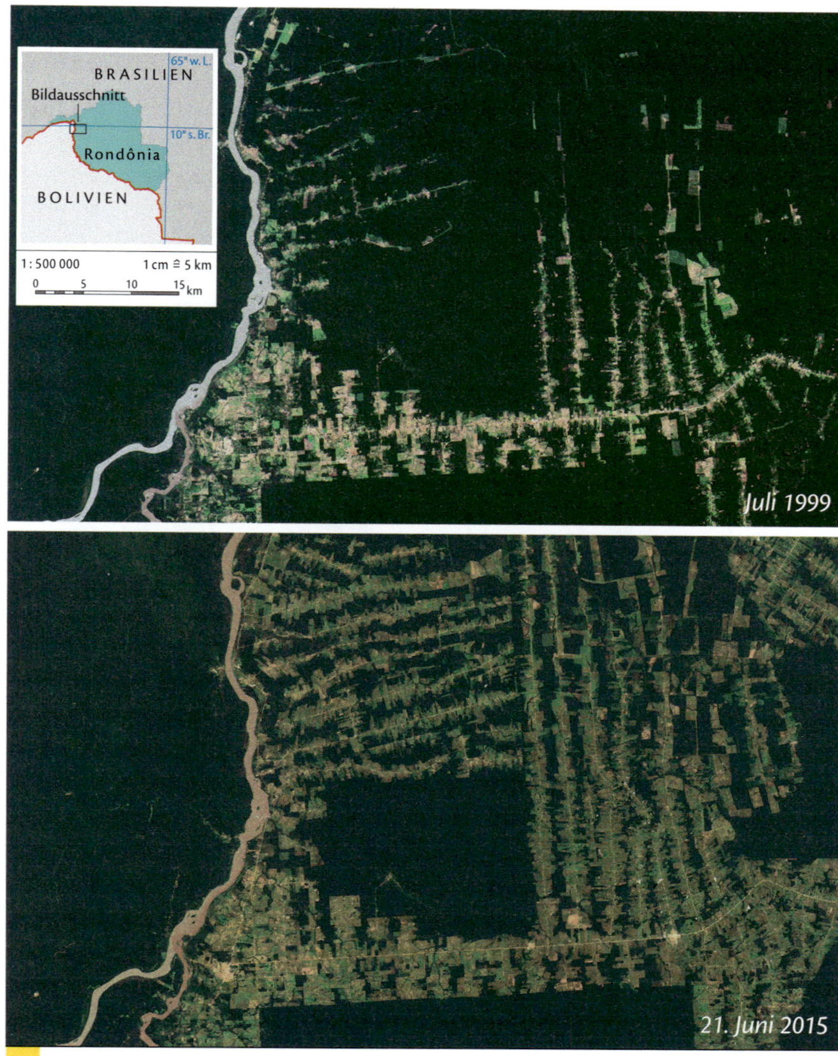

M 3 *Tropischer Regenwald bei Nova Mamoré, Brasilien*

Für uns Bauern tief im Amazonasregenwald ist die einzige Möglichkeit, das Überleben zu sichern, die Abholzung. Wir roden die Flächen, damit wir unsere Süßkartoffeln anbauen und unsere Tiere weiden können. Meine Familie lebt hier seit 15 Jahren und wir verdienen unseren Lebensunterhalt mühsam mit ein paar Pferden, Rindern, Schweinen und Enten. In der Trockenzeit gehe ich für drei Monate in die Stadt, um im Straßenbau oder im Sägewerk etwas dazuzuverdienen. Meine Frau versorgt dann die Tiere. Außerdem muss immer jemand zu Hause sein, falls die Brände auf unser Grundstück übergreifen. Wir haben keine Unterstützung der Regierung, nur die von Gott.

M 4 *Ein brasilianischer Kleinbauer berichtet*

1 Beschreiben Sie die geographische Lage Rondônias (Karte S. 196).

2 Erläutern Sie die Ursachen der Zerstörung der tropischen Regenwälder am Beispiel Rondônia (**M 1**, **M 2**).

3 Charakterisieren Sie die Landschaftsveränderungen, indem Sie die Satellitenbilder auswerten (**M 3**).

4 Recherchieren Sie den aktuellen Stand der Landschaftsveränderung (**M 3**, ***Mit digitalen Globen arbeiten***).

5 Beurteilen Sie die Rodungsaktivitäten durch Kleinbauern im tropischen Regenwald (**M 4**).

6 Erklären Sie, welche Auswirkungen die Vernichtung der Regenwälder weltweit und auf die Region selbst hat (**M 1**, **M 2**, **M 3**).

7 Führen Sie ein Entscheidungsspiel durch, ob der verbliebene Regenwald weltweit unter Naturschutz gestellt werden sollte. An Ihrem Spiel sollten Vertreter der Regierung, große Holzfirmen, Rinderhalter, Plantagenbesitzer, indigene Völker und Naturschützer beteiligt sein (**M 1** bis **M 4**, ***Entscheidungsspiele durchführen***).

Geo-Check: Klima und Vegetation in den Tropen und Trockenen Subtropen erklären

Sich orientieren

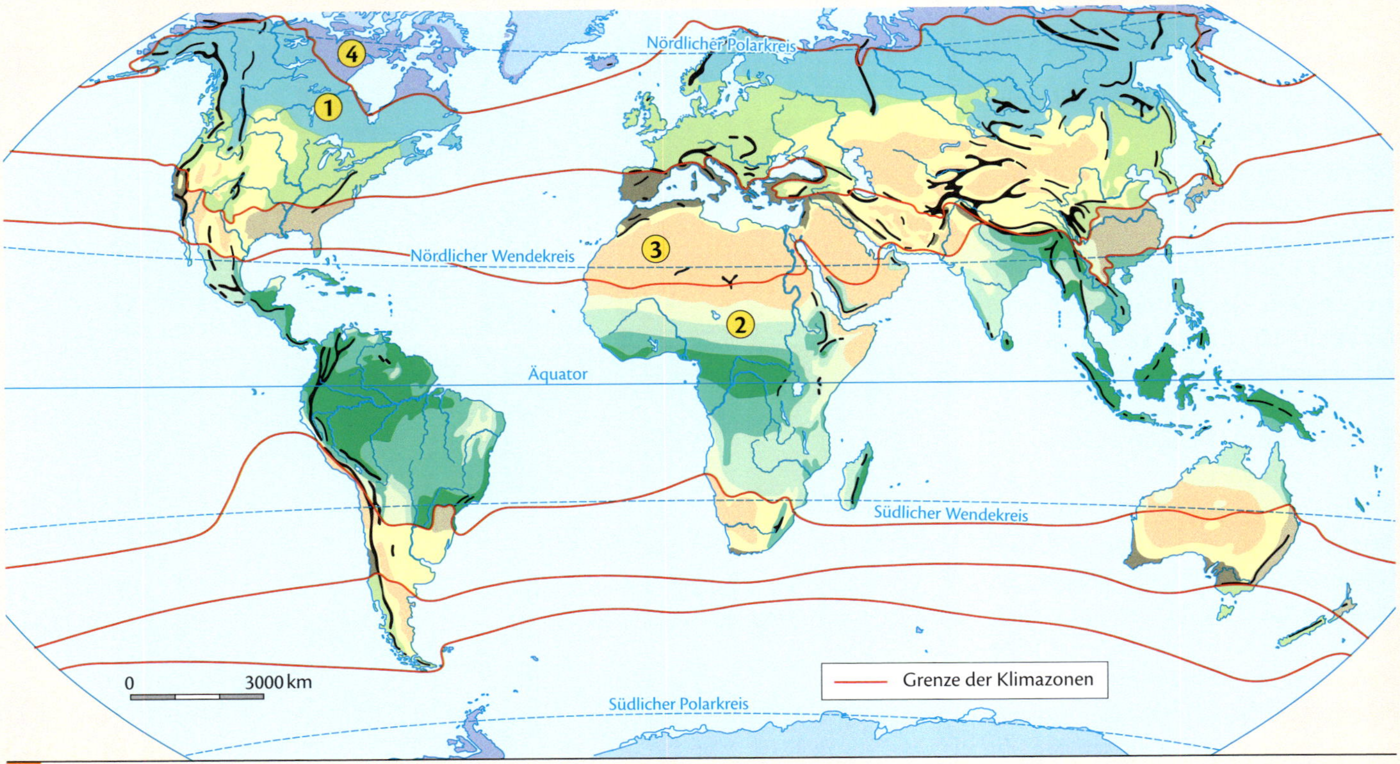

M 1 *Vegetationszonen*

1 Arbeiten Sie mit der Karte. Benennen Sie für die dargestellten Orte 1 bis 4 die Klima- und Vegetationszone und beschreiben Sie deren Merkmale (**M 1,** Karten S. 31, Atlas).

2 Ordnen Sie die Bilder der entsprechenden Klima- und Vegetationszone zu. Begründen Sie Ihre Wahl (**M 2**).

3 Benennen Sie die Klima- und Vegetationszonen, in denen die Städte liegen: New York – Lagos – Teheran – Rio de Janeiro – Irkutsk – Peking – Dakar – Stockholm – Würzburg (**M 1,** Karten S. 31 unten und S. 198/199, Atlas).

M 2 *In den Vegetationszonen*

Erde: globale Erwärmung und Kohlenstoffdioxid-Ausstoß

Globale Erwärmung

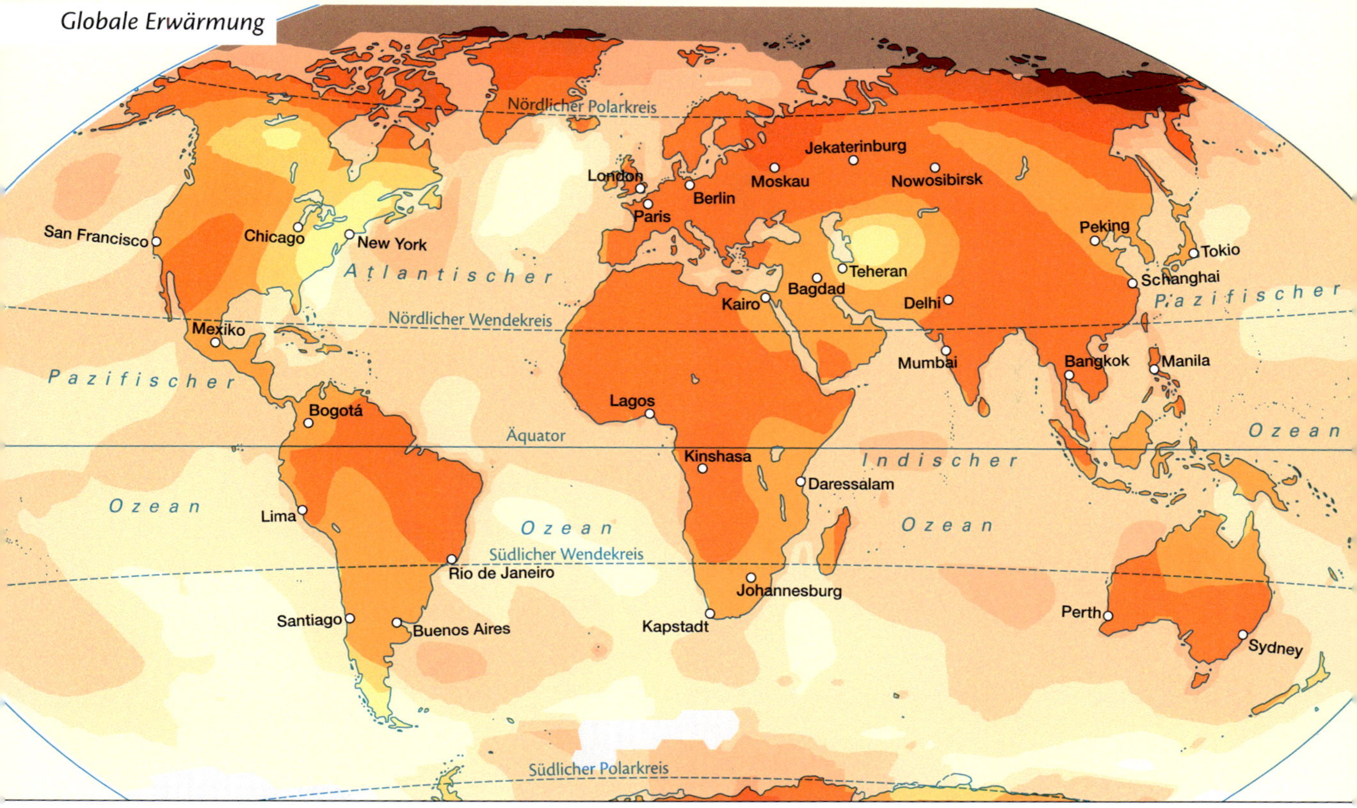

Abweichung der monatlichen Durchschnittstemperaturen Januar–Dezember 2011–2019 (im Vergleich zu 1951–2000)

-0,2 – 0,2 °C | -0,2 – 0,2 °C | 0,2 – 0,5 °C | 0,5 – 1 °C | 1 – 2 °C | 2 – 4 °C | 4 – 5,8 °C | keine Angaben

Quelle: GISS Surface Temperature Analysis (GISTEMP). NASA Goddard Institute for Space Studies

0 3000 km

Kohlenstoffdioxid-Ausstoß

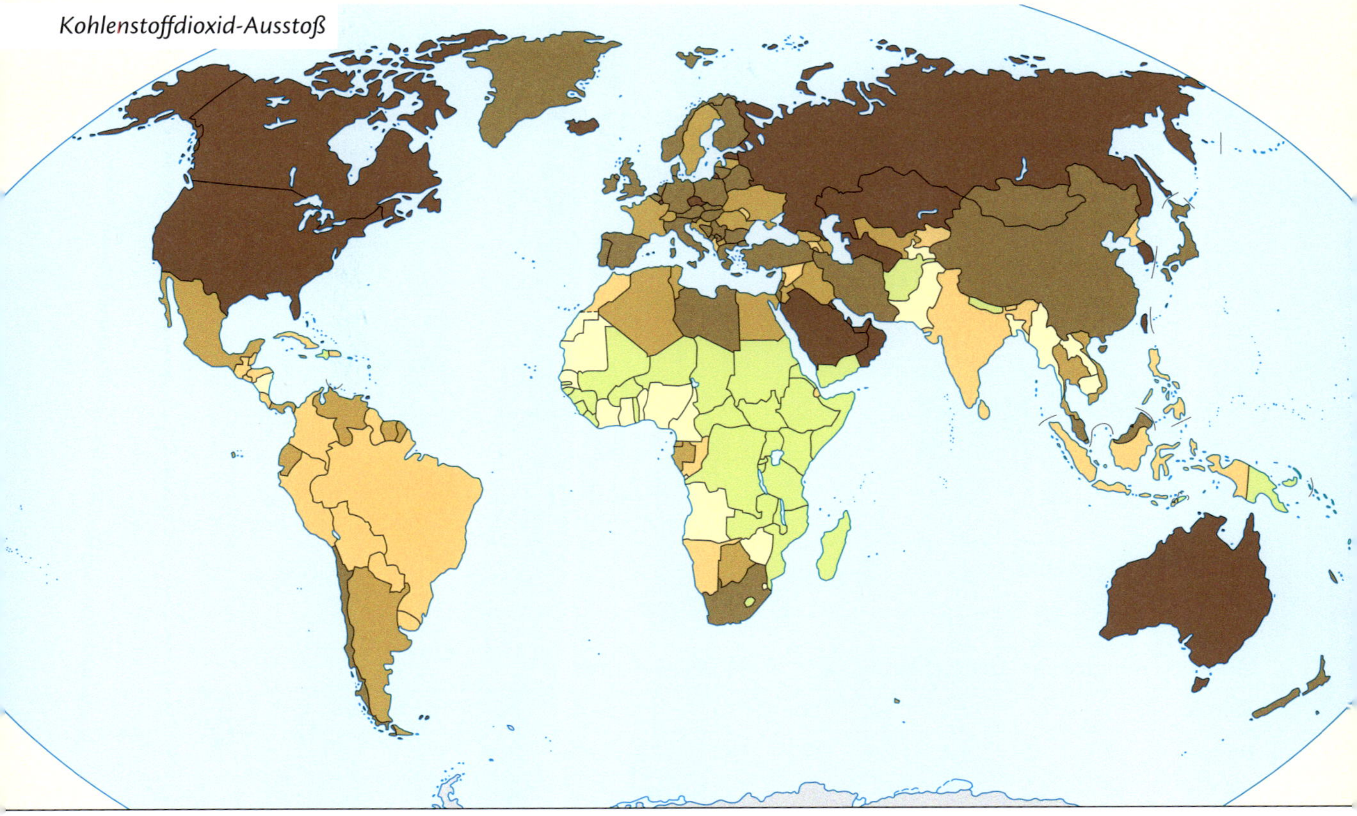

Kohlenstoffdioxid-Ausstoß je Einwohner 2018 in Tonnen (aus dem Verbrauch durch Energie-Erzeugung)

unter 0,5 t | 0,5 – 1 t | 1 – 2,5 t | 2,5 – 5 t | 5 – 10 t | über 10 t | keine Angaben

Quelle: EDGARv4.3, European Commission, Joint Research Centre (JRC)/PBL Netherlands Environmental Assessment Agency

0 3000 km

Können und anwenden

7 Nehmen Sie begründet Stellung zu der Aussage in **M 5**. Erläutern Sie die tatsächlichen Zusammenhänge.

M 5 *Korrekte Berechnung der Jahresmitteltemperatur und der Jahresniederschlagssummen?*

8 Ordnen Sie die untenstehenden Klimadiagramme den entsprechenden Klima- und Vegetationszonen zu. Berücksichtigen Sie die jeweilige Lage auf der Nord- oder Südhalbkugel (**M 6**).

9 Zeichnen Sie das Klimadiagramm von München und werten Sie es aus (**M 7,** S. 42/43).

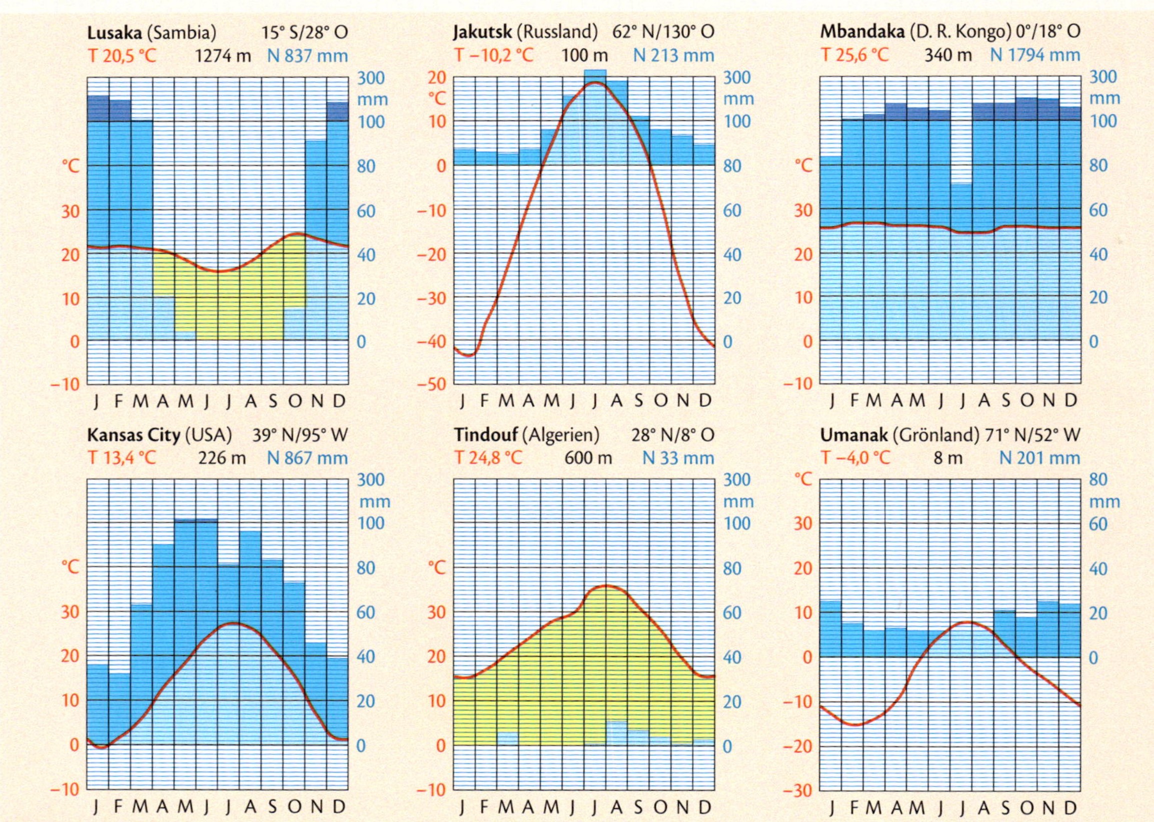

M 6 *Klimadiagramme*

München (Flughafen) (Deutschland) 48° 8' N 11° 35' O 527 m												
Monat	J	F	M	A	M	J	J	A	S	O	N	D	Jahr
Temp	−2,2	0	3,4	7,6	12,2	15,4	17,3	16,6	13,4	8,2	2,8	−0,9	7,8 °C
NS	45	42	47	55	88	109	100	98	68	49	55	49	805 mm

M 7 *Klimawerte von München*

Wissen und verstehen

4 Sortieren Sie die Aussagen in richtige und falsche Aussagen. Verbessern Sie die falschen Aussagen und schreiben Sie diese richtig auf.

Richtig oder falsch?
- Durch die Kugelgestalt der Erde ist der Einfallswinkel der Sonnenstrahlen überall auf der Erde gleich.
- Durch das exponentielle Bevölkerungswachstum in den ariden Subtropen steigt der Nutzungsdruck auf die landwirtschaftlichen Flächen, da immer mehr Menschen ernährt werden müssen.
- Die Tundra ist eine Vegetationszone in der subtropischen Klimazone.
- Auf der Nordhalbkugel weht der Nordostpassat.
- Im Gegensatz zu den mittleren Breiten, in denen wir leben, sind am Äquator alle Tage fast gleich lang.
- Das Klima der Tropen ist ein Jahreszeitenklima.
- Die Wendekreis- oder Passatwüsten liegen im Inneren großer Kontinentmassen.
- Die Niederschlagmenge von 250 mm markiert die Trockengrenze des Anbaus.
- Auf Rodungsflächen im tropischen Regenwald werden Marktfrüchte wie Kaffee, Kakao, Ölpalmen, Bananen oder Sojabohnen in Monokulturen angebaut.

5 Ordnen Sie jedem der Begriffe mindestens zwei Merkmale zu (**M 3**).

M 3 *Geo-Begriffestapel*

6 Erläutern Sie die Zusammenhänge zwischen Klima, Vegetation und Nutzung in den Subtropen und den Tropen (**M 4, M 6** S. 66).

M 4 *Vegetation und Landnutzung*

3 Ursachen und Folgen des Klimawandels erörtern

Es taut nicht nur in der Arktis
Seit vielen Jahren ist der durchschnittliche Temperaturanstieg nirgendwo auf der Erde so hoch wie in der Arktis. Gewaltige Mengen Eis schmelzen, wodurch der Lebensraum der Eisbären erheblich verändert wird. Doch die Auswirkungen des Klimawandels bedrohen nicht nur die Natur in dieser Region, sondern sind überall auf der Erde wahrnehmbar.

In diesem Kapitel erwerben Sie folgende Kompetenzen:
- Beschreiben der Merkmale und Anzeichen für den Klimawandel,
- Erklären der Bedeutung von Treibhausgasen für das Klima,
- Erläutern des Treibhauseffekts,
- Beurteilen der Bedeutung menschlicher Einflüsse für den Klimawandel,
- Beurteilen der Auswirkungen des Klimawandels,
- Charakterisieren der Auswirkungen der globalen Erwärmung auf Meere und Wälder,
- Aufzeigen und Beurteilen der Möglichkeiten des Klimaschutzes,
- Darstellen und Bewerten unterschiedlicher Positionen und Meinungen zum Klimawandel,
- Auswerten von Klimamodellen.

Polarbär auf einer Eisscholle im Norden Kanadas

Anzeichen des Klimawandels

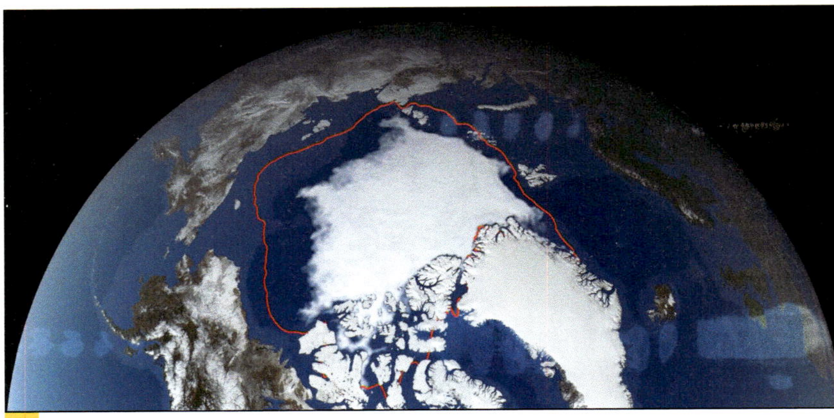

M 1 *Vereisung der Arktis im September 2019 im Vergleich zur durchschnittlichen minimalen Vereisung 1981 bis 2010*

Temperaturen steigen

In der Erdgeschichte gab es immer Klimaschwankungen, die jedoch auf natürliche Ursachen zurückzuführen waren. Erkenntnisse über das Klima der Vergangenheit werden zum Beispiel durch Auswertung von Sedimentablagerungen am Grund von Ozeanen und Seen oder durch Bohrungen im Eis auf Grönland und in der Antarktis gewonnen. Im Eis eingeschlossen sind Luftbläschen aus der Atmosphäre, die bis zu 800 000 Jahre alt sind und Rückschlüsse auf die Konzentrationen von Treibhausgasen in der Atmosphäre sowie die Temperaturen weit in der Vergangenheit ermöglichen.

Schwankungen der Sonnenaktivität werden als eine Ursache von Klimaschwankungen angesehen. Die Sonnenaktivität steigt und fällt in der Regel in einem elfjährigen Zyklus, es wurden aber auch längere Zyklen beobachtet.

Auch Änderungen der Erdbahn um die Sonne oder die Rotationsachse der Erde, Erdbahnparameter genannt, werden als Ursache für Temperaturschwankungen vermutet.

Neben diesen **extraterrestrischen** Ursachen von Klimaschwankungen auf der Erde spielen auch **terrestrische** Ursachen eine Rolle. Plattentektonische Verschiebungen haben Auswirkungen auf die globale Temperatur. Die Bewegung der Kontinentalplatten kann zudem die Meeresströmungen beeinflussen. So führte vor etwa drei Millionen Jahren die Schließung der Landbrücke von Panama dazu, dass der Golfstrom entstand und kaltes Pazifikwasser nicht mehr in den Atlantik strömen konnte. Auch Vulkanausbrüche können für einige Jahre das Klima beeinflussen. Das Freisetzen von Asche, Staub, Kohlenstoffdioxid und Wasserdampf führte schon mehrfach zu einem rapiden Temperaturrückgang auf der Erde. Erst seit der Industrialisierung im 19. Jahrhundert verursachen menschliche Aktivitäten eine globale Zunahme der Temperatur. Dabei gibt es aber deutliche Unterschiede beim Temperaturanstieg zwischen verschiedenen Regionen der Erde. Über Land ist die Erwärmung im Allgemeinen höher als über den Ozeanen. Voraussichtlich wird die globale Temperatur gegenüber vorindustrieller Zeit zwischen 2030 und 2052 um 1,5 Grad Celsius angestiegen sein, wenn die Erwärmung mit der aktuellen Geschwindigkeit weiter zunimmt.

Das Eis an den Polen schmilzt

Seit Jahren beobachten Wissenschaftler einen deutlichen Rückgang der Eisbedeckung an den Polen. Ursache hierfür ist, dass sich in den letzten 50 Jahren in der Arktis die durchschnittliche Lufttemperatur um mehr als ein Grad erhöht hat. Die weltweit gemessene Erwärmung ist geringer. Die vom Meereis bedeckte Fläche vor allem im September (Meereisminimum) geht durchschnittlich alle zehn Jahre um circa dreizehn Prozent zurück. Die Erwärmung des Arktischen Ozeans und eine höhere atmosphärische Wärmezufuhr führen zu früherer Schmelze im Frühling, reduzierter Eisneubildung und somit zu größeren offenen Wasserflächen. Mithilfe von Satelliten beobachten und messen Wissenschaftler seit Jahren auch ein Abschmelzen der Eisschilde und Gletscher Grönlands und der Antarktis, das hauptsächlich auf höhere Lufttemperaturen zurückzuführen ist. Die Eiskappe Grönlands verliert heute fast doppelt so viel Eis durch Schmelzprozesse an der Oberfläche als noch im Zeitraum von 1960 bis 1990. Auch die Antarktis verliert seit 2000 große Eismengen.

Mit zunehmender Erwärmung der Arktis droht auch der **Permafrost** aufzutauen, was schwerwiegende Folgen hätte. Wenn Permafrost abtaut, kann er enorme Mengen der Treibhausgase Kohlenstoffdioxid und Methan freisetzen, was den Klimawandel weiter verstärken würde.

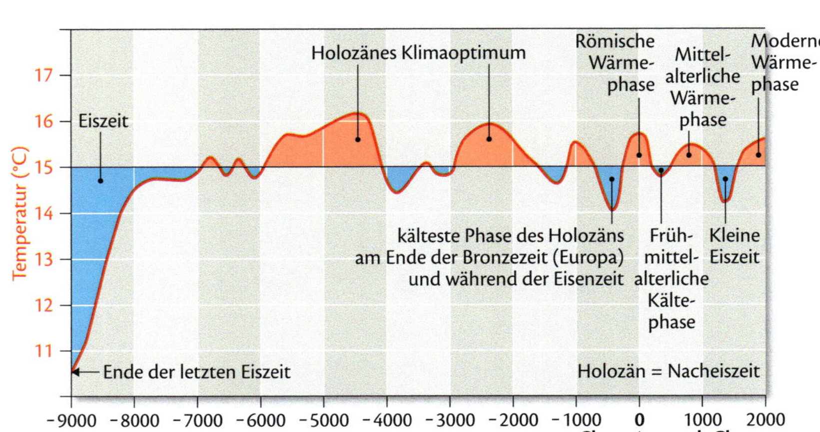

M 2 *Bodennahe Mitteltemperaturen auf der Nordhalbkugel*

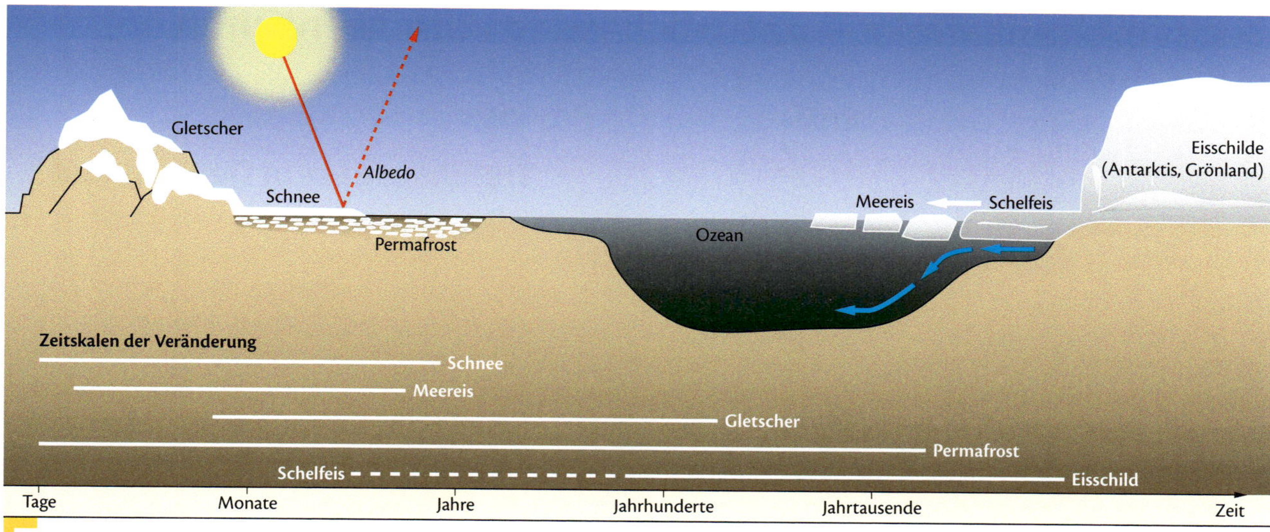

M 3 *Der Einfluss des Eises im Klimasystem*

Gletscher im Gebirge tauen ab

In den Hochgebirgen ist seit einigen Jahrzehnten ebenfalls weltweit ein Abschmelzen der Gletscher zu beobachten. Zwischen den Jahren 2000 und 2014 verloren die Alpengletscher Frankreichs, der Schweiz, Österreichs und Italiens etwa ein Sechstel ihres gesamten Eisvolumens. Hält die Entwicklung an, wird bis 2050 mehr als die Hälfte der alpinen Gletscherfläche von heute verschwunden sein, bis 2100 sogar 90 Prozent. In den Alpen geht damit ein wichtiger Wasserspeicher verloren.

Eis beeinflusst das Klima

Schnee- und eisbedeckte Flächen beeinflussen die Albedo, das Rückstrahlvermögen von Flächen, und damit den globalen Wärmehaushalt der Erde. Schmilzt das Meereis, wird der Flächenanteil des Wassers größer. Damit einhergehend sinkt die **Albedo**, das heißt, die Polgebiete absorbieren einen größeren Teil der einfallenden solaren Strahlung, statt sie zu reflektieren, erwärmen sich weiter und bringen damit das Eis noch stärker zum Schmelzen.

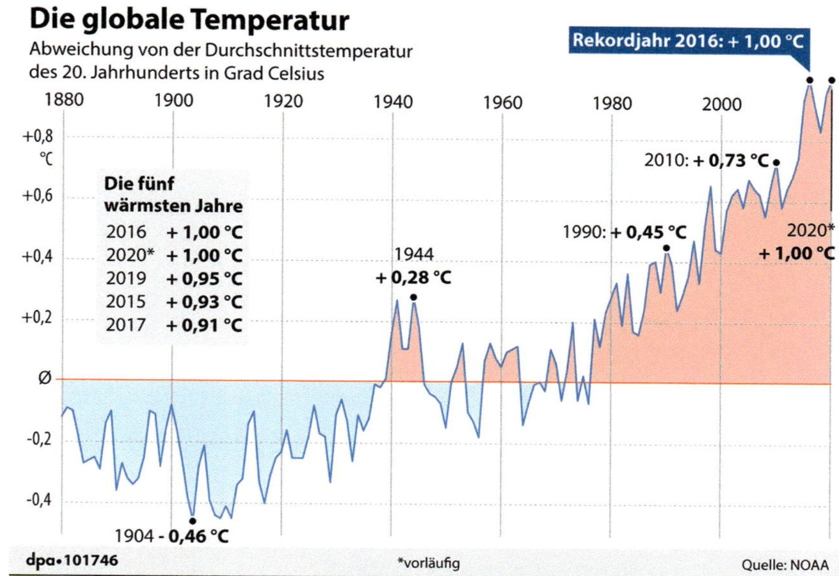

M 4 *Entwicklung der globalen Durchschnittstemperatur*

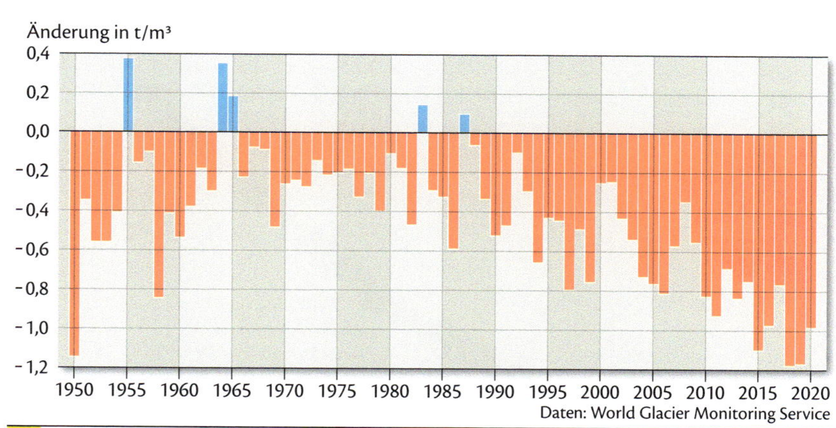

M 5 *Jährliche Veränderung der Gletschermasse weltweit*

1 Erläutern Sie die Entwicklung der globalen Durchschnittstemperatur sowie regionale Unterschiede (**M 2**, **M 4**, Karte S. 67 oben).

2 Stellen Sie in einem Wirkungsgefüge die extraterrestrischen sowie die terrestrischen Ursachen von Klimaschwankungen und deren Folgen dar (**M 2**).

3 Erläutern Sie die Veränderung der Eisbedeckung an den Polen und in den Gebirgen (**M 1**, **M 3** und **M 5**).

4 Bewerten Sie die Rolle des Eises im Klimasystem (**M 3**, **M 5**).

5 Bilden Sie Gruppen und analysieren Sie jeweils die Entwicklung eines Alpengletschers. Präsentieren Sie Ihre Ergebnisse (**M 5**, ***Eine Internetrecherche durchführen***).

Der Treibhauseffekt – natürlich oder vom Menschen gemacht?

M 1 *Karikatur zum Klimawandel*

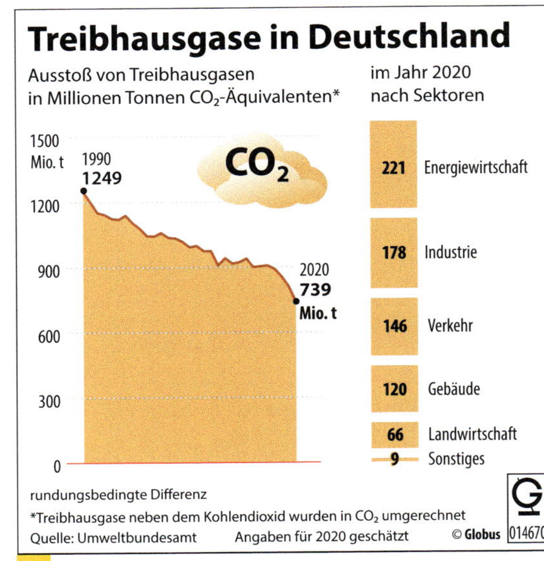

M 2 *Verursacher und Entwicklung des Ausstoßes von Treibhausgasen in Deutschland*

Der natürliche Treibhauseffekt

Die Atmosphäre besteht aus 78 Prozent Stickstoff, 21 Prozent Sauerstoff und der Rest setzt sich aus Wasserdampf sowie Spurengasen zusammen wie zum Beispiel Kohlenstoffdioxid oder Methan. Die kurzwellige Strahlung der Sonne dringt durch die Atmosphäre zur Erdoberfläche, wird von dort absorbiert und in langwellige terrestrische Wärmestrahlung umgewandelt. Ein Teil der Wärmestrahlung wird in das Weltall zurückgesendet. Diese Wärmestrahlung wird von einigen Spurengasen in der Atmosphäre, darunter vor allem Kohlenstoffdioxid (CO_2) und Wasserdampf, absorbiert und als sogenannte Gegenstrahlung der Atmosphäre zur Erdoberfläche zurückgesendet. Durch diesen natürlichen Treibhauseffekt erhöht sich die Temperatur der unteren Atmosphärenschichten um etwa 33 Grad Celsius, sodass auf der Erde eine durchschnittliche Temperatur von 15 Grad Celsius erreicht wird. Ohne diesen natürlichen Treibhauseffekt wäre es auf der Erde sehr viel kälter – minus 18 Grad Celsius im Durchschnitt – und Leben wäre auf unserem Planeten kaum möglich. Der natürliche Treibhauseffekt ist also lebensnotwendig.

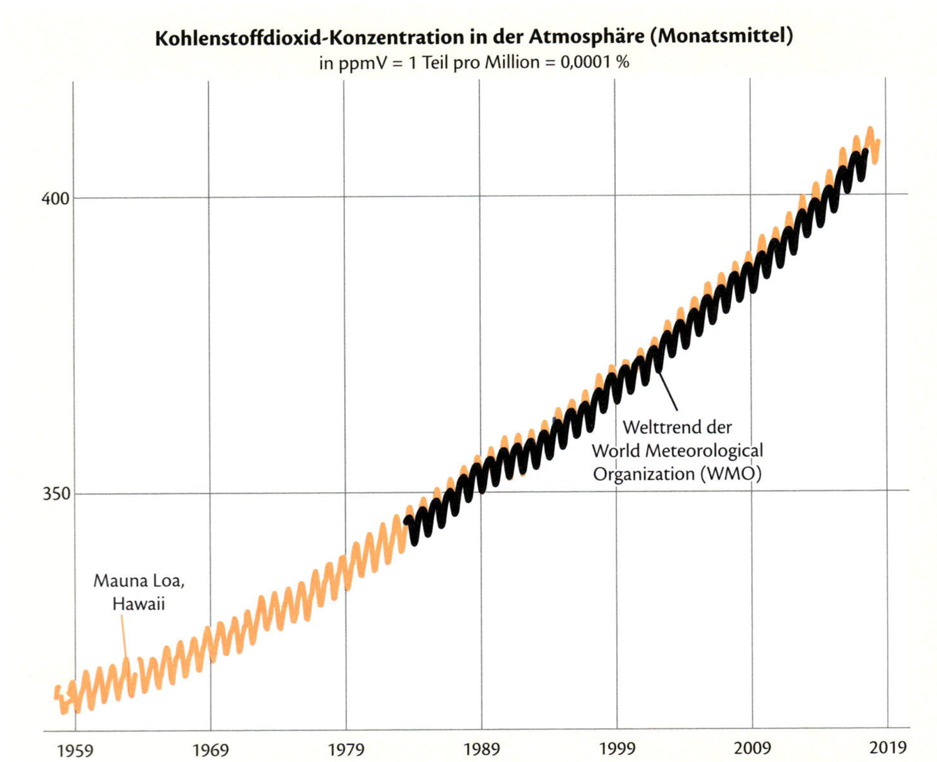

M 3 *Entwicklung der CO_2-Konzentration in der Atmosphäre*

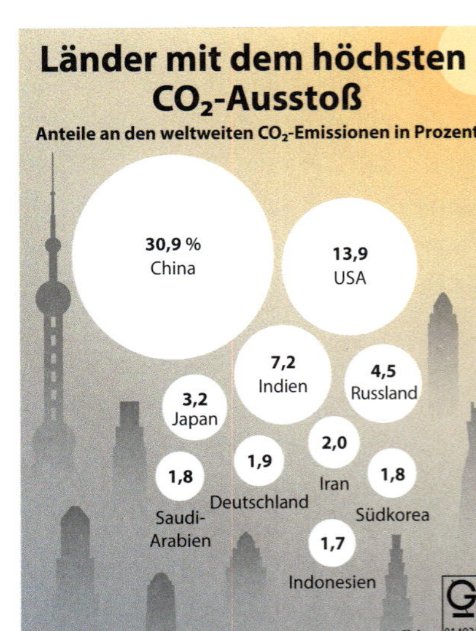

M 4 *Kohlenstoffdioxid-Ausstoß weltweit*

Der anthropogene Treibhauseffekt

Seit Beginn der Industrialisierung wird dieser natürliche Treibhauseffekt durch den anthropogenen Treibhauseffekt verstärkt. Durch menschliche Aktivitäten wie die Verbrennung fossiler Energieträger wie Kohle, Erdöl und -gas und veränderte Landnutzung wie die Ausweitung der Viehzucht werden immer mehr der natürlichen Treibhausgase wie Kohlenstoffdioxid (CO_2), Distickstoffmonoxid (N_2O) und Methan (CH_4) in die Atmosphäre transportiert. Gleichzeitig kommen aber auch neue Treibhausgase hinzu, wie verschiedene Fluorchlorkohlenwasserstoffe (FCKW). Der erhöhte Anteil der Treibhausgase in der Atmosphäre trägt zu einem Ansteigen der Temperaturen auf der Erde bei. Dabei spielt neben der Menge auch die Verweildauer der einzelnen Gase in der Atmosphäre eine entscheidende Rolle, denn dadurch können aktuelle Maßnahmen erst in Jahrzehnten wirksam werden.

	Hauptverursacher	Anteil am Treibhauseffekt	Zunahme der Konzentration seit vorindustrieller Zeit
Kohlenstoffdioxid (CO_2)	Verbrennung fossiler Energieträger wie Kohle, Erdöl und -gas, Entwaldung	66 %	fast 50 %
Methan (CH_4)	Tierhaltung, Abfalldeponien, Nassreisanbau	17 %	etwa 150 %
Distickstoffmonoxid (N_2O)	chemische Industrie, Dünger	6 %	etwa 18 %
Fluorchlorkohlenwasserstoffe (FCKW)	künstlich hergestellt: Kühlmittel, Treibgas in Spraydosen und zum Aufschäumen von Kunststoffen	11 %	100 %

M 5 *Treibhausgase – Verursacher und Klimawirksamkeit*

1 Erstellen Sie ein Erklärvideo zu Ursachen und Folgen des anthropogenen Treibhauseffekts (**M 6**, ***Erklärvideos erstellen***).

2 Erläutern Sie mithilfe der Ergebnisse aus Aufgabe 1 den natürlichen und den anthropogenen Treibhauseffekt (**M 6**).

3 Vergleichen Sie den CO_2-Ausstoß der Länder insgesamt und den jeweiligen Pro-Kopf-Ausstoß von CO_2 (**M 4**, Karte S. 67 unten).

4 Beurteilen Sie die Treibhausgase in Hinblick auf ihre Entstehung, Entwicklung und Klimawirksamkeit (**M 2** bis **M 6**).

5 Werten Sie die Karikatur aus (**M 1**,).

6 Erörtern Sie die Notwendigkeit der Reduzierung von Treibhausgasen in der Atmosphäre (**M 1** bis **M 6**).

7 Klimaskeptiker bezweifeln, dass der CO_2-Ausstoß das Klima beeinflussen kann. Sie betrachten die moderne Wärmephase als eine natürliche Entwicklung. Beurteilen Sie diese Aussagen (**M 3**, **M 5**, **M 6**; S. 70 **M 2**; S. 86 **M 8**).

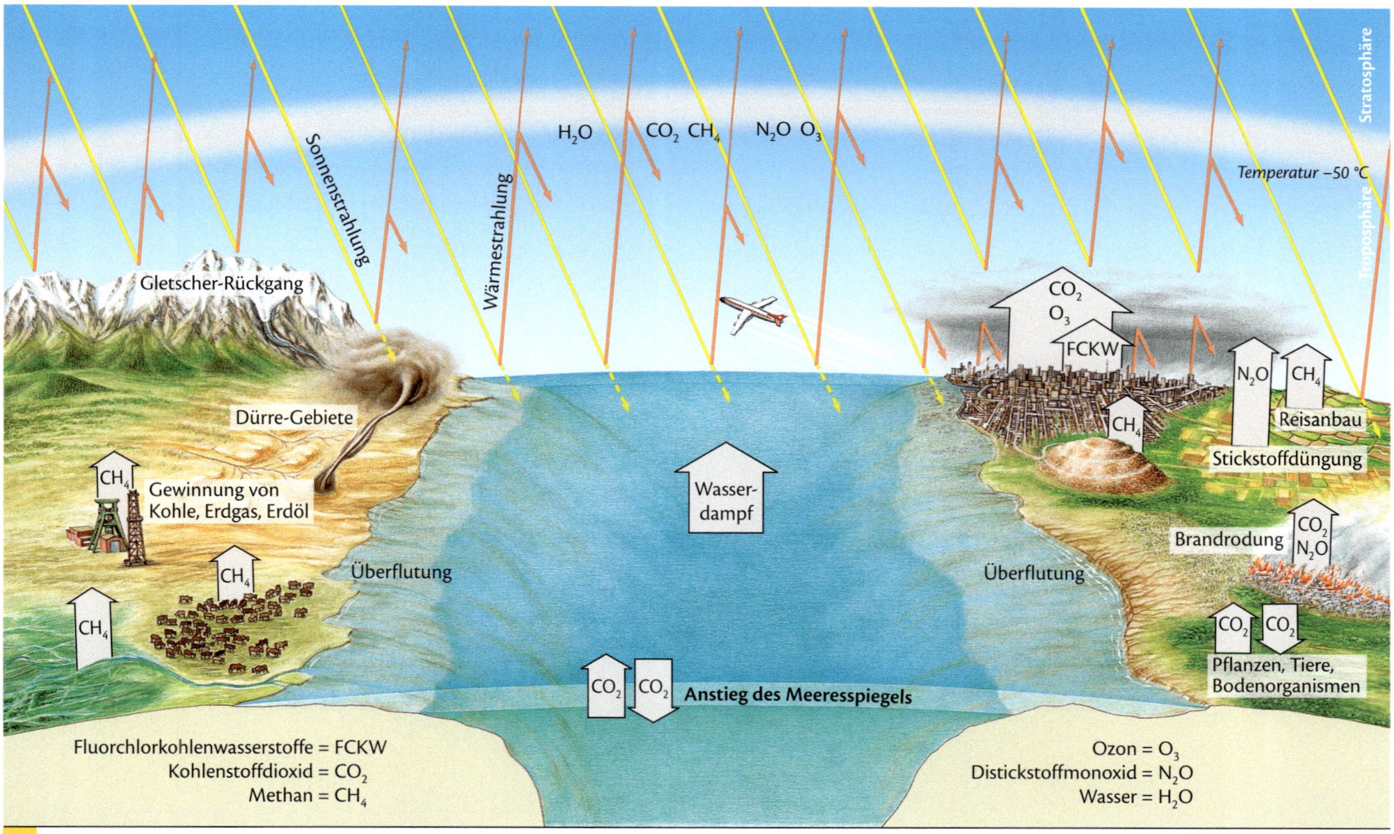

M 6 *Der anthropogene Treibhauseffekt*

Wir arbeiten mit Klimamodellen

Wie wird sich das Klima in den kommenden Jahrzehnten verändern? Welche Ursachen und Auswirkungen haben diese Veränderungen? Welche Möglichkeiten gibt es, den Klimawandel zu beeinflussen?
Mit diesen Fragen beschäftigen sich Klimaforscher aus vielen Ländern der Erde. Das Forschungsschiff „Polarstern" beobachtete 2019/20 in der Arktis ein Jahr lang die Veränderungen des Meereises. Dabei sammelten die Wissenschaftler Daten von der Meeresoberfläche bis in die Tiefsee, um die Folgen des Klimawandels auf die Lebensvielfalt der Arktis zu erforschen. Aus den dabei gewonnenen Erkenntnissen lassen sich Rückschlüsse ziehen auf die Auswirkungen des Klimawandels sowohl auf die Weltmeere und das Meereis als auch auf die Landoberfläche.
Aus Forschungsergebnissen wie denen, die während der Untersuchungen auf der „Polarstern" gewonnen wurden, entwickeln Klimaforscher Modelle zu den wahrscheinlichen Auswirkungen des Klimawandels, die dann als Grundlage für politische Entscheidungen dienen.

M 1 *Expedition der „Polarstern"*

Vom Klimamodell zur Klimaprognose

Wie alle Modelle sind auch Klimamodelle vereinfachte Abbildungen der Wirklichkeit. Sie sind sehr gut in der Lage, wichtige Erkenntnisse über die Folgen von natürlichen und menschlichen Einflüssen auf das Klimasystem zu liefern und dessen grundlegende Prozesse zu verstehen. Klimamodelle werden eingesetzt, um das zukünftige Klima auf der Erde zu errechnen. Diese Berechnungen durch Supercomputer stützen sich auf Messungen des Klimas in den vergangenen Jahrzehnten sowie auf Auswertungen von Satellitendaten. Vor einigen Jahren wurden die Wechselwirkungen zwischen den großen Ozeanen und der Atmosphäre erkannt. Deshalb werden zunehmend Atmosphärenmodelle mit Ozeanmodellen gekoppelt. Bei der Berechnung der Klimamodelle legt man verschiedene Szenarien zugrunde, die auf der angenommenen Konzentration von Treibhausgasen in der Atmosphäre im Jahr 2100 beruhen. Die ungebremste Freisetzung von Treibhausgasen wird eine weitere Erwärmung und langanhaltende Änderungen des Klimasystems verursachen und damit die Wahrscheinlichkeit von schwerwiegenden Folgen für die Menschen und das Ökosystem Erde erhöhen. Es ist deshalb unstrittig, dass die Treibhausemissionen begrenzt werden müssen.
Bei der Interpretation der Ergebnisse müssen deshalb die verschiedenen Szenarien, die den Modellrechnungen zugrunde liegen, berücksichtigt werden. Als gesichert gilt heute, dass sich die Erdoberflächentemperatur bis zum Jahr 2100 weiter erhöhen wird. Szenario 1 (M 2 und M 3) liegt die Annahme zugrunde, dass durch stringente Reduzierung von Treibhausgasen der durchschnittliche Temperaturanstieg auf der Erde unter zwei Grad Celsius zu halten sein wird. Bei Szenario 2 bleiben die Treibhausgasemissionen unvermindert hoch, was zu einem kontinuierlichen Anstieg um bis zu vier Grad Celsius bis 2100 führen kann.

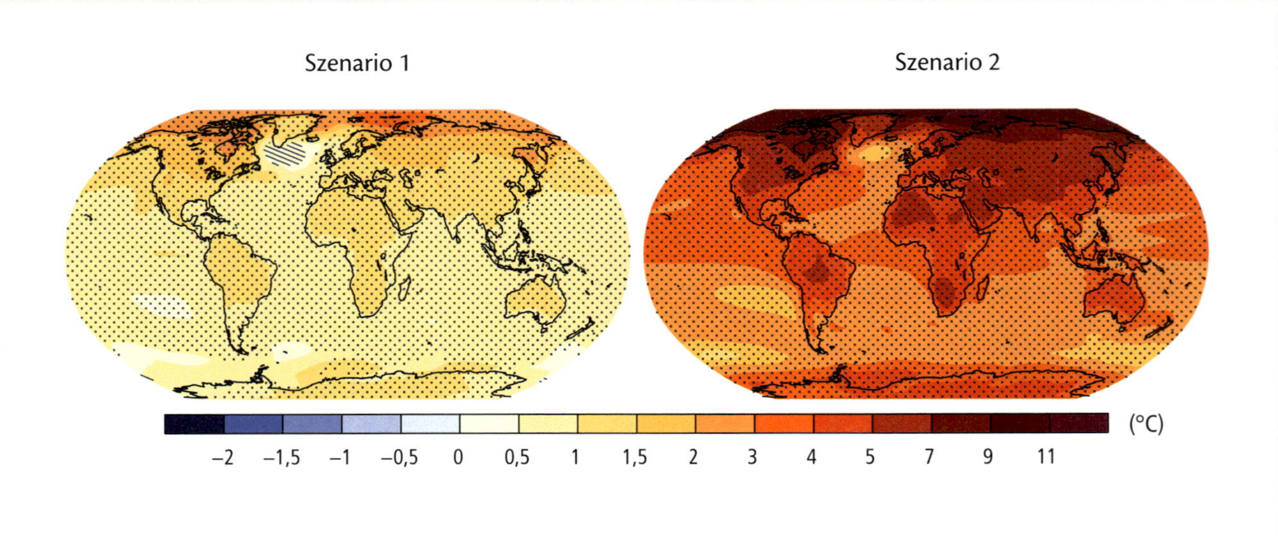

M 2 *Änderung der mittleren Erdoberflächentemperatur (2081 bis 2100, bezogen auf Messungen von 1986 bis 2005)*

Checkliste zum Auswerten von Klimamodellen

1. Ermitteln Sie, welche Klimaelemente und Einflussfaktoren berücksichtigt werden. Zum Beispiel: Temperatur, Niederschläge, Treibhausgase wie Kohlenstoffdioxid, Wirtschaftswachstum und andere.
2. Stellen Sie die Art beziehungsweise die Tendenz der Entwicklungen und Veränderungen fest.
3. Beschreiben Sie die Veränderungen und erstellen Sie eine Prognose für ausgewählte Kontinente, Meere, Großräume und Länder. Geben Sie den Zeitraum der Veränderungen an.
4. Bewerten Sie die Prognose, zum Beispiel hinsichtlich Zuverlässigkeit, regionaler Unterschiede oder Einflussmöglichkeiten durch Klimaschutzmaßnahmen.

Beispiel für das Auswerten von Klimamodellen

Das Klimamodell zur Änderung der mittleren Erdoberflächentemperatur stellt zwei Szenarien dar (**M 2**).

1. Bei der Berechnung der Änderung der mittleren Erdoberflächentemperatur bis zum Jahr 2100 werden Temperaturmessungen von 1986 bis 2005 zugrunde gelegt. Szenario 1 legt dabei eine geringe Konzentration von Treibhausgasen in der Atmosphäre bis zum Jahr 2100 zugrunde, während Szenario 2 von einer sehr hohen Konzentration ausgeht.
2. Bis zum Jahr 2100 wird die mittlere Erdoberflächentemperatur weiter ansteigen. Bei Szenario 1 wird der Temperaturanstieg zwischen 0,5 °C und 1,5 °C betragen, während er bei Szenario 2 zwischen 2,0 °C und 5,0 °C liegen wird.
3. Der Temperaturanstieg wird regional unterschiedlich ausfallen. In der Arktis, in großen Teilen Nordamerikas, Nordeuropas und -asiens wird der Temperaturanstieg über dem des globalen Mittels liegen. Die Kontinente werden sich stärker erwärmen als die Ozeane.
4. Die Prognosen beruhen auf unterschiedlichen Szenarien, sodass nicht zweifelsfrei vorausgesagt werden kann, in welcher Höhe ein Temperaturanstieg erfolgen wird. Da jedoch auch Szenarien, die eine deutliche Verminderung des Ausstoßes von Treibhausgasen zugrunde legen, einen weiteren Temperaturanstieg bis 2100 voraussagen, ist wohl davon auszugehen, dass eine globale Erwärmung zu erwarten ist.

M 4 *Karikatur*

1 Erläutern Sie Merkmale von Klimamodellen (**M 1** bis **M 3**).
2 Werten Sie die Karikatur aus (**M 4**).
3 Werten Sie das Klimamodell zur Änderung des mittleren Niederschlags aus. Gehen Sie dabei nach der Checkliste zum Auswerten von Klimamodellen vor (**M 3**).
4 Begründen Sie, warum sich die beiden Szenarien jeweils so deutlich unterscheiden (**M 2** und **M 3**).

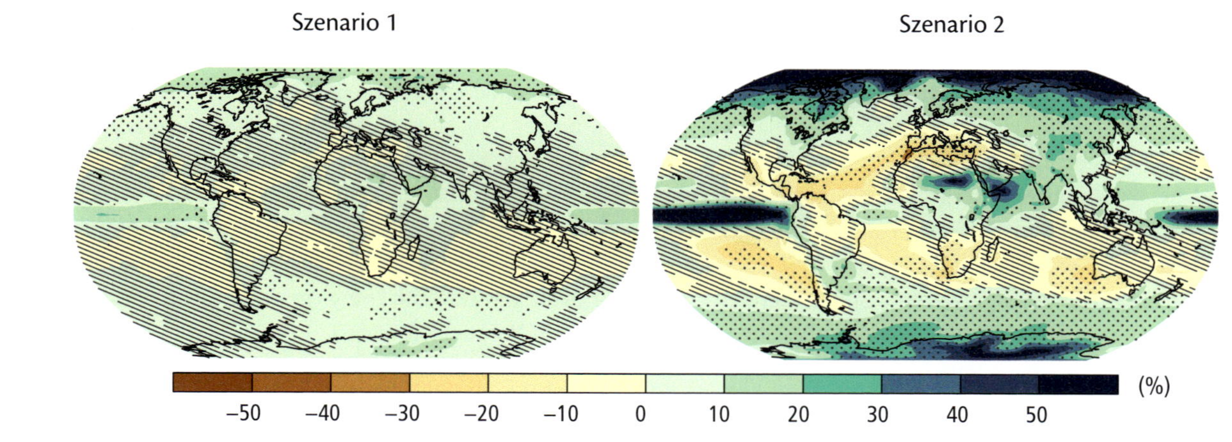

M 3 *Änderung des mittleren Niederschlags (2081 bis 2100, bezogen auf Messungen von 1986 bis 2005)*

Wir vergleichen die Folgen des Klimawandels weltweit

M 1 *Wahrscheinliche Folgen des Klimawandels*

Globale Folgen

Wissenschaftler gehen davon aus, dass sich das Klima in den nächsten Jahrzehnten um 1,5 °C bis 2 °C gegenüber der vorindustriellen Zeit erwärmen wird. Eine solche Erwärmung hätte Folgen für alle Regionen der Erde – für einzelne Regionen und Ökosysteme deutlicher als für andere.

Für die Entwicklungsländer sind die größten Probleme zu erwarten, da dort die Lebenssituation der Menschen am schwierigsten ist. Dort fehlen die wirtschaftlichen Grundlagen, um auf die Folgen des Klimawandels reagieren zu können. Für Afrika zum Beispiel werden Risiken für die Landwirtschaft und, damit verbunden, für die Nahrungsmittelsicherheit vorhergesagt. Auch zunehmender Wassermangel wird ein Problem werden. In den Inselstaaten Asiens und Ozeaniens sind Siedlungs- und Anbauflächen von Überflutungen bedroht.

Es ist daher dringend erforderlich, den Ausstoß von Treibhausgasen zu verringern, um die Erderwärmung auf weniger als 2° Celsius zu begrenzen. Dieses Ziel soll zum einen durch Energieeinsparungen erreicht werden. Zum anderen werden Industriestaaten wie Deutschland durch die Entwicklung neuer Technologien versuchen, die Erderwärmung zu stoppen und das Leben und Wirtschaften an die veränderten Bedingungen anzupassen.

Sie können

- einen Kontinent/eine Region auswählen und überprüfen, welche der aufgezeigten möglichen Folgen des Klimawandels bereits erkennbar sind (**M 1** bis **M 3**, ***Eine Internetrecherche durchführen***).
- beurteilen, ob die im ausgewählten Raum erkennbaren Folgen des Klimawandels mit der dort gemessenen Erwärmung erklärbar sind, indem Sie die möglichen Folgen mit der Abweichung der monatlichen Durchschnittstemperatur 2011 bis 2019 vergleichen (**M 1**, Karte S. 67).
- den aktuellen Zustand des Great Barrier Reefs recherchieren und dokumentieren (**M 2**, ***Eine Internetrecherche durchführen***).
- recherchieren, welche Erkenntnisse die Arktis-Expedition der „Polarstern" über die Auswirkungen des Klimawandels a) in der Arktis und b) weltweit gewonnen hat (**M 1** S. 74; **M 2**, ***Eine Internetrecherche durchführen***).
- bewerten, welche Möglichkeiten es gibt, die Folgen des Klimawandels zu mildern. Berücksichtigen Sie dabei vor allem die Bereiche Energiegewinnung, Landwirtschaft und Wohnen (**M 4**, **M 5**).

Auswertung der Ergebnisse

Reflektieren Sie Ihre Arbeitsergebnisse kritisch und beurteilen Sie abschließend, ob Sie die wahrscheinlichen Folgen des Klimawandels für den von Ihnen ausgewählten Raum bestätigen können.

Ökosystem Arktis	Ökosystem Korallenriffe
- Rückgang des Meereises - Auftauen des Permafrostbodens - Abtauen des grönländischen Eisschildes	- Rückgang um 70–90 % bei Erwärmung um 1,5 °C - Totales Absterben bei Erwärmung um 2 °C - Verringerung der Fischbestände

M 2 *Risiken bei einer globalen Erwärmung von bis zu 2 °C gegenüber vorindustrieller Zeit*

„Ich lebe in einem kleinen Dorf an der Südküste Borneos. Mein Vater ist Fischer. Meine Geschwister und ich helfen ihm ab und zu, Netze zu reparieren und Fische zu verkaufen. Meine Mutter und wir älteren Geschwister kümmern uns um unser kleines Feld neben dem Haus. Dort bauen wir etwas Gemüse und Früchte an. Aber in letzter Zeit wird dies immer schwerer, denn heftige Stürme kommen immer häufiger. Die Felder stehen oft unter Wasser, als ob sich das Meer ausbreiten würde. Wenn es so weitergeht, werden wir unser Haus verlassen müssen wie so viele aus den Nachbachdörfern vor uns. Ich liebe mein Zuhause und will nicht weg – wohin auch!"

„Ich lebe mit meiner Familie im Mittelrheintal. Mein Vater ist Winzer und ich möchte seinen Betrieb einmal übernehmen. Doch Vieles verändert sich gerade. Mit ihren tiefgehenden Wurzeln fanden die Weinstöcke immer genug Wasser. Doch in den letzten Jahren war es so heiß und trocken, dass die Reben bewässert werden mussten. Das ist sehr aufwendig bei den steilen Hängen hier. So erforschen die Winzer und die Weinbauschulen in der Region, welche Rebsorten besser geeignet sind für die veränderten Bedingungen. Auch neue Anbaumethoden werden erprobt. Deshalb werde ich vielleicht einmal ganz anders arbeiten müssen als mein Vater heute."

„Ich lebe mit meiner Familie an der Küste Grönlands. Mein Großvater hat noch von der Jagd und dem Fischfang gelebt. Doch nun wird das Meereis von Jahr zu Jahr dünner und instabiler, sodass es unsere Motorschlitten nicht mehr trägt. Deshalb fällt dieser Erwerbszweig in den langen Wintern weg und damit auch ein Teil unserer Kultur. Das Meer wird wärmer und dadurch kommen andere Fischarten vor die Küsten Grönlands. Darauf hoffen Fischer wie mein Vater. Aber auch an Land verändert sich viel. Immer mehr Familien legen Gärten oder Felder an, auf denen sie Brokkoli und Gurken anbauen. Auch Kartoffeln gedeihen schon bei uns."

M 3 *Leben mit dem Klimawandel – Betroffene berichten*

M 4 *Deichbau zum Schutz vor Überflutungen*

M 5 *Schwimmende Häuser in den Niederlanden*

Klimaveränderungen beeinflussen die Meere

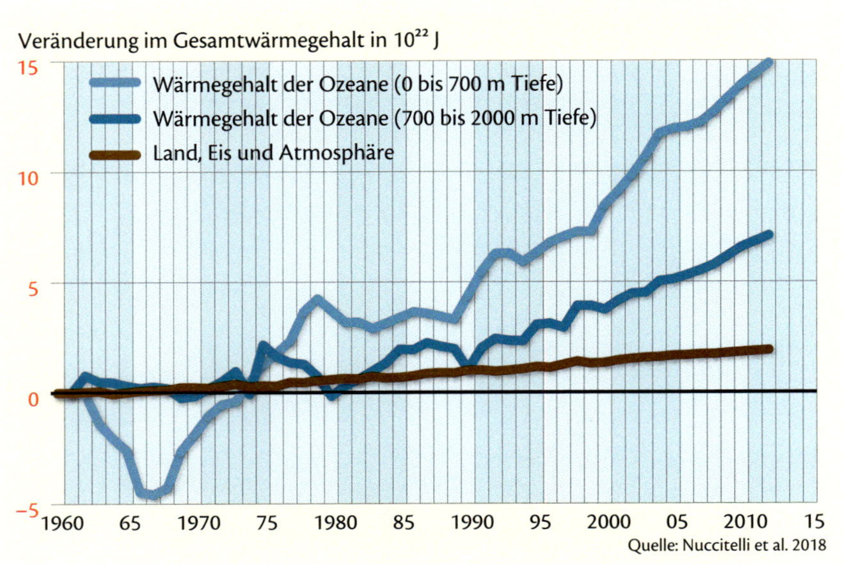

M 1 *Temperaturanstieg der Ozeane*

Erwärmung der Meere

Neue wissenschaftliche Untersuchungen machen deutlich, dass die globale Erwärmung auch zu einem Ansteigen der oberflächennahen Meerestemperaturen führt. Seit 1971 sind sie durchschnittlich um 0,1 °C pro Jahrzehnt angestiegen. Die Erwärmung der Ozeane reicht in Tiefen bis 3000 Meter. Dabei haben sich jedoch nicht alle Meere gleichermaßen erwärmt. Besonders groß ist der Temperaturanstieg der Oberflächentemperaturen des Meeres in der Arktis. Aber auch die Meeresoberflächentemperatur vor Europas Küsten steigt schneller als die der Weltmeere.

Anstieg des Meeresspiegels

Die Erwärmung der Weltmeere führt zu einem Anstieg des Meeresspiegels. Seit 1993 ist es möglich, den Meeresspiegel mithilfe von Satelliten genau zu vermessen – so stellte man fest, dass seitdem der Meeresspiegel durchschnittlich um drei Zentimeter pro Jahrzehnt angestiegen ist. Der Meeresspiegelanstieg infolge des Klimawandels wird sich unmittelbar auf die Küstengebiete auswirken. Die Gefährdung der Küsten wird deutlich zunehmen und damit die Anzahl der vom Klimawandel betroffenen Menschen. Dies ergibt sich aus der Tatsache, dass sich menschliche Siedlungen häufig in Küstennähe befinden. Schon heute liegen sieben der zehn größten Städte der Welt an Küsten und Schätzungen zufolge leben heute etwa 10 Prozent der Weltbevölkerung in niedrig gelegenen Küstengebieten. Durch den Anstieg des Meeresspiegels wird es in einigen Regionen der Erde zur dauerhaften Überflutung von Küstengebieten und Inselgruppen kommen. Bei einem Anstieg von zwei Metern, der im nächsten Jahrhundert eintreten könnte, wären zum Beispiel einige dicht besiedelte Küstengebiete in den Niederlanden, England, Deutschland und Italien von Überflutung bedroht. Für die meisten Küstenregionen ist der langsame Anstieg des Meeresspiegels nicht das größte Problem, sondern das vermehrte Auftreten von Sturmfluten und Sturmwellen, wodurch das Überschwemmungsrisiko steigt. Zum Schutz vor den Folgen des Meeresspiegelanstiegs werden in Küstenbereichen Deiche verstärkt. In den Niederlanden werden schwimmende Siedlungen entwickelt, die die Bewohner vor Überflutung schützen sollen.

Ozeanversauerung

Die Ozeane nehmen etwa 30 Prozent des Kohlenstoffdioxids (CO_2) auf, das durch menschliche Aktivitäten in die Atmosphäre gelangt. In dem kalten, salzreichen Wasser der polaren Gebiete kann eine große Menge CO_2 gebunden,

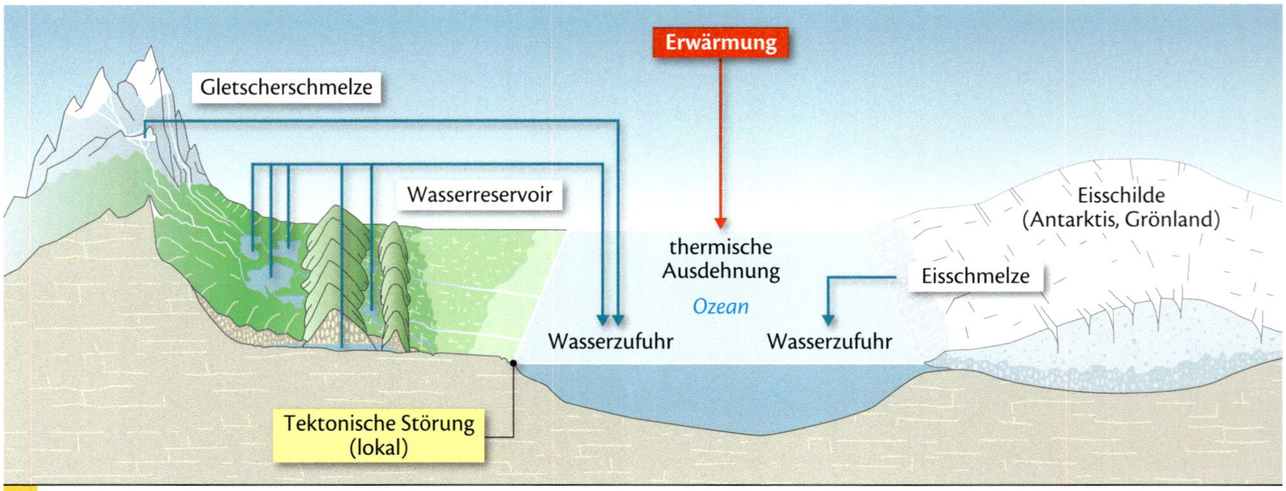

M 2 *Ursachen des Meeresspiegelanstiegs*

mit der Tiefenströmung in die Tiefsee befördert und dort gespeichert werden. Das gelöste Kohlenstoffdioxid ist der Atmosphäre über Jahrzehnte, manchmal Jahrhunderte entzogen. Damit sind die Weltmeere die größte und wichtigste **Kohlenstoffsenke** unseres Planeten. Aufgrund der erhöhten Konzentration von CO_2 in der Atmosphäre nimmt auch die Kohlenstoffdioxidkonzentration im Oberflächenwasser der Ozeane zu. Wenn sich Kohlenstoffdioxid im Ozean löst, reagiert das Gas mit dem Meerwasser zu Kohlensäure und senkt so den pH-Wert des Wassers. Dies führt zu einer Versauerung der Meere. Der Kohlenstoffdioxid-Anstieg wirkt sich vor allem auf Lebewesen aus, die Schalen und Skelette aus Kalk bilden, denn die Kohlensäure reagiert mit Baustoffen, die sie benötigen, um ihre Schalen und Skelette aufzubauen. Auch viele weitere Meereslebewesen müssen im saureren Wasser mehr Energie aufbringen, um ihre Körperfunktionen zu regulieren. Diese Energie fehlt ihnen dann für ihr Wachstum, die Fortpflanzung oder den Widerstand gegen andere Umweltbelastungen.

1 Stellen Sie dar, wie sich die Temperatur der Meere verändert und welche Auswirkungen dies hat (**M 1**, **M 2**).

2 Erläutern Sie in einem zusammenhängenden Text die Ursachen des Meeresspiegelanstiegs (**M 2**).

3 Beschreiben Sie die Höhenlage der größeren Städte nach Kontinenten und erläutern Sie, welche Folgen ein weiterer Meeresspiegelanstieg hätte (**M 3**, **M 4**, Karte S. 198/199, Atlas).

4 Überprüfen Sie die Aussage „Die Ozeane sind Kohlenstoffsenken" und erläutern Sie, wie sich höhere Kohlenstoffdioxidkonzentrationen auf die Ozeane auswirken (**M 5**).

5 Bilden Sie Gruppen und untersuchen Sie jeweils eine der in **M 5** rot markierten Folgen der Klimaerwärmung auf die Ozeane. Beurteilen Sie die Folgen für Pflanzen, Tiere und Menschen und informieren Sie sich über mögliche Abhilfen (**M 1** bis **M 5**, ***Eine Internetrecherche durchführen***).

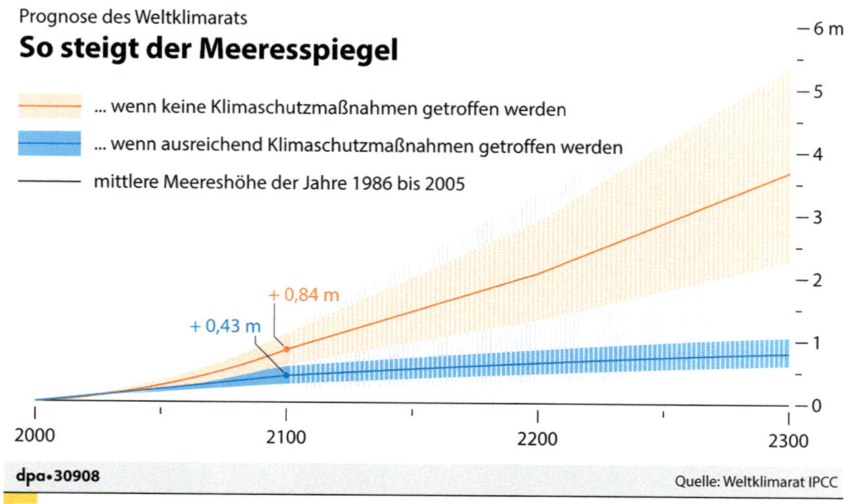

M 3 *Erwarteter Anstieg des Meeresspiegels*

Anzahl von städtischen Zentren* nach Höhenlagen weltweit

	Asien	Lateinamerika & Karibik	Afrika	Nordamerika	Europa	Ozeanien
2500 m und höher	5	37	3			
2000 bis 2499 m	20	42	13			
1500 bis 1999 m	131	58	89	8		
1000 bis 1499 m	253	54	192	16		
500 bis 999 m	528	223	222	19	45	3
3 bis 499 m	3957	590	972	328	983	38
unter 3 m	49	3	14	1	22	

*„Urban Centre" Definition der EU: mind. 50 000 Einwohner, mind. 1500 Einwohner pro km²
Quelle: Europäische Kommission (2018)

© Globus 14035

M 4 *Höhenlage größerer Städte*

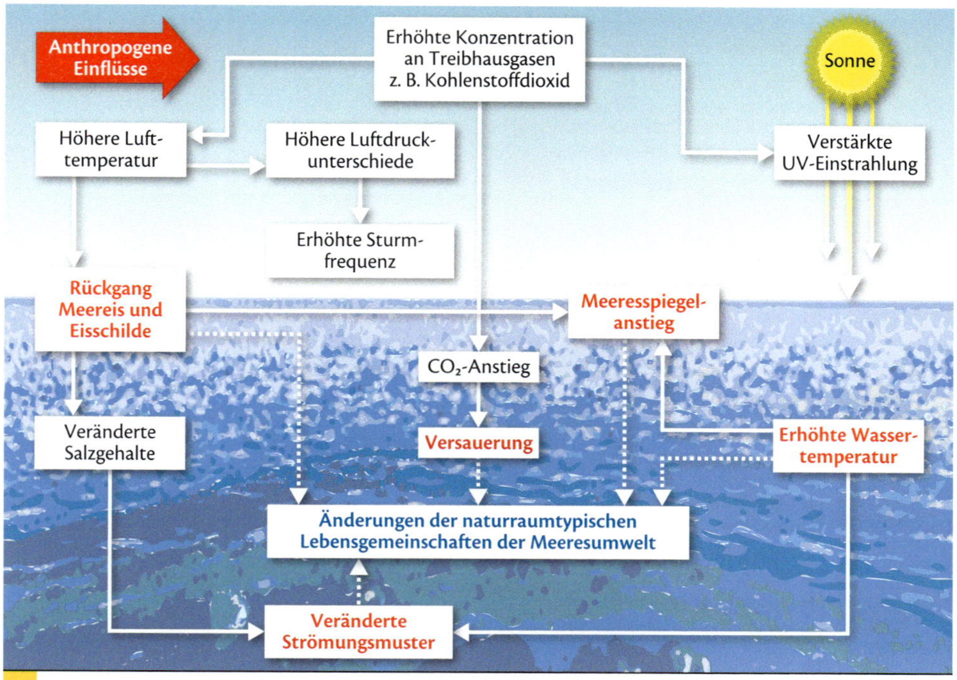

M 5 *Auswirkungen des Klimawandels auf die Meere*

Wälder – Klimaschützer und Opfer des Klimawandels

M 1 *Waldschäden in Deutschland*

Der Wald im Kohlenstoffkreislauf

Als Kohlenstoffsenken bezeichnet man natürliche Speicher für Kohlenstoff. Senken können das durch die Menschen freigesetzte Kohlenstoffdioxid aus der Atmosphäre aufnehmen und über einen gewissen Zeitraum speichern. Neben den Ozeanen sind Wälder wichtige Kohlenstoffsenken. Bäume nehmen für ihr Wachstum das Treibhausgas Kohlenstoffdioxid direkt aus der Luft auf und speichern den Kohlenstoff in ihrem Holz, während sie den freiwerdenden Sauerstoff an die Atmosphäre abgeben. Aber auch Pflanzen atmen und geben dabei CO_2 an die Atmosphäre zurück. Zudem wird bei der Zersetzung von Biomasse ebenfalls CO_2 freigesetzt: beispielsweise durch Insekten, Feuer und Rodungen. Nimmt der Wald mehr Kohlenstoffdioxid auf, als er wieder abgibt, so wirkt er als Senke. Gibt der Wald jedoch zum Beispiel durch Waldbrände oder natürliche Zersetzung mehr Kohlenstoffdioxid ab, als er aufnimmt, so wird er zur Kohlenstoffquelle.

In der Biomasse des Waldes kann CO_2 unterschiedlich lang gespeichert werden. Während es in Blättern nur für Stunden bis Monate verbleibt, kann es im Stamm eines Baumes für Jahrzehnte bis Jahrhunderte und im Boden mehrere Jahrhunderte lang gespeichert werden. Die Wälder in Deutschland speichern mehr als 1200 Millionen Tonnen CO_2 und nehmen jährlich rund 60 Millionen Tonnen aus der Atmosphäre auf. So mindern sie die CO_2-Emissionen um etwa sieben Prozent.

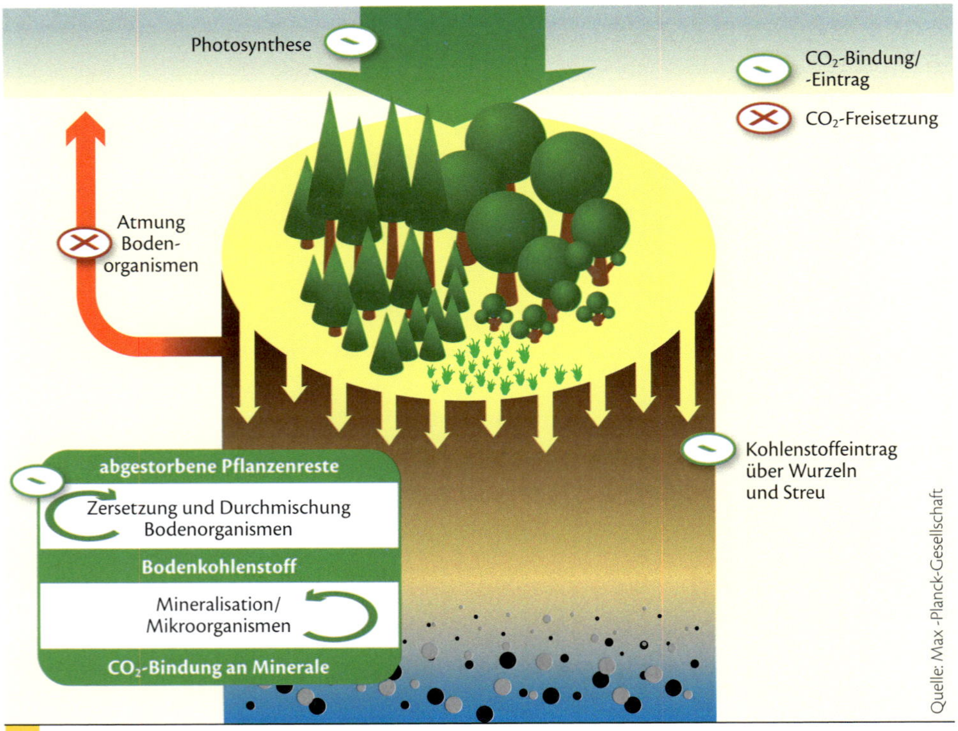

M 2 *Kohlenstoffkreislauf des Waldes*

Wälder im Klimastress

Deutschland ist innerhalb Europas waldreich, denn fast ein Drittel des Landes ist bewaldet. Häufigste Baumarten sind Eiche, Buche, Kiefer und Fichte. Da der Holzzuwachs in den letzten Jahren deutlich höher war als die Nutzung, sind die Vorräte insgesamt angewachsen. Dennoch hat sich der Zustand der Wälder in den letzten Jahren nach mehreren sehr trockenen und warmen Sommern hintereinander verschlechtert. Die Bäume litten unter extremem Wassermangel. Dadurch fanden Schädlinge wie der Borkenkäfer ideale Bedingungen, um sich auszubreiten. Laubbäume warfen vorzeitig ihre Blätter ab. Die zunehmende Schädigung und vorzeitige Entlaubung der wichtigsten Baumarten ist in ganz Europa zu beobachten. Gründe hierfür sind hauptsächlich Schädlinge, Wetterextreme wie Trockenheit und Stürme sowie Brände. Dennoch hat die bewaldete Fläche Europas in den letzten 30 Jahren zugenommen. Etwa 34 Prozent der Landfläche der EU waren 2020 bewaldet. Die Wälder in Europa sind wichtige Kohlenstoffsenken.

Bäume und Wälder sind eine wirksame Waffe gegen den Klimawandel. [...] Doch Stürme, Hitze und Trockenheit machen die Bäume anfälliger für Schädlinge wie den Borkenkäfer. [...] Der Dürre-Sommer 2018 sowie heftige Stürme im Winter zuvor verursachten im vergangenen Jahr Schäden von mehr als 30 Millionen Kubikmeter abgestorbenes Holz. [...] Auch für dieses Jahr seien Verluste in mindestens derselben Größenordnung zu erwarten, sagt Thünen-Institutsleiter Bolte. Allerdings würden die Schäden derzeit noch durch einen Waldzuwachs von mehr als 100 Millionen Kubikmeter im Jahr kompensiert: „Der Wald bleibt noch immer eine Kohlenstoffsenke." Es werde weniger Holz zur Nutzung durch die Industrie aus den Wäldern geholt als nachwachse. [...] Wenn sich im Zuge des Klimawandels künftig Extremwetterereignisse häufen und zunehmend Holz abstirbt, könnte sich dies allerdings ändern. [...] Leidtragende der klimatischen Veränderungen sind vor allem Fichten, die auf 25 Prozent der Waldfläche wachsen, rund 50 Prozent des verarbeiteten Holzes in Deutschland liefern und denen der Borkenkäfer stark zusetzt. [...] Der Wissenschaftler wirbt für langfristige Konzepte, um den Wald fit zu machen für den Klimawandel: Es müsse erforscht werden, welche Baumarten unter den erwarteten klimatischen Bedingungen an welchen Standorten gedeihen können. [...]

Stefanie Lambernd, NDR, 17.07.2019 (https://www.ndr.de/ratgeber/klimawandel/Wald-im-Klimawandel-Bedeutung-fuer-die-Forstwirtschaft,wald994.html)

M 3 *Wie wird der Wald fit für den Klimawandel?*

Aufforstung für den Klimaschutz?

Obwohl die Bedeutung der Wälder für das Klima bekannt ist, hält ihre weltweite Zerstörung an. Besonders bei der Brandrodung wird dabei das CO_2, das in den Bäumen gespeichert ist, wieder freigesetzt.

Nach Aussage von Experten müssen der Verlust von Naturwäldern bis 2030 beendet und 350 Millionen Hektar Wald wiederhergestellt werden, um die langfristigen Klimaziele erreichen zu können. Die Bundesrepublik Deutschland unterstützt deshalb neben anderen Staaten und Organisationen Aufforstungsmaßnahmen vor allem in Afrika und Lateinamerika. Flächen, die für Aufforstungen genutzt werden, gehen jedoch als landwirtschaftliche Nutzflächen verloren.

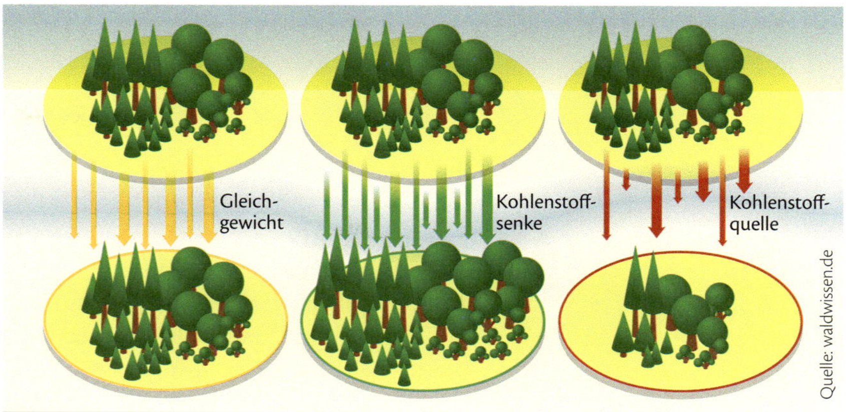

M 4 *Der Wald im Klimasystem*

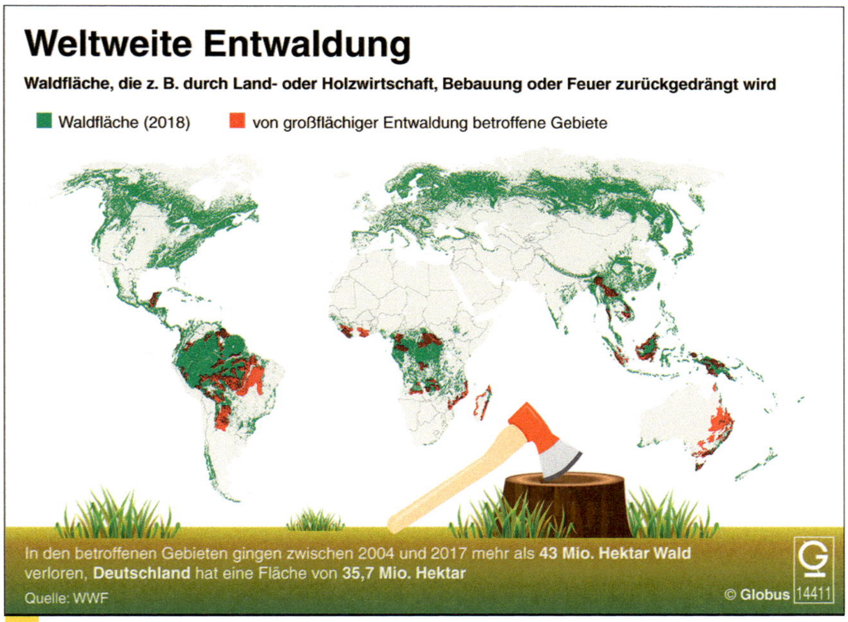

M 5 *Entwicklung der Wälder weltweit*

1 Erklären Sie den Kohlenstoffkreislauf der Wälder (**M 2**).

2 Erläutern Sie anhand eines Fließdiagramms, unter welchen Bedingungen der Wald Kohlenstoffsenke oder Kohlenstoffquelle ist (**M 2**, **M 4**, 🔑).

3 Erläutern Sie die Auswirkungen des Klimas auf unsere Wälder (**M 1** und **M 3**).

4 Werten Sie das Kartogramm aus und beurteilen Sie, welche Auswirkungen die anhaltende Vernichtung von Wäldern für das Klima hat (**M 5**).

5 Begründen Sie, warum die Wälder geschützt werden sollten, und informieren Sie sich im Internet über entsprechende Maßnahmen national und international (**M 1** bis **M 5**, 🔑 ***Eine Internetrecherche durchführen***).

Klimaschutz geht uns alle an – ein Gruppenpuzzle

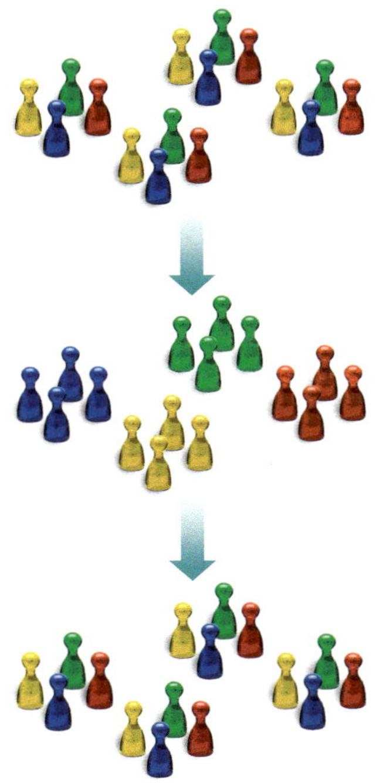

M 1 *Arbeitsphasen eines Gruppenpuzzles*

Klimaschutzprogramm der Bundesregierung

Ausgangslage:
Obwohl sich der Treibhausgasausstoß in Deutschland seit 1990 um 32 Prozent verringert hat, sind die Klimaschutzziele bis 2020 nicht erreicht worden, die eine Reduzierung um 40 Prozent vorsahen.

Ziel bis 2030:
Reduzierung des Ausstoßes von Treibhausgasen bis 2030 um 55 Prozent

Maßnahmen:
- Klimaschutzgesetz zur Reduzierung der Treibhausgase in allen Bereichen, besonders bei Gebäuden, im Verkehr und in der Landwirtschaft,
- schrittweiser Ausstieg aus der Kohle und anderen fossilen Energieträgern bei der Energieerzeugung und Förderung erneuerbarer Energien, deren Anteil bis 2030 am Bruttostromverbrauch auf 65 Prozent steigen soll,
- Umbau der Mobilität durch Förderung der E-Mobilität, des öffentlichen Nahverkehrs und der Eisenbahn sowie neuer Verkehrskonzepte.

M 2 *Klimaschutzprogramm der Bundesrepublik Deutschland 2019 – Teilergebnis zu Teilbereich 2*

Das Gruppenpuzzle

Beim Gruppenpuzzle werden vorbereitete Wissensinhalte in mehreren Phasen in jeweils neu zusammengesetzten Kleingruppen erarbeitet. Dabei werden Sie zu Experten.
Folgende Problemstellung könnte das Thema Ihres Gruppenpuzzles sein:
Klimaschutz betrifft nicht nur die Politiker.
Dazu können Sie zum Beispiel folgende vier Bereiche des Klimaschutzes bearbeiten:

- **Teilbereich 1:** Positionen und Ziele von Nichtregierungsorganisationen
  Weltweit operierende nichtstaatliche Organisationen – Non-Governmental Organizations (NGOs) – machen mit teilweise spektakulären Aktionen auf den Klimawandel aufmerksam und versuchen, die zuständigen Regierungen zum schnellen Handeln aufzufordern.
- **Teilbereich 2:** Positionen und Ziele der nationalen und internationalen Politik
  Mit Entscheidungen auf der nationalen und internationalen Ebene werden Ziele des Klimaschutzes umgesetzt.

1997 Kyoto: Die Vertragsstaaten beschließen das Kyoto-Protokoll zur Reduktion von Treibhausgas-Emissionen, die sich auf die Werte von 1990 beziehen.
2010 Cancún: Die Laufzeit des Kyoto-Protokolls bis zum Jahr 2012 sowie ein Waldschutzprogramm und ein Hilfsfonds für Entwicklungsländer werden beschlossen.
2012 Doha: Das Kyoto-Protokoll wird bis Ende 2020 nahtlos weitergeführt. Die EU und zehn weitere Länder haben sich zu Reduktionszielen von 2013 bis Ende 2020 verpflichtet. Japan, Neuseeland und Russland haben keine festen Reduktionsziele mehr. Kanada ist aus Kyoto II ausgetreten und die USA sind nicht dabei.
2015 Paris, 21. Weltklimakonferenz: Klimaabkommen, das die Begrenzung der globalen Erwärmung auf unter 2 °C vorsieht (Übereinkommen von Paris).
2019, Madrid, 25. Weltklimakonferenz: Weiterarbeit an dem Regelwerk zur Umsetzung des Übereinkommens von Paris.

M 3 *Entwicklung des internationalen Klimaschutzes – Teilergebnis zu Teilbereich 2*

- **Teilbereich 3:** Technische Innovationen
  Weltweit werden für verschiedene Bereiche, wie zum Beispiel die Energiegewinnung und die Automobilindustrie, Technologien entwickelt, die helfen, die CO_2-Emissionen zu verringern.
- **Teilbereich 4:** Eigene Handlungsmöglichkeiten
  Jeder Einzelne hat seine ganz persönliche CO_2-Bilanz, die widerspiegelt, wie die persönliche Lebensweise zum Klimawandel oder auch Klimaschutz beiträgt.

Ablauf und Durchführung des Gruppenpuzzles

- **Phase 1:** Einführung in das Thema und Einteilung in Stammgruppen
  Klären Sie den Ablauf des Gruppenpuzzles und bilden Sie Stammgruppen mit vier bis fünf Schülern.
- **Phase 2:** Verteilen der Teilbereiche des Themas
  Besprechen Sie in den Stammgruppen das Gesamtthema und ordnen Sie jedem Gruppenmitglied einen Teilbereich zu.
- **Phase 3:** Arbeit in den Expertengruppen
  Finden Sie sich mit den Schülern, die sich mit dem gleichen Bereich befassen, zu Expertengruppen zum Bearbeiten zusammen. Recherchieren Sie im Internet zu Ihrem Teilbereich und fassen Sie die Ergebnisse zusammen.
- **Phase 4:** Rückkehr in die Stammgruppe
  Danach kehren Sie als „Experten" in die Stammgruppe zurück und berichten über Ihre Ergebnisse.
- **Phase 5:** Präsentation der Gruppenergebnisse
  Erarbeiten Sie in der Stammgruppe eine Präsentation Ihres Themas. Diskutieren Sie Ihre Gruppenergebnisse und beurteilen Sie den Verlauf der Arbeitsprozesse in den Gruppen. Sie können die Gruppenergebnisse in Form eines Posters oder einer Präsentation zusammenstellen.

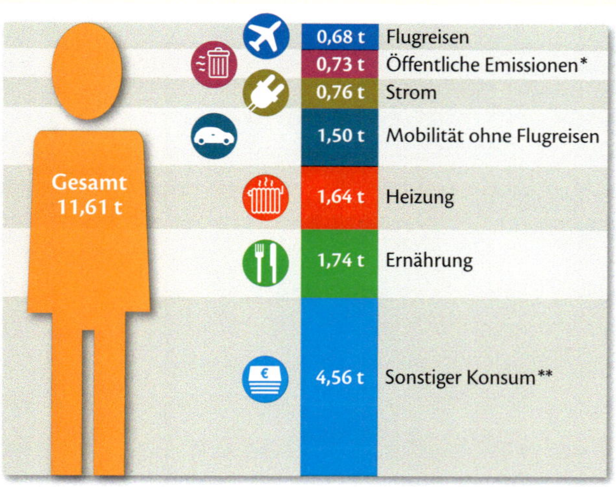

* Zum Beispiel Wasserver- und -entsorgung, Abfallbeseitigung

** Zum Beispiel Bekleidung, Haushaltsgeräte und Freizeitaktivitäten

CO_2-Äquivalente: Einheit für Treibhauspotenzial eines Gases; geben an, welche Menge eines Gases im Betrachtungzeitraum von 100 Jahren die gleiche Treibhauswirkung entfalten würde wie CO_2

Quelle: UBA (2020d)

M4 *Durchschnittliche jährliche Treibhausgasemission pro Person in Deutschland in CO_2-Äquivalenten – Handlungsmöglichkeiten für Teilbereich 4*

Energiewirtschaft

- Beendigung der Kohleverstromung auf Basis der Empfehlungen der Kommission „Wachstum, Strukturwandel und Beschäftigung"
- Ausbau der erneuerbaren Energien auf 65 Prozent Anteil am Bruttostromverbrauch bis 2030
- Weiterentwicklung und umfassende Modernisierung der Kraft-Wärme-Kopplung
- Wärmenetze zunehmend auf erneuerbare Energien und unvermeidbare Abwärme umstellen
- Reallabore der Energiewende
- Energieeffizienzstrategie 2050 (EffSTRA)
- Begleitmaßnahmen Energiewende

Verkehr

- Mehr Geld für den ÖPNV, Radwege und den Bahnverkehr
- Günstigere Bahntickets, teurere Flugtickets
- Förderung der E-Mobilität
- CO_2-bezogene Reform der KfZ-Steuer

Industrie

- Investitionsprogramm für Energieeffizienz und Prozesswärme aus erneuerbaren Energien
- Wettbewerbliche Ausschreibungen für Energieeffizienz
- Förderprogramm Dekarbonisierung in der Industrie

Gebäude

- Steuerliche Förderung der energetischen Gebäudesanierung
- Förderprogramme zum Heizungstausch
- Keine neuen Ölheizungen ab 2026
- Weiterentwicklung der energetischen Standards durch Ordnungsrecht

Landwirtschaft

- Umsetzung und Vollzug der Düngeverordnung
- Ausbau der Ökolandbau-Förderung
- Hilfe für Böden, Wälder und Moore, um deren Klimaschutzfunktion zu sichern

Abfall

- Verbesserung der Deponiebelüftung

Quelle: Bundesregierung 2019

M5 *Ausgewählte Maßnahmen des Klimaschutzprogramms 2030 der Bundesregierung nach Sektoren – Handlungsmöglichkeiten für verschiedene Teilbereiche*

Geo-Check: Ursachen und Folgen des Klimawandels erörtern

Sich orientieren

M 1 *Folgen des Klimawandels*

1 Formulieren Sie zu jedem Foto (1 bis 8) einen kurzen Text oder eine Aussage, mit welchen Folgen des Klimawandels die jeweils dargestellten Räume konfrontiert sind (**M 1**).

2 Ordnen Sie die Fotos den in der Weltkarte verzeichneten Kontinenten und Regionen zu (**M 1**, Atlas).

Wissen und verstehen

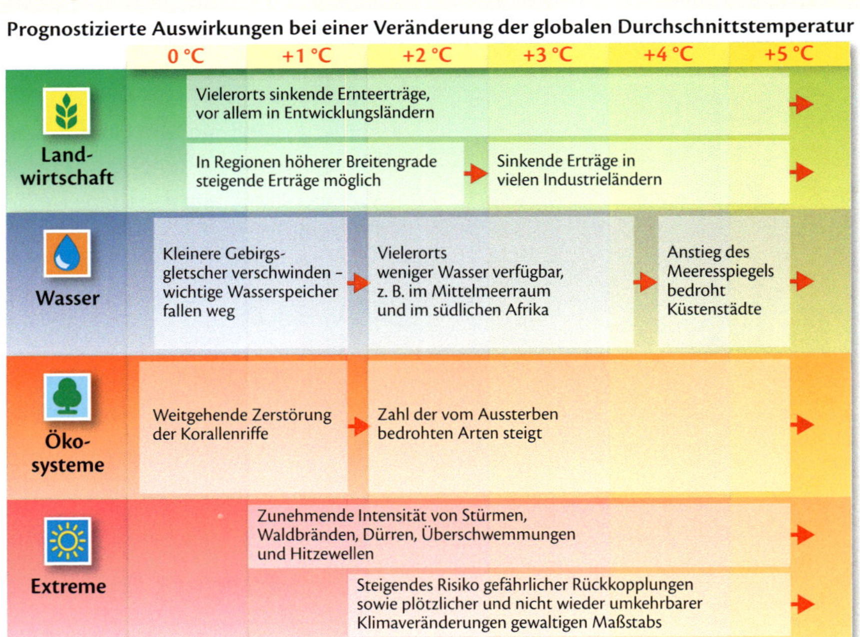

M 2 *Auswirkungen des Klimawandels*

3 Vergleichen Sie die prognostizierten Auswirkungen der globalen Erwärmung auf die Landwirtschaft, den Wasserhaushalt, die Ökosysteme sowie Extremwetterlagen (**M 2**).

4 Beurteilen Sie die Bedeutung der Begrenzung der globalen Erwärmung auf möglichst niedrige Werte (**M 2**).

4 Nordafrika, den Nahen und Mittleren Osten als Spannungsfeld aufgrund von Ressourcen darstellen

5 Ordnen Sie jedem dieser Begriffe mindestens zwei Merkmale zu, die ihn erklären oder beschreiben (**M 3**).

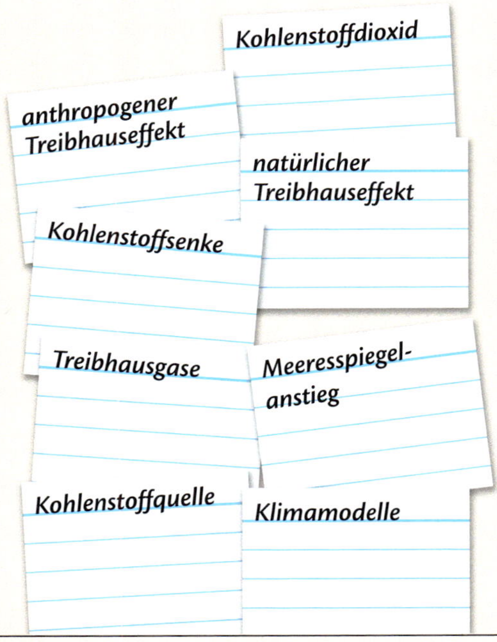

M 3 *Geo-Begriffestapel*

6 Sortieren Sie die Aussagen in richtige und falsche Aussagen. Verbessern Sie die falschen Aussagen und schreiben Sie diese richtig auf.

Richtig oder falsch?
- Extraterrestrische Ursachen wie Schwankungen der Sonnenaktivität werden als ein Grund für Klimaschwankungen angesehen.
- Seit dem Ende der letzten Eiszeit gab es keine Kältephasen mehr auf der Erde.
- Schnee- und eisbedeckte Flächen beeinflussen die Albedo nicht, aber den Wärmehaushalt der Erde.
- Die Erwärmung der Weltmeere führt zu einem veränderten Salzgehalt der Meere.
- Die langwellige Strahlung der Sonne dringt durch die Atmosphäre zur Erdoberfläche und wird von dort absorbiert.
- Wälder sind stabile Kohlenstoffsenken.
- Vor allem in Europa und Asien werden die landwirtschaftlichen Ressourcen durch den Klimawandel beeinträchtigt werden.
- Das Auftauen der Permafrostböden hat keine Auswirkungen auf den Klimawandel.

Können und anwenden

7 Wiederholen Sie die Checkliste zum Auswerten von Klimamodellen und werten Sie das Modell zur Veränderung des Fangpotenzials aus (**M 4**).

8 Vergleichen Sie die Prognose zur Veränderung des Fangpotenzials mit der zum Temperaturanstieg (**M 4**, S. 67 oben).

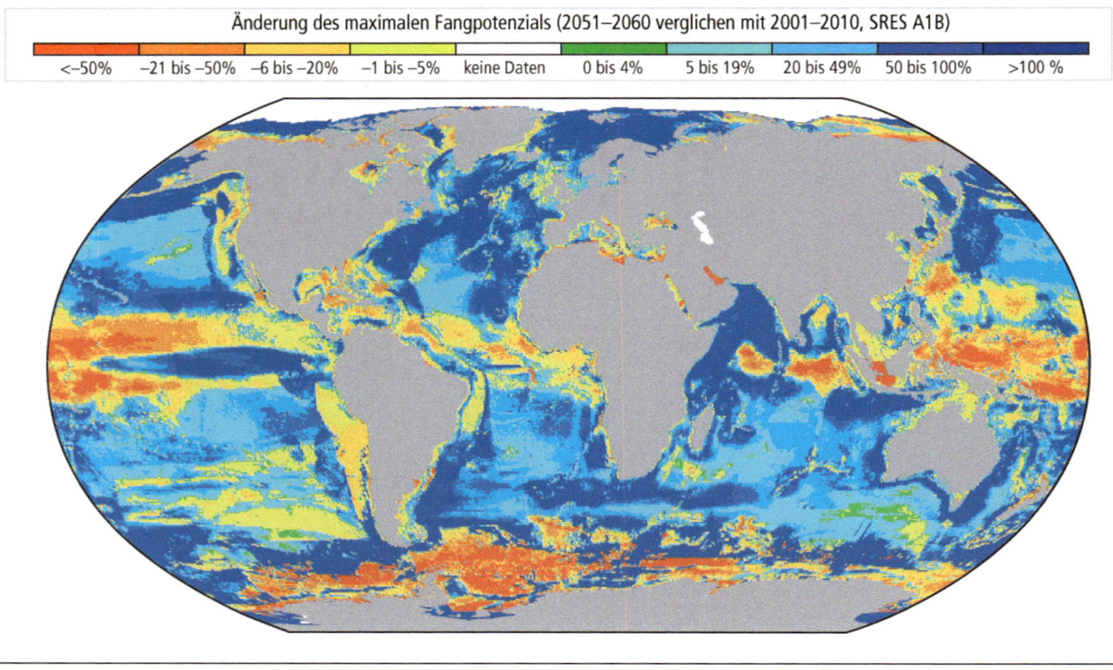

M 4 *Veränderung des Fangpotenzials der Weltmeere bei zunehmendem Temperaturanstieg*

Sich verständigen, beurteilen und handeln

M 5 *Im Wald*

M 6 *Auf den Meeren*

9 Werten Sie die Karikaturen aus (**M 5** und **M 6**).

10 Berichten Sie in einem zusammenhängenden Text über die dargestellten Folgen der globalen Erwärmung (**M 5** und **M 6**).

11 Beurteilen Sie, für wen die Folgen der globalen Erwärmung besonders schwerwiegend sein werden (**M 4** und **M 6**).

12 Werten Sie die Karikatur aus und erörtern Sie das Dilemma, das sich in Hinblick auf Klimaschutzmaßnahmen aufzeigt (**M 7**).

13 Erstellen Sie einen Maßnahmenkatalog für den nächsten Monat, in dem Sie erläutern, was Sie zum Klimaschutz beitragen können (**M 7**).

14 Setzen Sie sich kritisch mit den Aussagen der Klimaskeptiker auseinander (**M 8**, ***Eine Internetrecherche durchführen***).

15 Führen Sie auf der Grundlage der Materialien in diesem Kapitel eine Pro-und-Kontra-Diskussion durch zum Thema „Der Klimawandel – vom Menschen gemacht?" (**M 8**).

1 Klimaschwankungen gab es schon immer und es wurden schon wärmere Perioden auf der Erde verzeichnet.
2 Die Änderung der Sonnenstrahlung ist der wesentliche Faktor bei Klimaänderungen.
3 Der menschliche CO_2-Ausstoß ist viel zu gering, um Einfluss auf das Klima zu nehmen.
4 Kohlenstoffdioxid ist gut, denn es fördert das Pflanzenwachstum.
5 Klimamodelle sind unzuverlässig, denn sie sind viel zu komplex.
6 Der vulkanische Ausstoß von CO_2 ist bedeutender für das Klima als der vom Menschen verursachte.
7 Ein wärmeres Klima ist generell von Vorteil.
8 Pflanzen und Tiere können sich an ein wärmeres Klima anpassen.

M 8 *Argumente von Klimaskeptikern – eine Auswahl*

M 7 *Was können wir tun?*

Physische Karte nördliches Afrika und westliches Asien / Stadtplan Marrakesch

Nordafrika und Westasien: Physische Übersichtskarte

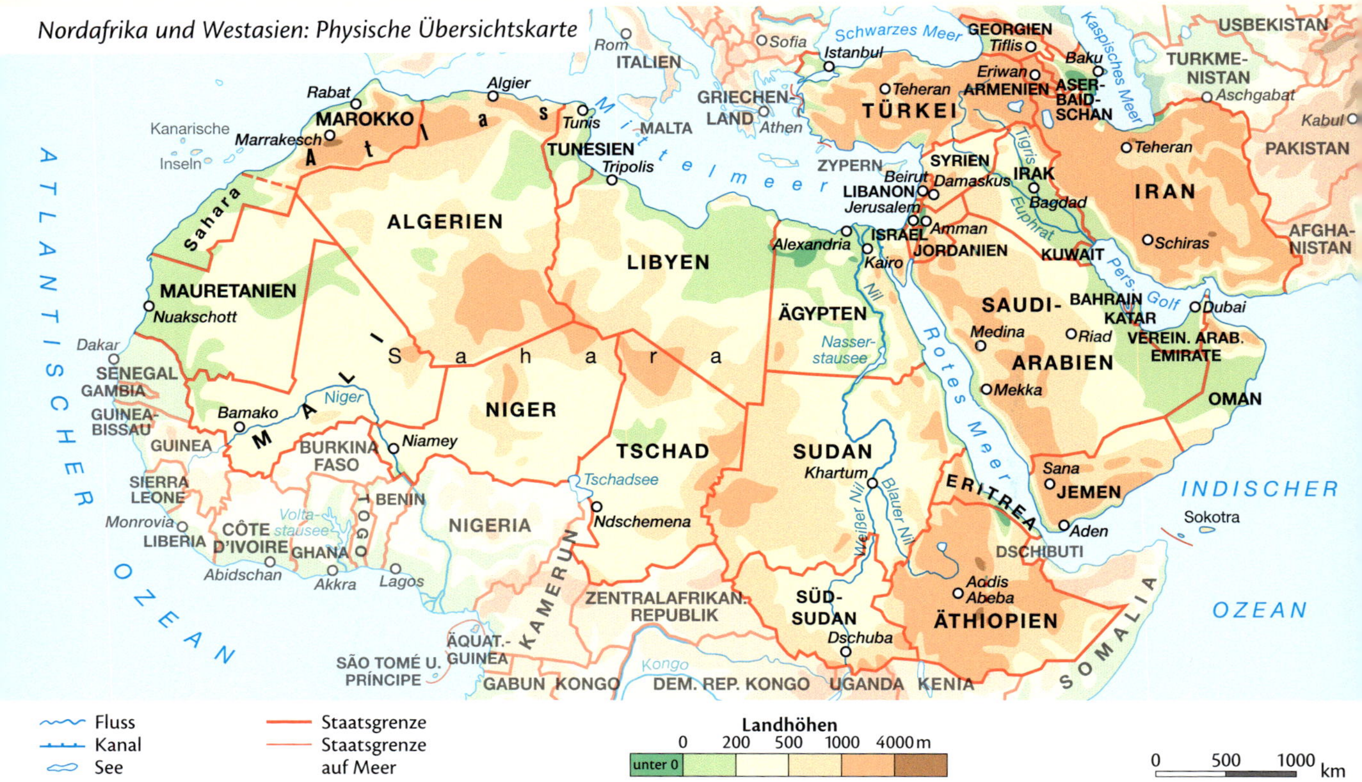

Stadtplan von Marrakesch

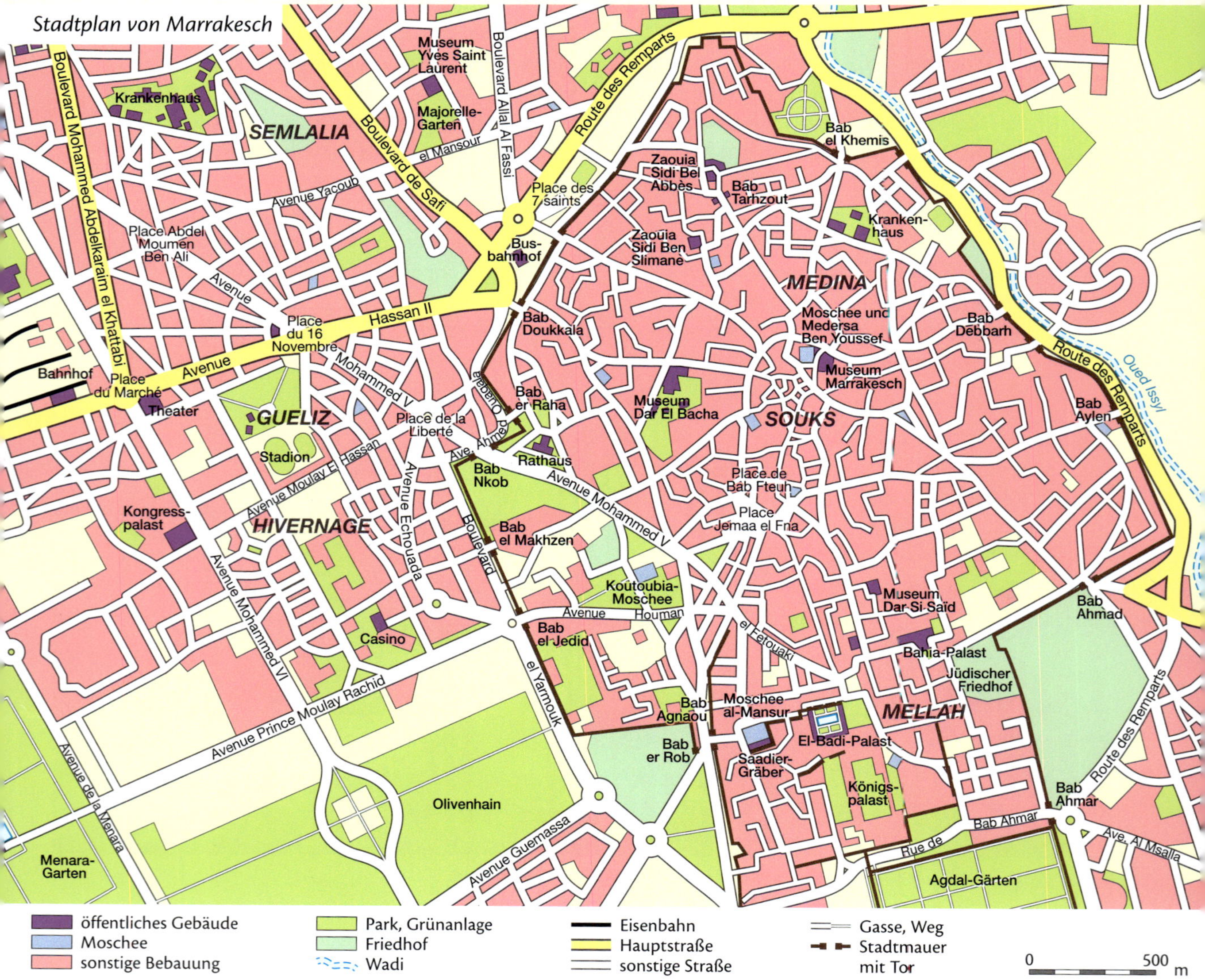

Wolkenkratzer in der Wüste – eine Fata Morgana, eine Sinnestäuschung?

Wüsten prägen den Norden Afrikas und das angrenzende westliche Asien. Doch unter dem Wüstensand lagern an vielen Stellen große Vorkommen eines sehr begehrten Rohstoffs, der vielen Staaten großen Reichtum gebracht hat. So entstanden moderne Großstädte in der Wüste, in der viele Menschen leben und arbeiten.

In diesem Kapitel erwerben Sie folgende Kompetenzen:

- Beschreiben der geographischen Lage Nordafrikas sowie des Nahen und Mittleren Ostens,
- Erläutern der Merkmale und der Entwicklung der orientalischen Stadt,
- Erklären der Bedeutung des Wassers für die Region,
- Erörtern der Möglichkeiten der landwirtschaftlichen Nutzung,
- Analysieren der Bedeutung des Erdöls für einige Staaten,
- Bewerten der geopolitischen Bedeutung der Ressourcen Wasser und Erdöl,
- Erläutern des Einflusses eines Energiegroßprojektes auf die Neugestaltung eines Staates,
- Beurteilen der Bedeutung des Tourismus als Maßnahme zur Diversifizierung der Wirtschaft,
- Charakterisieren der Ursachen und Auswirkungen der Migration,
- Auswerten von Luft- und Satellitenbildern.

Dubai, Vereinigte Arabische Emirate

Wir orientieren uns in Nordafrika sowie im Nahen und Mittleren Osten

M 1 *Moschee in Abu Dhabi*

Fluss	Länge
Nil	6 671 km
Niger	4 168 km
Euphrat	2 736 km
Tigris	1 899 km

M 2 *Die längsten Flüsse*

Der Orient – vom Islam geprägt

Nordafrika sowie der Nahe und Mittlere Osten nehmen insgesamt eine Fläche von 13,5 Millionen Quadratkilometern ein und sind somit etwa dreimal so groß wie die Europäische Union, während dort aber nur ungefähr ebenso viele Menschen leben.

Die Römer gaben diesem Raum bereits vor 1500 Jahren den Namen **Orient** (lat.: oriens sol) – das Land der aufgehenden Sonne. Im Gegensatz dazu wurde Europa als Okzident (Abendland) bezeichnet. Der **Kulturraum** Orient entstand seit dem 7. Jahrhundert mit der Ausbreitung der Religion des Islam. Von der arabischen Halbinsel aus, die bereits damals islamisiert war, eroberten die Araber Nordafrika und Teile Südeuropas und führten den Islam als Religion ein. Fast alle Völker in Westasien und Nordafrika wurden Muslime, Anhänger des Islam.

Heute umfasst der Kulturerdteil Orient die subtropischen Trockenräume Nordafrikas sowie des Nahen und Mittleren Ostens. Er ist dadurch gekennzeichnet, dass dort etwa 90 Prozent der Bevölkerung der Religion des Islam angehören. Ebenso wie das Christentum zum Beispiel in Europa prägt der Islam nicht nur das Leben der Menschen, sondern beispielsweise auch die Bauweise und das Aussehen der Städte.

Da der Koran, das heilige Buch des Islam, in arabischer Sprache verfasst wurde, verbreiteten sich mit der Religion auch die arabische Sprache und Schrift im gesamten nordafrikanischen und westasiatischen Raum. Die arabische Schrift wird von rechts nach links gelesen.

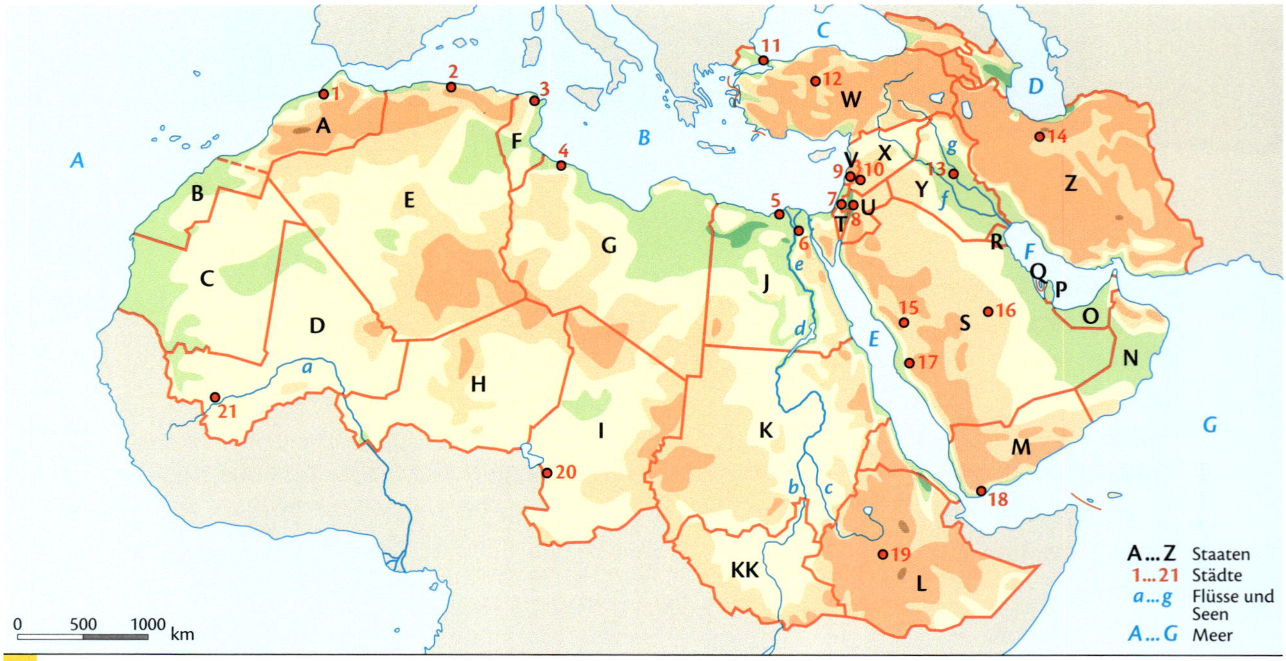

M 3 *Stumme Karte Nordafrikas und Westasiens*

M 4 *Sahara in Algerien*

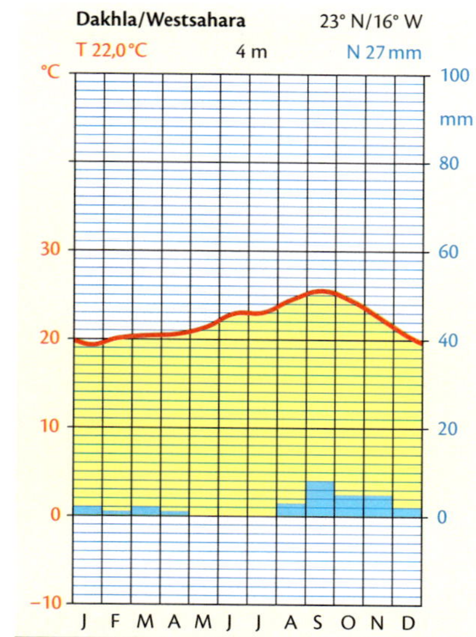

M 5 *Klimadiagramm von Dakhla*

Wasser – lebensnotwendig, aber rar

In Nordafrika und Westasien herrschen Tagestemperaturen von 40 Grad Celsius und mehr, extreme Schwankungen der Temperaturen zwischen Tag und Nacht und sehr geringe Niederschläge vor. Wüsten und Halbwüsten bestimmen den natürlichen Lebensraum, denn Wasser steht nur begrenzt zur Verfügung. Landwirtschaft kann unter diesen Bedingungen nur mit Bewässerung betrieben werden.

Bevorzugte Lebensräume der Menschen waren deshalb immer Gebiete, in denen Wasser zur Verfügung steht: an den Rändern der Gebirge, an den Küsten und in den Tälern der großen Flüsse wie Nil, Euphrat und Tigris, aber auch an Stellen mit Wasservorkommen in den Wüstengebieten.

1 Benennen Sie die Staaten und Städte, Gebirge, Flüsse, Seen und Meere (**M 3,** Karten S. 190 und S. 192/193, Atlas).

2 Listen Sie in einer Tabelle die Staaten auf, in denen der Anteil der islamischen Bevölkerung über 90 Prozent liegt (**M 7**, Atlas).

3 Erläutern Sie, wie der Islam Nordafrika sowie den Nahen und Mittleren Osten prägt (**M 1, M 7**).

4 Werten Sie die Klimadiagramme aus und erläutern Sie die Auswirkungen des Klimas auf die Lebensbedingungen (**M 4** bis **M 6,** S. 42).

5 Die Bedeutung des Begriffs „Orient" wandelte sich mit der Zeit. Setzen Sie sich kritisch mit dem Begriff auseinander und beurteilen Sie, ob er sich zur Abgrenzung eines geographischen Raumes eignet (**M 1, M 3, M 7**).

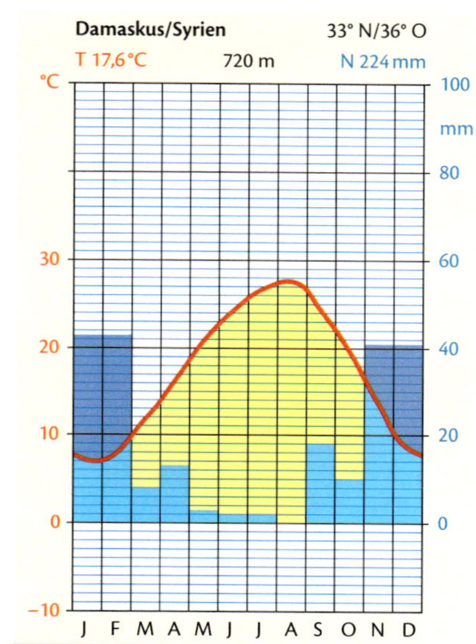

M 6 *Klimadiagramm von Damaskus*

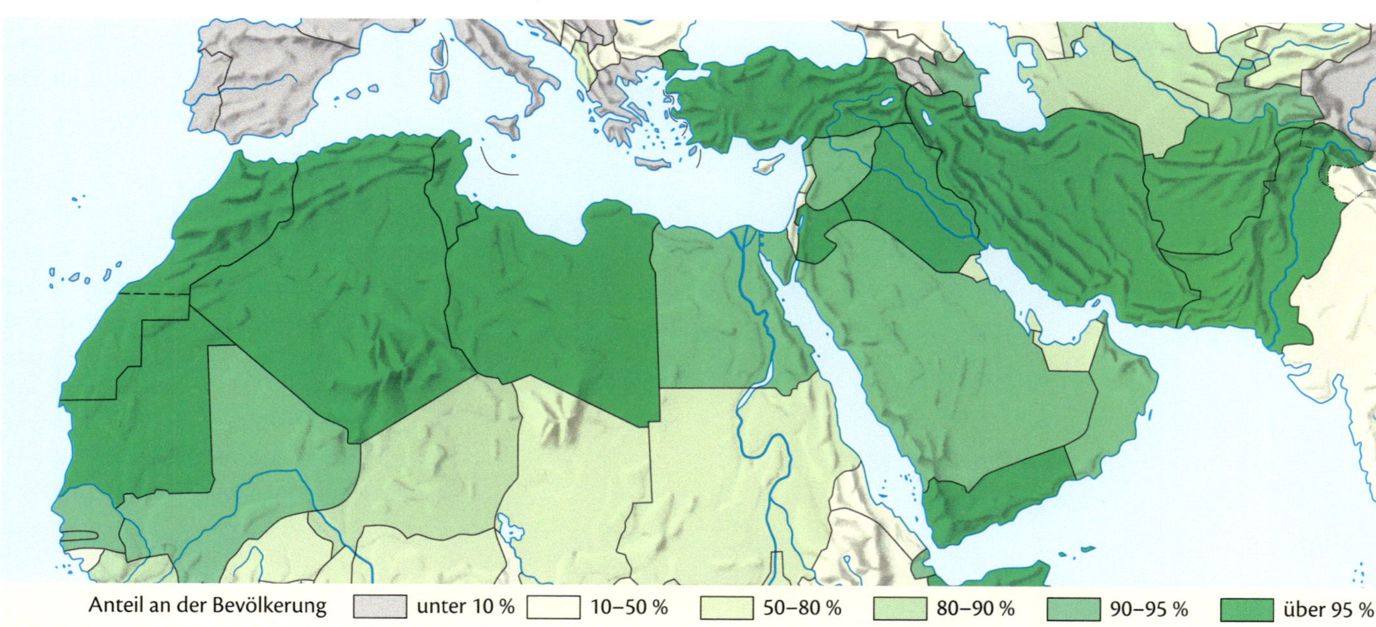

M 7 *Anteil der islamischen Bevölkerung*

Marrakesch – eine orientalische Stadt

M 1 *Medina von Marrakesch (Marokko)*

Jahr	Einwohner
1994	861 205
2004	1 070 838
2014	1 330 468
2020	1 405 373

Quelle: Haut Commissariat au Plan, Royaume du Maroc

M 2 *Entwicklung der Einwohnerzahl von Marrakesch*

Die Medina – geschäftiges Zentrum

Die Altstadt einer orientalischen Stadt nennt man **Medina**. Sie war ursprünglich von einer Stadtmauer umgeben, von der in Marrakesch noch einige Teile erhalten sind. Der Basar ist das Handels- und Handwerkerviertel der Medina. Dort herrscht bis in den späten Abend geschäftiges Treiben. Die Gassen sind oft überdacht, um die Waren in den offenen Läden vor der Sonne zu schützen. Im Basar ist jede Gasse einer bestimmten Berufsgruppe zugeordnet: Gold- und Silberschmiede arbeiten in einer Gasse, Schuhmacher und Schneider in einer anderen, Lebensmittel kann man wieder in einer anderen Gasse kaufen. Handwerksbetriebe, die viel Lärm machen oder unangenehm riechen wie zum Beispiel Schmieden, liegen am Rand des Basars. Kommt man in die Mitte des Basars, stößt man auf die Große Moschee. Sie liegt inmitten der Altstadt und überragt mit ihrem Minarett, dem Turm, von dem die Gläubigen zum Gebet gerufen werden, alle anderen Gebäude. Dort treffen sich die gläubigen Moslems zum Gebet. In der Moschee wird auch Koran-Unterricht für Kinder angeboten. Häufig schließen sich an die Moschee andere öffentliche Einrichtungen wie Schulen, Krankenhäuser oder Bäder an. So gilt die Moschee nicht nur als Mittelpunkt des religiösen, sondern auch des gesellschaftlichen Lebens.

Die Wohnviertel der Medina – ein Labyrinth aus Sackgassen

Ein typisches Merkmal der Altstadt einer orientalischen Stadt sind die vielen Sackgassen, die von den wenigen Hauptstraßen abzweigen. Sie dienen dem Schutz des Privatlebens, denn in den verästelten Gassen, die blind enden, fällt jeder Fremde sofort auf. Die ein- bis zweistöckigen Häuser sind rechtwinklig gebaut und besitzen einen ummauerten Innenhof, der gerade in den heißen Monaten Abkühlung bietet. Alle Häuser sind gleich hoch, sodass niemand seinem Nachbarn Wind „wegnehmen" kann. Außerdem sind die Häuser zur Gasse hin fensterlos, Licht bekommen die Wohnräume von der Innenhofseite. Hier haben manche Familien paradiesische Gärten mit Springbrunnen und Bänken angelegt, wo sich die Bewohner in den Abendstunden treffen. Den Wohlstand einer Familie sieht man nur im Inneren ihres Anwesens. Reichtum nach außen zu zeigen, wird nicht gern gesehen.

M 3 *Gasse in der Medina*

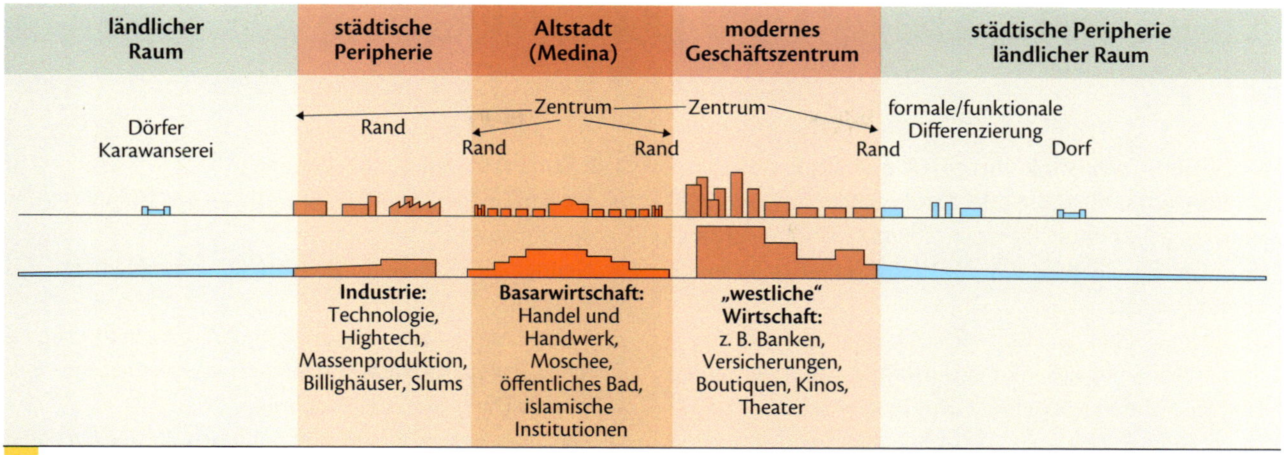

M 4 *Gliederung und schematische Skyline der islamisch-orientalischen Stadt heute*

Marrakesch – eine moderne orientalische Stadt

Die Zunahme der Bevölkerung im 19. und 20. Jahrhundert hat dazu geführt, dass Marrakesch stark gewachsen ist. Rund um die Altstadt entstanden moderne Stadtviertel. Einkaufszentren und Geschäftsviertel nach europäischem Vorbild außerhalb der Altstadt führen dazu, dass der Basar an Bedeutung verliert. Auch Regierungs- und Verwaltungsgebäude sowie Krankenhäuser und höhere Schulen liegen heute außerhalb der Altstadt. Marrakesch wuchs ins Umland. Moderne mehrgeschossige Wohngebäude ermöglichen kaum eine Abschirmung von der Außenwelt und den Rückzug ins Privatleben wie in der Medina. Damit verändert sich auch die Lebensweise in der Stadt. Wie in Europa auch bestimmen Einkommen und Bildungsstand heute, wer in welchem Wohngebiet lebt.

1 Beschreiben Sie die geographische Lage von Marrakesch (Karten S. 87 oben, S. 190, Atlas).

2 Erklären Sie den Aufbau einer orientalischen Altstadt am Beispiel von Marrakesch (**M 1, M 4, M 5,** Karte S. 87 unten).

3 Charakterisieren Sie die Veränderungen der orientalischen Stadt seit dem 19. Jh. (**M 2** bis **M 6**).

4 Werten Sie den Stadtplan aus. Erstellen Sie eine Tabelle mit Gebäuden und Einrichtungen, die in der Medina beziehungsweise in der Neustadt liegen, und vergleichen Sie mit dem Modell (Karte S. 87 unten, **M 5**).

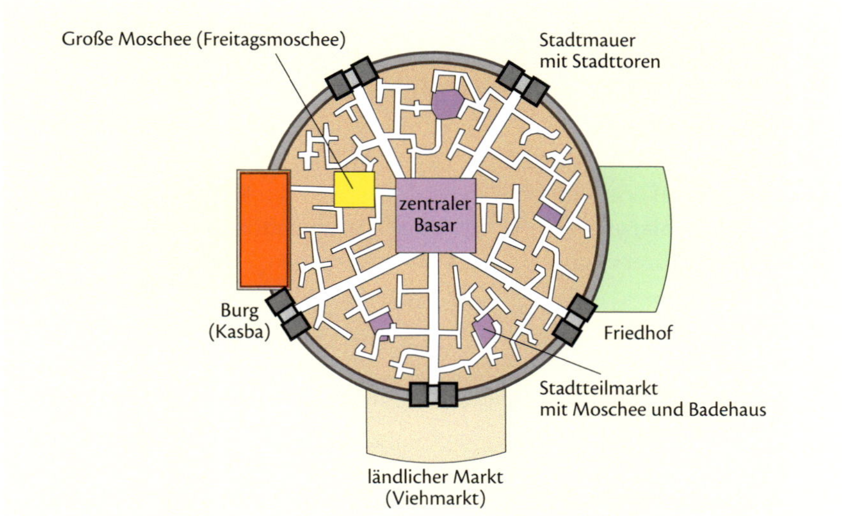

M 5 *Modell der islamisch-orientalischen Altstadt (Medina)*

M 6 *Modernes Wohn- und Geschäftsviertel in Marrakesch*

Wir werten Luftbilder aus und vergleichen sie

Luftbilder – ein Blick von oben auf die Erde

Luftbilder erfassen Städte oder Landschaften aus der Vogelperspektive. Sie ermöglichen den Überblick über einen Raum viel besser als ein Bild, das von der Erdoberfläche aufgenommen wurde.

Luftbilder werden je nach der Aufnahmeperspektive in **Schrägluftbilder** und **Senkrechtluftbilder** unterteilt. Schrägluftbilder werden von einem Flugzeug oder einem Hubschrauber aufgenommen. Sie können aber auch von einem Turm, einem Berg oder einem anderen erhöhten Ort aus entstehen. Sie verbinden beides: die gewohnte Seitenansicht der Horizontalbilder und die Ansicht von oben.

Senkrechtluftbilder werden aus einem Hubschrauber oder Flugzeug senkrecht zur Erdoberfläche aufgenommen. Ein Senkrechtluftbild hat schon sehr viel Ähnlichkeit mit der Karte, denn die Objekte sind im Grundriss und in ihrer Anordnung abgebildet: Von Häusern sind nur die Dächer erkennbar, ein Turm erscheint als Punkt, Wald als eine dunkle Fläche. Höhenunterschiede wie auf einem Schrägluftbild sind auf dem Senkrechtluftbild nicht mehr zu erkennen.

Checkliste zum Auswerten von Luftbildern

1. Schritt: Verorten des Luftbildes
- Stellen Sie mithilfe des Titels fest, in welchem Raum das Bild aufgenommen wurde.
- Ermitteln Sie, wenn möglich, den Aufnahmezeitpunkt, zum Beispiel die Jahreszeit anhand der Pflanzen oder die Tageszeit anhand von Schatten.

2. Schritt: Beschreiben des Bildinhaltes
- Beschreiben Sie zuerst besonders auffällige Einzelobjekte des Bildes.
- Ermitteln Sie Linien, Punkte und Flächen im Bild.
- Beschreiben Sie danach die Anordnung von Häusern, Straßen, Grünflächen und anderen Flächen.

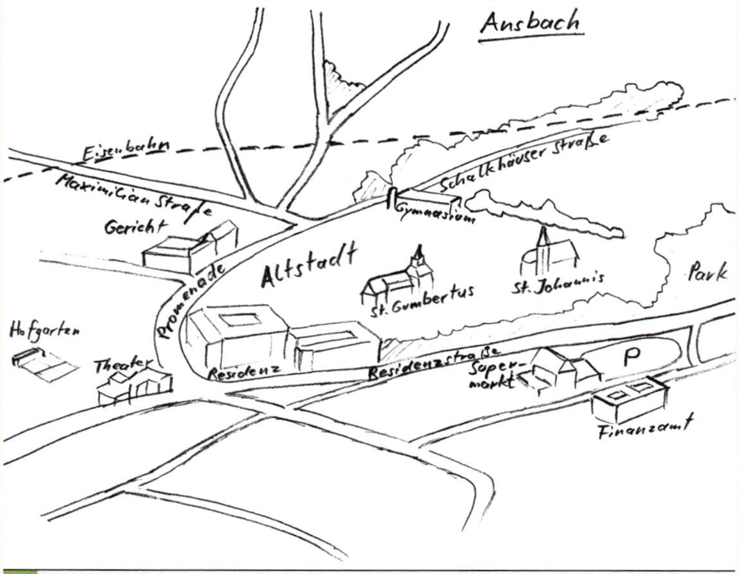

M 1 *Kartenskizze nach Luftbild*

3. Schritt: Erklären des Bildinhaltes
- Stellen Sie Zusammenhänge zwischen den Elementen des Bildinhaltes her.
- Nennen Sie Gründe für die Verteilung der Elemente des Bildes.
- Nutzen Sie zur Deutung auch andere Informationsquellen, zum Beispiel einen Text, eine Grafik oder das Internet.

4. Schritt: Darstellen der Ergebnisse
- Zeichnen Sie eine Skizze zum Bildinhalt. Gehen Sie dabei so vor: Legen Sie Transparentpapier oder eine Folie auf das Bild und übertragen Sie dann wichtige Linien, Punkte und Flächen.
- Schreiben Sie einen kurzen Bericht zum Bildinhalt.

Beispiel Ansbach (Mittelfranken)

1. Schritt: Verorten des Luftbildes

Das Luftbild zeigt eine Aufnahme der Altstadt von Ansbach. Aufgrund der zu erkennenden grünen und blühenden Bäume wurde das Luftbild im Frühjahr oder Sommer aufgenommen.

2. Schritt: Beschreiben des Bildinhaltes

Auf den ersten Blick ist ein großes Gebäude im östlichen Teil des Bildes zu erkennen. Zudem bildet eine große Kirche mit umliegendem Marktplatz das Zentrum der Altstadt. Die Häuser sind um den Marktplatz herum gebaut. Innerhalb der Altstadt liegen die Häuser dicht beieinander und es sind viele schmale Straßen zu erkennen. Die Bauweise der einzelnen Gebäude ist mehrgeschossig. Die Häuser zeigen mit ihren Giebeln zu den Straßen und Plätzen. Die Altstadt wird außen durch breite Straßen und mehrere Grünstreifen zu anderen Wohnvierteln abgegrenzt.

3. Schritt: Erklären des Bildinhaltes

Früher bewegten sich Menschen ausschließlich zu Fuß und mit Lastkarren fort, deshalb wurden keine breiten Straßen benötigt. Ansbach muss also eine alte Stadt sein. Heute kann die Altstadt nur von Fußgängern oder Fahrradfahrern erreicht werden. Für den Autoverkehr sind die schmalen Straßen viel zu eng.

In früheren Zeiten müssen sich um Ansbach ein Stadtgraben und eine Stadtmauer gezogen haben. Dieser Graben und diese Mauer wurden beseitigt. Deswegen konnten breite Straßen und Grünflächen am Rand der Altstadt angelegt werden.

4. Schritt: Darstellen der Ergebnisse

Nach Gegenüberstellung aller Bildinhalte zeigt sich, dass Ansbach viele Merkmale einer mitteleuropäischen Stadt hat.

M 2 *Altstadt von Ansbach (Mittelfranken)*

M 3 *Medina von Kairouan (Tunesien)*

1 Benennen Sie Merkmale von Schrägluftbildern und Senkrechtluftbildern (**M 2**, **M 3**).

2 Werten Sie das Luftbild von Kairouan mithilfe der Checkliste aus. Nutzen Sie dazu die Erläuterungen der Bildauswertung von Ansbach (**M 2**, **M 3**).

3 Zeichnen Sie eine Kartenskizze des Luftbildes von Kairouan (**M 1**, **M 3**).

4 Vergleichen Sie die Luftbilder und die Kartenskizzen (**M 1** bis **M 3**).

5 Erläutern Sie die Unterschiede zwischen der mitteleuropäischen Stadt Ansbach und der orientalischen Stadt Kairouan (**M 1** bis **M 3**).

Oasen – grüne Inseln in der Wüste

M 1 *Felder einer Oase*

Bewohnte Orte in der Wüste

„Bahr bela ma“ – Meer ohne Wasser – so nennen die Araber die Sahara. Doch tausende **Oasen** liegen wie grüne Inseln inmitten des ariden Umlands. In Oasen treffen dauerhafte Besiedlung und **Nomadismus** aufeinander. Sie entstehen überall dort, wo sich Oberflächen- oder Niederschlagswasser sammelt sowie Grundwasser an die Oberfläche tritt oder aus geringer Tiefe beziehbar ist. Dort, wo es Wasser gibt, findet man Vegetation und es können sich in der Wüste Menschen ansiedeln. An manchen Stellen kommt das Grundwasser der Erdoberfläche so nahe, dass die Pflanzen es mit ihren Wurzeln erreichen können. An wenigen Stellen tritt Wasser in Quellen aus oder Menschen haben Brunnen gegraben. Das Wasser wird in kleinen Kanälen auf die Anbauflächen geleitet und zur Bewässerung der Pflanzen genutzt.

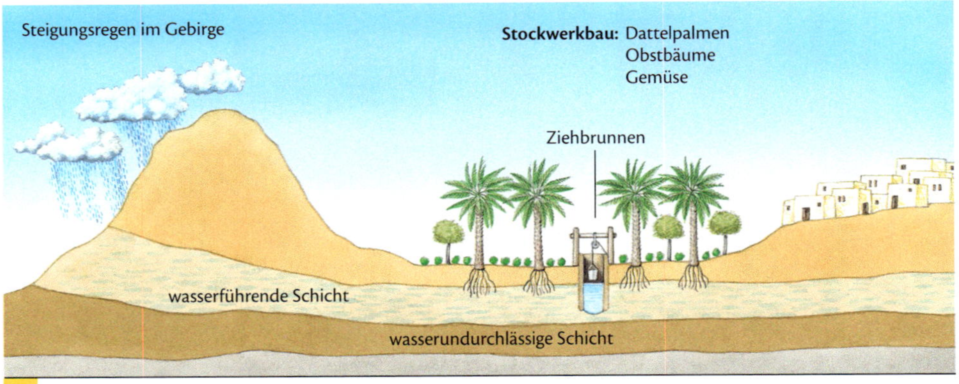

M 2 *Grundwasseroase*

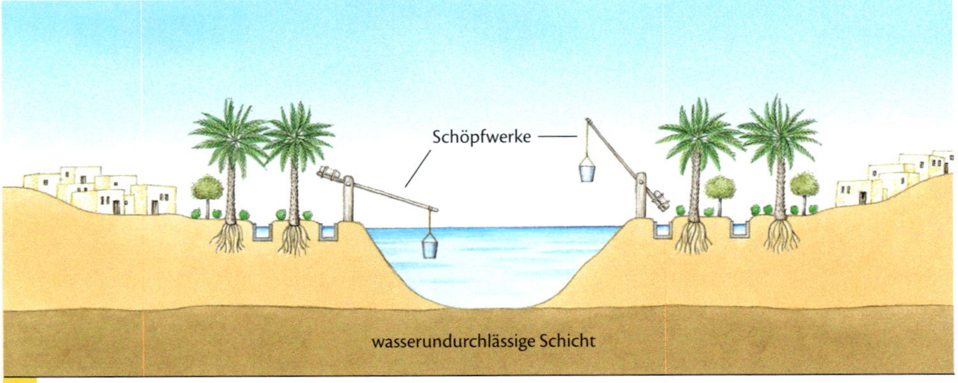

M 3 *Flussoase*

Landwirtschaft in der Wüste

In den Oasen ist die künstliche Bewässerung die grundlegende Voraussetzung für den Anbau von Kulturpflanzen. Das zur Verfügung stehende Wasser wird über kleine Kanäle zu den Feldern geleitet. Dabei werden verschiedene Quellen über die Kanalsysteme und Verteiler mit den Gärten verbunden. Schieber an den Verteilerstationen regeln die Wasserzuteilung der einzelnen Flächen.

In traditionellen Oasengärten werden die Pflanzen in drei Stockwerken angebaut, um die Fläche sowie das vorhandene Wasser bestmöglich zu nutzen. Die wichtigste Pflanze der Oasen ist die Dattelpalme, sie bildet das oberste und damit höchste Stockwerk. Für sie gibt es in der Oase ideale Wachstumsbedingungen, denn ihre „Füße“ vertragen es, im Wasser zu stehen und ihr „Kopf“ hält die Sonnenglut aus. Im Schatten der Dattelpalmen gedeihen Obstbäume wie Orangen-, Feigen- sowie Pfirsich- und Olivenbäume. Das unterste Stockwerk bilden die Felder mit Getreide und Gemüse wie Hirse und Weizen, Bohnen, Zwiebeln und Melonen. Die Kronen der Obstbäume und Dattelpalmen schützen sie vor der direkten Sonneneinstrahlung.

Die Landwirtschaft in den Oasen diente in erster Linie der Selbstversorgung der Bewohner. Aufgrund besserer Verkehrsanbindungen sind sie jedoch heute nicht mehr allein darauf angewiesen. Damit änderten sich die Ernährungsgewohnheiten der Oasenbewohner. Datteln werden heute kaum noch zur Selbstversorgung, sondern vorwiegend für den Export nach Europa erzeugt.

Nomaden – Wanderhirten und Händler

Den Handel übernahmen in der Sahara **Nomaden** mit ihren Kamelkarawanen. Nomaden zogen traditionell in den Trockenräumen mit ihren Kamel-, Schaf- und Ziegenherden auf der Suche nach Wasser und Nahrung für die Tiere umher. Sie hatten keinen festen Wohnsitz, sondern lebten in Zelten oder einfachsten Hütten, die nach Bedarf auf- oder abgebaut werden konnten. Mit den Herden bewegten sie sich vor allem an den Rändern der Wüsten sowie an den Gebirgsrändern, wo am ehesten Wasser zu finden ist. Sie zogen aber auch von Oase zu Oase, wo sie sich mit Wasser versorgten und ihr Fleisch gegen Früchte der Oasenbauern tauschten. Da Kamele sehr gut an das Leben in Trockenräumen angepasst sind, übernahmen die Nomaden mit ihren Kamelherden den Karawanenhandel mit Salz, Gewürzen oder Gold durch die Wüsten.

Oasen im Wandel

Im Norden der Sahara wurden bei Bohrungen große unterirdische Wasservorräte gefunden. Dies ermöglichte die Ausweitung der Flächen für die Bewässerungslandwirtschaft. Durch die verbesserte Verkehrsanbindung gelangen viele neue Güter in die Oasenstädte. Die Bewohner sind nicht mehr auf Selbstversorgung und Tauschhandel angewiesen. Auch viele Nomadenfamilien sind in den Oasen sesshaft geworden, da heute der Nomadismus durch Staatsgrenzen behindert wird und unerwünscht ist. Sie betreiben teilweise weiter den Handel mit dem Lkw. Seitdem es bessere Straßen gibt, kommen auch Touristen. Einige Oasenstädte sind stark gewachsen; die größten haben heute mehr als 100 000 Einwohner. Dort gibt es Händler und Handwerker, Ärzte und Apotheken, Gaststätten und Hotels. Andere Oasen, insbesondere im Süden der Sahara, verfallen zunehmend, da junge Oasenbewohner außerhalb der Oasen eine besser bezahlte Beschäftigung fanden. Die Oasengärten und -felder werden nicht mehr gepflegt und versanden.

M 4 *Kamelkarawane in der Wüste*

Unsere Reise beginnt in einer Oase am Rand der marokkanischen Wüste. Unweit des Dorfes treffen wir unsere Reiseführer, Nomaden mit ihren Kamelen, und beginnen unser Wüstentrekking. Nach einer kleinen Einführung ins Kamelreiten, insbesondere in das Auf- und Absitzen, brechen wir auf in Richtung Süden. Die kommenden Tage sind wir inmitten kleinerer und großer Sanddünen unterwegs. Wir ziehen als Karawane teils über sandige Flächen oder Geröllwüste und durchqueren ein Trockental. Wir staunen, wie groß die Wüste ist und welche Ausmaße Dünen haben können. Wir erkennen in der Ferne eine massive Bergkette, hinter der sich bereits die algerische Sahara befindet. Unterwegs übernachten wir in einem Zeltlager, das wir meistens am Rand von Dünen oder kleineren Oasen errichten. Bei einer dieser Oasen verabschieden wir uns von unseren Reiseführern und ihren Kamelen, die nun erst einmal Wasser und frisches Futter bekommen. Unsere Reise geht mit dem Jeep weiter in die Oasenstadt Tinerhir, die von zwei Dattelpalmenoasen umgeben ist. Hier werden wir uns noch einige Tage in einem Hotel mit einem wunderbaren Pool erholen. Die Stadt hat heute fast 40 000 Einwohner, da sich viele ehemalige Nomadenfamilien hier niedergelassen haben.

M 5 *Mit einer Kamelkarawane durch die Sahara*

1 Erklären Sie, wo in der Wüste Oasen zu finden sind, und vergleichen Sie die Grundwasseroase mit der Flussoase hinsichtlich der Herkunft des Wassers, der Zuleitung auf die Felder sowie der Lage der Felder und Siedlungen (**M 2, M 3**).

2 Suchen Sie eine Flussoase und eine große Oasenstadt in der Sahara und beschreiben Sie deren Lage (Karte S. 191, Atlas).

3 Zeichnen Sie nach dem Bild die Skizze einer Oase. Beschriften Sie die Pflanzen in den einzelnen Stockwerken (**M 1**).

4 Benennen Sie Merkmale des Nomadismus und erläutern Sie, wie Oasenwirtschaft und Nomadismus miteinander verknüpft waren (**M 1, M 4, M 5**).

5 Erläutern Sie Ursachen und Folgen für die Veränderungen in den Oasen der Sahara. Fertigen Sie dazu ein Fließdiagramm an ().

6 Tourismus – ein neuer Erwerbszweig in der Wüste. Führen Sie eine Pro-und-Kontra-Diskussion durch, ob dies erstrebenswert ist (**M 5**, ***Eine Pro-und-Kontra-Diskussion führen***).

7 Bilden Sie Kleingruppen und schreiben Sie einen Bericht oder erstellen Sie eine Collage zum Leben der Oasenbauern beziehungsweise der Nomaden früher und heute (**M 1, M 4, M 5**, ***Eine Internetrecherche durchführen, Eine Collage erstellen***).

Entweder der Nil oder das Nichts

M 1 *Bewässerte Felder entlang des Nils*

Wasser aus der Ferne

Entweder der Nil oder das Nichts – so lautet ein altes arabisches Sprichwort. Der Nil ist die Lebensader Ägyptens. Im Tal und dem Delta des Nils ist inmitten der Wüste eine der größten Flussoasen der Erde entstanden. Hier leben mehr als 95 Prozent aller Einwohner des Landes. Fast die gesamten Ernteerträge sind von der Bewässerung mit Nilwasser abhängig. Der Nil entspringt in niederschlagsreichen Gebieten. Er führt so viel Wasser, dass er die mehr als 1 500 Kilometer langen Wüstengebiete Ägyptens durchfließen kann, ohne auszutrocknen.

Die Niloase in der Vergangenheit

Um die gesamte Flussoase als Anbaufläche nutzen zu können, bauten die Ägypter ihre Siedlungen abseits des Flusses am Rand zur Wüste. Nach der Regenzeit in den Quellgebieten des Nils führte der Fluss so viel Wasser, dass er einen mehrere Kilometer breiten Streifen Land überschwemmte. Wenn das Wasser wieder abfloss oder verdunstete, hinterließ es fruchtbaren, dunklen Flussschlamm, der als Dünger diente.
Die Wasserführung des Nils in Ägypten schwankte jedoch von Jahr zu Jahr stark, denn sie hing von der Menge der Niederschläge im Quellgebiet ab. Die ägyptischen Bauern verstanden es seit Jahrtausenden, die unterschiedliche Wasserführung mithilfe von Schöpfwerken und Kanälen auszugleichen, die das Wasser für die traditionelle Bewässerungswirtschaft bereitstellten. In Gräben, Kanälen und Rillen floss das Wasser auf die Felder und Schöpfräder und Pumpen sorgten dafür, dass das Flusswasser auch höher gelegene Bereiche erreichte. Diese Form der Bewässerung führt jedoch zu erheblichen Wasserverlusten durch undichte Kanäle sowie durch Verdunstung.

Die Niloase nach dem Bau des Assuan-Staudamms

Die jährliche Schwankung der Wassermengen bedeutete aber auch eine ständige Bedrohung für die Bevölkerung des Niltals. Mal kam es zu verheerenden Überflutungen, mal herrschten Wassermangel und Dürre. Beide gefährdeten die Ernten. Für die wachsende Bevölkerung war die Nahrungsmittelversorgung nicht mehr sicher. Der Assuan-Staudamm, der 1971 fertiggestellt wurde, sollte diese Probleme lösen. Er begrenzt den Nasserstausee, der zehnmal größer ist als der Bodensee. Durch die jetzt ausgeglichene Wasserführung des Nils kann ganzjährig bewässert werden, sodass drei Ernten im Jahr möglich sind. Die Generatoren im Staudamm versorgen die Region mit Strom und der nun ganzjährig schiffbare Fluss ist sowohl für den Handel als auch den Tourismus Ägyptens ein großer Vorteil. Allerdings mussten die Bauern den fehlenden Nilschlamm durch Mineraldünger ersetzen.
Durch den Bau weiterer Staudämme durch die flussaufwärts gelegenen Anrainerstaaten Äthiopien und Sudan verliert Ägypten große Mengen des Nilwassers, was zu Konflikten führt.

Nahrungssicherung durch neue Bewässerungsmethoden

Da die Bevölkerung Ägyptens stark wächst, versucht man die landwirtschaftliche Nutzfläche in den Wüsten-

M 2 *Kreisbewässerung in der Wüste*

Bodenversalzung entsteht vorwiegend in semiariden Gebieten, wie dem Mittelmeerraum, wo einerseits Dünger zum Anbau von landwirtschaftlichen Produkten verwendet wird und andererseits eine fehlerhafte künstliche Bewässerung stattfindet. Die im Dünger enthaltenen oder natürlich vorkommenden Salze werden gelöst und versickern. Durch die hohen Temperaturen steigt das salzhaltige Wasser wieder auf und verdunstet an der Oberfläche. So reichern sich im Oberboden zunehmend Salze an. Damit ist einerseits die Aufnahme von lebensnotwendigen Nährstoffen behindert, was zu Mangelerscheinungen bei Pflanzen führt. Andererseits bindet Salz das weitere Wasser, sodass die Pflanzen es kaum oder gar nicht aufnehmen können und dadurch austrocknen bzw. absterben. Jährlich gehen auf diese Weise weltweit bis zu 2000 ha am Tag für die Landwirtschaft verloren, wenn nicht geeignete Gegenmaßnahmen ergriffen werden. Nur durch die kapitalintensive Tröpfchenbewässerung oder Drainagesysteme kann dem entgegengewirkt werden.

M 3 *Bodenversalzung*

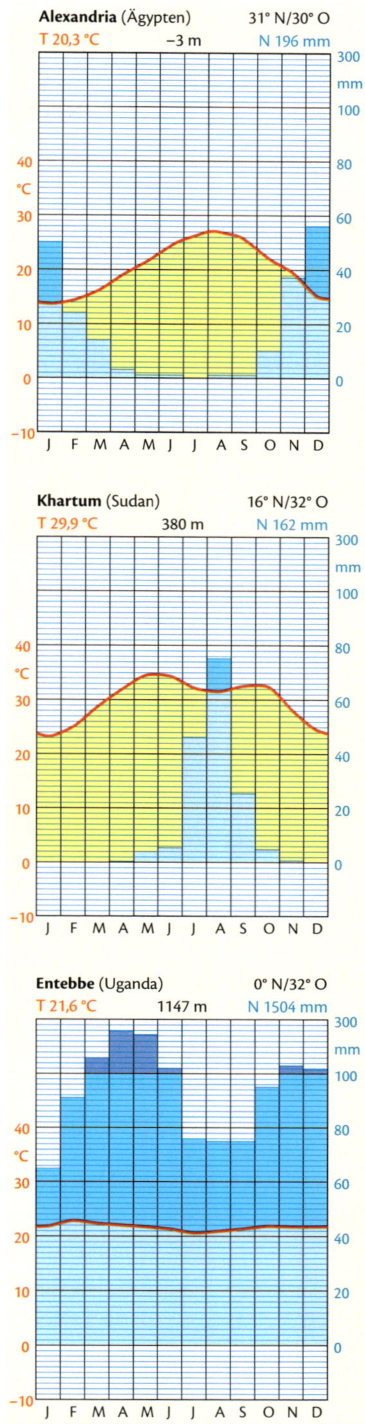

M 3 *Klimadiagramme*

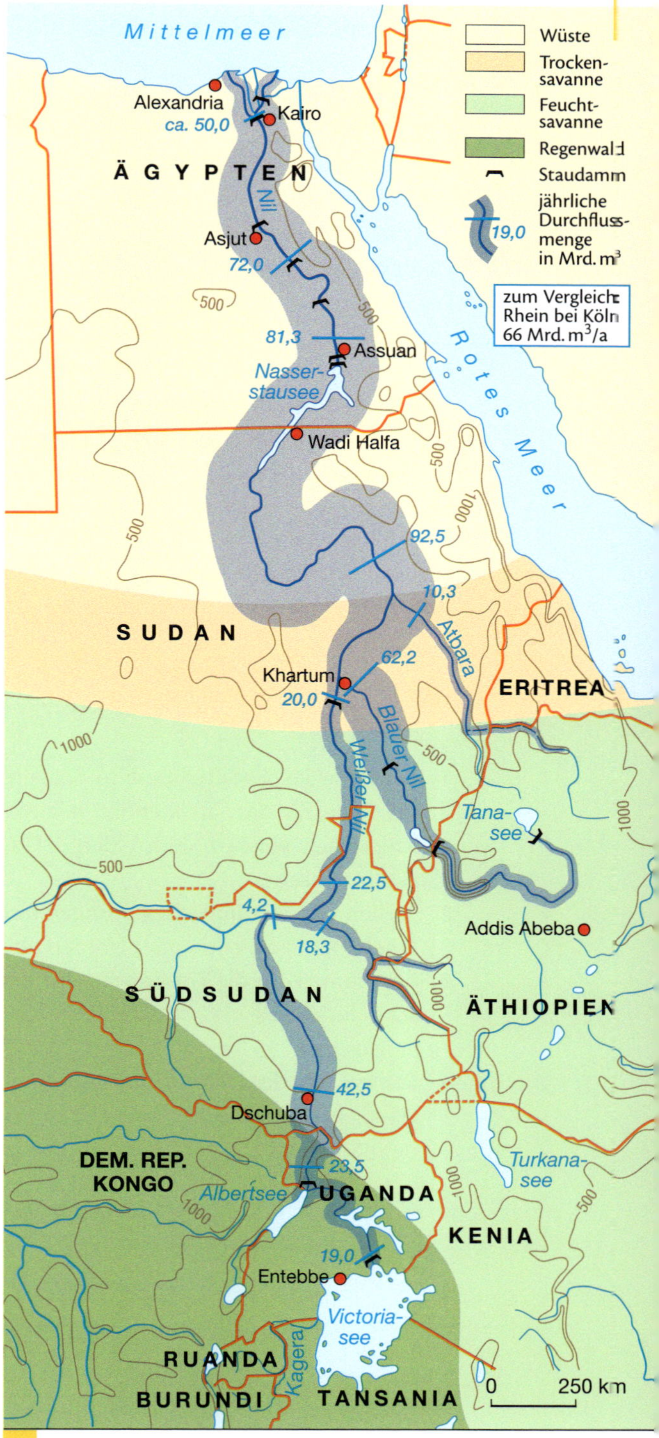

M 4 *Wasserführung des Nils*

gebieten auszudehnen. Tausende Quadratkilometer Wüste sind in den vergangenen 60 Jahren durch Bewässerung mit Grundwasser nutzbar gemacht worden. In den Oasengemeinden wurden immer tiefere Brunnen bis in über einen Kilometer Tiefe gebohrt und das Wasser mithilfe elektrischer Pumpen gefördert. Das Wasser wird aus dem **Nubischen Sandstein-Aquifer** gewonnen, ein unterirdisches Reservoir mit **fossilem Grundwasser**. Die riesige Wasserader zieht sich durch einen Großteil Ägyptens, Libyens, des Sudans und des Tschads. Da sich fossiles Grundwasser in Trockenräumen nicht wieder auffüllt, ist es erforderlich, die Wasserressourcen besser zu nutzen. Dazu werden Kanäle instandgesetzt und moderne Pumpen und Drainagesysteme zur Bewässerung der Felder installiert. Denn ein weiteres Problem der großräumigen Bewässerung ist die Bodenversalzung.

1 Beschreiben Sie den Verlauf des Nils (**M 5**, Karte S. 190, Atlas).
2 Werten Sie das Satellitenbild aus und begründen Sie, warum man den Nil „die Lebensader Ägyptens" nennt (S. 101 **M 2**; **M 1**, **M 5**).
3 Erklären Sie folgende Aussage: „Die Nilschwelle erreichte Ägypten von Juni bis Oktober. Im Frühjahr und Frühsommer herrschte Trockenheit" (**M 3**).
4 Vergleichen Sie die Vor- und Nachteile des Dammbaus bei Assuan. Beurteilen Sie den Nutzen für die Menschen.
5 Informieren Sie sich über neue Bewässerungsvorhaben in Ägypten und stellen Sie sie der Klasse vor (***Eine Internetrecherche durchführen***).

Wir werten ein Satellitenbild aus

Was ist ein Satellitenbild?

Satellitenbilder sind Aufnahmen der Erdoberfläche, die von einer Raumstation oder einem Satelliten aus aufgenommen werden. Über 1500 Satelliten schicken ihre Bilder zur Erde. Die Satelliten zur Erkundung der Erde sind mit Abtastgeräten (Scannern) ausgerüstet. Diese empfangen auch Strahlen, die der Mensch nicht sehen kann. Dazu gehören die Infrarotstrahlen, die von den Pflanzen reflektiert werden. Die Scanner tasten die Erdoberfläche ab, zeichnen die Strahlen nach ihrer Stärke (Intensität) auf und senden die Signale zur Bodenstation. Hier werden die Signale zu Bildern zusammengesetzt. Satellitenbilder kommen in vielen Bereichen zum Einsatz, zum Beispiel in der Wettervorhersage, beim Katastrophenmanagement, zur Prognose von Ernteerträgen oder zur Überwachung von Landnutzungsveränderungen.

Wie geht man bei der Auswertung eines Satellitenbildes vor?

1. **Verorten Sie das Satellitenbild.** Suchen Sie in einer Karte die Stelle, die das Satellitenbild zeigt. Wichtige Orientierungshilfen können Städte, Berge, Flussbiegungen und Ähnliches sein.
2. **Stellen Sie die Himmelsrichtungen fest,** denn auf Satellitenbildern ist nicht immer Norden oben.
3. **Bestimmen Sie die Größenverhältnisse und den Maßstab,** indem Sie das Satellitenbild mit einer Atlaskarte vergleichen.
4. **Stellen Sie den Aufnahmezeitpunkt des Bildes fest:** Häufig ist es wichtig, die Tageszeit zu wissen, weil sich mit dem Sonnenstand zum Beispiel die Länge der Schatten verändert. Die Jahreszeit spielt eine Rolle, wenn das Bild ein Gebiet zeigt, in dem die Bäume in der kalten Jahreszeit oder in der Trockenzeit ihr Laub abwerfen.
5. **Beschreiben Sie einzelne Objekte und deren Verteilung,** zum Beispiel Farben, Formen, Schattierungen, Gewässer, Orte und Ähnliches.
6. **Deuten Sie den Bildinhalt und versuchen Sie dadurch Zusammenhänge zu erkennen,** zum Beispiel zwischen der Lage von Orten und Oberflächenformen, zwischen Klima und Pflanzenwelt.
7. **Nutzen Sie weitere Medien zur Beurteilung der Bildinhalte,** zum Beispiel Atlaskarten und digitale Globen.

M 1 *Satellitenaufnahme selbstgemacht*

Erläuterung des Beispiels (M 2):

1. Es ist die Nilschleife bei Kena wiedergegeben.
2. Das Satellitenbild des Niltales ist genordet.
3. Auf dem Satellitenbild beträgt die Nord-Süd-Erstreckung 120 Kilometer, die West-Ost-Erstreckung 90 Kilometer.
4. Dieses Bild ist am späten Vormittag aufgenommen worden. Die Jahreszeit spielt in diesem Raum, in dem das ganze Jahr über mehrere Ernten eingebracht werden, keine Rolle.
5. Den größten Teil des Bildausschnittes nehmen weiße und gelbliche Flächen ein, die keine Pflanzendecke tragen (= Wüste). Die Wüstenflächen sind durch wasserlose Täler (= Wadis) zerschnitten. Ein breites grün-bräunliches Band zieht sich in einer großen Schleife durch den rechten und oberen Teil des Bildes. Inmitten des Bandes ist als dunkelblaue Linie ein Fluss zu erkennen. Er teilt sich vielfach auf und umschließt Inseln. Die Flussoase ist von vielen Linien durchzogen. Es handelt sich dabei um Straßen und Bewässerungskanäle. Die grüne Fläche wirkt wie gesprenkelt durch rotbraune Flecken (= Siedlungen).
6. Auf dem Bild ist die Flussoase des Nils inmitten der Wüste dargestellt. Mit dem Nilwasser werden Flächen bewässert und damit Ackerbau ermöglicht. Bis zu 16 Kilometer breit ist das bewässerte, fruchtbare Tal, das an der engsten Stelle noch etwa zwei Kilometer misst. In Bewässerungskanälen wird das Nilwasser bis zu den entfernten Feldern geführt. Sehr viel kleinere und größere Siedlungen liegen in der Flussoase.
   Die Wüste selbst ist keine einheitliche, sandige Fläche, sondern es ragen einzelne Gebirgszüge heraus. Diese zwingen den Strom dazu, die Schleife zu ziehen. Die höheren Wüstengebirge sind durch Wadis zerschnitten. Diese Wadis enden oft in weiten Sandflächen.
7. Die Atlaskarte zeigt, dass hier in der Flussoase Bewässerungsanbau betrieben und vorwiegend Baumwolle angebaut wird. Entlang des Nils verlaufen eine Eisenbahnlinie und mehrere Straßen. Die Atlaskarte benennt auch die größten Städte: Kena und Luxor. Mit dem digitalen Globus kann zum Beispiel die Ausdehnung der Bewässerungsflächen beiderseits des Flusses vermessen werden.

M 2 *Die Nilschleife bei Kena im Satellitenbild*

Trinkwasser – eine knappe Ressource

- Seit den 1980er-Jahren steigt der Wasserverbrauch weltweit um etwa ein Prozent pro Jahr.
- Der Anteil der Weltbevölkerung mit mindestens einer Grundversorgung mit Trinkwasser stieg zwischen 2000 und 2019 von 81 auf etwa 90 Prozent.
- Dennoch haben mehr als zwei Milliarden Menschen keinen Zugang zu einer sicheren Trinkwasserversorgung.
- Der Anteil variiert zwischen Kontinenten, aber auch innerhalb von Staaten je nach Region und Wohlstand.
- Betroffen sind vor allem Menschen in den ärmeren Regionen der Welt – und dort vor allem in den ländlichen Gebieten.
- 2019 hatten nur etwa 69 Prozent der Schulen weltweit Zugang zu Trinkwasser und nur 66 Prozent sanitäre Anlagen.
- Der Klimawandel verschärft insgesamt die Wasserknappheit und kann die Konkurrenz um die begrenzten Wasserressourcen noch verstärken.

Quelle: UN-Weltwasserbericht 2021

M 1 *Ausgewählte Daten zur Weltwasserversorgung*

Wasserressourcen der Erde

Auf der Erde sind rund 1,4 Milliarden Kubikmeter Wasser gespeichert. Nur 2,5 Prozent dieser enormen Menge sind Süßwasser. Ungefähr 70 Prozent dieser Süßwasservorräte sind in Polareis, Gletschern und Schnee gebunden. Deshalb können die Menschen zu ihrer Versorgung nur 0,76 Prozent der auf der Erde verfügbaren Wassermenge nutzen. Im Gegensatz zu anderen wichtigen Rohstoffen wie Erdöl oder Kohle kann die Ressource Wasser auf der Erde zwar nicht „aufgebraucht" werden, da Wasser Teil eines geschlossenen Kreislaufs ist. Was sich aber verringern kann, ist die Menge des nutzbaren, sauberen Wassers. Fast alle Länder zwischen dem 10. und 40. nördlichen Breitengrad sind von Wasserknappheit betroffen. Der Bedarf an Wasser wird weltweit weiter wachsen. Er hängt dabei vor allem von dem Bevölkerungswachstum sowie der wirtschaftlichen Entwicklung ab. Auch der Wasserbedarf der Landwirtschaft und für die Energiegewinnung nimmt weiter zu.

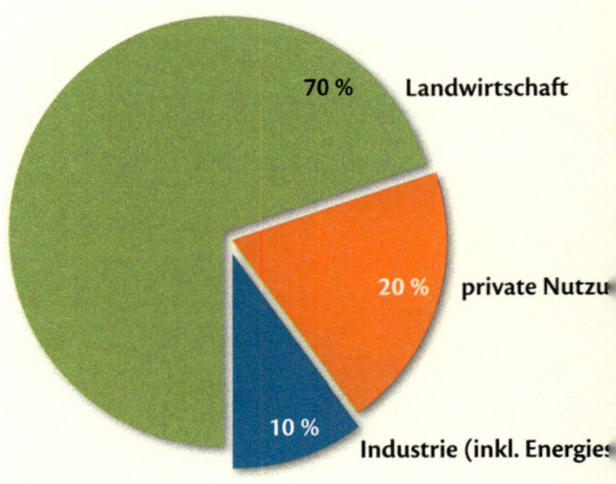

M 2 *Globale Wassernutzung*

Versorgung mit Trinkwasser

Deutschland ist ein wasserreiches Land, in dem in der Regel die entnommene Wassermenge durch Niederschläge wieder ersetzt wird. Wie in den meisten industrialisierten Staaten ist bei uns sauberes Wasser selbstverständlich, während in vielen ärmeren Staaten Haushalte nicht an eine Wasserversorgung angeschlossen und Leitungen sowie Bewässerungsanlagen mangelhaft sind. Viele Menschen sind teilweise auf Gewässer oder Brunnen angewiesen, die verschmutzt sein können.

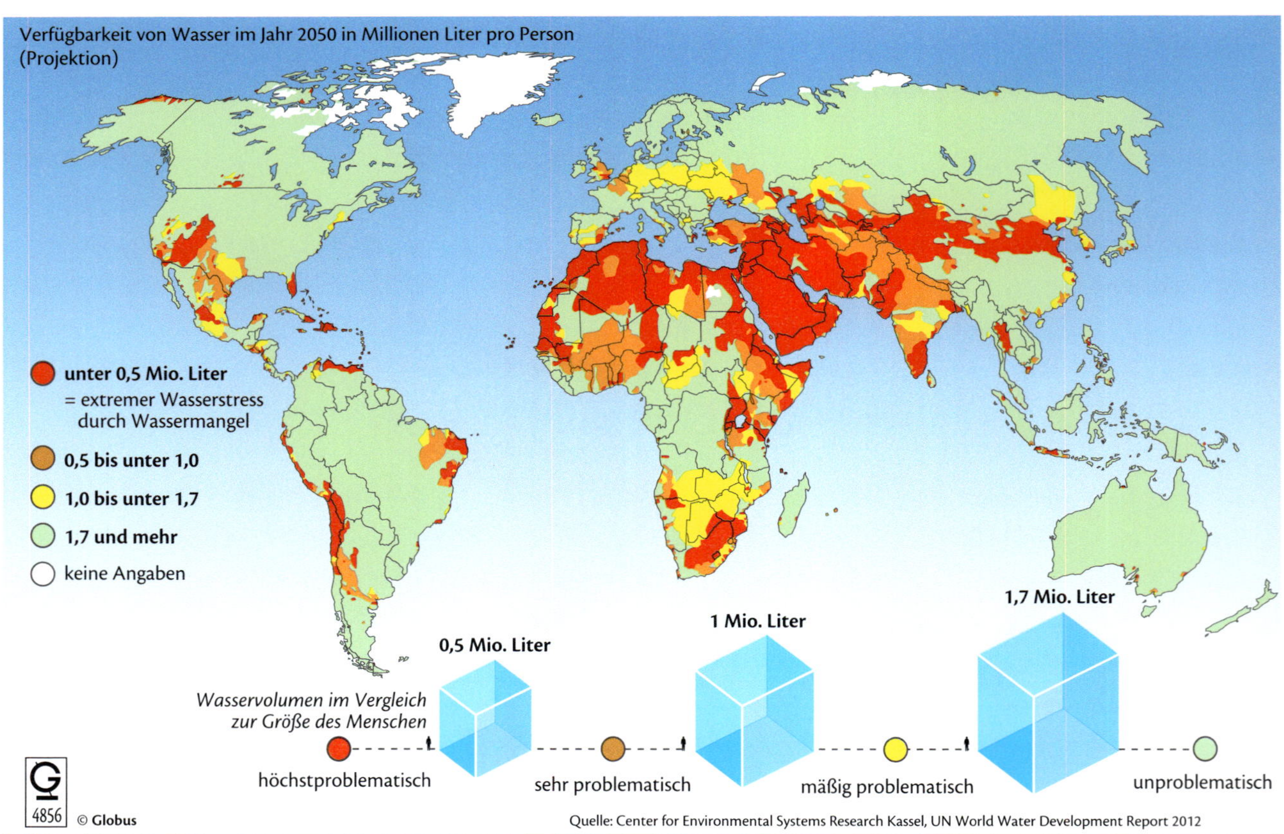

M 3 *Wassermangel weltweit bis 2050*

Dort, wo Süßwasser knapp ist, versucht man Trinkwasser aus dem Meer zu gewinnen. Anlagen zur Umwandlung von Salzwasser in Süßwasser verbrauchen viel Energie. Sie sind teuer und werden deshalb hauptsächlich von den reichen Ölstaaten am Persischen Golf betrieben. Meerwasserentsalzungsanlagen allein können aber den Wassermangel in den Trockengebieten nicht beheben.

Konflikte durch Wassermangel

In den Trockenräumen der Erde gibt es zu wenig Niederschläge. Dürrezeiten häufen sich. Aufgrund eines hohen Bevölkerungswachstums und steigendem Lebensstandard verbrauchen immer mehr Menschen immer mehr Wasser. Auch durch den Ausbau von Bewässerungsflächen in der Landwirtschaft sowie die industrielle Produktion steigt der Wasserverbrauch. Da Wasser knapp ist, wird die Zahl von Konflikten um das verfügbare Wasser steigen, sowohl zwischen einzelnen Personengruppen als auch Staaten.

1 Benennen Sie zehn Staaten, die besonders unter Wassermangel leiden, und begründen Sie, warum dort der Wassermangel so hoch ist (**M 3**, Karte S. 198/199).

2 Erkären Sie, warum Trinkwasser ein knapper Rohstoff ist (**M 1** bis **M 3**).

3 Bewerten Sie die Verfügbarkeit von Wasser in den Gebieten mit Konflikten um Wasser (**M 3**, **M 4** bis **M 6**).

4 Diskutieren Sie Möglichkeiten des Trinkwasserschutzes a) in Deutschland und b) weltweit.

M 5 *Meerwasserentsalzungsanlage in Dubai*

Im Sommer 2020 wurde in Äthiopien der Staudamm am Blauen Nil an der Grenze zum Sudan fertiggestellt und mit der Befüllung des Stausees begonnen. Berechnungen ergaben, dass Ägypten 14 Prozent des Nilwassers und 18 Prozent seiner Agrarfläche verlöre, wenn Äthiopien den See in zehn Jahren aufstaute. Bei einer Stauzeit von sieben Jahren, wie sie die Regierung von Äthiopien anstrebt, würde Ägypten sogar 22 Prozent des Nilwassers und etwa 30 Prozent seines fruchtbaren Bodens einbüßen. Nach einem Kompromiss soll der Stausee nun während der Regenzeit in den Monaten Juli bis September befüllt werden.

M 6 *Konflikte um den äthiopischen Stausee am Blauen Nil*

Fluss	Beteiligte Länder	Konflikte: Ursachen und Maßnahmen der Konfliktbewältigung
Nil	Ägypten, Äthiopien, Sudan	Ägypten beansprucht einen Großteil des Wassers, Äthiopien hat einen Staudamm am Blauen Nil gebaut – Vertragsverhandlungen der Anrainerstaaten
Sambesi	Angola, Botswana, Kongo, Malawi, Mosambik, Namibia, Tansania, Sambia, Simbabwe	Nutzung für Bewässerungslandwirtschaft, Bergbau und Energiegewinnung, Großstaudämme zur Energiegewinnung – Organisationen und Kommissionen zur Vermeidung zukünftiger Konflikte
Amu-Darja, Syr-Darja	Kirgisistan, Tadschikistan, Usbekistan, Kasachstan	Hauptzuflüsse des Aralsees, Nutzung zur Bewässerungslandwirtschaft und zur Energiegewinnung – Verhandlungen der Anrainerstaaten
Euphrat, Tigris	Irak, Syrien, Türkei	Staudämme und Staudammprojekte in Südost-Anatolien (Türkei) – internationale Abkommen
Jordan	Israel, Jordanien, Palästina, Syrien, Libanon	90 Prozent des Wassers werden dem Fluss entzogen zur Bewässerung und Trinkwasserversorgung, sinkende Wasserspiegel am See Genezareth und am Toten Meer – Vertragsverhandlungen mit internationaler Unterstützung

M 4 *Beispiele für Konflikte um Wasser im Einzugsbereich grenzüberschreitender Flusssysteme*

Erdöl – das „schwarze Gold" des Orients

M 1 *Erdölförderung in der Libyschen Wüste*

Land	Förderung (in Mio. t)
USA	746,7
Russland	568,1
Saudi-Arabien	556,6
Kanada	274,9
Irak	234,2
VR China	191,0
Ver. Arab. Emirate	180,2
Iran	160,8
Brasilien	150,8
Kuwait	144,0
Nigeria	101,4
Mexiko	94,9
Kasachstan	91,4
Katar	78,5
Norwegen	78,4
Angola	69,1

Quelle: BP 2020

M 2 *Die größten Erdölförderländer 2019*

Abhängigkeit vom „schwarzen Gold"

Es schmiert, es stinkt, es ist nicht annähernd so attraktiv wie Gold und trotzdem ist es ebenso wertvoll. Deshalb nennt man Erdöl auch das „schwarze Gold".

Das „schwarze Gold" ist weltweit begehrt. Besonders die Industriestaaten sind auf Erdöl angewiesen. Sie benötigen fast alle mehr Erdöl, als sie selbst fördern können. Erdölprodukte wie Benzin, Diesel, Kerosin oder Heizöl werden verbrannt und so wird aus Erdöl Wärme, Strom und Treibstoff für den Antrieb von Autos, Bussen, Lkws, Schiffen sowie Flugzeugen. Alle Kunststoffe haben als Ausgangsstoff Erdöl, wie zum Beispiel Plastikspielzeug und Kunststofffolien. Aber auch für die Herstellung von Autoreifen, Waschmitteln, Medikamenten oder Farben wird Erdöl benötigt.

Erdöl ist auf dem Weltmarkt ein sehr begehrter Rohstoff, der je nach Fördermenge und Nachfrage auf dem Weltmarkt großen Preisschwankungen unterliegt.

M 3 *Erdölfördergebiete in der Golfregion*

Macht und Reichtum durch das „schwarze Gold"

In Nordafrika sowie im Nahen und Mittleren Osten gibt es außer Erdöl und Erdgas keine nennenswerten Bodenschätze. Die Staaten gehörten zu den armen Ländern der Erde, bis Anfang des 20. Jahrhunderts das erste Erdöl am Persischen Golf gefördert wurde. Innerhalb weniger Jahrzehnte wurden die erdölfördernden Staaten zu den reichsten Ländern der Erde. Die Industrieländer sind von den Erdölimporten abhängig. Das verleiht den Erdölförderländern ein großes politisches Gewicht in der Welt. Um ihre Interessen besser durchsetzen zu können, schlossen sich 1960 die wichtigsten erdölexportierenden Länder Nordafrikas und Westasiens zur **OPEC** (Organization of Petroleum Exporting Countries) zusammen. Heute gehören ihr auch erdölfördernde Staaten aus anderen Regionen an. Die OPEC legt zum Beispiel fest, wie viel Erdöl in einem bestimmten Zeitraum gefördert werden soll, und beeinflusst damit den Preis für Erdöl auf dem Weltmarkt.

Entstehung von Erdöl

Vor Millionen Jahren fielen abgestorbene Meerestiere und Pflanzen auf den Meeresgrund. Mit der Zeit wurden sie von Sand, Kies, Mergel und Ton überlagert. Unter Druck und Sauerstoffmangel entstanden aus dem organischen Material mit der Zeit Erdöl und Erdgas. Bewegungen der Erdkruste führten zur Aufwölbung und Faltung der Gesteinsschichten. Da Erdöl und Erdgas leichter als Wasser sind, drangen sie in die entstandenen Hohlräume ein und sammelten sich hier zu Erdöl- und Erdgaslagerstätten. Da sie zur gleichen Zeit entstanden sind, kann man sie häufig an gleicher Stelle fördern.

Erdöllagerstätten befinden sich in Tiefen von 1500 bis 6000 Metern. Das macht die Förderung technisch aufwendig und teuer.

Erdöl – wie lange noch?

Erdöl gehört zu den **fossilen Energieträgern,** denn es ist in erdgeschichtlicher Vergangenheit entstanden und nicht erneuerbar. Deshalb werden die Vorräte irgendwann aufgebraucht sein. Es lässt sich jedoch nicht voraussagen, wann dies sein wird. Durch bessere Verfahren werden immer wieder neue Erdölreserven, mit heutiger Technik und zu heutigen Marktpreisen wirtschaftlich nutzbare Vorkommen, entdeckt. Speziallastwagen mit tonnenschweren Gewichten fahren über das Land. Werden diese Gewichte fallen gelassen, so erzeugen sie künstliche Erdbebenwellen in der Tiefe. Das zurückkommende Echo wird als Signal aufgenommen und lässt Rückschlüsse auf die Tiefe von Schichtfolgen und deren Verlauf zu. So lassen sich Orte ermitteln, an denen die Wahrscheinlichkeit hoch ist, auf Erdöl zu stoßen. Ähnlich funktioniert die Suche nach Erdöl auf dem Meeresboden. Von Schiffen aus werden Luftdruckkanonen im Gleichtakt nach unten gefeuert. Der Widerhall wird von Bordcomputern aufgenommen und ausgewertet. So erhält man Auskunft über die Beschaffenheit des Untergrunds.

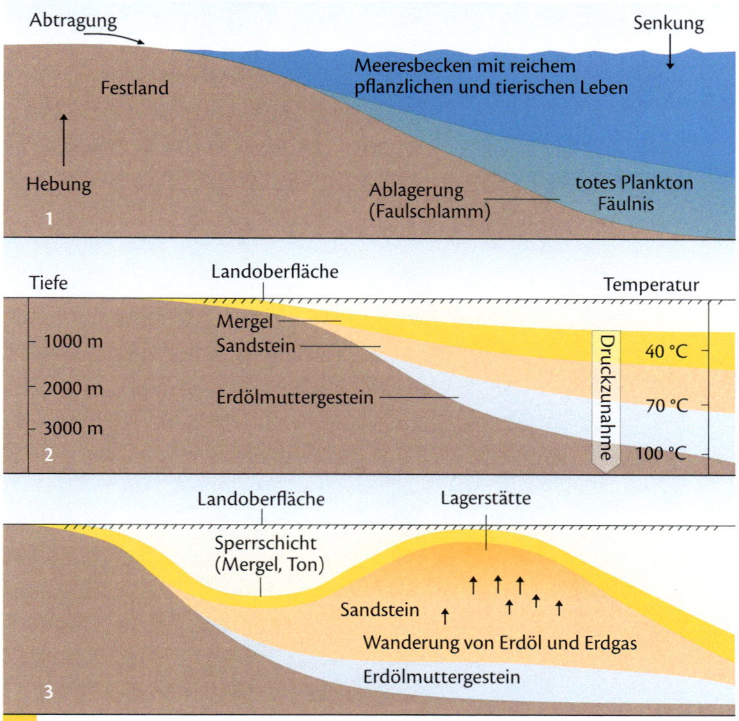

M4 *Entstehung des Erdöls*

1 Benennen Sie die erdölfördernden Staaten Nordafrikas sowie des Nahen und Mittleren Ostens und beschreiben Sie die Lage der wichtigsten Erdölvorkommen (**M1** bis **M3**, **M5**, Karte S. 191, Atlas).

2 Erläutern Sie, warum Erdöl als das „schwarze Gold" bezeichnet wird (**M2** bis **M5**).

3 Erklären Sie mithilfe eines Fließdiagramms die Entstehung von Erdöl (**M4**, ***Fließdiagramme zeichnen***).

4 Erdöl ist nicht erneuerbar. Vergleichen Sie die Erdölreserven in Nordafrika sowie dem Nahen und Mittleren Osten mit denen anderer Regionen und beurteilen Sie die Folgen für die erdölfördernden Staaten Nordafrikas sowie des Nahen und Mittleren Ostens (**M5**).

5 Recherchieren Sie die in den letzten Jahren prognostizierten Erdölreserven und diskutieren Sie in der Klasse, wie verlässlich heutige Aussagen zu Erdölreserven sind.

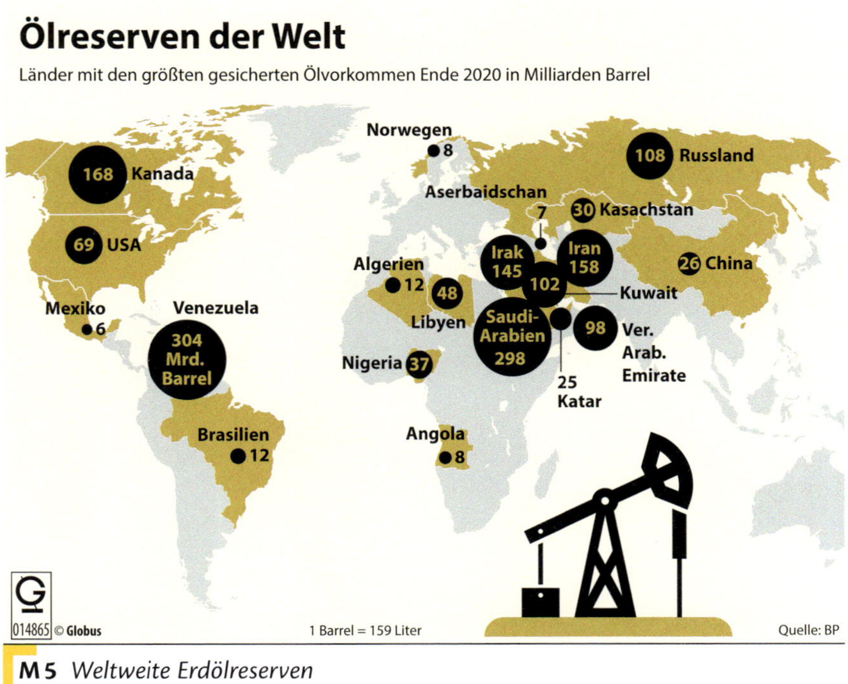

M5 *Weltweite Erdölreserven*

Saudi-Arabien – vom Öl zur Sonnenenergie

M 1 *Solarkraftwerk in der Arabischen Wüste*

In der saudischen Wüste soll ein riesiges Solarenergieprojekt entstehen. [...] Das Projekt soll Saudi-Arabien unabhängiger vom Öl als Stromlieferant machen: Mit der Anlage ließen sich 40 Milliarden Dollar an Stromkosten sparen, sagte Son. 100 000 Jobs würden entstehen. Die Kapazität der Anlage soll bei der Fertigstellung im Jahr 2030 200 Gigawatt betragen – das sei mehr Energie als nötig, um das ganze Land mit Strom zu versorgen. [...] Das eingesparte Öl könne stattdessen ins Ausland verkauft werden. Laut der Nachrichtenagentur Bloomberg wäre die Anlage bei Fertigstellung hundertmal größer als das nächstgrößere geplante Projekt.

Quelle: www.handelsblatt.com, 28.03.2018

Entwicklung durch Erdöl

Saudi-Arabien gehört zu den Ländern mit den größten nachgewiesenen Erdölvorkommen weltweit. Das Königreich förderte und exportierte in den letzten Jahrzehnten die größten Mengen an Erdöl und konnte so einen enormen Reichtum erwirtschaften. Dadurch, dass die Wirtschaft Saudi-Arabiens jedoch fast ausschließlich auf den Verkäufen von Erdöl an andere Länder basiert, ist diese auch anfällig. Der Weltmarktpreis für Erdöl ist Schwankungen unterworfen, wovon die Exporte und dadurch die Einnahmen betroffen sind. Wenn der Weltmarktpreis fällt, dann wird für die gleiche Menge an Erdöl geringere Einnahmen erzielt.

Das Bevölkerungswachstum und der steigende Lebensstandard durch das große Wirtschaftswachstum der vergangenen Zeit führten außerdem zu einem erhöhten Energieverbrauch innerhalb des Landes.

Zukunft mit Sonnenenergie

Wegen seiner Lage im Bereich des nördlichen Wendekreises ist die Sonneneinstrahlung in Saudi-Arabien das ganze Jahr über sehr hoch. Deshalb soll die Sonnenenergie in Zukunft vermehrt genutzt werden, um eine **Diversifizierung** der Wirtschaft zu erreichen und die Energieversorgung sicherzustellen.

Mit dem Projekt „Vision 2030“ formulierte Saudi-Arabien verschiedene Ziele, die bis 2030 realisiert werden sollen,

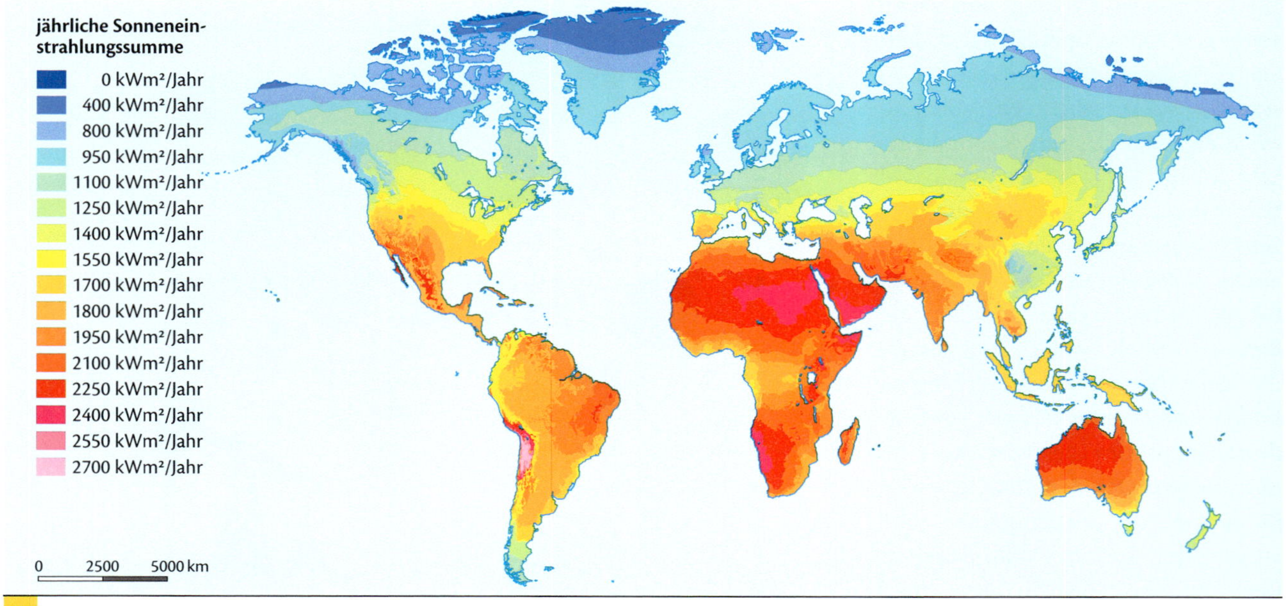

M 2 *Jährliche Sonneneinstrahlung pro Quadratmeter (in Kilowattstunden)*

um die Abhängigkeit vom Erdöl zu beenden. Im Bereich der Energieversorgung fällt dabei den erneuerbaren Energien eine große Bedeutung zu. Saudi-Arabien plant, durch hohe Investitionen im Energiesektor Weltmarktführer bei der Nutzung der Sonnenenergie zu werden. Mindestens ein Viertel des benötigten Stroms soll im Jahr 2030 aus der Kraft der Sonne gewonnen werden. Mit ersten großen Projekten soll dieses Vorhaben vorangetrieben werden. So wurde die weltweit größte solarbetriebene Meerwasserentsalzungsanlage gebaut. Damit kann Saudi-Arabien auch die Wasserknappheit bekämpfen.

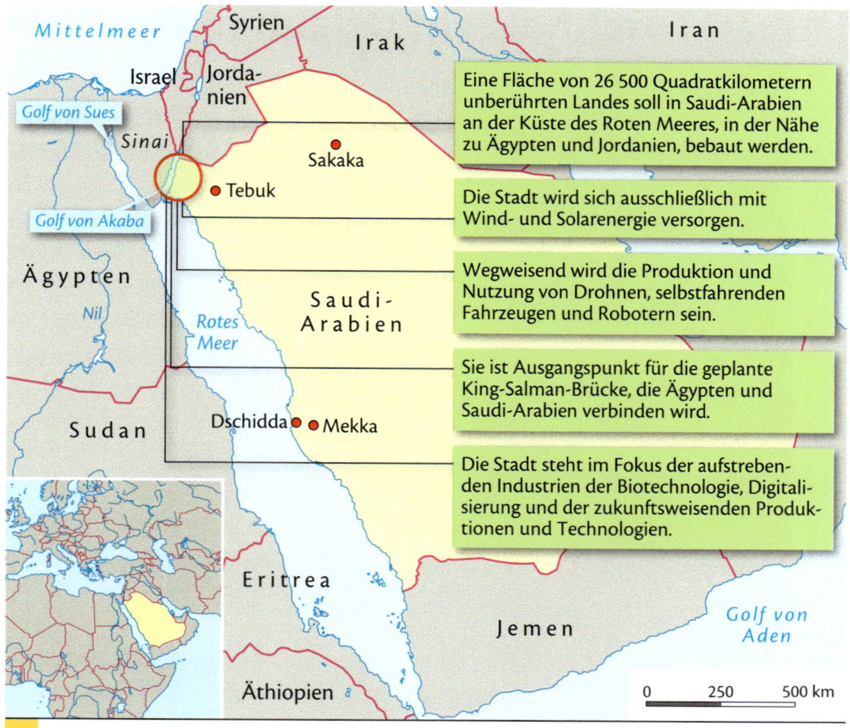

M 3 *Neom – geplante Riesenstadt in der Wüste*

Neom – Stadt der Zukunft

Im Jahr 2017 wurde „Neom", das im Rahmen des Projektes „Vision 2030" verwirklicht werden soll, vorgestellt. Dieser Begriff setzt sich aus dem lateinischen Wort „neo" (deutsch: „neu") und dem arabischen Wort „mustaqbal" (deutsch: „Zukunft") zusammen. Im Nordwesten des Landes, am Roten Meer, soll auf bisher unbewohntem Land eine Megastadt der Zukunft geschaffen werden, die 33-mal so groß sein wird wie New York. Diese neue Stadt wird ausschließlich durch erneuerbare Energien versorgt werden, wobei die Nutzung von Sonnen- und Windenergie eine zentrale Rolle spielen soll. Energie, die nicht vor Ort benötigt wird, soll ins Ausland verkauft werden.

In dieser Stadt der Zukunft sollen für alle Lebensbereiche neueste Technologien wie Roboter eingesetzt werden. Einen Supermarkt soll es zum Beispiel in „Neom" nicht geben, denn alle Einkäufe werden bestellt und mit Drohnen direkt zu den Kunden nach Hause geliefert. Die notwendigen Ideen sollen vor Ort in Technologiezentren entwickelt und umgesetzt werden. Erste Teile des Projektes werden voraussichtlich bis 2025 fertiggestellt sein. Entlang der vor der neuen Stadt gelegenen 465 Kilometer langen Sandstrandküste soll ein Luxus-Touristenparadies auf 50 Inseln entstehen.

1 Beschreiben Sie die geographische Lage Saudi-Arabiens (Karte S. 87, Atlas).
2 Charakterisieren Sie die Bedeutung der reichen Erdölvorkommen für die Entwicklung des Landes (S. 104/105).
3 Erläutern Sie die Möglichkeiten und die Vorteile des Umstiegs auf Sonnenenergie (**M 1** und **M 2**).
4 Erläutern Sie, welche Ziele mit dem Projekt „Neom" erreicht werden sollen (**M 3**, **M 4**, ***Eine Internetrecherche durchführen***).
5 Beurteilen Sie, welche Bedeutung das Großprojekt „Vision 2030" für Saudi-Arabien hat (**M 1** bis **M 4**).
6 Neom – eine Stadt, in der Sie leben möchten? Führen Sie eine Pro-und-Kontra-Diskussion durch (**M 3** und **M 4**, ***Eine Pro-und-Kontra-Diskussion führen***).

M 4 *Illustration des Neom-Projekts in Saudi-Arabien*

Dubai – mehr als ein Urlaub in der Wüste

M 1 *Skyline von Dubai*

Wolkenkratzer in der Wüste

Bis in die 1960er-Jahre sah es im Emirat Dubai wie überall an der Küste des Persischen Golfs aus. Am Meer lagen ein paar Fischerdörfer umgeben von Wüste. Erst nach der Entdeckung der reichen Erdölvorkommen in der Region, durch die die Staaten am Persischen Golf zu großem Reichtum kamen, entstand die moderne Stadt Dubai nach westlichem Vorbild. Die Prachtbauten der Banken und Hotels, Bürohochhäuser, Kaufhäuser und Fachgeschäfte verhalfen der Stadt zu großer Attraktivität. Immer neue architektonisch ausgefallene Wolkenkratzer entstanden, wie der Burj Khalifa, das zurzeit höchste Gebäude der Welt. Um den Wolkenkratzer herum entstand ein neues Stadtviertel mit teuren Appartements, Geschäften, Büros, Hotels und Freizeiteinrichtungen. Der wirtschaftliche Aufschwung führte zu einem starken Bevölkerungswachstum. Dieses beruht vor allem auf Zuwanderung von Arbeitskräften.

Schon nach wenigen Jahren erkannte man die Abhängigkeit vom Erdöl, dessen Vorkommen begrenzt sind. Daher versucht Dubai schon seit längerem, vom Erdöl unabhängig zu werden.

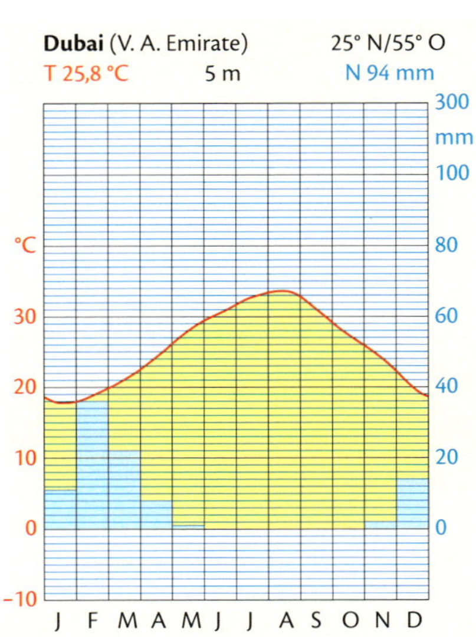

M 2 *Klimadiagramm Dubai*

Der Tourismus boomt

In den 1990er-Jahren kamen bereits etwa 2,5 Millionen Besucher jährlich nach Dubai. Heute gehört Dubai zu den fünf meistbesuchten Städten der Welt. Über 200 Wolkenkratzer mit einer Höhe von mehr als 100 Meter wurden in Dubai gebaut. Der Baustil vieler dieser Gebäude ist eindrucksvoll und ausgefallen. Die besten Hotels befinden sich entlang der Küste sowie auf künstlich aufgeschütteten Sandinseln im Meer, die zum Beispiel die Form von Palmen haben. Viele der Hotels sind an Luxus kaum zu überbieten. Mit dem 321 Meter hohen Burj Al Arab wurde auf einer künstlichen Insel eines der höchsten, luxuriösesten und teuersten Hotels der Welt erbaut, dessen Form an ein Schiffssegel erinnern soll.

Doch auch für Familien bietet Dubai einen interessanten, abwechslungsreichen Urlaub zu einem guten Preis. Neben Stadtbesichtigungen und Bootsfahrten sowie ein oder mehrtägigen Ausflügen mit dem Jeep oder auf Kamelen in die nahe Wüstenlandschaft laden weitläufige Strände, klares Wasser und ganzjährig warme Wassertemperaturen zum Baden, Schnorcheln und Tauchen ein.

Tourismus im Wandel

Die heißen Sommermonate sind ein Problem für die Tourismuswirtschaft. Temperaturen von über 45 Grad locken deutlich weniger Touristen an. Folglich fehlen den Hotels, Restaurants und anderen Einrichtungen, die vom Tourismus leben, die Einnahmen. Ausflüge in die Wüste gibt es zwar ganzjährig, aber das Angebot wurde attraktiver gemacht. Touristen, die das Abenteuer suchen, können mit dem Jeep, Quad, Motorrad oder Mountainbike über Sanddünen rasen, die Wüste von oben mit einem Heißluftballon oder beim Fallschirmspringen erkunden sowie im

Jahr	Einwohner
1968	59 000
1971	95 880
1975	183 187
1985	370 788
1995	689 420
2000	862 387
2005	1 321 453
2010	1 905 476
2015	2 446 675
2019	3 355 900

Quelle: Dubai Statistics Center

M 3 *Entwicklung der Einwohnerzahl Dubais*

Das Emirat Dubai hat den Bau seines Mega-Flughafens auf unbestimmte Zeit gestoppt. Dabei sollte der Al Maktoum Airport das mit Abstand größte Drehkreuz der Welt werden. [...]
Der jähe Baustopp dürfte seinen Grund aber in der wackligen Konjunktur haben. [...] Anders als seine Nachbaremirate und der Großteil der arabischen Länder ist Dubais Wirtschaft diversifiziert und hängt kaum am Ölpreis. Besonders wichtig ist dafür der Tourismus – und hier kriselt's. [...] Ohne zahlungskräftige Besucher (und Durchreisende) aber macht der neue Flughafen wenig Sinn – aus diesem Grund scheint das Emirat seine Pläne gerade nochmal zu überdenken. Mit einer geplanten Maximalkapazität von 260 Millionen Passagieren muss das Geschäft laufen, damit der Flughafen ausgelastet ist.

Quelle: FOCUS online, 07.09.2019

M 4 *Geplanter Großflughafen in der Krise*

M 5 *Quadfahren in der Wüste*

Persischen Golf mit Haien tauchen. In Dubai selbst wurden künstliche Erlebniswelten geschaffen. Riesige, klimatisierte Einkaufszentren, eine Vielzahl an Vergnügungs- und Aquaparks und sogar eine Skihalle zum Ski- und Snowboardfahren sollen unabhängig von den Außentemperaturen ganzjährig Touristen nach Dubai locken. Im größten Einkaufszentrum, der Dubai Mall, gibt es neben 1200 Geschäften und 120 Restaurants auch eine Kunsteisbahn und das größte Aquarium der Welt.
Der Tourismus ist inzwischen der bedeutendste Wirtschaftszweig in Dubai. Neben Besuchern aus Europa kommen die Übernachtungsgäste in dem Emirat vor allem auch aus Indien, China und den USA. Die Einnahmen durch den Tourismus sollen auch in Zukunft weiter wachsen, zum Beispiel durch den Kreuzfahrttourismus, den Bau neuer Hotels und die Entwicklung einmaliger Attraktionen zwischen Wüste und Persischem Golf.

1 Beschreiben Sie die geographische Lage sowie die natürlichen Bedingungen Dubais (**M 2**, Karte S. 87).
2 Erläutern Sie die Entwicklung und die Bedeutung des Tourismus für Dubai (**M 3, M 4, M 6, M 8**, ***Eine Internetrecherche durchführen***).
3 Nehmen Sie Stellung zu der Empfehlung, Urlaub in Dubai zwischen Oktober und April zu planen (**M 2**).
4 Beschreiben und bewerten Sie Maßnahmen, die Dubai zu einem ganzjährig geeigneten Urlaubsziel machen (**M 1, M 2, M 5, M 7**).
5 Golfplätze, Luxushotels und Skipisten in der Wüste: Diskutieren Sie die Vor- und Nachteile des Tourismus in einem Wüstenstaat (**M 1, M 2, M 5, M 7, M 8**).
6 Vergleichen Sie die Maßnahmen zur Diversifizierung der Wirtschaft in Saudi-Arabien und Dubai und bewerten Sie ihre Zukunftsfähigkeit (**M 4**, Karte S. 106/107, ***Eine Internetrecherche durchführen***).

M 7 *Die meistbesuchten Touristenattraktionen Dubais 2019*

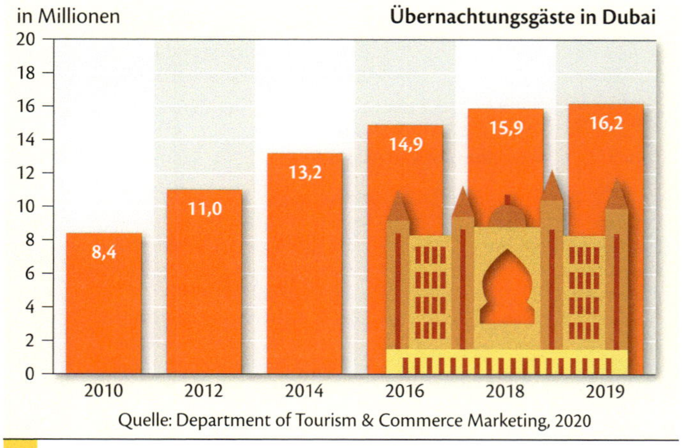

M 6 *Anzahl der Übernachtungsgäste in Dubai (in Millionen)*

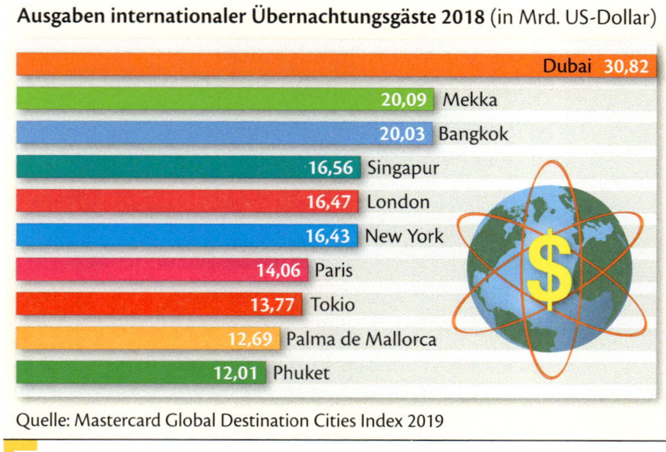

M 8 *Einnahmen durch Tourismus*

Migration – ein weltweites Phänomen

M 1 *Flüchtlingslager in Bangladesch*

Migration weltweit

Jeden Tag verlassen Menschen ihre Heimat, um in ein neues Land zu ziehen. **Migration** bezeichnet den Wohnortwechsel von Menschen. Einige wollen nur für kurze Zeit an einem fremden Ort bleiben, andere für mehrere Jahre. Rund 272 Millionen Menschen weltweit leben heute außerhalb ihrer Geburtsländer, dies sind mehr als drei Prozent der Weltbevölkerung. Dass die Zahl der weltweiten Migranten weiter zunehmen wird, ist für die Zukunft absehbar. Etwa 35 Prozent der Wanderungen sind Süd-Nord-Wanderungen, die zwischen Entwicklungsländern und Industrieländern stattfinden. Menschen, die auswandern, werden als **Emigranten** bezeichnet. Wandern sie ein, werden sie als **Immigranten** bezeichnet. Die Beweggründe für das Verlassen des Heimatlandes sind zahlreich und vielschichtig.

Binnenmigration

Obwohl Migration ein weltweites Phänomen ist, wechseln viele Menschen auch innerhalb ihres Landes oder ihrer Region den Wohnort. **Binnenmigration** spielt eine zentrale Rolle in vielen Staaten, da viele und vor allem junge Menschen auf der Suche nach Arbeit und besseren Lebensbedingungen zum Beispiel in die Städte ziehen. Viele ländliche Regionen insbesondere in Entwicklungsländern sind hiervon betroffen und die Städte können sich kaum vor der zunehmenden Anzahl an Zuwanderern retten.

Flüchtlinge

Die Entscheidung, die Heimat zu verlassen, wird von vielen Menschen nur unter schwerwiegenden Gründen vorgenommen wie Krieg, politischen und religiösen Konflikten oder Verfolgung. Als **Flüchtling** gilt nach der Genfer Flüchtlingskonvention von 1951 derjenige, der aus begründeter Furcht vor Verfolgung aufgrund seiner Rasse, Religion, Nationalität oder politischer Überzeugung den Schutz seines Landes nicht mehr in Anspruch nehmen kann oder wegen dieser Befürchtung nicht in Anspruch nehmen will. Viele Flüchtlinge suchen **Asyl** in anderen Staaten, in denen sie in Sicherheit leben können. Die größere Anzahl von Flüchtlingen wandert innerhalb ihres Staates, sie werden als **Binnenflüchtlinge** bezeichnet.

Zukunftsperspektiven schaffen

Menschen, die aus wirtschaftlichen Gründen ihre Heimat verlassen und nicht wissen, ob und wann sie zurückkehren können, brauchen Perspektiven für ihre Rückkehr. Hinzu kommt insbesondere in einigen afrikanischen Staaten, dass die Situation aufgrund zahlreicher kriegerischer Auseinandersetzung problematisch ist.

Durch die Verminderung von Armut sollen die wirtschaftlichen Anreize für die Migration genommen werden. Aber auch das Schaffen von Bildungs-

Gründe für Migration

Heimatland	Zielland
– schlechte Lebensbedingungen – wirtschaftliche Not – hohe Arbeitslosigkeit – (Bürger-)Kriege oder innerstaatliche Konflikte – politische oder religiöse Verfolgung – Unterdrückung der Menschenrechte – umweltbedingte Faktoren (Naturkatastrophen, Klimawandel)	– Bildungsmöglichkeiten (Studium) – Arbeits- und Erwerbsmöglichkeiten – Neugier, Abenteuerlust – Familienzusammenführung – attraktive wirtschaftliche Lage – Sicherheit vor politischer oder sonstiger Verfolgung und Gewalt – liberal wahrgenommene Politik

Auswirkungen von Migration

Heimatland	Zielland
– Bevölkerungsabnahme – weniger (qualifizierte) Arbeitskräfte – weniger Steuereinnahmen – Abnahme der Geburtenzahl – Zunahme der älteren Bevölkerung – weniger Verbraucher – höhere Belastung des Sozialstaats – weniger mobile und weniger offene Gesellschaft	– Bevölkerungszunahme – mehr (qualifizierte) Arbeitskräfte – Zunahme der jüngeren Bevölkerung – mehr Verbraucher – höhere Belastung des Sozialstaats – soziale und kulturelle Konflikte – leistungsfähigere, mobilere und offenere (buntere) Gesellschaft

M 2 *Gründe von Migration und deren Auswirkungen*

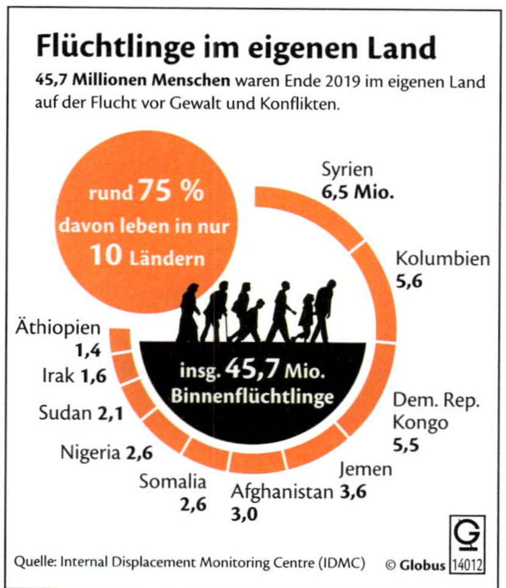

M 3 *Binnenflüchtlinge*

Modibo wurde in der Nähe der Oasenstadt Timbuktu in Mali geboren. Da die Erträge der Landwirtschaft irgendwann nicht mehr ausreichten, zogen seine Eltern mit ihm und seinen Geschwistern nach Timbuktu, um dort Arbeit zu finden. Seit Jahren wird Mali von Krisen erschüttert. Zunächst hatten Rebellen im Norden des Landes für Unruhen gesorgt, dies löste später einen Militärputsch in der Hauptstadt Bamako aus. Die Demokratie in Mali wurde stark erschüttert. Mit dem Ausbruch der Krankheit Ebola kam eine weitere Krise nach Mali, die zahlreiche Todesopfer forderte. Durch die gewaltsamen Auseinandersetzungen um Macht, Land und Rohstoffe verließ Modibo schweren Herzens seine Heimat. Mit sich nehmen konnte er nur zwei Taschen und die Kleidung, die er am Körper trägt. Die Idee, sich zunächst im Westen von Mali in Kayes niederzulassen, scheiterte, da er dort keine Arbeit und kein Stück Land zum Bewirtschaften fand. Die Flüchtlingslager waren hoffnungslos überfüllt und seine Situation hatte sich kaum verbessert. Er entschied sich, weiter zu gehen. Ziel seiner Reise ist Casablanca. Das wirtschaftliche Zentrum Marokkos soll seine neue Heimat werden. Er hofft, dort als Hafenarbeiter anheuern zu können, um seiner Familie regelmäßig Geld zu schicken.

M 4 *Modibos Weg*

maßnahmen und beruflichen Perspektiven sowie die Lösung von Krisen stellen wichtige Maßnahmen dar. Doch Migration hat auch positive Aspekte. Viele Migranten sind hochqualifiziert und können in den Zielländern wichtige Arbeitsplätze einnehmen. Außerdem haben sie ihre Heimat nicht vergessen und schicken oft Geld in ihre Heimatländer, welches dort nicht nur ihre Familien, sondern auch die Wirtschaft des Landes unterstützt.

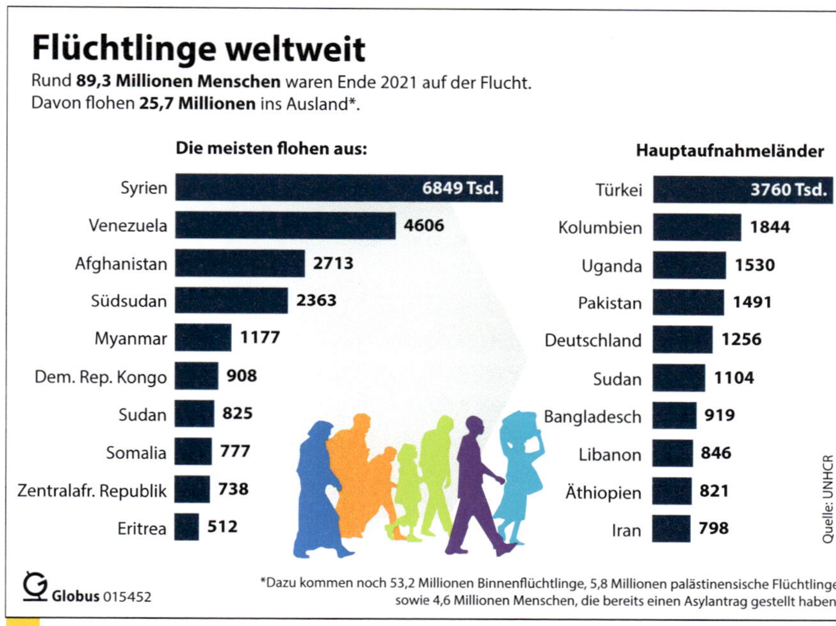

M 5 *Flüchtlinge weltweit*

1 Erklären Sie die Unterschiede zwischen Migration, Binnenmigration und Flucht.

2 Erläutern Sie Ursachen und Auswirkungen von Migration (**M 1, M 2, M 4**).

3 Werten Sie **M 3** und **M 4** aus und erläutern Sie, welche Gründe die Menschen jeweils veranlasst haben, zu fliehen (**M 3, M 4,** ***Eine Internetrecherche durchführen***).

4 Lokalisieren Sie die Flüchtlingsroute von Modibo und errechnen Sie die Anzahl der Kilometer, die er zurückgelegt hat (**M 4**, Karte S. 190, Atlas).

5 Erläutern Sie die Migrationsbewegungen in und nach Europa und benennen Sie mögliche Gefahren, die dabei auftreten können (**M 6**, Atlas).

6 Recherchieren Sie im Internet die Aufgaben und aktuellen Aktionen des UN-Flüchtlingshilfswerk UNHCR und diskutieren Sie die Ergebnisse (***Eine Internetrecherche durchführen***).

M 6 *Flüchtlingsrouten nach Europa*

Geo-Check: Nordafrika, den Nahen und Mittleren Osten als Spannungsfeld aufgrund von Ressourcen darstellen

Sich orientieren

M 1 *Satellitenbild eines Teilbereichs Nordafrikas und Westasiens*

3 Übertragen Sie die gesuchten Orte in Ihre Aufzeichnungen.
Die in den Klammern angegebenen Buchstaben ergeben der Reihe nach gelesen das Lösungswort – ein Tier, das sich perfekt an den Lebensraum Wüste angepasst hat (**M 1**):

1) Staat, in dem viel Erdöl gefördert wird (4. Buchstabe)
2) Meerenge zwischen Europa und Asien (6. Buchstabe)
3) Gebiet, in dem die Türkei ein großes Staudamm-Projekt durchführt (4. Buchstabe)
4) Meerenge zwischen Afrika und Asien (6. Buchstabe)
5) Meeresbucht, in die Euphrat und Tigris münden (2. Buchstabe)
6) Mündungsgebiet des längsten Flusses (4. Buchstabe)
7) größte Wüste (2. Buchstabe)
8) zweitgrößte Wüste im Orient (2. Buchstabe)

1 Geben Sie mithilfe des Gradnetzes die geographische Lage Nordafrikas sowie des Nahen und Mittleren Ostens an (Karten S. 190 und S. 198/199, Atlas).

2 Listen Sie alle Staaten Nordafrikas auf, die Anteil an der Sahara haben (Karte S. 190, Atlas).

4 Nennen Sie zwei Staaten, deren Staatsgebiete auf zwei Kontinenten liegen (Karten S. 87 oben und 198/199, Atlas).

Wissen und verstehen

5 Sortieren Sie die Aussagen in richtige und falsche Aussagen. Verbessern Sie die falschen Aussagen und schreiben Sie diese richtig auf.

Richtig oder falsch?

- In Nordafrika sowie dem Nahen und Mittleren Osten ist es heiß und feucht.
- Die Wohnviertel der orientalischen Stadt liegen in der Medina, Basar und Moschee außerhalb.
- Die Sahara besteht zum größten Teil aus Sand.
- In den Wüsten trifft man arides Klima an.
- Trinkwasser steht allen Menschen unbegrenzt zur Verfügung.
- Oasen bilden sich dort, wo es in der Wüste Wasser gibt.
- In Oasen ist durch Regenwasser eine intensive landwirtschaftliche Nutzung möglich.
- Der Assuan-Staudamm staut das Wasser des Nils.
- Erdöl ist der wichtigste Rohstoff des Nahen Ostens.

6 Ordnen Sie jedem dieser Begriffe mindestens zwei Merkmale zu, die ihn erklären oder beschreiben (**M 2**).

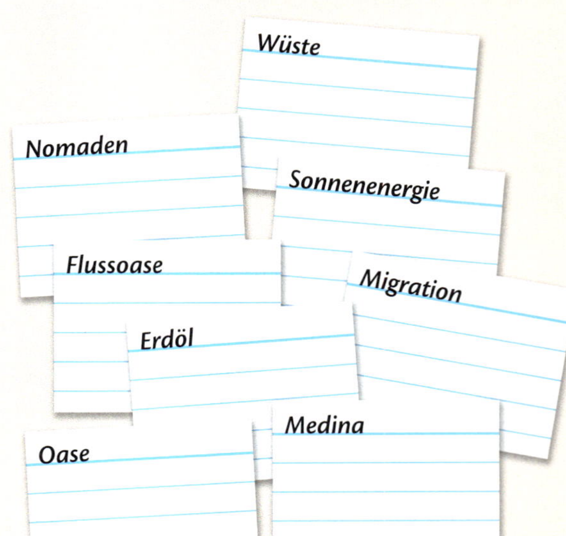

M 2 *Geo-Begriffestapel*

5 Entwicklungsperspektiven in Afrika südlich der Sahara untersuchen

Afrika südlich der Sahara – mehr als nur unberührte Natur
Freilebende Elefanten, Löwen, Giraffen und andere Wildtiere in den Savannen sowie riesige tropische Regenwälder prägen unser Bild von Afrika südlich der Sahara. Doch diese Region hat auch mit großen Problemen zu kämpfen, die die Lebenssituation der Menschen beeinträchtigen. In diesem Kapitel setzen Sie sich mit Entwicklungsmöglichkeiten in diesem Raum auseinander.

Sich verständigen, beurteilen und handeln

M 3 *Touristen unterwegs in der Wüste im Emirat Dubai*

M 4 *Mit dem Ballon über die Wüste*

7 Eine Gruppe von Touristen aus Deutschland möchte im Sommerurlaub in die Wüste reisen (**M 3** und **M 4**).
- Wie muss sich die Gruppe vorbereiten?
- Beschreiben Sie, welches Klima und welche Landschaft sie vorfinden wird. Beachten Sie die Jahreszeit.
- Erstellen Sie eine Liste der Gegenstände und Kleidungsstücke, die die Gruppe in der Wüste brauchen wird.

Das Emirat Dubai hat sich eigentlich erfolgreich von der Ölabhängigkeit gelöst. Die Prunk-Metropole setzt stattdessen auf Tourismus und Handel. Doch trotz seiner diversifizierten Wirtschaft trifft die Corona-Krise Dubai besonders stark. Fast drei Viertel der Unternehmen dort rechnen mit der Pleite.

Die Wirtschaft vieler Staaten im Nahen Osten steht und fällt mit dem Ölpreis. Mit der „Vision 2030" will Saudi-Arabien genau diese Abhängigkeit loswerden. Mittel der Wahl sind dabei Investitionen über den seit 1971 bestehenden Staatsfonds des Landes. Während sich die Saudis seit 2015 weltweit in andere Branchen einkaufen, hat der Nachbar Dubai das Problem der Öl-Abhängigkeit längst gelöst.

Der Anteil der Industrie an der Wirtschaft Dubais ist verschwindend gering. Während die gesamten Vereinigten Arabischen Emirate (VAE) gut 30 Prozent ihres Bruttoinlandsprodukts über die Ölindustrie erwirtschaften, macht die gesamte Förderindustrie – Gase und sonstiger Bergbau inklusive – im Teilstaat Dubai nur 1,6 Prozent aus. [...]

Stattdessen setzt das Emirat seit Jahren auf den Handel, das Immobilien- und Baugewerbe, Logistik und Tourismus. Doch die diversifizierte Wirtschaft Dubais wird ausgerechnet in der Corona-Krise zur Achillesferse.

Quelle: Focus online, 25.05.2020

M 5 *Wirtschaftliche Probleme trotz Diversifizierung*

8 Werten Sie den Text aus und begründen Sie, weshalb die Folgen der Corona-Pandemie für die Wirtschaft Dubais trotz Diversifizierung so schwerwiegend sind (**M 5**).

Können und anwenden

9 Werten Sie das Luftbild der Stadt Moulay Idriss in Marokko aus. Nehmen Sie dazu die Checkliste S. 66 zu Hilfe. Stellen Sie Ihre Ergebnisse in einer Skizze und einem kurzen Bericht dar (**M 6**).

10 Begründen Sie, warum es sich bei der Stadt um eine orientalische Stadt handelt (**M 6**).

M 6 *Luftbild von Moulay Idriss/Marokko*

11 Werten Sie das Satellitenbild aus. Nehmen Sie dazu die Checkliste auf S. 100 zu Hilfe (**M 7**).

M 7 *Satellitenbild El Oued, Algerien*

Physische Karte Afrika südlich der Sahara

Orte

- über 1 000 000 Einwohner
- 500 000 – 1 000 000 Einwohner
- 100 000 – 500 000 Einwohner
- unter 100 000 Einwohner
- Algier Hauptstadt eines Staates

Landhöhen

unter 0 | 0 | 100 | 200 | 500 | 1000 | 2000 | 4000 m

1 : 45 000 000

0 500 1000 1500 2000 km

In diesem Kapitel erwerben Sie folgende Kompetenzen:
- Beschreiben der geographischen Lage Afrikas südlich der Sahara,
- Erläutern der Ursachen und Ausbreitung von Wüsten,
- Charakterisieren von Hunger als Entwicklungshemmnis,
- Erörtern der Möglichkeiten der Ernährungssicherung,
- Vergleichen des Entwicklungsstands und der Lebensqualität zweier Staaten,
- Erläutern der Bedeutung von Direktinvestitionen,
- Analysieren der Möglichkeiten der Entwicklungszusammenarbeit,
- Erörtern der Zusammenhänge und Chancen einer nachhaltigen und zukunftsfähigen Entwicklung der Region in einer globalisierten Weltwirtschaft.

Elefantenherde im Garamba-Nationalpark (Demokratische Republik Kongo)

Wir orientieren uns in Afrika südlich der Sahara

Abgrenzung

Afrika ist mit einer Fläche von 30 Millionen Quadratkilometern der zweitgrößte Kontinent und etwa dreimal so groß wie Europa. Die Straße von Gibraltar trennt Afrika von Europa. Mit Asien ist Afrika durch eine schmale Landzunge verbunden, durch die der Suezkanal verläuft. Der Kontinent erstreckt sich beiderseits des Äquators etwa gleich weit nach Norden und nach Süden und liegt damit zum größten Teil in den Tropen und Subtropen.

Kulturell lässt sich der Kontinent Afrika in den nordafrikanischen Orient und den Teil südlich der Sahara untergliedern. Diese rund 2000 Kilometer breite Wüste konnte kaum durchquert werden und verhinderte eine kulturelle Durchmischung beider Teile.

Oberflächengestalt

Das Innere Afrikas südlich der Sahara wurde erst relativ spät erforscht, da es nur schwer zugänglich ist. Es ist gekennzeichnet durch weite Hochflächen und schüsselförmige Beckenlandschaften. Die langsam ansteigenden Aufwölbungen an den Beckenrändern werden als Schwellen bezeichnet. Sie umrahmen die tiefer gelegenen großflächigen Beckenlandschaften. Das Kongobecken beispielsweise ist neunmal größer als Deutschland.

Den Osten Afrikas kennzeichnen Gebirge, die durch Grabenbrüche gegliedert sind, die von Nord nach Süd verlaufen. Sie sind dadurch entstanden, dass sich hier Teile der Erdkruste auseinander bewegen. An den tiefsten Stellen der Gräben haben sich Seen gebildet. Entlang der Bruchzonen ragen zahlreiche Berge empor, die vulkanischen Ursprungs sind. Zum Teil sind sie noch aktiv, wie der Kilimandscharo und der Mount Kenia.

Gewässer

Die in den Hochgebirgen entspringenden Flüsse vereinigen sich in den Becken zu Strömen. Aber nur wenige große Ströme erreichen das Meer. Das Tschadbecken mit dem Tschadsee ist abflusslos. Für Ostafrika sind die großen Seen charakteristisch. Der Victoriasee füllt eine flache Mulde aus und bedeckt eine Fläche, die fast so groß ist wie Bayern.

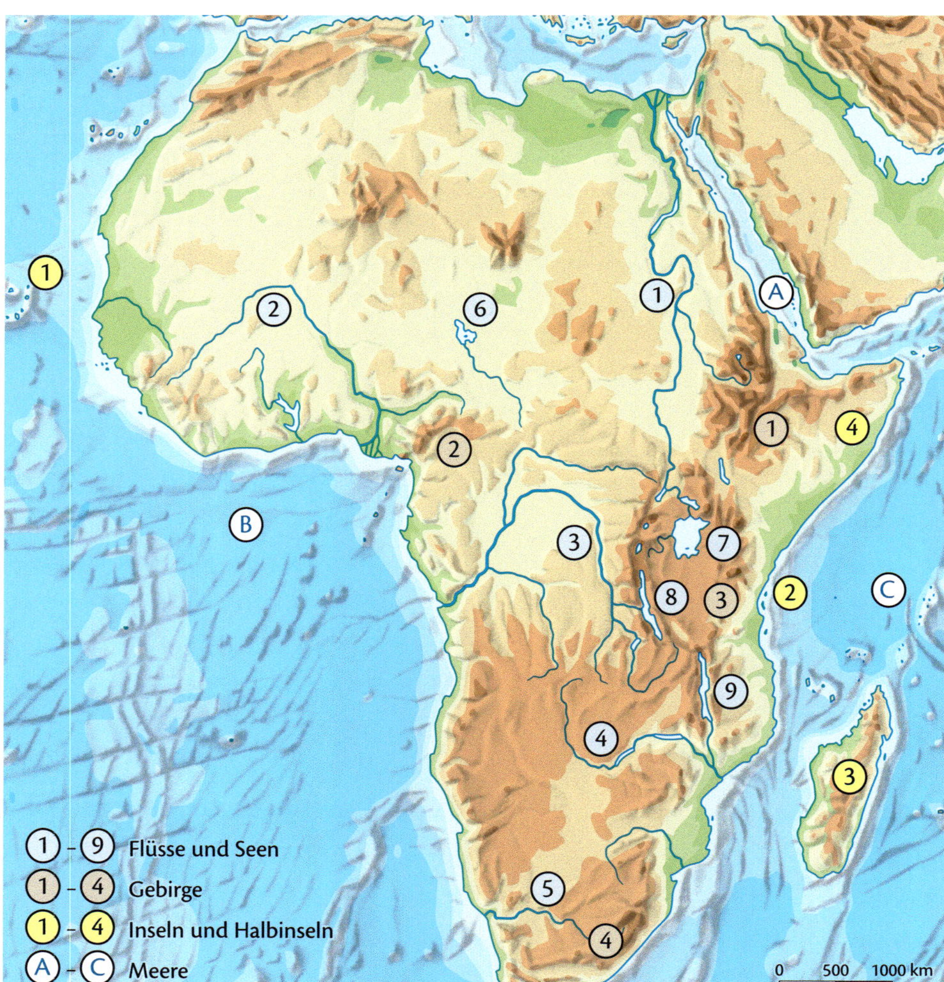

M1 *Stumme Karte von Afrika*

Name	Länge in km
Nil	6852
Kongo	4835
Niger	4184
Sambesi	2574
Oranje	2160
Senegal	1430
zum Vergleich:	
Donau	2850
Main	527

M2 *Die längsten Flüsse Afrikas*

Staat	Bevölkerung in Mio. Einw.
Nigeria	214,0
Äthiopien	108,1
Kongo (Demokrat. Rep.)	101,8
Tansania	58,4
Südafrika	56,5
Kenia	53,5
Sudan	45,6
Uganda	43,2
Mosambik	30,0
Ghana	29,3

M3 *Die bevölkerungsreichsten Staaten Afrikas südlich der Sahara (2020)*

M 4 *Großer Fluss am Äquator*

M 5 *Höchster Berg Afrikas*

M 6 *Fluss, der den größten Wasserfall Afrikas bildet*

M 7 *Größter See Afrikas*

1 Benennen Sie die Flüsse und Seen, Gebirge, Inseln und Halbinseln sowie die Meere (**M 1**, Karten S. 115 und S. 190, Atlas).

2 Benennen Sie die auf den Fotos dargestellten geographischen Besonderheiten und ordnen Sie diese in die Karte ein (**M 4** bis **M 8**, Atlas, ***Eine Internetrecherche durchführen***).

3 Benennen Sie die Großräume Afrikas (**M 8**, Atlas).

4 Tragen Sie in eine Tabelle die zehn bevölkerungsreichsten Staaten und ihre Hauptstädte ein. Ordnen Sie diese den Großräumen zu (**M 3**, **M 8**, Karten S. 190, Atlas).

5 Benennen Sie die bevölkerungsreichsten Städte. Tragen Sie diese in eine Tabelle ein und in einer zweiten Spalte das Land hinzu (**M 8**, Karten S. 115 und S. 190, Atlas).

6 Einige Küstenabschnitte im Westen Afrikas haben Namen, die auf eine frühere Nutzung schließen lassen. Listen Sie die Namen auf und erläutern Sie ihre Herkunft (Karte S. 190).

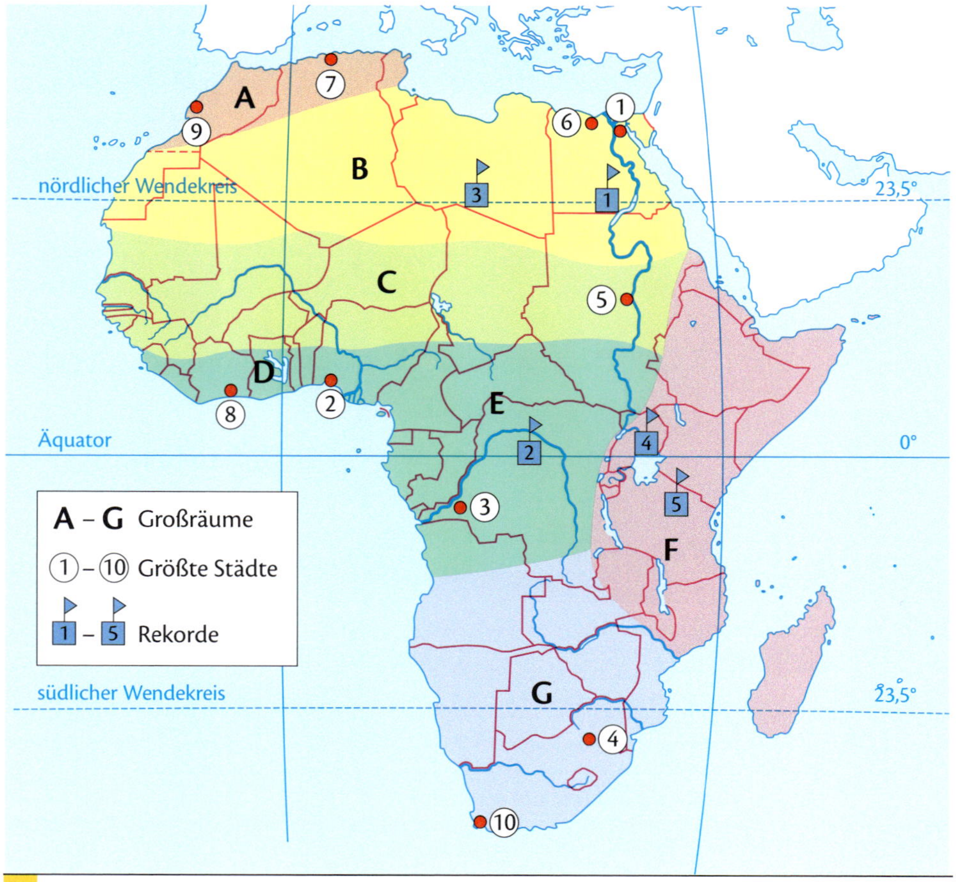

M 8 *Großräume Afrikas südlich der Sahara, bevölkerungsreichste Städte und Rekorde*

Aus Savannen werden Wüsten

M 1 *Viehherde in Mali*

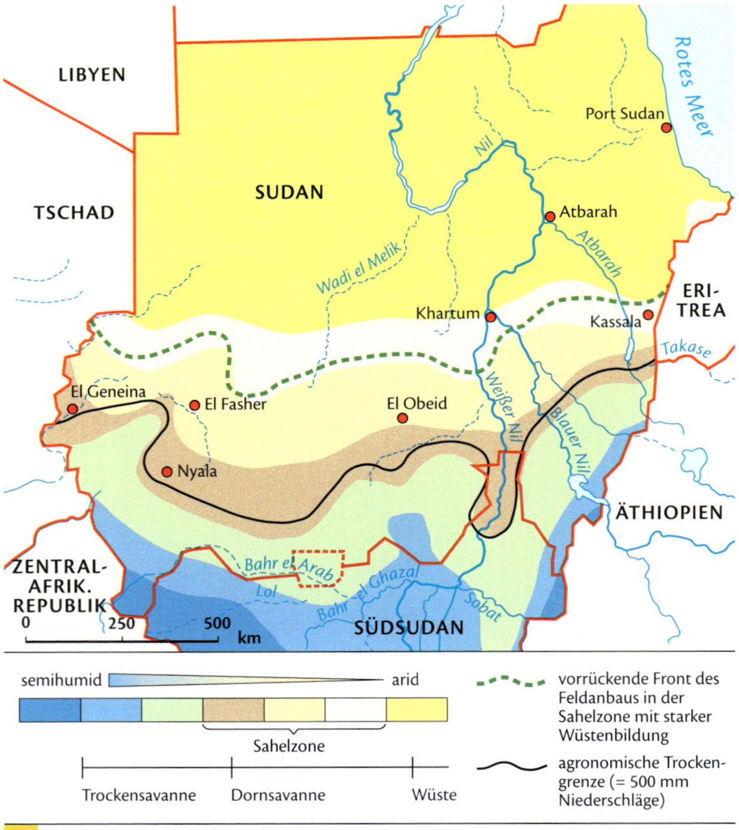

M 2 *Vorrücken des Feldanbaus im Sudan*

Sahelzone – „rettendes Ufer“

Die am Südrand der Sahara liegende Savanne wird von den dort lebenden Nomaden als Sahel bezeichnet. Dieses Wort kommt aus dem Arabischen und bedeutet „Ufer“. Nach der Durchquerung der Wüste fanden die **Karawanen** hier wieder Nahrung und Wasser – sie hatten also das „rettende Ufer“ erreicht. Heute ist dieses „rettende Ufer“ gefährdet, denn die Wüste rückt immer weiter nach Süden vor.

Die natürlichen Ursachen

In der Sahelzone dauert die Trockenzeit fast das ganze Jahr. Der Jahresniederschlag beträgt etwa 200 bis 600 Millimeter. Die **Niederschlagsvariabilität** ist jedoch sehr hoch. Mehrere Jahre hintereinander kann es nicht regnen. Dann sinkt der Grundwasserspiegel, die Vegetation stirbt ab und die Brunnen trocknen aus. Die sandigen Böden sind ohne schützende Vegetationsdecke der Erosion durch Wind ausgesetzt. Es kommt zu Dürrezeiten.

Der Einfluss des Menschen

In der Sahelzone müssen immer mehr Menschen ernährt werden, denn das Bevölkerungswachstum ist sehr hoch. Dadurch steigt zum einen der Holzbedarf stark an und zum anderen sind die Hackbauern der südlichen Sahelzone gezwungen, ihre Anbaugebiete immer weiter nach Norden auszudehnen. Dabei vernichten sie Gräser und Sträucher sowie den Baumbestand der Savanne. Die Savanne wird zum Ackerland, auf dem vor allem Hirse angebaut wird. Die

Verwendungszweck	Zahl der Bäume
Bau von 2 Wohnhütten pro Familie bei 6 Jahren Haltbarkeit	16
Umzäunung des Wohngrundstücks	40
Umzäunung der Felder	100
Brennholz pro Jahr (1 Baum bzw. Busch pro Woche)	52

M 3 *Nutzung des Holzes*

Hirsepflanzen schützen jedoch den Boden nicht so gut gegen den Wind wie die natürliche Pflanzendecke aus Gräsern, Sträuchern und Bäumen. Es kommt zur Abtragung des Bodens. Diesen Vorgang nennt man **Bodenerosion**. Dadurch geht die fruchtbare obere Bodenschicht, der Ackerboden, verloren, was zur **Bodendegradation** führt. Durch den nach Norden vorrückenden Ackerbau kommt es zu Konflikten mit den Nomaden, die aus ihren angestammten Weidegebieten verdrängt werden. Sie müssen in nördlicher gelegene Weidegebiete mit spärlichem Bewuchs ausweichen. Das Vieh wird dadurch ungenügend ernährt, sodass es nur zu niedrigen Preisen verkauft werden kann. Um die Einnahmeverluste auszugleichen, müssen die Nomaden ihre Viehherden vergrößern. Dies führt zur **Überweidung** der Flächen. Die Tiere fressen den Boden kahl. Ohne Grasdecke ist der Boden dann den kurzen, aber heftigen Regengüssen ausgesetzt und wird von Wind und Wasser abgetragen.

Gleichzeitig konnte durch die Bohrung von Tiefbrunnen der Viehbestand erhöht werden, denn durch die Brunnen steht ganzjährig Wasser für die Tiere zur Verfügung. Im Umkreis der Brunnen haben Tausende von Tieren die Gräser und Sträucher niedergetrampelt und kahlgefressen. Dieser Vorgang wurde noch dadurch verstärkt, dass durch die Bohrung von Tiefbrunnen der Grundwasserspiegel abgesenkt wurde, sodass die natürliche Pflanzendecke abstirbt. Das Überleben in der Sahelzone wird schwieriger, denn mit jedem Dürrejahr werden weitere Gebiete zur Wüste. Dieser Vorgang wird nach dem englischen Wort für Wüste „desert" als **Desertifikation** bezeichnet.

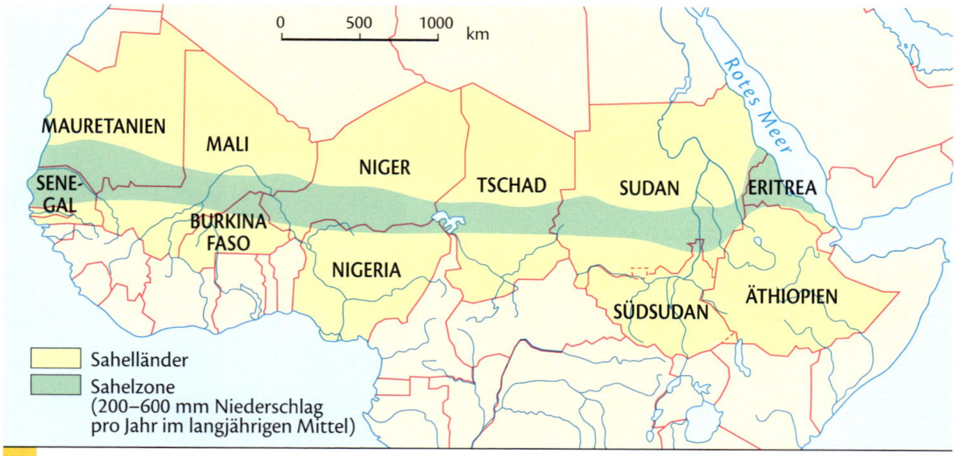

M 4 *Die Sahelländer*

	Fläche in km²	1960	1970	1980	1990	2000	2010	2020
		Bevölkerung in Mio.						
Äthiopien	1 104 000	22,2	28,4	35,1	47,9	66,2	87,6	102,3
Burkina Faso	274 000	4,8	5,6	6,8	8,8	11,6	15,6	21,5
Eritrea	118 000	1,0	1,3	1,7	2,3	2,3	3,2	3,6
Mali	1 240 000	5,3	5,9	7,1	8,4	10,9	15,0	20,9
Mauretanien	1 031 000	0,9	1,1	1,5	2,0	2,6	3,5	4,8
Niger	1 267 000	3,4	4,5	6,0	8,0	11,3	16,5	25,1
Senegal	197 000	3,2	4,3	5,6	7,5	9,8	12,7	17,2
Sudan	1 861 000	7,5	10,3	14,5	20,1	27,3	34,5	44,9
Südsudan	664 000	2,8	3,5	4,5	5,5	6,2	9,5	11,4
Tschad	1 284 000	3,0	3,6	4,5	6,0	8,4	12,0	17,4

Quelle: United Nations, World Population Prospects, 2019 Revision, DSW Datenreport 2021

M 5 *Bevölkerungsentwicklung im Sahel*

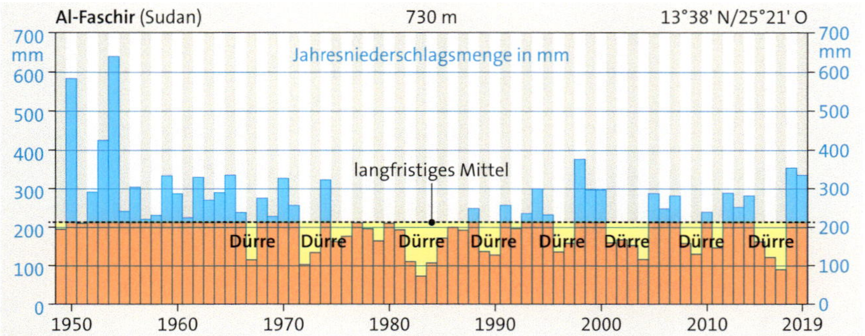

M 6 *Jahresniederschlagsmengen in Al-Faschir (Sudan)*

1 Beschreiben Sie die geographische Lage der Sahelzone (**M 4**, Karte S. 190, Atlas).

2 Erläutern Sie die natürlichen Bedingungen für Ackerbau und Viehhaltung in der Sahelzone (**M 1, M 2** und **M 6**).

3 Erklären Sie, warum die Bäume in der Savanne abgeholzt werden, und beurteilen Sie die Bedeutung der Abholzungen für die Ausbreitung der Desertifikation (**M 3**).

4 Arbeiten Sie in Kleingruppen: Erstellen Sie ein Wirkungsgefüge mit den natürlichen und anthropogenen Ursachen der Desertifikation sowie deren Wechselbeziehungen und Auswirkungen (**M 1** bis **M 6**).

Mit Steinen und Pflanzen gegen die Desertifikation

Vor 30 Jahren gab es hier noch viel mehr Wald. Überall wuchsen dichte Büsche und hohe Sträucher, durch die man nicht hindurchsehen konnte. Als Kind habe ich mich davor gefürchtet, alleine unterwegs zu sein, weil es überall wilde Tiere gab. Heute ist alles verschwunden und es wächst kaum noch was auf unseren Feldern, weil der Sand alles zudeckt. Wir versuchen mit allen Mitteln, die weitere Ausbreitung der Wüste zu verhindern und dafür zu sorgen, dass hier wieder fruchtbares Land entsteht.

M 1 *Ezè aus Dori in Burkina Faso erinnert sich*

M 2 *Kontursteinwall in Burkina Faso*

Desertifikation bekämpfen

Um die Ausbreitung der Wüsten aufzuhalten, müssen Maßnahmen eingeleitet werden, die wirksam, nachhaltig und zuverlässig sind. Sie müssen vorher auf einer kleinen Fläche getestet werden, bevor sie dann in größeren Räumen umgesetzt werden können. Da jeder Raum seine eigenen naturräumlichen Voraussetzungen hat, helfen die Maßnahmen nicht überall gleich.

Kontursteinwälle als Basis

Für den Bau eines Kontursteinwalls werden viele Feldsteine benötigt. Die Arbeiter legen die Steine entlang der Höhenlinien dicht nebeneinander aus. Dabei gibt es verschiedene Möglichkeiten, die jeweils der Hanglage oder Niederschlagsmenge am Standort angepasst werden. Zusätzlich werden kleine Hecken oder Grünstreifen angepflanzt. Beide Maßnahmen bremsen die Fließgeschwindigkeit des Wassers und es kann sich besser auf einem Feld verteilen. Auch der Wind kann dann nicht mehr so leicht angreifen. Fruchtbare Mineralien bleiben dem Boden jetzt besser erhalten und er wird fruchtbarer. Traditionelle Pflanzen wie Hirse, Maniok oder Yams erreichen gute Erträge. Der Grundwasserspiegel steigt an und der Zugang zu Trinkwasser verbessert sich.

Maßnahmen der Zai-Methode

Eine weitere Möglichkeit zur Erhöhung der Bodenfruchtbarkeit im Sahel ist die **Zai-Methode** oder Tassa-Methode. Sie wird von Forschern stetig weiterentwickelt und unterstützt die Bekämpfung der Desertifikation. Mit einem Stock werden größere Löcher in den Boden gegraben und mit kleinen Ästen, Gras oder Mist gefüllt. Termiten tragen dieses organische Material weiter in den Boden und lockern ihn dadurch auf. Das Wasser kann besser gespeichert werden. Während der nächsten Regenzeit werden dann die Feldfrüchte oder Baum-Setzlinge eingepflanzt, deren Wurzeln in dem gelockerten Boden leichter an die Nährstoffe kommen.

M 3 *Die Zai-Methode*

Eine grüne Mauer im Sahel

Beide Methoden setzt das Projekt Great Green Wall erfolgreich ein. Es wurde 2007 von der Afrikanischen Union, einem Zusammenschluss der wichtigsten afrikanischen Staaten, beschlossen. Die Grundidee ist, einen grünen Streifen von 15 Kilometern Breite und etwa 7800 Kilometern Länge von Ost nach West durch die Sahelzone zu ziehen. Mithilfe der grünen Mauer werden sowohl die Desertifikation als auch Auswirkungen des Klimawandels wie Dürren bekämpft. Die grüne Mauer hält den Sand auf, der vom Wind aus der Wüste auf die Felder in der Sahelzone geweht wird. Das Ackerland kann so verbessert werden, denn die Bäume speichern Nährstoffe im Boden und erhöhen so die Bodenfruchtbarkeit.

21 Staaten sind heute Teil der Initiative, die den Menschen genügend Nahrung und Trinkwasser sichern soll. Durch eine Verbesserung der Bodenqualität werden die Ernteerträge der Landwirte steigen. Der Grüngürtel wird auch Wildtieren einen geschützten Lebensraum bieten, was dem Tourismus in der Region zugutekommen wird. Durch die Pflanzendecke verbessert sich die Wasserspeicherkapazität des Bodens. Dieses Projekt der nachhaltigen Landnutzung erhält finanzielle Unterstützung von verschiedenen internationalen Organisationen wie den Vereinten Nationen, der Europäischen Union oder der Weltbank, von der auch kleine Gemeinden profitieren.

Obwohl die Sahelzone grüner wird, ist die Umsetzung des Projektes trotz der Fördergelder nicht überall gleich weit fortgeschritten. In einigen Regionen behindern Kriege, Terrorismus und vor allem Korruption den Erfolg des Projektes, aber auch eine sehr hohe Geburtenrate in einigen Sahel-Staaten. Erfolgreich ist das Projekt dort, wo die Bewohner der Region daran mitarbeiten, durch eine nachhaltige Landnutzung bestehende Bäume zu erhalten und in die Landnutzung zu integrieren.

M 4 *Kritische Stimmen gegen das Great Green Wall Projekt*

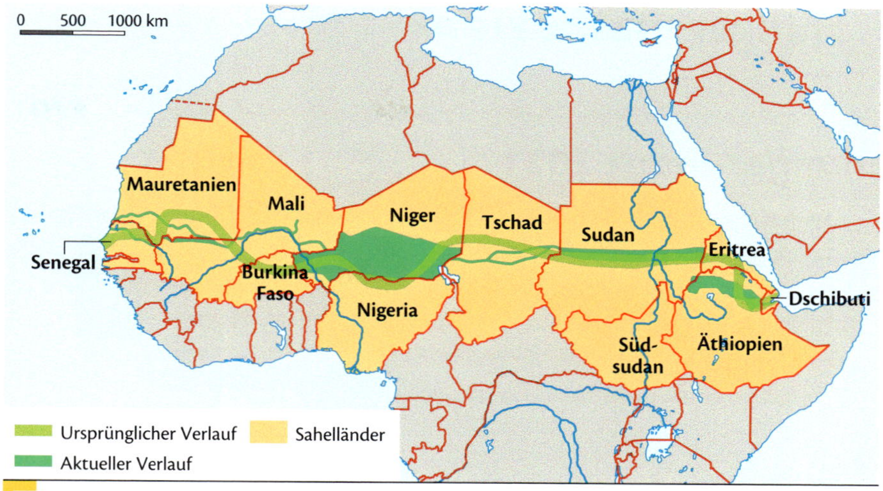

M 5 *Das Great Green Wall Projekt – baumbestandene Flächen in der Sahelzone*

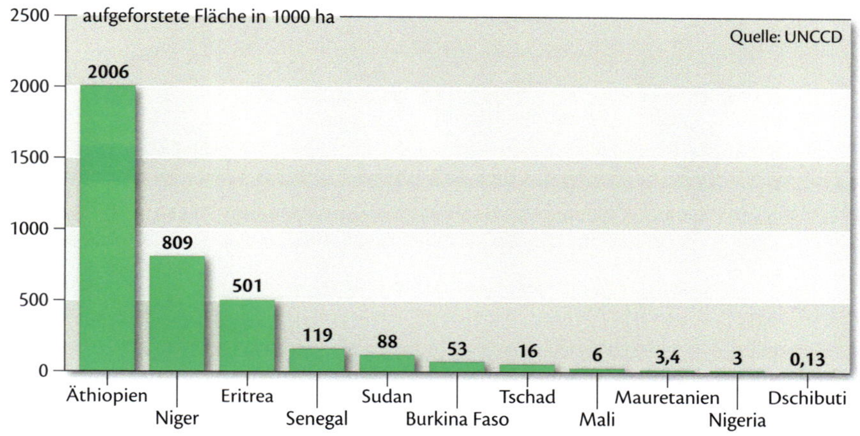

M 6 *Stand der Umsetzung des Great Green Wall Projektes 2019 (aufgeforstete Fläche in 1000 ha)*

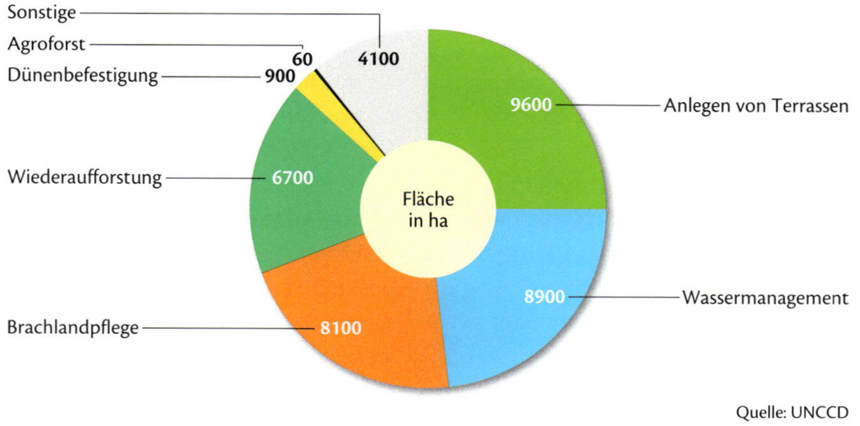

M 7 *Maßnahmen im Great Green Wall Projekt 2019*

1 Erläutern Sie die Notwendigkeit von Maßnahmen gegen die Desertifikation in der Sahelzone (**M 1**, S. 120/121).

2 Erklären Sie mithilfe eines Wirkungsgefüges Maßnahmen zur Bekämpfung der Desertifikation sowie deren Wirkung (**M 2**, **M 3**, **M 5**, **M 7**).

3 Erläutern Sie das Great Green Wall Projekt und beurteilen Sie die Vor- und Nachteile dieses Projektes (**M 5** bis **M 7**,).

5 Erörtern Sie ausgehend von den Ursachen weitere Maßnahmen zur Bekämpfung der Desertifikation (S. 120/121 **M 2**, **M 3**, **M 5**).

Hunger macht krank

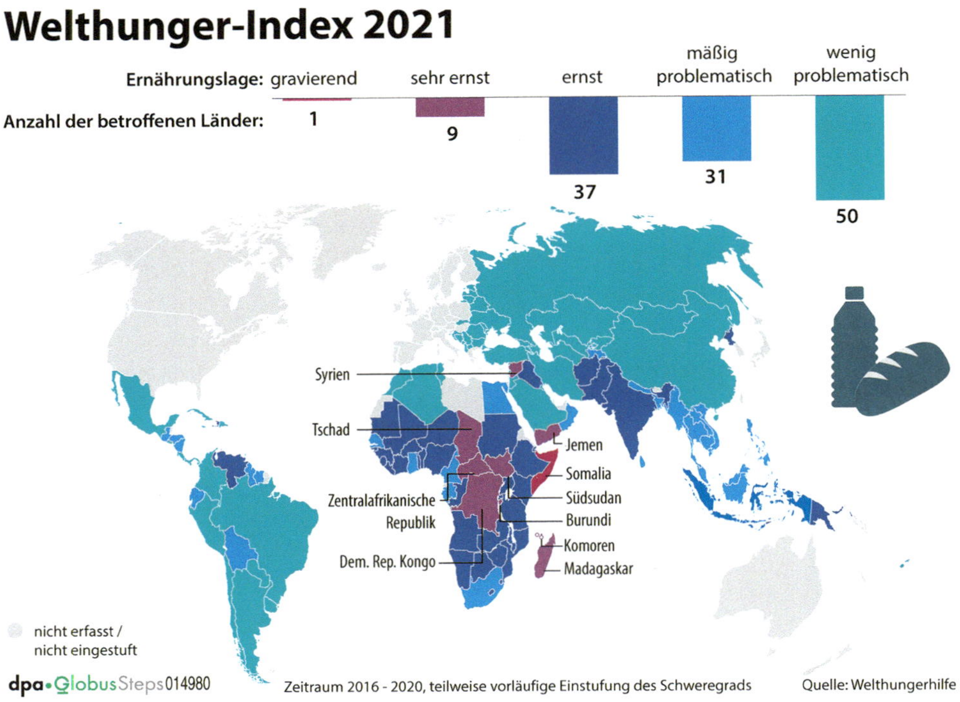

M 1 *Welternährungssituation 2021*

Was heißt eigentlich

- **Unterernährung?**
  Zustand unzureichender Ernährung; der Kalorienbedarf wird nicht ausreichend gedeckt
- **Fehlernährung?**
  Unzureichende und qualitativ minderwertige Zufuhr von Nahrung
- **akuter Hunger?**
  Zustand weitgehenden oder völligen Mangels an Nahrungsaufnahme
- **Mangelernährung?**
  Zustand unzureichender Ernährung infolge einseitiger Zusammensetzung der Nahrung
- **Überernährung?**
  Nahrungsaufnahme, die mengenmäßig über den täglichen Kalorienbedarf hinausgeht

M 4 *Fachbegriffe*

Eine von den weltweit Hungernden ist die siebenunddreißigjährige Siah aus Liberia. Wie ihr Mann und ihre sechs Kinder hat sie auch an diesem Tag nur einen Schluck Wasser zum Frühstück getrunken und einen Rest Getreidebrei gegessen. Am Nachmittag gibt es Maniok und eine dünne Soße. Eine nährstoffarme Kost. [...] Siah und ihre Familie sind chronisch unterernährt. [...] Siah ist oft schon am Morgen völlig erschöpft und schafft es kaum, Wasser zu holen oder auf dem Feld zu arbeiten. Sie ist eine zierliche Frau und [...] von kleinerer Statur als die Menschen aus der reicheren Hauptstadt. [...] Auch Siahs Kinder sind kleiner, als sie für ihr Alter sein müssten. Dies ist nicht nur Veranlagung. Dies ist die Folge des dauerhaften Nahrungsmangels. [...] Ihre Knochen werden brüchig, weil Mineralstoffe fehlen. [...] Eiweißstoffe im Blut verringern sich, sodass der Organismus seinen Schutz vor Infektionskrankheiten verliert und oft schon leichte Erkrankungen tödlich sein können.
(Post, U.: Hunger. Ausmaß, Verbreitung, Ursachen, Auswege. Deutsche Welthungerhilfe, Bonn, S. 2)

M 2 *Was Hungern bedeutet*

Mangel an Nahrungsmitteln

Grundsätzlich reicht die Nahrungsmittelproduktion auf der Erde für alle Menschen aus. Pro Kopf stehen rein rechnerisch täglich 2700 Kilokalorien zur Verfügung, 500 Kilokalorien mehr als von der Welternährungsorganisation FAO empfohlen. Doch in Wirklichkeit sind viele Menschen unterernährt oder leiden akuten Hunger. Obwohl deren Anzahl seit 2005 kontinuierlich abnimmt, liegt die Zahl der Hungernden 2020 bei etwa 768 Millionen Menschen. Die große Mehrzahl von ihnen lebt in den ländlichen Gebieten der Entwicklungsländer. Sie leiden Hunger, weil sie nicht genug Mittel haben, selbst hinreichend Nahrung zu produzieren oder zu erwerben. Dabei spielen neben den natürlichen Gegebenheiten auch **endogene Faktoren** wie ein starkes Bevölkerungswachstum und **exogene Faktoren** eine Rolle bei der weltweiten Ungleichverteilung der Nahrungsmittel.

Folgen von Hunger und Unterernährung

Alle sechs Sekunden stirbt ein Kind an den Folgeerscheinungen von Hunger.

M 3 *Endogene und exogene Ursachen von Hunger und Unterernährung*

In den Entwicklungsländern ist Unterernährung Mitverursacher, dass jährlich fast elf Millionen Kleinkinder das sechste Lebensjahr nicht erreichen. Mehr als 13 Millionen Kinder werden jährlich mit Untergewicht geboren. Ihre Mütter sind oft überarbeitet und selbst unternährt, sodass sie das Stillen frühzeitig einstellen. Neugeborene mit großem Untergewicht haben nur geringe Chancen, während ihrer Kindheit den Mangel auszugleichen.

Kinder sind von Unterernährung stärker bedroht als Erwachsene. Sie haben im Zeitraum ihres Wachstums einen höheren Nährstoffbedarf. Im Falle von Unterernährung ist ihr Körpergewicht bis zu einem Viertel geringer als das Durchschnittsgewicht eines ausreichend ernährten Kindes vergleichbarer Größe. Früher oder später kommt es zu einer Schwächung der inneren Organe und der Abwehrkräfte. In der Schule sind unterernährte Kinder antriebsarm und ihre Leistungen sind gering. Deshalb erhalten sie später oft nur schlecht bezahlte Arbeit.

Als „versteckten Hunger“ bezeichnen Ärzte einen Mangel an Vitaminen und Mineralien. Davon betroffenen Kindern drohen lebenslange Beeinträchtigungen wie Erblindung oder geistige Behinderungen. Ihre Lernfähigkeit ist ohnehin infolge der Unterernährung vermindert.

Ernährungssituation in Afrika südlich der Sahara

In den meisten Staaten Afrikas südlich der Sahara ist der Anteil unterernährter Menschen nach wie vor sehr hoch. Jede fünfte Person kann sich nicht mit den täglich 2300 Kilokalorien versorgen, die von der FAO empfohlen werden. Diese Rate steigt seit 2014 und entspricht 230 Millionen unterernährten Menschen im Jahr 2020. Hauptursachen für die schwierige Ernährungssituation sind bewaffnete Konflikte, sinkende Ernteerträge aufgrund von Klimaschwankungen sowie Dürren.

Armut und Unterernährung führen zu einer hohen Kindersterblichkeit in der Region. Viele Kinder werden bereits stark untergewichtig geboren, was zu Wachstumsverzögerungen und einer hohen Sterblichkeit führt.

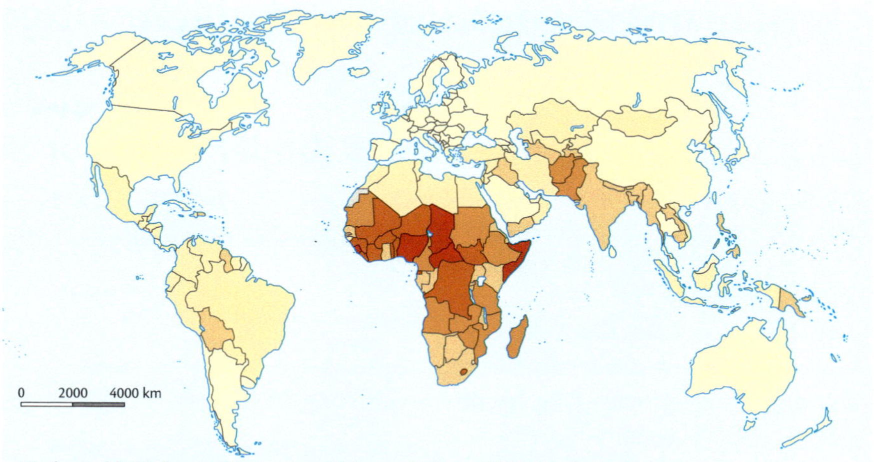

M 5 *Sterblichkeitsrate von Kindern unter 5 Jahren (2019)*

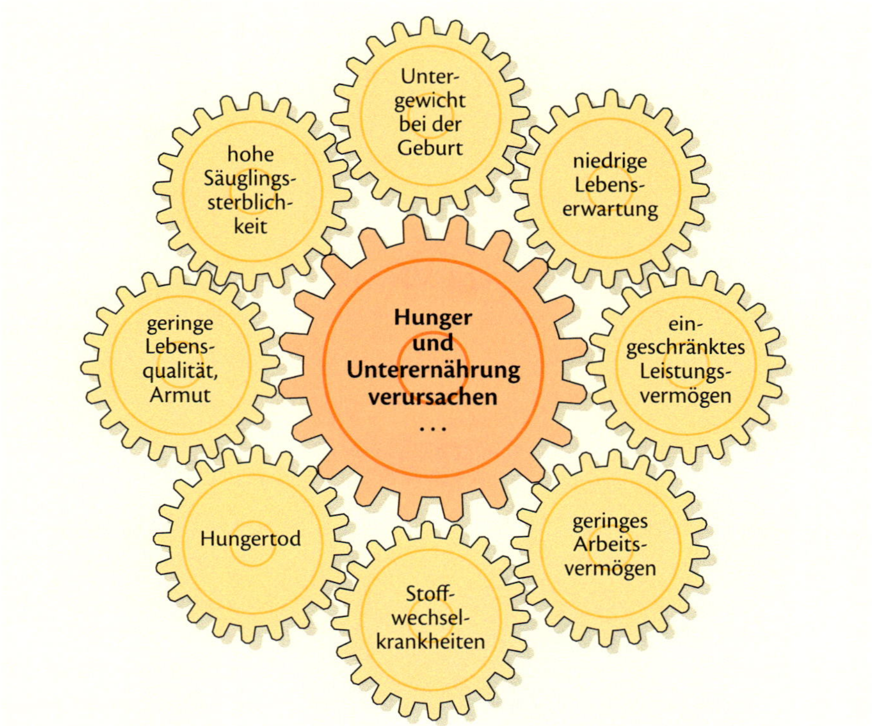

M 6 *Im Teufelskreis von Hunger und Unterernährung*

1 Lokalisieren Sie die Staaten, in denen die Ernährungssituation ernst bis sehr ernst ist, und beschreiben Sie ihre geographische Lage (**M 1**, Karte S. 115, Atlas).

2 Ordnen Sie die Ursachen für Hunger und Unterernährung tabellarisch den Kriterien „endogene Ursache“ und „exogene Ursache“ zu (**M 3**).

3 Erläutern Sie die Lebenssituation von Siah (**M 2**, **M 5**).

4 Vergleichen Sie die Lage der Staaten mit der höchsten Sterblichkeit von Kindern unter 5 Jahren mit der Ernährungssituation dort (**M 1**, **M 5**).

5 Erläutern Sie die Folgen von Hunger und Unterernährung (**M 1** bis **M 6**).

6 Begründen Sie, warum es sich bei Hunger und Unterernährung um einen Teufelskreis handelt (**M 6**).

7 Diskutieren Sie Möglichkeiten, wie die Ernährungssituation in Afrika südlich der Sahara verbessert werden könnte (***Eine Internetrecherche durchführen***).

Ernährungssicherung durch nachhaltiges Wirtschaften

Bevölkerungswachstum: Afrika südlich der Sahara weist die höchste Geburtenrate weltweit auf, sodass sich bis 2050 die Bevölkerung wahrscheinlich verdoppeln wird.
Betriebsgrößen: Etwa zwei Drittel der Bevölkerung Afrikas südlich der Sahara sind in der Landwirtschaft tätig, hauptsächlich in kleinbäuerlichen Betrieben von durchschnittlich 2,4 Hektar.
Landbesitz: Ein Großteil der in der Landwirtschaft Tätigen besitzt kein eigenes Land. Ohne Landbesitz ist der Zugang zu Krediten für notwendige Investitionen im Agrarsektor deutlich erschwert.
Mechanisierung und Bewässerung: Die kleinbäuerlichen Betriebe arbeiten überwiegend manuell. Nur etwa fünf Prozent der Betriebe haben einen Traktor und nur sechs Prozent der Anbaufläche werden bewässert.
Bildung: Vielen Bäuerinnen und Bauern fehlt das Wissen, um ihre Felder mit modernen Produktionsmethoden optimal bewirtschaften zu können.

M 1 *Endogene Entwicklungshemmnisse*

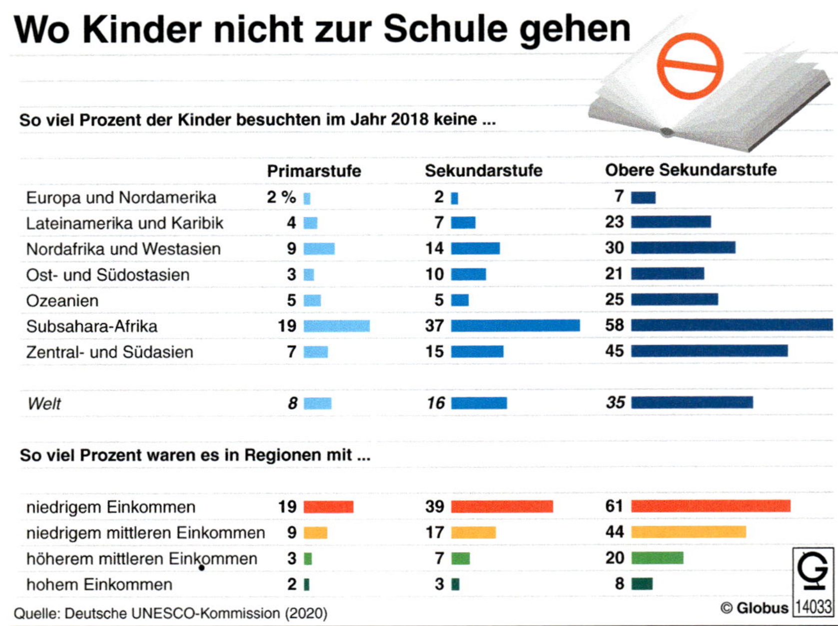

M 3 *Bildungschancen im Vergleich*

Zukunftschancen durch nachhaltige Landnutzung

Eine langfristig bessere Versorgung der Menschen mit Grundnahrungsmitteln ist nur durch eine nachhaltige Landnutzung zu erreichen. Darunter versteht man eine Form der Landwirtschaft, die im Einklang mit der Natur steht, indem sie die für die Landwirtschaft bedeutsamen natürlichen Ressourcen wie Wasser, Flächen für den Anbau und mineralischen Dünger schont und die materiellen, sozialen und kulturellen Bedürfnisse der Menschen im ländlichen Raum berücksichtigt. Nicht kurzfristig zu erzielende Ge-

Nachhaltiges Wirtschaften – Maßnahmen zur Ernährungssicherung

Ökonomischer Bereich
- Verdienstmöglichkeiten vor Ort außerhalb der Landwirtschaft schaffen
- lokale Märkte auf dem Land aufbauen, um die eigenständige Vermarktung heimischer Produkte zu fördern
- Kleinbauern günstige Kredite und somit den Kauf von Betriebsmitteln wie Arbeitsgeräten, Saatgut, Dünger ermöglichen
- Ausbau von Verkehrswegen auf dem Land

Sozialer Bereich
- Investitionen in Bildungseinrichtungen und vor allem Mädchen und Frauen eine Schul- und Berufsausbildung ermöglichen
- Bevölkerung in Familienplanung beraten
- Bevölkerung über ausreichende und gesunde Ernährung informieren
- medizinische Versorgung vor Ort verbessern

Ökologischer Bereich
- durch landwirtschaftliche Anbaumethoden wie Fruchtwechsel und mehrstufige Mischkultur die Bodenfruchtbarkeit erhalten und verbessern
- im geschlossenen Nährstoffkreislauf wirtschaften, z. B. Stallmist und Kompost als Dünger einsetzen
- Nutzung alternativer Energien wie Solarenergie, um die Abholzung zu vermindern

Politischer Bereich
- internationale Zusammenarbeit und den Austausch von Wissen fördern
- über Agrarreformen Kleinbauern rechtlich gesicherten Zugang zu Land und Wasser ermöglichen
- Rechte von unabhängigen Organisationen stärken, damit sie die Interessen der Benachteiligten besser vertreten können

M 2 *Maßnahmen zur Ernährungssicherung im Sinne des nachhaltigen Wirtschaftens* winne und Erträge stehen im Vordergrund, sondern die Notwendigkeit, dass die angewandten Formen der Landnutzung nachhaltig, das heißt zukunftsfähig sein müssen, damit auch kommende Generationen von und auf dem Land leben können.

Nachhaltig Wirtschaften

In den ländlichen Regionen Afrikas südlich der Sahara ist die Produktivität in der Landwirtschaft häufig sehr gering. Es fehlt an ausreichend fruchtbarem Land, Wasser, Kenntnissen und finanziellen Mitteln zum Kauf hochwertigen Saatguts. Durch nachhaltiges Wirtschaften sollen die zur Verfügung stehenden Ressourcen so genutzt werden, dass eine langfristige Steigerung der Nahrungsmittelproduktion vor Ort erreicht wird. Ziel ist es, dass Nahrungsmittel nicht über weite Strecken transportiert und verteilt werden müssen, sondern da produziert werden, wo sie gebraucht werden. Eine wichtige Maßnahme ist die Schulung der ländlichen Bevölkerung. So kann die Fruchtbarkeit des Bodens zum Beispiel durch Fruchtwechsel gesteigert werden. Bauern aus Afrika südlich der Sahara, die zum Beispiel vor der Maisaussaat eine spezielle Bohnenart einsetzten, die Stickstoff im Boden bindet, erreichten ohne zusätzliche Kosten die gleichen Erträge wie ein konventioneller Landwirt durch den Einsatz von 130 Kilogramm Kunstdünger.

Feminisierung der Landwirtschaft

Etwa 80 Prozent der landwirtschaftlichen Erträge werden in Afrika durch Frauen erwirtschaftet; da die Männer in die Städte abgewandert sind, um dort einer bezahlten Arbeit nachzugehen. Das bezeichnet man als **Feminisierung** der Landwirtschaft. Doch obwohl die Frauen die Betriebe führen, liegt meistens der Landbesitz in Händen der Männer. In vielen Ländern ist es Frauen verboten, Land zu besitzen. Aber ohne Land erhalten sie keine Kredite – zum Beispiel für Saatgut, Werkzeuge oder Düngemittel. Zudem fehlt es vielen Frauen vor allem im ländlichen Raum häufig an der nötigen Bildung, um die landwirtschaftliche Produktion zu verbessern und den Anbau, die Lagerung und Vermarktung der landwirtschaftlichen Produkte nachhaltig zu gestalten. Eine wichtige Maßnahme zur Ernährungssicherung ist es deshalb, Frauen und Männern die gleichen Rechte und Ausbildungschancen zu ermöglichen.

① Forstwirtschaft; ② Hoffläche: Wohnhaus, Stall, überdachter Mistplatz; ③ Hausgarten; ④ Hecke aus Hülsenfrüchten (z. B. Bohnen); ⑤ Brachfläche; ⑥ Dammbeet; ⑦ Feldstreifen mit Mischkultur; ⑧ Weide; ⑨ Unkrautbekämpfung durch Pflügen mit einem Ochsengespann

M 4 *Nachhaltige Landwirtschaft im tropischen Afrika*

1 Erläutern Sie mithilfe eines Fließdiagramms, welche Faktoren eine ausreichende Produktion von Nahrungsmitteln in Afrika südlich der Sahara erschweren (**M 1**,).

2 Erklären Sie, was man unter nachhaltigem Wirtschaften versteht (**M 2**, **M 4**).

3 Stellen Sie am Beispiel der landwirtschaftlichen Nutzung im tropischen Afrika Maßnahmen des nachhaltigen Wirtschaftens dar (**M 4**).

4 Beurteilen Sie die Bedeutung der Bildung bei der Ernährungssicherung durch nachhaltiges Wirtschaften (**M 2**, **M 3**).

5 Vergleichen Sie die verschiedenen Bereiche bei den Maßnahmen zur Ernährungssicherung und erörtern Sie deren Zusammenwirken (**M 2**).

6 Nehmen Sie begründet Stellung zu der Aussage, dass nachhaltiges Wirtschaften unbedingt erforderlich ist (**M 1** bis **M 4**).

Demokratische Republik Kongo – reich an Bodenschätzen, aber trotzdem arm

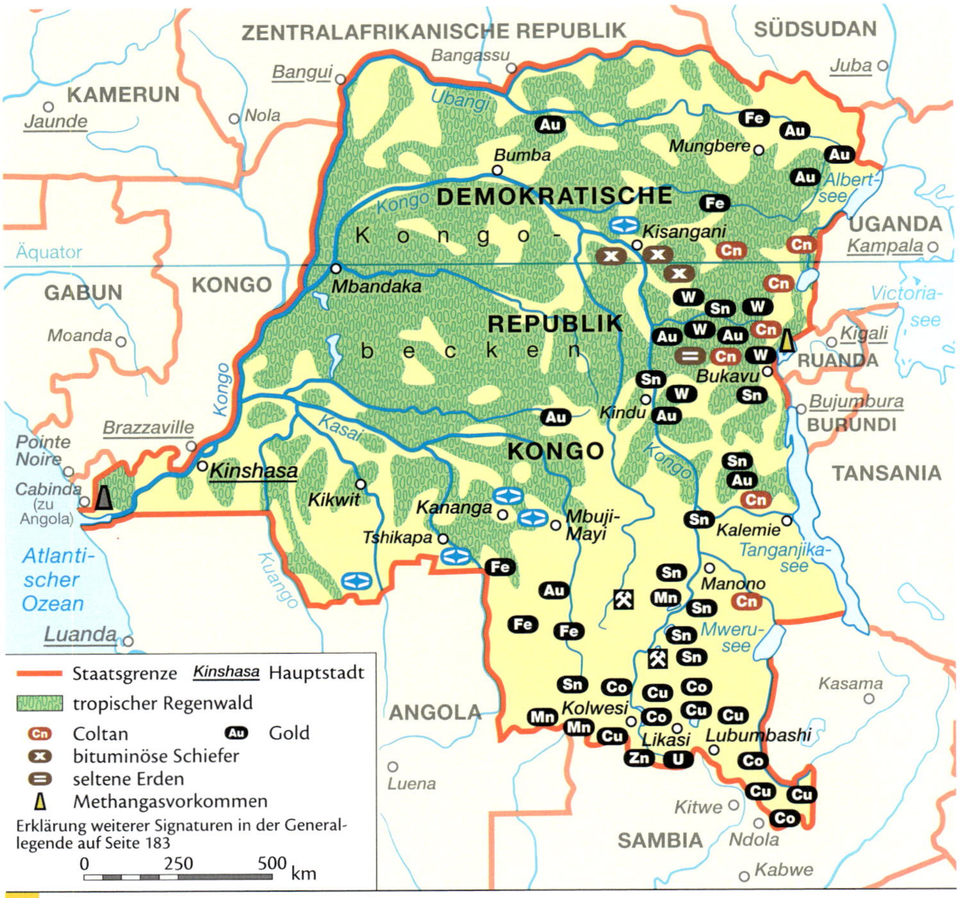

M 1 *Demokratische Republik Kongo – Bodenschätze*

Reicher Boden – armes Land

Die Demokratische Republik Kongo (DR Kongo) ist der zweitgrößte Staat Afrikas. Er ist etwa sechseinhalbmal so groß wie Deutschland und hat ungefähr genauso viele Einwohner.

Das Kongobecken mit seinen tropischen Regenwäldern nimmt mehr als die Hälfte des Landes ein. Es ist in allen Richtungen von Bergzügen mit 500 bis 1000 Metern Höhe begrenzt. Nur ganz im Süden und im Osten des Landes erreichen die Gebirge auch Höhen über 4000 Metern.

Die Demokratische Republik Kongo ist reich an Bodenschätzen. Die Wirtschaft ist geprägt vom Bergbau, denn die Rohstoffindustrie ist der wichtigste Wirtschaftszweig. Bergbauunternehmen ließen in den Arbeitersiedlungen Schulen, Krankenhäuser sowie Straßen errichten. Es entstanden ganze Städte mit Anschluss an eine Stromversorgung.

Nach einem Bürgerkrieg und Regierungswechsel kam es in den 1960er-Jahren zur Verstaatlichung aller Bergbauunternehmen. Das hatte weitreichende Folgen für das gesamte Land und seine Bevölkerung. Viele Menschen arbeiten weiterhin im Bergbau, die Besitzer der Minen sowie die schwache und zum Teil korrupte Regierung (**Bad Governance**) fördern mit den Gewinnen aus dem Bergbau und aus dem damit verbundenen Wirtschaftswachstum jedoch nicht das Land. Ein großer Teil der Rohstoffe wird als Schmuggelware außer Landes gebracht und verkauft. Die Sicherheitsvorkehrungen in den Bergwerken sind schlecht, sodass es häufig zu Unfällen kommt. Vor allem in den ländlichen Gebieten lebt auch heute noch ein Großteil der Bevölkerung in bitterer Armut.

M 2 *Coltanabbau*

Coltan – selten, aber begehrt

Schätzungen nach lagert das weltweit größte Coltanvorkommen in der DR Kongo. Dieses Erz ist sehr selten und für die moderne Hightech-Industrie unverzichtbar.

Im Osten des Landes befinden sich die Lagerstätten direkt unterhalb des Bodens, sodass das Coltan mithilfe einer Schaufel abgebaut werden kann. Wegen der großen Nachfrage und des damit verbundenen Preisanstiegs auf dem Weltmarkt kommt es im Abbaugebiet immer wieder zu kriegerischen Auseinandersetzungen zwischen einzelnen Bevölkerungsgruppen, Rebellenführern, Militär und Staat um den Besitz der Minen. Coltan wird deshalb auch als Konfliktrohstoff bezeichnet.

Bildung – aber nicht für alle

In der DR Kongo wird zwischen dem 6. und 12. Lebensjahr eine staatliche Schulbildung garantiert. Die Realität schaut jedoch anders aus: Öffentliche Schulen erhalten meist keine staatliche Unterstützung. Besonders in den ländlichen Regionen fehlt es an Unterrichtsmaterialien wie beispielsweise Schulbüchern. Auch gut ausgebildete Lehrkräfte gibt es kaum. Bereits für den Besuch der Grundschule müssen Schulgebühren bezahlt werden, die viele Familien nicht aufbringen können. So bleibt vielen, vor allem Mädchen, eine angemessene Schulbildung verwehrt. Große Teile der Bevölkerung können deshalb nur unzureichend lesen und schreiben.

Medizinische Versorgung

In der DR Kongo gibt es ein Gesundheitssystem, das eigentlich eine gute medizinische Versorgung der Bevölkerung garantieren könnte. Die meisten Gesundheitseinrichtungen sind jedoch unzureichend ausgestattet. Es fehlen Medikamente und medizinisches Fachpersonal. Eine gute medizinische Versorgung können sich nur Wohlhabende leisten. Vor allem im Landesinneren sterben zahlreiche Menschen an behandelbaren Krankheiten wie Malaria. Sie ist immer noch die Haupttodesursache in der DR Kongo.
Auch in der DR Kongo ist wie überall in Afrika südlich der Sahara die durch das HI-Virus verursachte tödliche Infektionskrankheit AIDS weit verbreitet. Viele Kinder müssen als Waise aufwachsen, weil ihre Eltern gestorben sind, oder sie werden bereits krank geboren. Der frühe Tod vieler Fachkräfte behindert die Entwicklung.

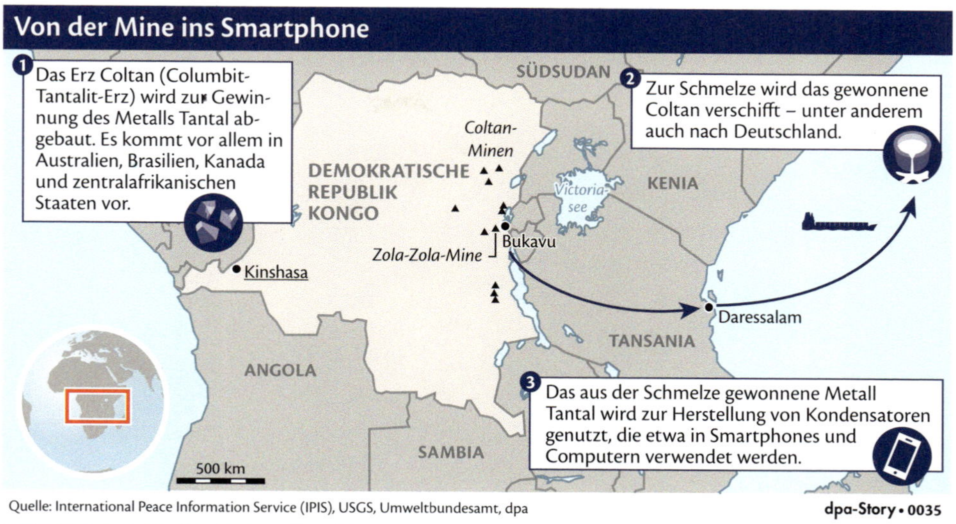

M 3 *Coltan und seine Verwendung*

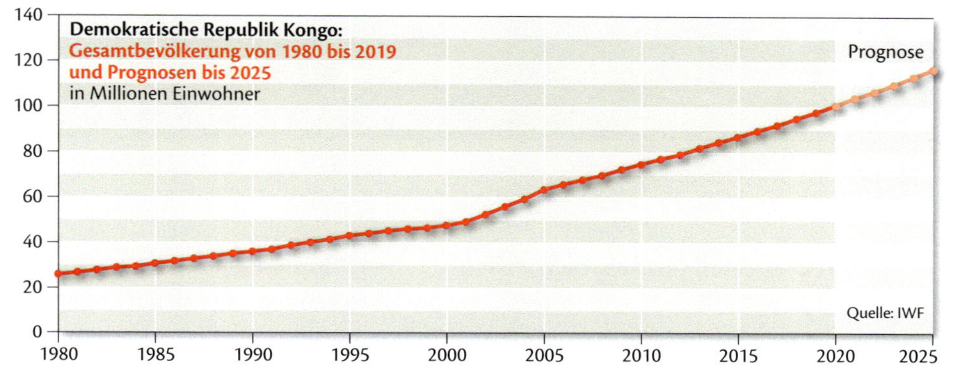

M 4 *Bevölkerungsentwicklung*

„Ich lebe gemeinsam mit meiner Mutter und meinen jüngeren Geschwistern in einer einfachen Hütte nahe Kindu. Mein Vater und mein älterer Bruder arbeiten im Osten des Landes im Coltanbergbau. Wegen der großen Entfernung kommen sie nur selten nach Hause. Mit Schaufeln oder ihren Händen graben sie nach dem Coltan, das sie dann an Händler verkaufen. Sie verdienen damit genug Geld, um meine beiden jüngeren Brüder zur Schule schicken zu können. Auch ich würde gerne lesen und schreiben lernen. Doch anstatt eine Schule zu besuchen, kümmere ich mich gemeinsam mit meiner Mutter um den Haushalt. Wir bestellen das kleine Feld hinter dem Haus und versorgen die Hühner. Nach dem Aufstehen hole ich als Erstes Wasser aus dem Brunnen am Rand unserer Siedlung. Einmal in der Woche machen wir uns auf den Weg nach Kindu. Nach etwa einer Stunde Fußmarsch erreichen wir den Markt. Frauen aus der ganzen Umgebung bieten hier ihre Waren an. Wir verkaufen geflochtene Körbe, die wir abends bei Kerzenschein fertigen."

M 5 *Rehema, 13 Jahre, berichtet*

1 Beschreiben Sie die geographische Lage der DR Kongo sowie die der Vorkommen der dortigen Bodenschätze (**M 1**, Karten S. 115 und S. 191, Atlas).

2 Erläutern Sie die Lebens- und Arbeitsbedingungen der Menschen (**M 2**, **M 4**, **M 5**; S. 131 **M 4** und **M 5**).

3 Bilden Sie Gruppen und informieren Sie sich über den Rohstoff Coltan. Diskutieren Sie, wie Coltan nachhaltig abgebaut und der Gewinn zum Nutzen des Landes eingesetzt werden könnte (**M 1** bis **M 3**, ***Eine Internetrecherche durchführen***).

4 Führen Sie eine Pro-und-Kontra-Diskussion durch zu dem Thema: „Sollten deutsche Firmen Coltan aus der DR Kongo angesichts der dortigen Förderbedingungen kaufen?" (**M 2**, **M 3**, **M 5**; ***Eine Pro-und-Kontra-Diskussion führen***).

5 Beurteilen Sie die Zukunftschancen der Jugendlichen in der DR Kongo. Vergleichen Sie mit Ihren Möglichkeiten (**M 2**, **M 4**, **M 5**; S. 131 **M 4** und **M 5**).

Ruanda – ein Musterstaat Afrikas?

M 1 *Landwirtschaft an Steilhängen*

Traditionell landwirtschaftlich geprägt

Die Republik Ruanda ist eines der kleinsten Länder Afrikas. Ruanda wird wegen der Oberflächengestalt als „Land der 1000 Hügel“ bezeichnet, denn den größten Teil des Landes bildet eine hügelige Hochebene. Da das Land fast am Äquator liegt, ist das Klima trotz der Höhenlage sehr mild. So kann auf den zahlreichen Hügeln auf terrassierten Hängen intensiv Landwirtschaft betrieben werden.

Mehr als zwei Drittel der Bevölkerung leben von der Landwirtschaft sowie der Verarbeitung und Vermarktung landwirtschaftlicher Erzeugnisse. Kaffee, Tee und Kakao sind wichtige landwirtschaftliche Exportgüter.

Um die schnell wachsende Bevölkerung in dem dicht besiedelten Land ernähren zu können, werden von der Regierung Programme zur Ertragssteigerung der Landwirtschaft oder zur Gründung von Bauernkooperativen gefördert.

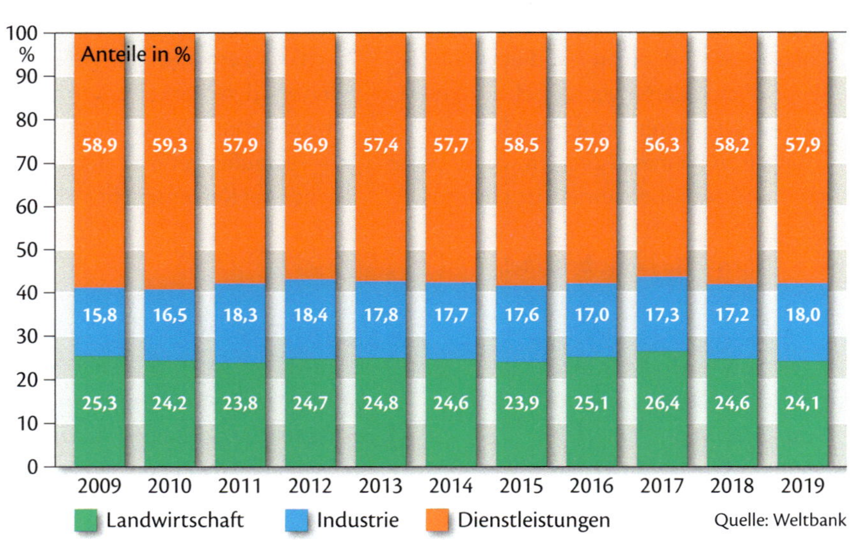

M 2 *Anteile der Wirtschaftssektoren Ruandas am Bruttoinlandsprodukt (BIP)*

Boom-Land

Seit Ende der 1990er-Jahre zeichnet sich die Wirtschaft Ruandas durch ein stetiges Wachstum aus. Die Regierung hat es sich zum Ziel gesetzt, das bisher landwirtschaftlich geprägte Ruanda in ein Land zu verwandeln, in dem hohe Löhne gezahlt werden können. Die Armut soll langfristig bekämpft und somit die Lebensbedingungen der gesamten Bevölkerung verbessert werden. Mithilfe finanzieller Unterstützung aus dem Ausland investiert die Regierung hohe Geldsummen, um dieses ehrgeizige Ziel zu erreichen. Bereits heute besuchen über 90 Prozent aller Kinder eine Schule. Die Berufsausbildung wurde verbessert und praxisnäher gestaltet. Es gibt eine flächendeckende staatlich finanzierte Krankenversicherung sowie eine sehr gute medizinische Versorgung. Zudem wird die Ansiedlung von Industrie gefördert und die Landwirtschaft modernisiert. Hinzu kommen hohe Investitionen im Bereich der **Infrastruktur**. So ist zum Beispiel der Anschluss des Eisenbahnnetzes an das der Nachbarländer geplant. Zur Förderung des Tourismus, der größten Einnahmequelle des Landes, entstehen internationale Luxushotels.

Die Rolle der Frauen

Da während des Bürgerkrieges in den 1990er-Jahren vor allem Männer starben, machen die Frauen nun den Großteil der erwachsenen Bevölkerung aus. Der Wiederaufbau des Landes lag somit in ihren Händen: Sie bestellten Felder, bauten Häuser wieder auf und machten politisch Karriere. Der Frauenanteil im Parlament ist weltweit der größte, denn die ruandische Verfassung schreibt vor, dass 30 Prozent der Abgeordneten im Parlament weiblich sein müssen. Tatsächlich liegt der Frauenanteil seit Jahren bei über 60 Prozent (zum Vergleich: Deutscher Bundestag Januar 2021 = Frauenanteil 31,4 Prozent). Männer und Frauen sind vor dem Gesetz gleichgestellt, auch wenn traditionsbedingt Frauen auf dem Land noch benachteiligt sind.

Hodali, ein ruandischer Reiseleiter, berichtet: „Jeden letzten Samstag im Monat von 8.00 bis 12.00 Uhr muss jeder ab 18 Jahren ehrenamtlich Arbeit für die Gemeinde leisten. Dadurch sollen der Fortschritt und das wirtschaftliche Wachstum unseres Landes gefördert werden. Wir kehren dann zum Beispiel gemeinsam Straßen, säubern und bepflanzen Grünflächen, legen Bewässerungsgräben an oder unterstützen hilfsbedürftige Nachbarn. Es ist schön zu sehen, wie viel man gemeinsam schaffen kann."

M 3 *Umuganda – Gemeinschaftsarbeit*

1 Beschreiben Sie die geographische Lage Ruandas (Karten S. 115 und S. 190, Atlas).

2 Erläutern Sie, wie sich die Lebensbedingungen in Ruanda verändern (**M 1** bis **M 3**).

3 Erklären Sie die Bedeutung der Gemeinschaftsarbeit. Führen Sie eine Pro-und-Kontra-Diskussion durch, ob ein solches Modell auch für Deutschland denkbar ist (**M 3**, ***Eine Pro-und-Kontra-Diskussion führen***).

4 Ruanda – ein Musterstaat Afrikas? Begründen Sie Ihre Meinung (**M 1** bis **M 5**).

5 Vergleichen Sie die DR Kongo mit Ruanda (**M 4** und **M 5**; S. 128 bis S. 131; Karten S. 190 und S. 191).

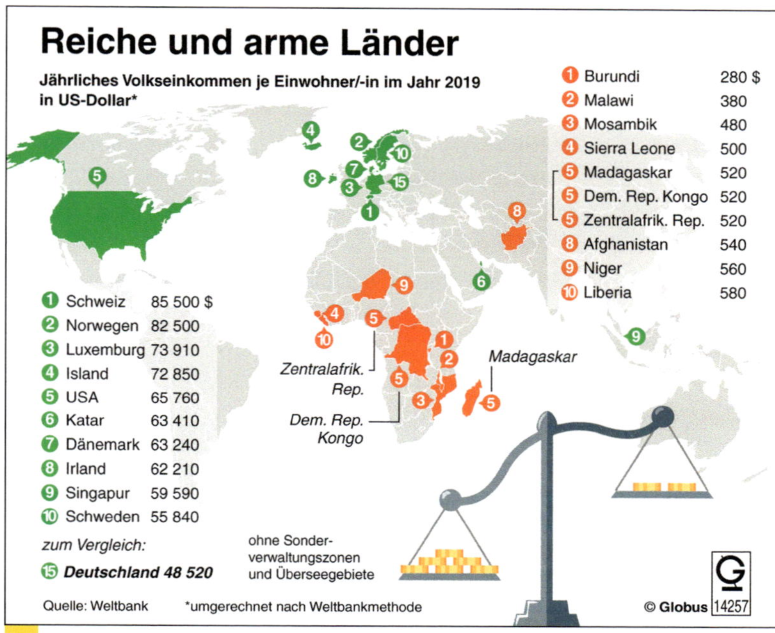

M 4 *Vergleich des Bruttonationaleinkommens je Kopf*

	DR Kongo	Ruanda	Deutschland
Fläche in km²	2 344 860	26 340	357 580
Einwohner in Mio.	86,8	12,6	83,1
Bevölkerungsdichte (Einwohner pro km²)	37,1	498,6	237,3
Geburten pro Frau	5,9	4,0	1,6
HIV/AIDS-Quote Erwachsene (15–49 Jahre) in %	0,8	2,6	0,1
Lebenserwartung bei Geburt in Jahren	60,4	68,7	80,9
erwartete Schul- und Ausbildungsjahre	9,7	11,2	17,1
tatsächliche Schul- und Ausbildungsjahre	6,8	4,4	14,1
jährliches Bruttonationaleinkommen pro Kopf in US-$	520	830	48 580
Bevölkerung, die unterhalb der Armutsgrenze lebt (weniger als 1,9 US-$/Tag) in Prozent	77,2	56,5	–
Rang im Human Development Index (HDI)	175	160	6

Quelle: Weltbank 2021

M 5 *Strukturdaten im Vergleich (Stand 2019)*

Wirtschaftliche Entwicklung durch Direktinvestitionen

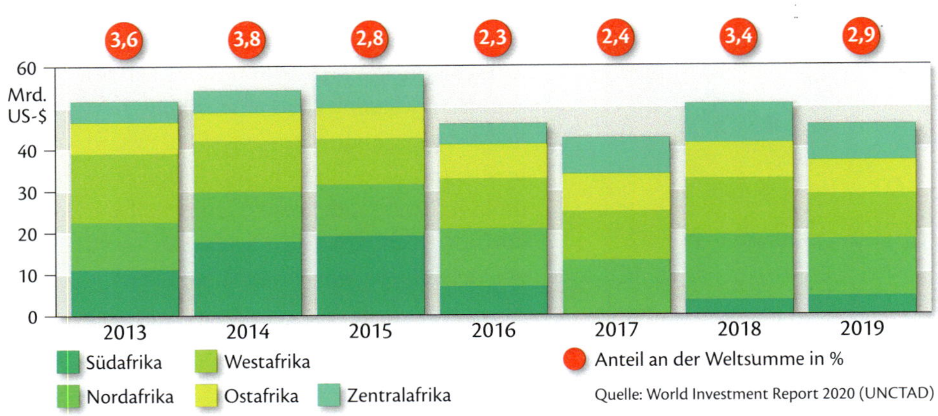

M 1 *Entwicklung ausländischer Direktinvestitionen nach Regionen (in Mrd. US-$ und Prozent)*

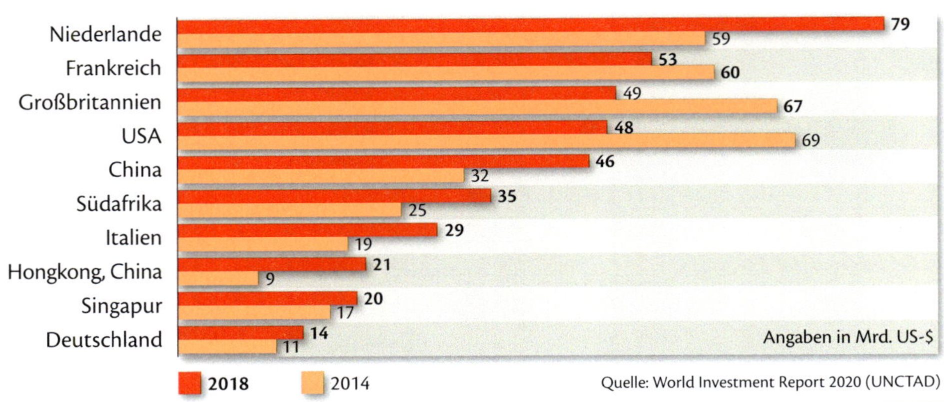

M 2 *Wichtigste Herkunftsländer ausländischer Direktinvestitionen in Afrika (in Mrd. US-$)*

Stärken	**Schwächen**
– Wirtschaftskraft wächst – Junge Bevölkerung – Hoher Nachhol- und dadurch Investitionsbedarf – Ergiebige Rohstoffvorkommen, deren Abbau und Verarbeitung ausgebaut werden können – Neue Technologien erschließen neue Märkte	– Infrastruktur in weiten Teilen unzureichend – Politik und Sicherheitslage teilweise instabil – Gut ausgebildete Fachkräfte fehlen und sind deshalb teuer – Langwierige bürokratische Prozesse, Korruption weit verbreitet
Chancen	**Risiken**
– Größer werdende Mittelschicht – Impulse durch panafrikanische Freihandelszone – Diversifizierung und Öffnung von Märkten – Besseres Geschäftsklima durch schrittweise Reformen – Geberfinanzierte Projekte als Türöffner	– Teilweise schnell wachsende Staatsverschuldung – Soziale Konflikte und Unruhen (hohe Arbeitslosigkeit) – Externe Rückschläge (Dürren, Verfall der Rohstoffpreise) – Zum Teil fragile politische Stabilität – Fehlende Planungssicherheit

Quelle: Germany Trade & Invest

M 3 *Analyse der Wirtschaft Afrikas südlich der Sahara*

Ausländische Direktinvestitionen (ADI) sind internationale Investitionen, die von einem Unternehmen getätigt werden, um eine Beteiligung an einem im Ausland ansässigen Unternehmen zu erwerben. Das grundlegende Kriterium ist ein Mindestanteil von 10 Prozent der Aktien mit Stimmrechten, durch die der Investor Einfluss auf das Unternehmen ausüben kann. Gründe für ADI sind vor allem die Erschließung von Absatzmärkten sowie das Umgehen von Handelshemmnissen wie Zölle oder die fehlende Marktnähe. Aber auch der Zugang zu qualifizierten und günstigen Arbeitskräften, geringe Standortkosten etwa durch niedrige Umweltauflagen, oder auch die Nähe zu anderen Produzenten und die damit einhergehende Clusterbildung sowie der Zugang zu Rohstoffen und Steuervorteile sind von Bedeutung.

M 4 *Gründe für Direktinvestitionen*

Regionale Verteilung von Direktinvestitionen

Seit den 1980er-Jahren nahmen im Rahmen der Globalisierung neben dem Austausch von Waren und Dienstleistungen vor allem ausländische Direktinvestitionen, kurz ADI, stark zu. Diese Investitionen weisen dabei jedoch bis heute große regionale Unterschiede auf. Vor allem multi- und transnationale Unternehmen, die sogenannten **Global Player**, kauften sich im Ausland in Unternehmen ein und errichteten dort Produktionsstätten und Zweigbetriebe. Die Gründe für diese Investitionen sind dabei vor allem absatz- und kostenorientiert.

Afrika südlich der Sahara war bisher vor allem aufgrund politischer Instabilität und Korruption sowie Mängeln zum Beispiel im Bereich Infrastruktur kaum Ziel von ausländischen Direktinvestitionen. So betrug der Anteil der globalen ADI nach Afrika laut UNCTAD (Konferenz der Vereinten Nationen für

Handel und Entwicklung) im Jahr 2019 insgesamt nur 2,9 Prozent. Wirtschaftsexperten sehen die Region jedoch im Aufbruch. Sie gehen davon aus, dass Afrika südlich der Sahara das Potenzial hat, eine der größten Wachstumsregionen der nächsten Jahrzehnte zu werden. Schon 2019 entfielen 41,4 Prozent der Afrikaexporte Deutschlands auf die Region südlich der Sahara. Die Investitionen innerhalb der Region unterschieden sich jedoch stark.

Wirkung von Direktinvestitionen

Bisher gingen ausländische Direktinvestitionen vor allem in den Bereich der standardisierten Produktion von Gütern etwa im Automobilsektor und dem Anbau von Agrarerzeugnissen sowie der Förderung von Rohstoffen wie Erdöl, Erdgas und Kohle. Problematisch sind hier einerseits die schwankenden **Terms of Trade** und andererseits fehlende gesetzliche Vorgaben zum Arbeitnehmer- und Umweltschutz.

Die Staaten Afrikas südlich der Sahara erhoffen sich jedoch durch ausländische Direktinvestitionen größere wirtschaftliche Gewinne im eigenen Land und Arbeitsplätze für die junge Bevölkerung. Ein Ziel für die Zukunft soll sein, dass die Abhängigkeit von Rohstoffexporten endet und somit eine größere Vielfältigkeit der Wirtschaft gelingt. Durch die Verbreitung neuer Technologien und einen Ausbau des Dienstleistungssektors erhoffen sich die Staaten zudem positive Auswirkungen auf die gesamte Wirtschaft und die Gesellschaft. Doch auch die Weiterverarbeitung der reichlich vorhandenen Rohstoffe kann die wirtschaftliche Situation verbessern und die Abhängigkeit von den stark schwankenden Rohstoffpreisen verringern.

Grundlage für eine wirtschaftliche Entwicklung ist der Ausbau der Infrastruktur, denn sowohl die verarbeitende Industrie als auch der Dienstleistungssektor sind zum Beispiel auf eine funktionierende Stromversorgung und gut ausgebaute Verkehrswege angewiesen. Um weitere ausländische Direktinvestitionen anzulocken, müssen die Staaten Afrikas südlich der Sahara zunächst Investitionen tätigen. Dies kann jedoch auch zu neuen Abhängigkeiten und einer Verschärfung der Staatsverschuldung führen.

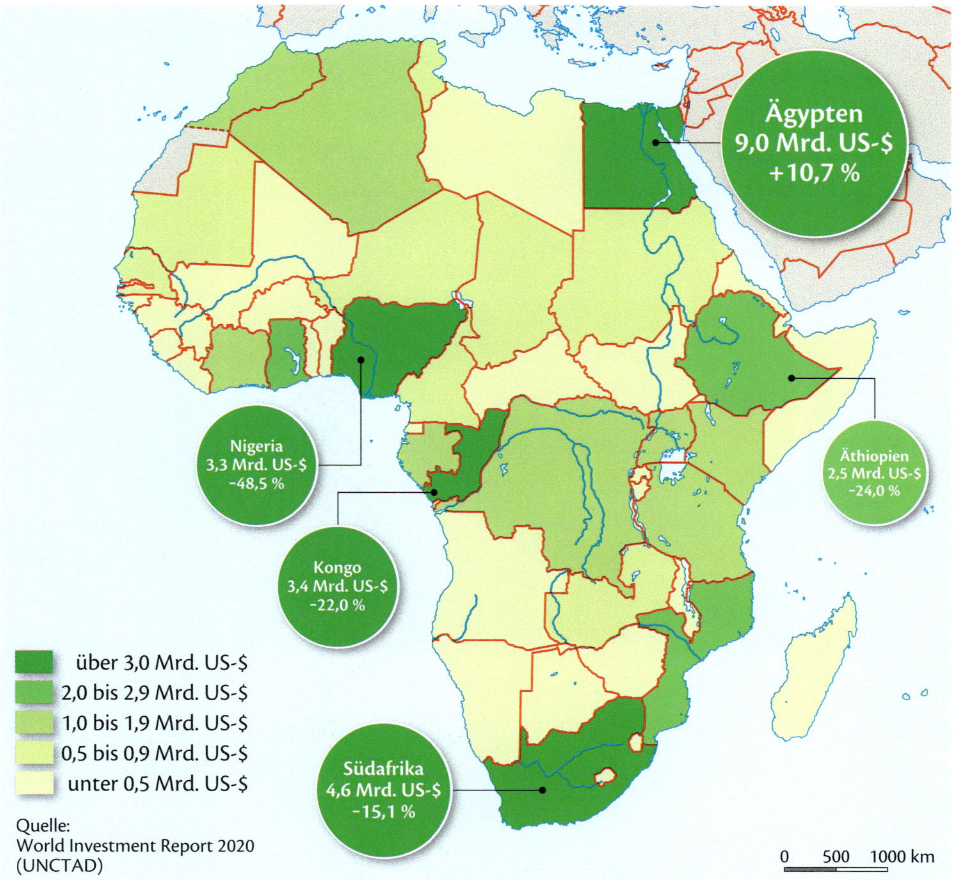

M5 *Auslandsdirektinvestitionen in Afrika 2019 (in US-$ und Prozent der Veränderung zum Vorjahr)*

Empfängerland	Summe (in Mrd. US-$)	Wirtschaftszweige
Angola	4,4	Öl- und Gaswirtschaft, Kommunikation, Transport
Ghana	3,6	Ölwirtschaft, Finanzwesen, Baugewerbe
Mosambik	3,4	Transportwesen, Kohle- und Gaswirtschaft, Immobilien
Südafrika	2,8	Kohle-, Öl- und Gaswirtschaft, Transportwesen, Automation

Quelle: African Economic Outlook 2017

M6 *Ausländische Direktinvestitionen in Staaten Afrikas (2016)*

1 Erklären Sie den Begriff „ausländische Direktinvestition" (ADI). Legen Sie anhand einer Mindmap Motive für ADI dar (**M4**, ***Eine Mindmap erstellen***).

2 Erläutern Sie die allgemeine Entwicklung der ausländischen Direktinvestitionen zwischen 2013 und 2019 (**M1**, **M2**).

3 Vergleichen Sie die räumliche Verteilung und das Wachstum der ADI in den Regionen (**M1**).

4 Recherchieren Sie Gründe für die Unterschiede bei den ADI innerhalb Afrikas südlich der Sahara und begründen Sie diese an Beispielstaaten (**M3**, **M5**, **M6**, Karte S. 191, , Atlas).

5 Diskutieren Sie in der Klasse Chancen und Risiken von ADI in Afrika südlich der Sahara für das investierende Unternehmen sowie das Zielland (**M3** bis **M6**, Atlas).

Südafrika – Automobilproduktion mit Direktinvestitionen

M 1 *Automobilindustrie in Südafrika*

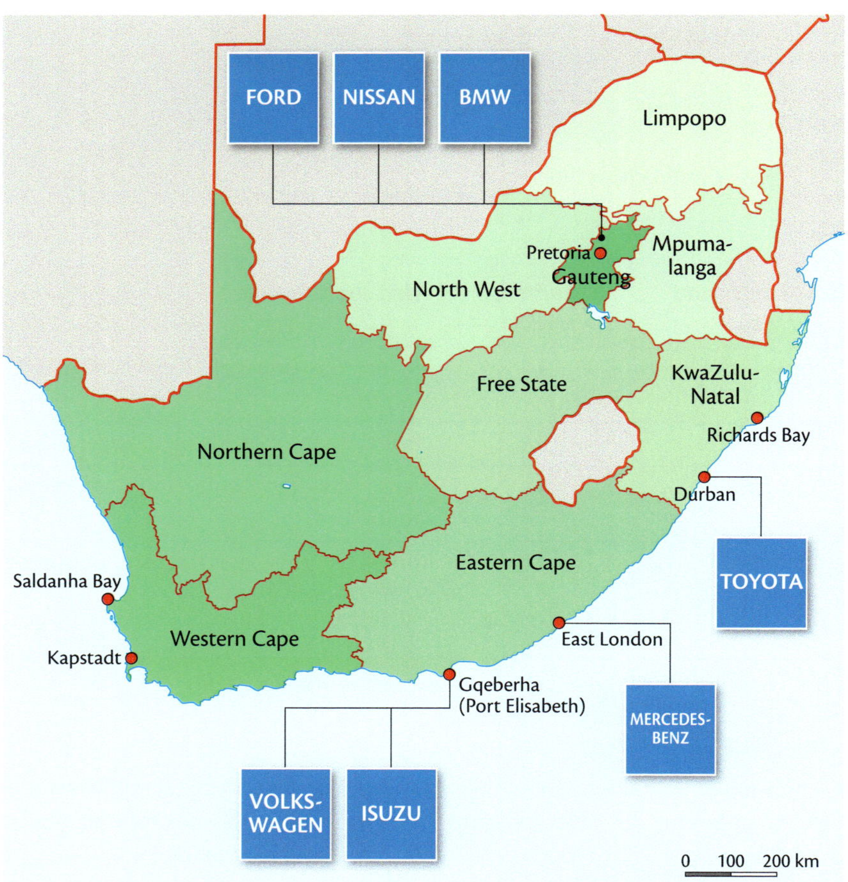

M 2 *Cluster der Automobilindustrie in Südafrika*

Südafrikas Wirtschaft

Südafrika stellt nach Nigeria die zweitgrößte Volkswirtschaft Afrikas südlich der Sahara dar, in der 2018 23 Prozent des Bruttoinlandsproduktes der Region erwirtschaftet wurden. Im Jahr 2019 wurden als ausländische Direktinvestitionen 5,5 Milliarden US-Dollar in Südafrika investiert. Ausländische Direktinvestoren investieren bevorzugt in Südafrika, weil neben politischer Stabilität die Infrastruktur vergleichsweise gut ausgebaut ist und die Löhne dennoch niedrig sind. Obwohl Südafrikas Wirtschaft sehr vielseitig und teils hochmodern ist, lag der monatliche Mindestlohn im Jahr 2020 bei 216 Euro, der Durchschnittslohn bei 1181 Euro. Selbst in bester Wohnlage sind die Mieten vergleichsweise günstig. Wichtige Wirtschaftszweige in Südafrika sind das Banken- und Finanzwesen ebenso wie die Bereiche Tourismus, Landwirtschaft und Bergbau.

Südafrikas Automobilindustrie

Südafrika, das Land mit der am meisten industrialisierten Wirtschaft des Kontinents, ist neben Nigeria das Zentrum der afrikanischen Automobilindustrie. Nur dort werden Autos vollständig produziert, während sonst vor allem Importteile zusammengebaut werden. Mit knapp 350 000 Fahrzeugen lief 2019 etwa jedes zweite Auto in Südafrika vom Band, damit stand Südafrika weltweit auf Platz 22. Der Großteil davon stammt von deutschen Herstellern wie BMW, Volkswagen und Mercedes-Benz, die bereits seit vielen Jahren im Land vertreten sind und sich vor allem in drei regionalen Clustern sammeln. 2019 verkaufte Volkswagen in Südafrika etwa 51 000 VW Polo. Ein Grund für den Erfolg der Automobilindustrie in Südafrika ist auch, dass Gebrauchtwagenimporte streng reglementiert sind.

Ausländische Direktinvestitionen durch BMW

Bereits 1972 gründete der Automobilhersteller BMW aus München das erste Werk in Südafrika. Im Werk in Rosslyn in der Nähe von Pretoria, das erste BMW-Werk außerhalb Deutschlands, wurden 35 Jahre lang bis zum Jahr 2018 über eine Million 3er Limousinen produziert, inzwischen läuft dort der X3 vom Band. Durch die Produktion weniger Modelle in großer Stückzahl können die Hersteller wettbewerbsfähig produzieren. Während in der Anfangszeit lediglich die Endmontage mit nur wenigen Konfigurationsmöglichkeiten für den lokalen Markt durchgeführt wurde, befindet sich hier inzwischen ein vollständiges Fahrzeugwerk. 85 Prozent der dort produzierten Fahrzeuge werden exportiert. Die Region Gauteng nahe Pretoria, der Verwaltungshauptstadt Südafrikas, hat landesweit die höchste Bevölkerungsdichte. Die gut ausgebaute Logistik in dieser Region begünstigte die Eröffnung eines Verteilerzentrums für 600 000 Teile im Jahr 2018, das die Zulieferung von Teilen für BWM weiter verbessern soll. Neben BMW produzieren in der Region Gauteng weitere Konzerne und etwa 200 Zulieferunternehmen. 2018 arbeiteten 4680 Menschen direkt im Werk Rosslyn, weitere 40 000 Arbeitskräfte waren bei Zulieferern beschäftigt. Unternehmen wie BMW spielen eine wichtige Rolle bei der Bekämpfung der Arbeitslosigkeit im Land.

Direktinvestitionen als Investition in die Zukunft

Zwischen 1994 und 2012 stieg die Produktion von 19 000 Fahrzeugen auf 49 000 pro Jahr. Um die Produktivität weiter steigern zu können, sind qualifizierte Fachkräfte notwendig, die auch mit der zunehmenden Automatisierung des Fertigungsprozesses umgehen können. Investitionen im Bereich Informationstechnologie bieten künftig Jobs für hochqualifizierte IT-Spezialisten. Mängel im Bildungsniveau stellen Unternehmen wie BMW jedoch vor große Herausforderungen bei der Besetzung von Stellen mit Fachkräften. Laut einer Studie hatten im Jahr 2020 18 Prozent der jungen Erwachsenen keinen Schulabschluss. Daher beteiligen sich Direktinvestoren wie BMW an Ausbildungsinitiativen oder investieren in eigene Ausbildungsprogramme, um geeignete Fachkräfte zu schulen. In Rosslyn wurde 2020 der Bau einer Schule für 1600 Schüler durch die BMW Group angekündigt.

Im Jahr 2021 leben etwa 7,2 Millionen Menschen in Südafrika mit HIV/AIDS, was auch erhebliche Auswirkungen auf die Wirtschaft des Landes hat. Direktinvestoren wie BMW engagieren sich deshalb auch im Bereich Gesundheit. BMW fördert unter anderem ein Präventions- und Behandlungsprogramm in Rosslyn sowie den Bau einer Klinik.

Stärken	Schwächen
– Reformen gewinnen zunehmend an Bedeutung – Diversifizierte, teils hochmoderne Industrie – Rohstoffvorkommen (Platin, Kohle, Gold, Diamanten und Mangan) – Relativ gute Infrastruktur (Straßen, Häfen, Schienenverkehr)	– Hohe Defizite in der Verwaltung – Große gesellschaftliche Ungleichheit – Hohe Kriminalität mit Folgekosten für die Wirtschaft – Gravierende Defizite bei schulischer und beruflicher Ausbildung
Chancen	**Risiken**
– Hoher Importbedarf bei Konsumgütern und Hightech-Produkten – Gute naturräumliche Voraussetzungen für erneuerbare Energien (Solar, Wind) – Standort für den afrikaweiten Markteinstieg mit eigenem großem Absatzmarkt – Dynamische Industrieentwicklung bei Reformen	– Soziale Unruhen – Starker Einbruch beim Konsum und Pleitewelle blockieren späte Erholung – Misslingen von Sanierung und Umstrukturierung von Staatsbetrieben – Stromausfälle

Quelle: Germany Trade & Invest

M 3 *Analyse der Wirtschaft Südafrikas*

Unternehmen	Branche	Anmerkungen
Mercedes-Benz AG	Automobil	Produktion der neuen C-Klasse
BMW	Automobil	Produktion des X3
Volkswagen AG	Automobil	Produktion des Polo der 6. Generation
SEW-Eurodrive	Antriebstechnik	Gebäude und Ausrüstung (Spatenstich Oktober 2020)
B. Braun	Medizintechnik	neues Werk kurz vor Fertigstellung
Fuchs Lubricants	Petrochemie	neues Werk, im August 2020 angekündigt
Dr. Oetker	Nahrungsmittel	Produktion von Fertiggerichten, 2020 angekündigt

Quelle: Germany Trade & Invest 2021

M 4 *Beispiele für deutsche Direktinvestitionen in Südafrika*

1 Beschreiben Sie die geographische Lage der Zentren der Automobilindustrie in Südafrika und begründen Sie die Standortwahl (**M 2**, Karten S. 190 und S. 191, Atlas).

2 Vergleichen Sie die wirtschaftlichen Stärken und Schwächen Südafrikas mit denen Afrikas südlich der Sahara (**M 3**; S. 132 **M 3**).

3 Begründen Sie die Attraktivität Südafrikas für ausländische Direktinvestoren (**M 3** und **M 4**).

4 Erläutern Sie, welche Vorteile
a) ein Unternehmen wie BMW und
b) das Zielland durch Direktinvestitionen in Südafrika hat (**M 1**, **M 3**, **M 4**, **M 5**).

5 Bilden Sie Kleingruppen und wählen Sie je einen ausländischen Direktinvestor in Südafrika aus. Informieren Sie sich über soziale und medizinische Projekte des jeweiligen ausländischen Direktinvestors in Südafrika und präsentieren Sie Ihre Ergebnisse (**M 4**, ***Eine Internetrecherche durchführen***).

6 Beurteilen Sie, ob BMW als Direktinvestor seinem Anspruch „We build more than just cars" in Südafrika gerecht geworden ist.

Globalisierung – Chance für Afrika?

M 1 *Hafen von Lagos*

Welthandel als Motor der Globalisierung

Die Ausweitung und Intensivierung des Handels mit Gütern und Dienstleistungen, der Austausch von Kapital, Wissen und Technologien sowie die Tätigkeit multinationaler Unternehmen haben zu einer engen Verflechtung vieler Staaten der Erde geführt. Diesen Prozess bezeichnet man als **Globalisierung**. Sie wird geprägt durch eine Vielzahl weltweiter Verbindungen von Staaten, Gesellschaften, Unternehmen und Einzelpersonen – sowohl auf wirtschaftlichem als auch auf gesellschaftlichem und kulturellem Gebiet. Entscheidungen, die in einem Teil der Welt getroffen werden, können Auswirkungen auf weit entfernte Gebiete haben. Der Kauf eines T-Shirts in Deutschland hat beispielsweise Folgen für das Einkommen sowohl der Baumwollproduzenten als auch der Näherinnen zum Beispiel in Afrika.

Der größte Teil der Welthandelsgüter wird über den Seeweg transportiert. Man baut heute Spezialschiffe, die hinsichtlich der Größe, der Geschwindigkeit und der technischen Ausstattung optimal an die zu transportierenden Güter angepasst sind.

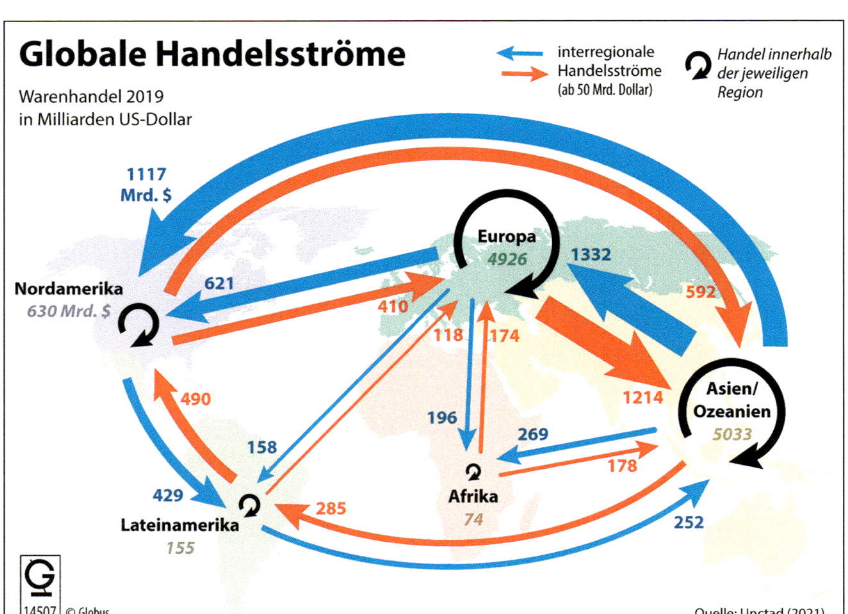

M 2 *Weltweite Handelsströme*

Ungleichmäßige Entwicklung

Die stürmische Zunahme des Welthandels und die immer engere weltweite Verflechtung der Güterherstellung haben in den letzten Jahren zu einem Wachstum der Weltwirtschaft geführt. Es verteilt sich jedoch nicht gleichmäßig auf die Wirtschaftsräume der Erde. Gewinner der Globalisierung sind derzeit die Industriestaaten und einige Länder Ost- und Südostasiens. Dort konzentrieren sich die Firmenzentralen der Global Player, die Hauptquartiere internationaler Organisationen, internationale Finanzinstitutionen sowie Forschungs- und Bildungseinrichtungen von Weltrang. Unternehmerische Entscheidungen, die global wirksam sind, werden dort getroffen.

Afrika – Verlierer der Globalisierung?

Jedes Land der Erde ist darauf angewiesen, Rohstoffe und Fertigprodukte aus dem Ausland zu beziehen. Die Einfuhren sollen möglichst mit dem Geld bezahlt werden, das man mit **Exporten** oder Dienstleistungen – zum Beispiel dem Tourismus – verdient. Die Staaten Afrikas südlich der Sahara exportieren überwiegend Rohstoffe. Wird der Wert der Exportgüter mit dem Wert der Importprodukte zu Weltmarktpreisen verglichen, so erhält man die Terms of Trade. Durch sinkende Rohstoffpreise verschlechtert sich das Austauschverhältnis zwischen den Preisen für **Importe** und Exporte. Die Staaten Afrikas südlich der Sahara erhalten für die gleiche Menge an exportierten Rohstoffen immer weniger Industriegüter wie Maschinen oder Fahrzeuge, die sie zur Modernisierung der Wirtschaft benötigen.

Die Globalisierung bietet aber auch Chancen für die Entwicklungs- und Schwellenländer wie die Staaten in Afrika südlich der Sahara. Sie werden zunehmend attraktiv für ausländische Direktinvestitionen, denn neben reichen Rohstoffvorkommen steht dort mit einer jungen, wachsenden Bevölkerung eine Vielzahl von Arbeitskräften für einfache Produktionsschritte zur Verfügung. Die Produktionskosten sind deutlich niedriger als in den Industriestaaten. Sie sind zum Teil aber auch die Folge völlig unzureichender oder fehlender Arbeitsschutz- und Sozialstandards sowie sehr geringer Umweltschutzauflagen in den einzelnen Staaten. So gehen die positiven Entwicklungen wie Wirtschaftswachstum und steigender Lebensstandard häufig auf Kosten der Gesundheit der Arbeiterinnen und Arbeiter sowie der Umwelt.

Entwicklungshemmnisse

Wer erfolgreich am globalen Handel und der globalen Herstellung von Waren teilhaben will, für den sind Online-Verbindungen und Internet unverzichtbar. Eine enge wirtschaftliche Verflechtung von Regionen, Staaten und Kontinenten ist nur möglich, wenn man schnell, einfach und relativ preiswert miteinander kommunizieren kann. Ideale Voraussetzungen hierfür bietet das Internet. In vielen Regionen Afrikas südlich der Sahara gibt es jedoch vor allem im ländlichen Raum kaum Internetanschlüsse, denn es fehlen die technischen Voraussetzungen und eine flächendeckende zuverlässige Stromversorgung. Während im privaten Bereich das Smartphone genutzt wird, ist dies im globalen Handel kaum möglich.

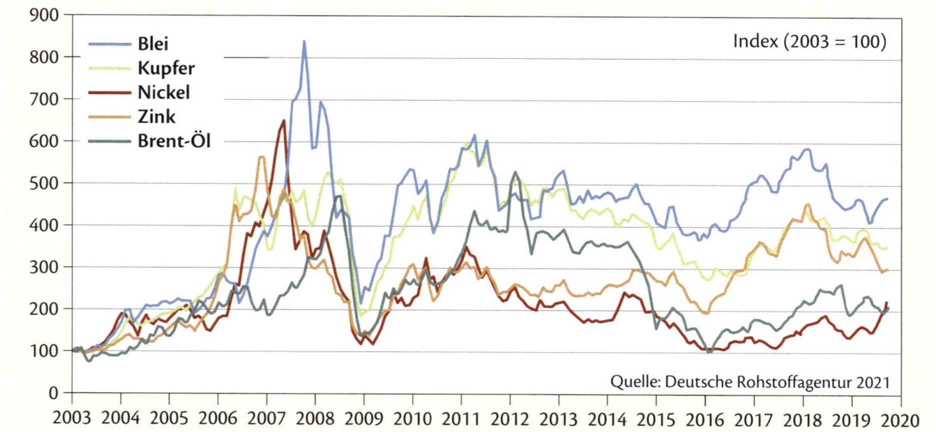

M 3 *Rohstoffpreisentwicklung an den Warenbörsen (2003 bis 2020)*

	Internetnutzer		Mobilfunkverbindungen	
	2020 (Prozent der Bevölkerung)	**Wachstum gegenüber 2019** (in Prozent)	**2020** (Prozent der Bevölkerung)	**Wachstum gegenüber 2019** (in Prozent)
Afrika	34	10	81	5,6
zum Vergleich:				
Europa	84	1,6	128	–0,5
Welt	59	7	67	2,4

Quelle: Hootsuite

M 4 *Nutzung von Internet und Mobiltelefonen*

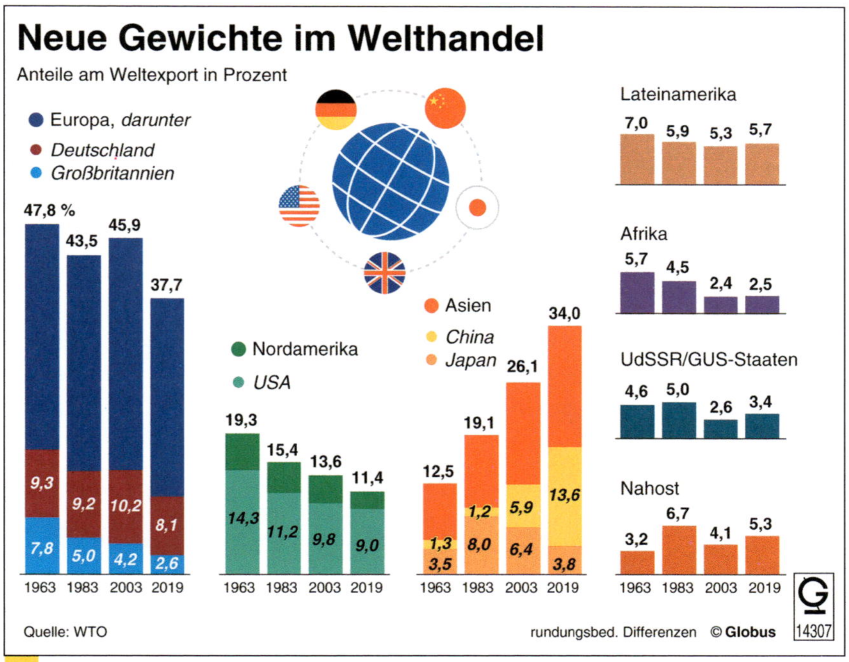

M 5 *Anteil der Regionen am Weltexport*

1 Erläutern Sie, zwischen welchen Regionen sich der weltweite Handel abspielt, und benennen Sie die Haupthandelspartner Afrikas (**M 2**, **M 5**).

2 Beschreiben Sie die Entwicklung der Rohstoffpreise und erörtern Sie die Auswirkungen der Schwankungen auf die Wirtschaft der Staaten Afrikas südlich der Sahara (**M2**, **M3**).

3 Erklären Sie die Rolle des Internets für die Globalisierung Afrikas südlich der Sahara (**M 4**).

4 Beurteilen Sie die Zukunftschancen Afrikas südlich der Sahara (**M 2** bis **M 5**; S. 126 **M 3**; S. 132 **M 1** und **M 3**).

5 Beantworten Sie anhand Ihrer Ergebnisse begründet die Frage in der Überschrift dieser Doppelseite (**M 1** bis **M 5**).

Wir engagieren uns für ein Entwicklungsprojekt

Nachhaltige Entwicklung

Die Zukunftschancen von Kindern auf der Erde sind immer noch sehr ungleich verteilt. Um allen Menschen auf der Erde die gleichen Möglichkeiten schaffen zu können, haben die Vereinten Nationen die sogenannten nachhaltigen Entwicklungsziele (englisch: Sustainable Development Goals) aufgestellt, die bis 2030 umgesetzt sein sollen. Ziel ist es unter anderem, Armut und Hunger zu besiegen. Ein wichtiger Schritt, um dies zu erreichen, ist, dass alle Kinder in die Schule gehen können. Viele Entwicklungshilfeorganisationen, aber auch Gemeinden, Privatpersonen und Schulen engagieren sich und fördern Schulprojekte, damit Kinder überall auf der Welt eine Zukunft haben werden. Auch ihr könnt euch in einem Entwicklungshilfeprojekt engagieren.

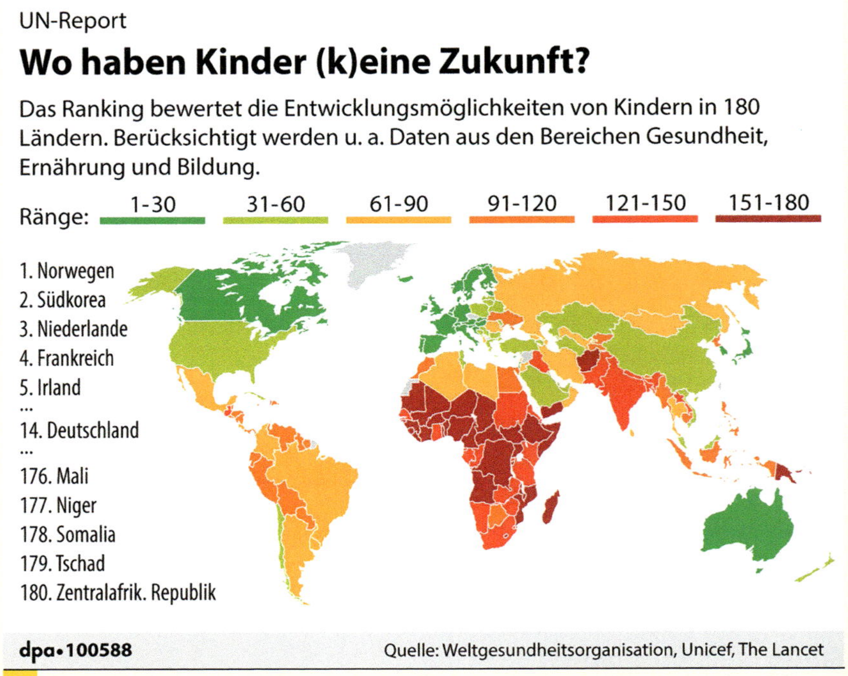

M 1 *Ungleiche Chancen für Kinder*

Kinderarbeit verhindert den Schulbesuch

In den afrikanischen Staaten südlich der Sahara, in denen noch immer große Armut herrscht, müssen mehr als die Hälfte aller Kinder zwischen fünf und 14 Jahren arbeiten, damit ihre Familien überleben können. Viele dieser Kinder gehen gar nicht zur Schule und manche nur wenige Stunden in der Woche, damit genügend Zeit zum Arbeiten bleibt.
Das Recht auf Bildung ist ein Menschenrecht, denn eine gute Bildung und Ausbildung macht es den Menschen möglich, ihre Situation zu verbessern und aktiv am wirtschaftlichen, gesellschaftlichen und politischen Leben ihres Landes teilzunehmen. Es ist deshalb auch in den nachhaltigen Entwicklungszielen der Vereinten Nationen aufgenommen. Ziel ist es, dass bis 2030 alle Jungen und Mädchen eine Grundschule sowie eine weiterführende Schule besuchen sollen. Insgesamt gehen weltweit 91 Prozent aller Kinder im Schulalter zur Grundschule.

Dennoch haben rund 61 Millionen Kinder im Grundschulalter (2017) keine Möglichkeit, zur Schule zu gehen. Mehr als 32 Millionen dieser Kinder leben in afrikanischen Ländern südlich der Sahara, knapp elf Millionen in Südasien. Die Kinder arbeiten in der Landwirtschaft, beim Abbau der Rohstoffe oder sie versuchen, ihre Familie durch Gelegenheitsarbeiten in den Städten zu unterstützen. 53 Prozent der Kinder, die nicht zur Schule gehen, sind Mädchen. Hinzu kommt, dass viele Kinder, die eingeschult werden, die Schule nach kurzer Zeit wieder abbrechen, sodass sie weder richtig lesen noch schreiben können. Viele Familien in Afrika können das Geld für Schulgebühren, Bücher und andere Unterrichtsmaterialien nicht bezahlen. Ihre Kinder bleiben daher der Schule fern oder brechen sie vorzeitig ab. Besonders häufig sind Mädchen betroffen. Eine wichtige Entwicklungsmaßnahme ist deshalb der Kampf gegen Kinderarbeit und für Bildung.

M 2 *Welttag gegen Kinderarbeit jährlich am 12. Juni*

M 3 *Eine neue Schule im Kongo wird eingerichtet*

Wie gehen Sie vor?

Einigen Sie sich auf ein Entwicklungsprojekt, das Sie unterstützen möchten: :

Viele Entwicklungshilfeorganisationen bieten Möglichkeiten, Projekte überall auf der Welt zu unterstützen. Sicherlich gibt es auch in Ihrem Schulort Organisationen, die sich für Entwicklung vor Ort oder auch in anderen Ländern einsetzen. Vielleicht hat Ihre Schule ja bereits eine Patenschaft. Informieren Sie sich darüber (***Eine Internetrecherche durchführen***) und präsentieren Sie verschiedene Organisationen und Projekte in der Klasse (***Eine Präsentation erstellen***). Wenn Sie sich für ein Projekt entschieden haben, geht es an die Planung. Erstellen Sie einen Arbeitsplan zu Ihrem weiteren Vorgehen: Wer tut was bis wann? Wollen Sie die Leute informieren oder Geld sammeln? Beides ist sinnvoll.

Durchführung der Aktion

Sie können:

- mit einem Infostand informieren:

Mit einem kreativen Infostand können Sie andere Menschen für Ihre Themen interessieren. Überlegen Sie sich vorher, welche Botschaft Sie vermitteln wollen. Ist es nur Wissensvermittlung oder gibt es Handlungsmöglichkeiten, die Sie empfehlen wollen? Versuchen Sie, den Stand so zu gestalten, dass die Leute neugierig werden. Ein Spiel, ein Quiz oder eine Verkleidung verschaffen die nötige Aufmerksamkeit. Es ist wichtig, dass Sie Ihre Botschaft gut erklären können.

- einen Spendenlauf durchführen.
- einen Flohmarkt veranstalten.
- Snacks in der Pause verkaufen.
- einen Afrika-Tag veranstalten.
- Ihre ganz speziellen eigenen Ideen umsetzen.

M4 *Afrikatag in der Kirchengemeinde*

M5 *Plakat der Aktion Tagwerk*

Information und Präsentation

Permanente Berichterstattung erhöht die Aussicht auf langfristige Spendenbereitschaft (***Tipps zum Erstellen von Plakaten und Folien***). Informieren Sie über Ihr Projekt

- in der Zeitung,
- im Jahresbericht der Schule oder
- auf der Schulhomepage.

M6 *„Kinder laufen für Kinder" in München*

Geo-Check: Entwicklungsperspektiven im tropischen Afrika untersuchen

Sich orientieren

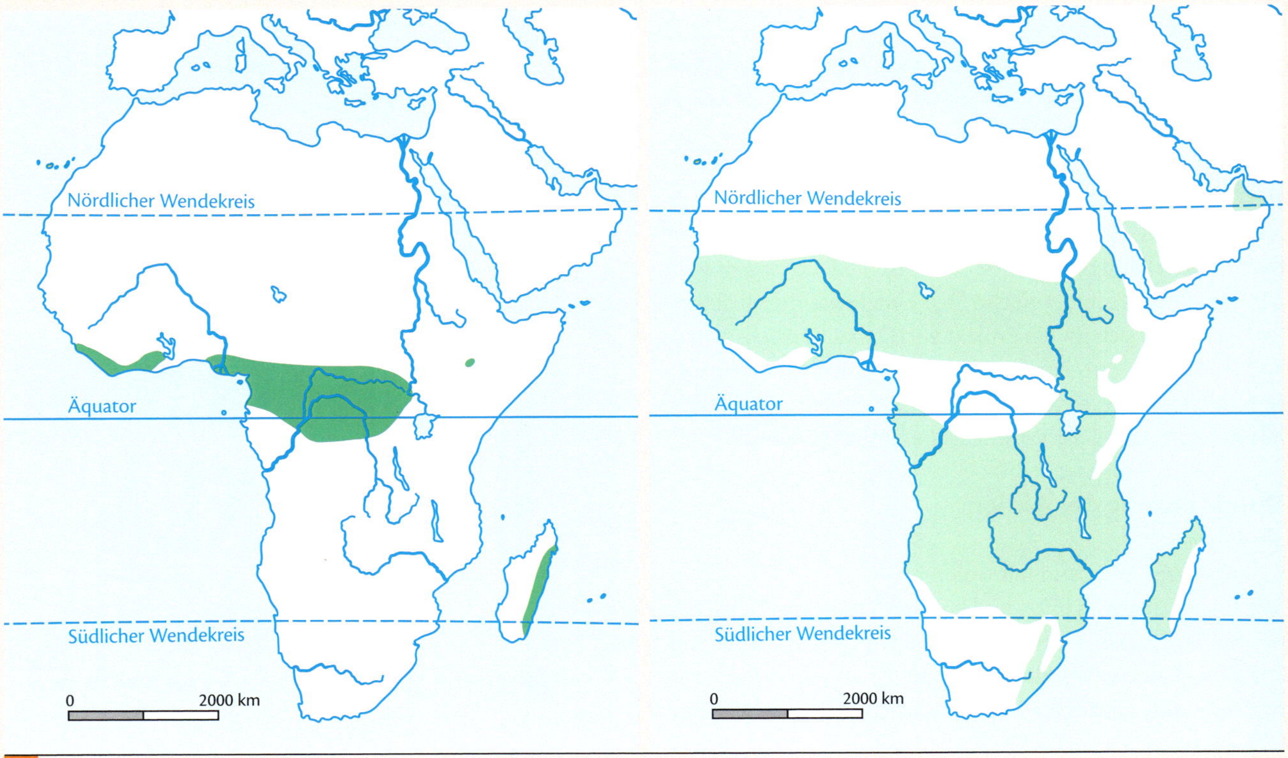

M 1 *Tropischer Regenwald und Savannen in Afrika*

1 Nennen Sie jeweils mindestens fünf Staaten und ihre Hauptstädte in Afrika südlich der Sahara, die Anteil am tropischen Regenwald und den Savannen haben (**M 1**, Karte S. 115).

2 Benennen Sie mindestens drei Staaten, die in der Sahelzone liegen.

3 Beschreiben Sie die Fotos und ordnen Sie Regionen beziehungsweise Staaten Afrikas südlich der Sahara zu. Begründen Sie Ihre Zuordnung, indem Sie typische Merkmale benennen (**M 2**, **M 3**, Karten S. 115, S. 190 und S. 191).

M 2 ...

M 3 ...

6 Herausforderungen und Entwicklungen in Mittel- und Südamerika diskutieren

Wissen und verstehen

4 Ordnen Sie jedem dieser Begriffe mindestens zwei Merkmale zu, die ihn erklären oder beschreiben (**M 4**).

M 4 *Geo-Begriffestapel*

5 Sortieren Sie die Aussagen in richtige und falsche Aussagen. Verbessern Sie die falschen Aussagen und schreiben Sie diese richtig auf.

Richtig oder falsch?

- In der Sahelzone rückt der Ackerbau nach Süden vor.
- Durch einen Grüngürtel schreitet die Desertifikation in der Sahelzone weiter fort.
- In Afrika südlich der Sahara sind viele Menschen unterernährt, da Klimaschwankungen häufig Ernten vernichten.
- Nachhaltige Landwirtschaft verhindert eine Steigerung der Erträge.
- Coltan ist für die Automobilindustrie unverzichtbar.
- In Ruanda ist der Frauenanteil im Parlament sehr gering.
- Global Player errichten Produktionsstätten und Zweigbetriebe in Afrika südlich der Sahara.
- Wegen der guten Infrastruktur gehen viele ausländische Direktinvestitionen nach Afrika südlich der Sahara.
- In Südafrika gibt es kaum Automobilindustrie.
- Die Staaten Afrikas südlich der Sahara exportieren überwiegend Fertigprodukte.

Sich verständigen, beurteilen und handeln

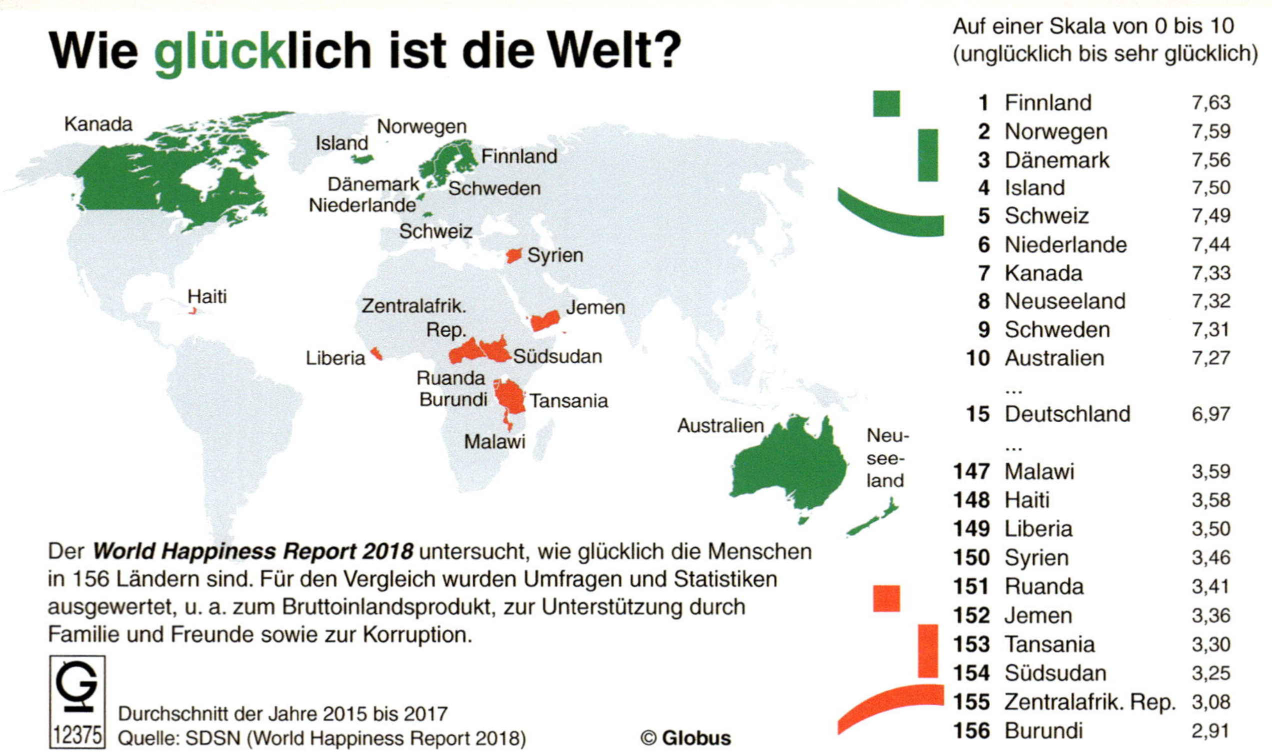

M 5 *Wie glücklich sind die Menschen in Afrika südlich der Sahara?*

6 Listen Sie die Länder Afrikas südlich der Sahara auf, die zu den zehn Ländern mit der unglücklichsten Bevölkerung der Welt gehören, und begründen Sie dies anhand der in dem Report herangezogenen Kriterien sowie Ihres in diesem Kapitel erworbenen Wissens (**M 5**, Atlas, S. 124–137).

7 Diskutieren Sie in der Klasse, was Sie unternehmen können, um die Lebensbedingungen für die Menschen in Afrika südlich der Sahara zu verbessern.

Können und anwenden

8 Werten Sie das Satellitenbild aus. Nehmen Sie dazu die Checkliste auf S. 100 zu Hilfe (**M 6**, Karten S. 115 und S. 190, Atlas).

9 Recherchieren und vermessen Sie die aktuelle Ausdehnung der Stadt Brazzaville (**M 6**, ***Mit digitalen Globen arbeiten***).

M 6 *Satellitenbild von Brazzaville, Kongo*

Wirtschaftskarte Mittel- und Südamerika

Ackerbau
Bewässerungskulturen
Anbau tropischer Handelspflanzen

Fischereihafen
Fremdenverkehrsort

Staatsgrenze

Landwirtschaftliche Spezialkulturen

Kaffee	Obst
Kakao	Zitrusfrüchte
Erdnüsse	Tee
Bananen	Tabak
Zuckerrohr	Wein
Reis	Sisal
Kautschuk	Baumwolle

Viehhaltung

Rinder
Schafe

Maschinenindustrie
Chemische Industrie
Erdölraffinerie
Textilindustrie
Holzindustrie
Nahrungsmittelindustrie

Erklärung weiterer Wirtschaftssignaturen in der Generallegende

Wasserkraftwerk
Kernkraftwerk
Erdölgewinnung
Erdgasgewinnung
Erdölpipeline
Erdgaspipeline

0 1000 2000 km

Rio de Janeiro – die schönste Stadt der Welt?

Das behaupten Dichter, doch wie sieht die Wirklichkeit aus in Rio und in ganz Südamerika?
Sind die Gegensätze wirklich so groß wie das Foto es vermuten lässt?

In diesem Kapitel erwerben Sie folgende Kompetenzen:

- Verorten und beschreiben der geographischen Lage topographischer Objekte in Mittel- und Südamerika,
- Kennzeichnen und begründen der Gegensätze in Mittel- und Südamerika,
- Erklären der Besonderheiten von Klima und Vegetation,
- Vergleichen von Naturräumen,
- Begründen der Verwundbarkeit des karibischen Raumes durch Witterungsextreme,
- Analysieren und bewerten der Ziele und Auswirkungen der Erschließung Amazoniens,
- Diskutieren von Möglichkeiten der nachhaltigen Nutzung des Regenwaldes in Amazonien,
- Darstellen von Merkmalen der Plantagenwirtschaft am Beispiel von Bananen,
- Erläutern der Merkmale einer spanisch-amerikanischen Kolonialstadt,
- Vergleichen von Ursachen und Folgen des Wachstums der Städte und erläutern von Maßnahmen zur nachhaltigen Stadtentwicklung,
- Erörtern von aktuellen Herausforderungen von Megastädten,
- Beurteilen des Ferntourismus als Gefahr und Entwicklungschance.

Rio de Janeiro: Zuckerhut, Hochhäuser im Stadtteil Flamengo und Favela

Wir orientieren uns in Mittel- und Südamerika

M 1 *Stumme Karte von Mittel- und Südamerika*

Der Kontinent Südamerika liegt zwischen dem Panamakanal und dem Kap Hoorn. Die Gebiete zwischen Mexiko und dem Panamakanal sowie die Karibik heißen Mittelamerika und gehören zum Kontinent Nordamerika. Kulturell bilden Mittel- und Südamerika und die Karibik Lateinamerika, denn dort sind südeuropäische Kulturen und die zur lateinischen Sprachfamilie gehörenden Sprachen Spanisch und Portugiesisch vorherrschend.

M 2 *Abgrenzungen*

Die Anden

Das Hochgebirge der Anden erstreckt sich mit einer Länge von etwa 7500 Kilometern entlang der Pazifikküste von Venezuela im Norden bis nach Feuerland im Süden. Es ist das längste Gebirge der Erde. Die höchsten Gipfel erreichen fast 7000 Meter Höhe. Der höchste Berg der Anden ist der Aconcagua. Er ist mit 6961 Metern der höchste Berg außerhalb Asiens. In den Anden gibt es eine Vielzahl noch tätiger Vulkane und es kommt immer wieder zu schweren Erdbeben.

Die Anden fallen im Westen steil zum schmalen Küstensaum am Pazifischen Ozean ab. Durch seine Nord-Süd-Ausrichtung verhindert das Hochgebirge der Anden das Eindringen feuchter Luftmassen vom Pazifik in das Landesinnere.

Ebenen und Tiefländer

Östlich der Anden erstrecken sich die Tiefländer von Orinoco, Amazonas und La Plata. Das Amazonastiefland beginnt bereits 180 Kilometer östlich der Pazifikküste. Während die Tiefländer des Orinoco und Amazonas jeweils von einem großen Strom beherrscht werden, durchfließen das La-Plata-Tiefland unterschiedliche Flüsse: Uruguay, Paraguay und Paraná.

Die Bergländer

Im Osten Südamerikas liegen das Bergland von Guayana und das Brasilianische Bergland. Diese sehr alten Gebirge erreichen im Durchschnitt Höhen zwischen 300 und 1000 Metern. Nur die höchsten Erhebungen sind über 2000 Meter hoch.

Längste Flüsse in Südamerika	
Amazonas	6437 km
Paraná	4264 km
Madeira	3240 km
Zum Vergleich: Längste Flüsse in Europa	
Wolga	3530 km
Donau	2845 km
Dnepr	2285 km

M 3 *Längste Flüsse in Südamerika*

	Einwohner	Fläche in km²
Brasilien	211 049 527	8 515 770
Mexiko	127 575 529	1 964 375
Kolumbien	50 339 443	1 141 749
Argentinien	44 938 712	2 780 400
Peru	32 510 453	1 285 220
Venezuela	28 515 829	912 050
Chile	18 952 038	756 700
Ecuador	17 373 662	256 370

M 4 *Die bevölkerungsreichsten Staaten in Mittel- und Südamerika (2019)*

1 Erläutern Sie die Begriffe: Mittelamerika, Südamerika und Lateinamerika (**M 2**, Karte S. 196).
2 Bestimmen Sie mithilfe des digitalen Globus die geographische Lage und messen Sie die Nord-Süd-Ausdehnung Mittel- und Südamerikas (***Mit digitalen Globen arbeiten***).
3 Benennen Sie die Staaten, Städte, Gebirge, Landschaften, Flüsse und Meere der stummen Karte (**M 1**, **M 4**, Karte S. 196).
4 Tragen Sie in eine Tabelle die Staaten ein, die in den Anden, in den Tiefländern und in den Bergländern liegen (**M 1**, Karte S. 196).
5 Beschreiben Sie die Fotos und ordnen Sie sie den Großlandschaften vom Pazifik bis zum Atlantik zu (**M 5** bis **M 7**, Karte S. 196).
6 Beschreiben Sie den Verlauf der längsten Flüsse Südamerikas und vergleichen Sie deren Länge (**M 3**).

M 5 *Der Cotopaxi in den Anden – höchster aktiver Vulkan (5896 m)*

M 6 *Extensive Rinderhaltung in Amazonien*

M 7 *Im Brasilianischen Bergland*

Klima und Vegetation im Einflussbereich der Anden

Ein Reisender auf dem Weg von Chile nach Argentinien berichtet:
„Schwitzend gelangen wir durch ein enges Tal höher. Die Mittagssonne ist drückend. Große Baumfarne spreizen ihre Wedel. Dann tauchen Kaffeebäume auf, denen der ausgelichtete Bergwald Schatten spendet. Da die Erntezeit begonnen hat, sind überall Familien mit Packtieren und gefüllten Körben unterwegs. Weiter aufwärts wird es kühler. Es gibt kleine Felder mit Kartoffeln, Kohl und Kürbissen. An den Häusern stehen Pfirsich- und Apfelbäume. Als der Höhenmesser 2 800 Meter anzeigt, erreichen wir die Passhöhe. In solchen Höhen steht hier triefender Nebelwald, in den Alpen wären wir schon in Fels- und Eisregionen. Die Bäume brechen fast unter der Last von Moosen und Kletterranken. Auch der Boden ist dicht mit Pflanzen bedeckt. In größerem Tempo geht es bergab, zunächst wieder durch Bergregen- und Nebelwälder. Das Andenvorland und das sich anschließende Tiefland liegen im Regenschatten. Hier finden wir Steppengebiete mit großen Viehherden, Getreidefeldern und Oasen mit Wein, Obst und Gemüse."

M 1 *Bericht eines Reisenden*

Entlang der Westküste

Wie eine riesige Mauer erheben sich die Hochgebirgsketten im Westen Südamerikas. Nur ein schmaler Küstensaum trennt die bis zu 7 000 Meter hohen Anden vom Pazifischen Ozean. Während in den Küstengebieten Mittelamerikas und Kolumbiens Regenwälder und Plantagen vorherrschen, gehören die Küstengebiete Perus und des nördlichen Chile zu den trockensten Gebieten der Erde. Direkt am Meer breiten sich hier Halbwüsten und Wüsten aus. Die Ursache ist der kalte Humboldtstrom vor der Küste. Er bewirkt eine Abkühlung der Luftmassen, die vom Westen kommen. Dadurch entsteht dichter Nebel; die Wolken regnen sich aus, bevor sie das Land erreichen. Im Süden erinnert die Landschaft an den Mittelmeerraum mit Olivenhainen, Obst- und Weingärten. Die Südspitze Südamerikas ist eine felsige Fjordlandschaft wie der Westen Norwegens. Die höchsten Teile sind vergletschert.

Einfluss der Gebirge und Meeresströmungen

In Südamerika haben die großen Gebirge eine Nord-Süd-Ausrichtung, während eine von Westen nach Osten verlaufende Gebirgsschranke fehlt. Die

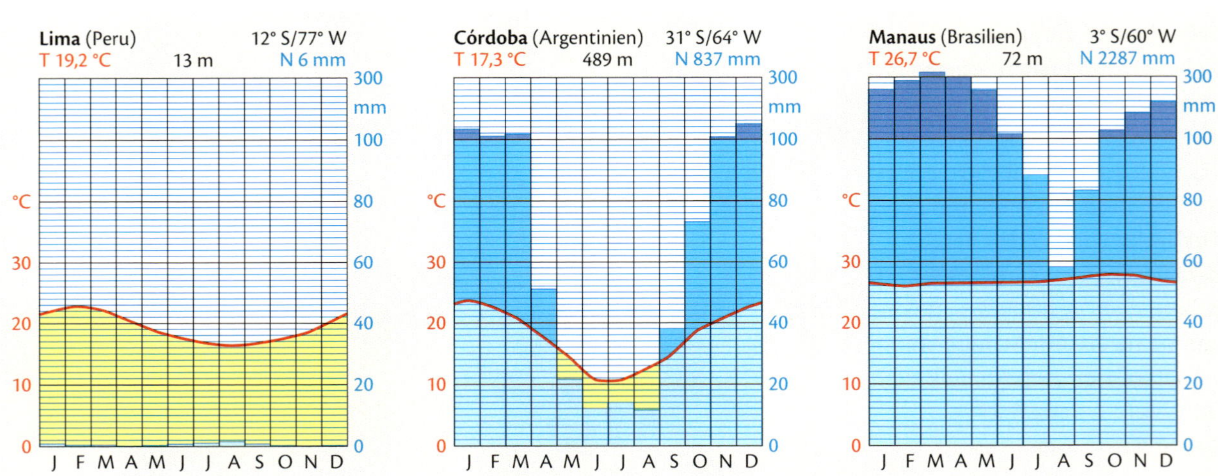

M 2 *Klimadiagramme Lima, Córdoba, Manaus*

Gebirge, vor allem die Anden, beeinflussen Klima und Vegetation spürbar. Deshalb wird die regelhafte Nord-Süd-Abfolge der Klima- und Vegetationszonen im Westen durchbrochen.
Die Westseite des Kontinents liegt im Einflussbereich des Pazifischen Ozeans. Die feuchte Meeresluft kann allerdings durch die gewaltige Gebirgsschranke der Anden nicht ins Landesinnere dringen. Die Hochebenen und Beckenlandschaften zwischen den Gebirgsketten sowie die Ebenen östlich des Hochgebirges sind deshalb sehr niederschlagsarm. In den inneren Ebenen entstehen deshalb Trockenräume, die in wärmeren Gebieten als Savanne und in kühleren Gebieten als Steppe bezeichnet werden. Die Pampas im La Plata-Tiefland sind typische Steppengebiete.
Das Klima und die Vegetation Südamerikas werden auch von Meeresströmungen beeinflusst. An der Küste von Peru und Nordchile sind der kalte Humboldtstrom und der SO-Passat für die Entstehung der Atacama-Wüste, der trockensten Wüste der Erde, verantwortlich.

1. Beschreiben Sie die Lage und Abfolge der Klima- und Vegetationszonen in Südamerika (Karte S. 31, Atlas).
2. Werten Sie die Klimadiagramme aus und ordnen Sie die Klimadiagramme den Klima- und Vegetationszonen zu (**M 2**, Karte S. 31, Atlas).
3. Erläutern Sie, wie die Breiten- und Höhenlage das Klima Südamerikas beeinflussen (**M 1** bis **M 3**).
4. Begründen Sie, weshalb die Klimazonen in Mittel- und Südamerika nicht parallel zu den Breitenkreisen verlaufen (**M 2**, **M 3**, Karte S. 31, Atlas).
5. Analysieren und begründen Sie die Abfolge der Vegetation entlang 20 Grad südlicher Breite (**M 3**).
6. Erläutern Sie, wie sich Klima, Vegetation und landwirtschaftliche Nutzung in den Anden mit der Höhe ändern (**M 1**, **M 4**).
7. Vergleichen Sie die Höhenstufen der Vegetation in den Anden und den Alpen (**M 4**).

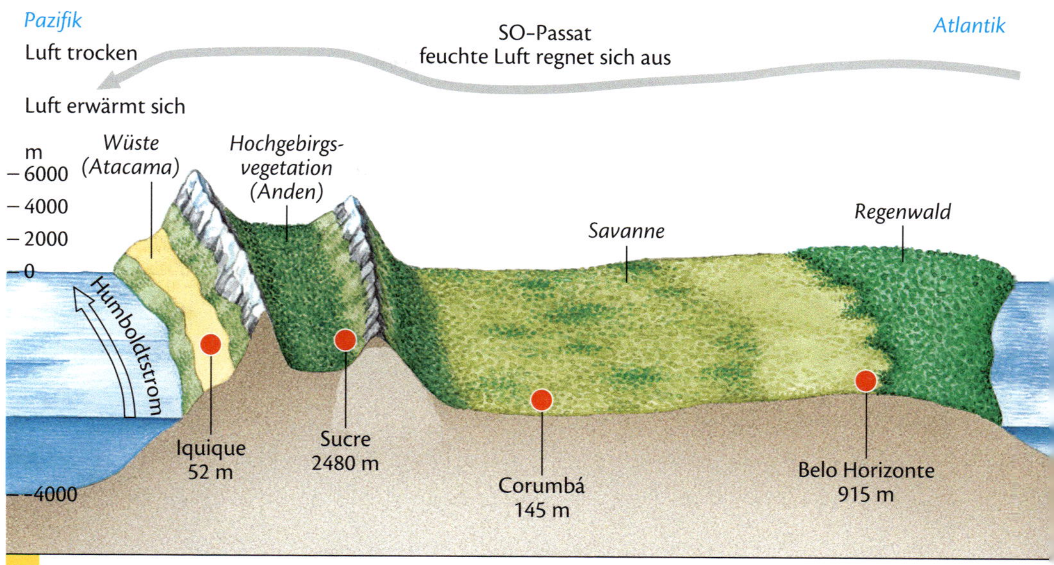

M 3 *Oberflächenformen, Luftströmung und Vegetation entlang 20 Grad südlicher Breite*

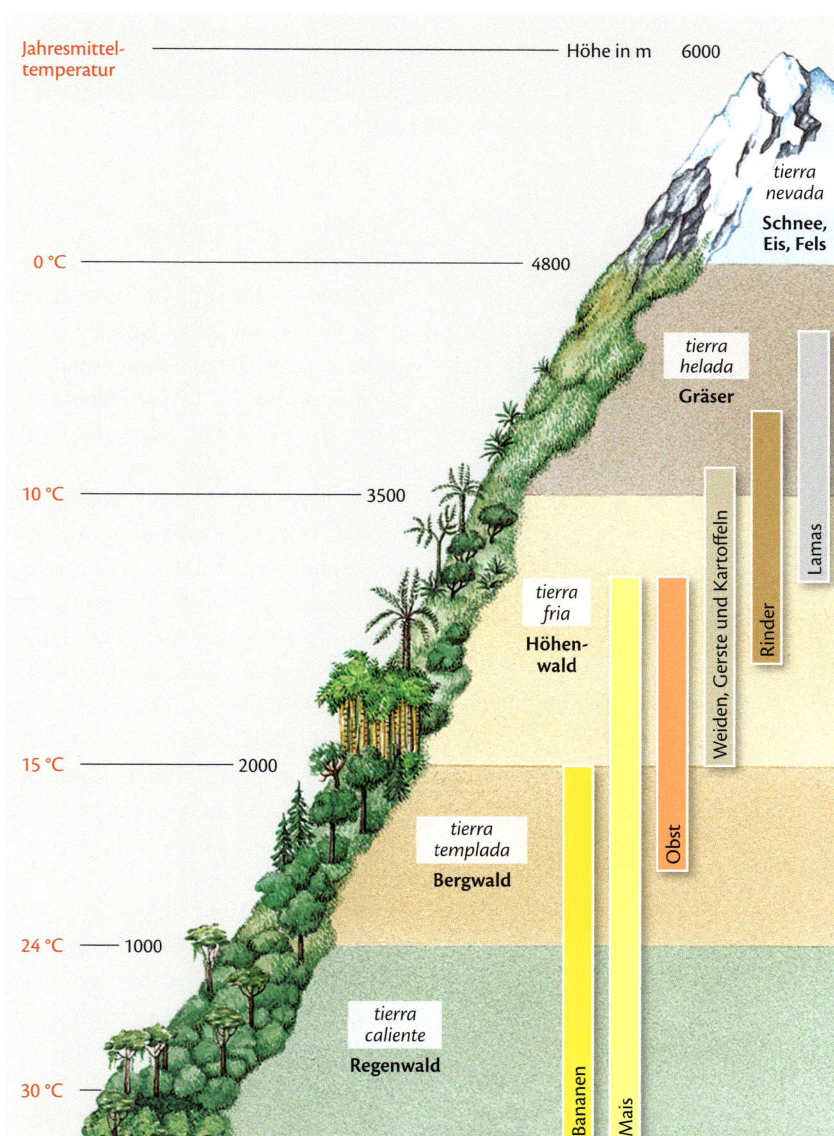

M 4 *Höhenstufen der Vegetation und der landwirtschaftlichen Nutzung in den tropischen Anden*

Von Naturkräften bedroht – Hurrikane in der Karibik

Am 10. September 2017 erreichte der Hurrikan „Irma" auf seinem Weg nach Norden mit Windgeschwindigkeiten von mehr als 170 Stundenkilometern die Südspitze Floridas und zog dann in nördlicher Richtung die Westküste Floridas hinauf. Durch den Sturm und die dadurch ausgelöste Sturmflut wurden Städte wie Miami unter Wasser gesetzt und Häuser an der Küste fortgespült, Schiffe auf das Festland gesetzt, Brücken aus den Verankerungen gerissen und in großen Teilen Floridas fiel der Strom aus. Es starben elf Menschen. Zuvor war der Hurrikan „Irma" bereits mit Windgeschwindigkeiten bis zu 300 Stundenkilometern über die Karibischen Inseln gezogen. Dort starben 37 Menschen und weite Teile waren längere Zeit unbewohnbar.

M 1 *Der Hurrikan „Irma" in der Karibik am 8. September 2017*

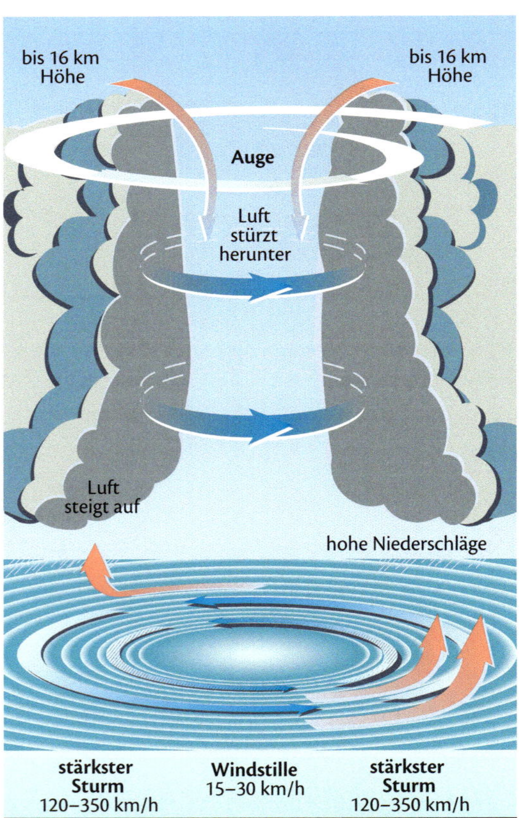

M 2 *Schnitt durch einen Hurrikan*

Entstehung tropischer Wirbelstürme

Tropische Wirbelstürme können nur in Regionen der Erde entstehen, wo große Meeresflächen Wassertemperaturen von über 26 °C bis in Tiefen von mehr als 50 Metern aufweisen und feucht-warme Luftmassen vorherrschen, was nördlich und südlich des Äquators der Fall ist. Zudem muss die ablenkende Kraft der Erdrotation, durch die es zu der Wirbelbildung kommt, groß genug sein, was erst ab dem 5. bis 8. Breitengrad der Fall ist, sodass es direkt am Äquator keine Wirbelstürme gibt.

Die Sonne erwärmt in den Tropen das Meer stark. Das Wasser verdunstet und steigt als Wasserdampf auf. Es bilden sich immer dickere Wolken. Durch die Erddrehung entsteht ein Wirbel, sodass die Luft in einer Spirale nach oben steigt. Sie dreht sich dabei um einen zentralen Bereich, das „Auge" des Wirbelsturms. Im Auge herrscht absolute Windstille, es gibt keine Wolken und deshalb auch keine Niederschläge. Umso stärker sind der Sturm und die Niederschläge vor und nach dem Durchzug des „Auges".

Zugbahn der Hurrikane

Hurrikane entstehen über den tropischen Teilen des Atlantischen Ozeans. Als Hurrikane werden sie eingestuft, wenn sie Windgeschwindigkeiten von mindestens 119 Stundenkilometern erreichen.

Die Hurrikane des Nordatlantiks bewegen sich auf Zugbahnen vom mittleren Atlantik oder der östlichen Karibik nach Westen Richtung Mittelamerika beziehungsweise den Süden der USA und drehen dann zwischen dem 20. und 35. Breitengrad meist nach Norden oder Nordosten ab. Über dem Meer wird der Hurrikan mit genügend feuchter Luft versorgt, sodass er sich dort bis zu zwei Wochen lang halten kann und oft noch an Stärke zunimmt. Trifft er aufs Land, so regnet er ab und löst sich rasch auf, da keine feuchte Luft nachströmt.

Mit Wettersatelliten und Wetterflugzeugen werden Wirbelstürme beobachtet. Computer berechnen ihre voraussichtliche Zugbahn und Stärke, damit die Bewohner der betroffenen Gebiete rechtzeitig gewarnt werden können. So bleibt ihnen ausreichend Zeit, ihre Häuser zu schützen und sich beispielsweise im Landesinnern oder in höher gelegenen Gebieten in Sicherheit zu bringen.

Auswirkungen der Hurrikane

Die Hurrikan-Saison im Atlantik dauert offiziell von Anfang Juni bis Ende November. Während dieser Zeit bilden sich in der Regel im nördlichen Atlantischen Ozean die meisten Hurrikane, da nur zu dieser Zeit geeignete Bedingungen herrschen.

Die Karibik ist ein Raum mit hoher **Vulnerabilität** durch Hurrikane. Das heißt, die Bewohner der Küsten Mittel- und Nordamerikas müssen immer wieder mit schweren Verwüstungen und Überschwemmungen rechnen. Neben dem Sturm, der häufig ganze Ortschaften zerstört und viele Menschen obdachlos sowie ohne Strom und Trinkwasser zurücklässt, verursachen auch Starkregen und Sturmfluten erhebliche Schäden. Besonders für die Menschen in den ärmeren Ländern der Karibik bedeutet das eine enorme Gefahr. Ihre einfachen Hütten bieten kaum Schutz vor dem Sturm und den Wassermassen und ihnen fehlen oft die Mittel, um sich ausreichend vor den Naturgewalten zu schützen. Durch die Zerstörung der landwirtschaftlichen Nutzflächen ist die Versorgung mit Lebensmitteln bedroht.

1 Beschreiben Sie die Zugbahn des Hurrikans „Irma" und nennen Sie Schäden, die er verursachte (**M 1**, Karte S. 198/199, Atlas).

2 Erläutern Sie die Entstehung, den Aufbau und die Zugbahn von Hurrikanen (**M 1** bis **M 5**).

3 Vergleichen Sie die möglichen Zugbahnen der Hurrikane mit denen der letzten Hurrikan-Saison und listen Sie die hauptsächlich betroffenen Inseln der Karibik auf (**M 3**, ***Eine Internetrecherche durchführen***).

4 Begründen Sie, warum es trotz rechtzeitiger Warnung für viele Bewohner der Karibik kaum möglich ist, sich wirkungsvoll zu schützen.

5 Legen Sie ein Hurrikan-Tagebuch der aktuellen Saison an, in das Sie Namen, Zugbahn, Stärke und Auswirkungen eintragen (**M 5**, ***Eine Internetrecherche durchführen***).

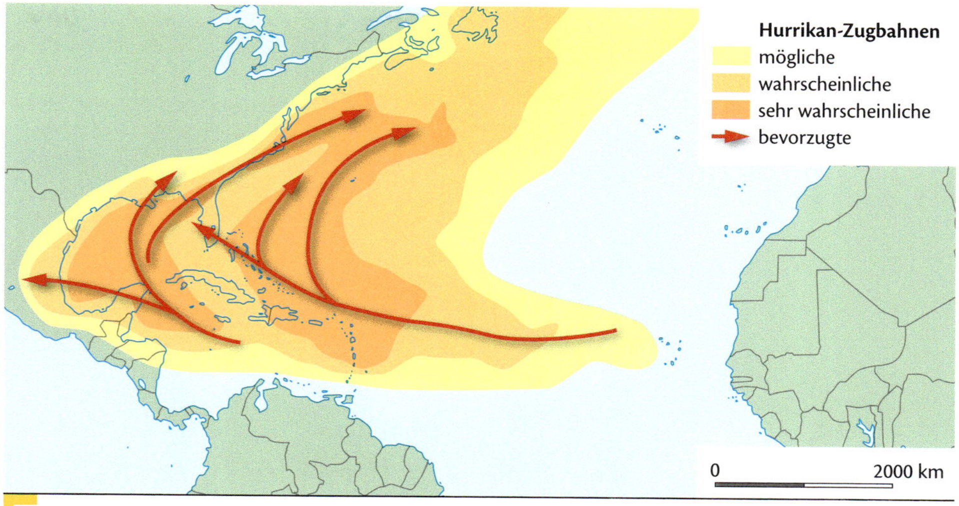

M 3 *Mögliche Zugbahnen von Hurrikanen*

M 4 *Zerstörungen auf den Bahamas nach Hurrikan „Dorian" im August 2019*

Die Hurrikanskala

Die Saffir-Simpson-Hurrikanskala wurde 1969 von den Meteorologen Herbert Saffir und Bob Simpson beim U.S. National Hurrikan Center eingeführt.

Kategorie	*Windgeschwindigkeit in km/h*	*Anstieg Wasserspiegel*	*mögliche Auswirkungen*
5 verwüstend	ab 252 km/h	> 5,5 m	Häuser und Brücken werden zerstört, kleine Gebäude vollständig um- oder weggeweht, Schiffe werden hunderte von Metern an Land geworfen
4 sehr stark	209 - 251	3,8 - 5,4 m	starke Schäden an Wänden und Dächern von größeren Gebäuden, alle Bäume und Sträucher werden umgeweht
3 stark	178 - 208	2,6 - 3,7 m	strukturelle Schäden an kleineren Gebäuden, große Bäume werden umgeknickt, Überflutungen in Küstennähe
2 mäßig	154 - 177	1,7 - 2,5 m	Bäume knicken um, stärkere Schäden an Wohnwagen, Beschädigungen an Dächern, Fenstern und Türen von Gebäuden
1 schwach	119 - 152	1,2 - 1,6 m	Schäden an Bäumen, Wohnwagen, mögliche Überschwemmungen von Küstenstraßen und leichte Schäden an Hafenanlagen

Quelle: DWD dpa•27173

M 5 *Skala der Stärken von Hurrikanen*

Geo-Methode: Wir erstellen ein Kausalprofil

M 1 *Die Anden in Peru*

M 2 *Tropischer Regenwald in Brasilien*

Merkmale eines Kausalprofils

Grundlage eines Kausalprofils ist eine Profilskizze eines Teils der Erdoberfläche. Die Profilskizze zeigt in einem senkrechten Schnitt die Oberflächenformen.

Bei einem Kausalprofil wird das Profil um weitere Angaben ergänzt, wie zum Beispiel Großlandschaften, Böden, natürliche Vegetation, Landnutzung oder Klima. Dies kann durch Schraffuren, Flächenmuster und Beschriftung auf oder oberhalb der Profilskizze geschehen oder durch das Zuordnen einer Stichworttabelle unter der Profilzeichnung. So können geographische Zusammenhänge zwischen verschiedenen Einflussfaktoren (lat. causa = Grund, Ursache) in Zusammenhang mit dem Relief verdeutlicht werden. Damit erleichtern Kausalprofile sowohl die Definition als auch die inhaltliche Beschreibung und räumliche Abgrenzung von Landschaftstypen.

Anders als beim Höhenprofil muss beim Kausalprofil der Maßstab nicht beachtet werden, da es um die Darstellung geographischer Zusammenhänge in Abhängigkeit von dem Relief und nicht um exakte Abbildung von Höhenlagen und Geländeformen geht.

Checkliste zum Erstellen eines Kausalprofils

1. Wählen Sie auf einer physischen Karte eine Strecke aus, für die Sie ein Kausalprofil erstellen möchten. Zeichnen Sie Ihre ausgewählte Profillinie mit dem Lineal auf der Karte ein und markieren Sie den Anfangs- und Endpunkt zum Beispiel mit A und B.
2. Zeichnen Sie auf ein Blatt Papier eine waagerechte Linie als Profilgrundlinie.
3. Skizzieren Sie nun mit einem Bleistift Ihr Profil von A nach B. Beachten Sie dabei die auf der Karte eingezeichneten Landhöhen.
4. Gestalten Sie Ihre Profilskizze farbig und beschriften Sie sie zum Beispiel mit den Himmelsrichtungen. Geben Sie Ihrer Skizze eine Überschrift.
5. Ergänzen Sie Ihre Profilskizze nun zu einem Kausalprofil. Erstellen Sie unter der Profilskizze eine Tabelle, in die Sie die Landschaften eintragen. Achten Sie dabei darauf, dass die Spaltenbreite Ihrer Tabelle jeweils der in der Profilskizze dargestellten Landschaft entspricht.
6. Ergänzen Sie in der Tabelle weitere Angaben zur Profilskizze, zum Beispiel Vegetation, Klima oder Landnutzung.

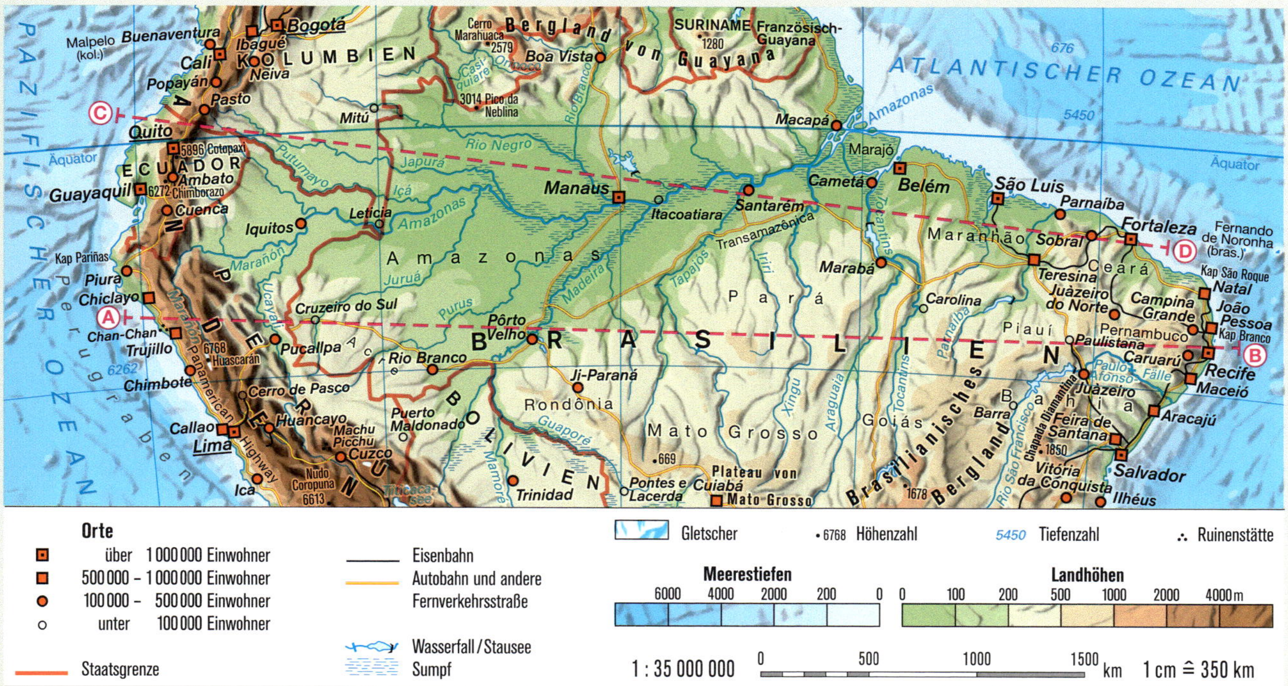

M3 *Ausschnitt aus der physischen Karte von Südamerika mit eingezeichneter Profillinie*

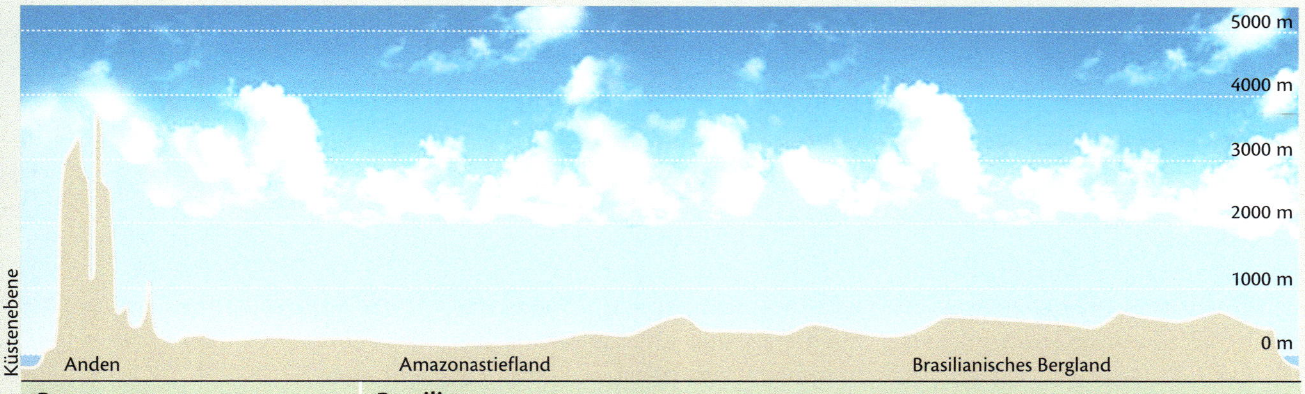

Peru		Brasilien	
Küstenebene	Anden	Amazonastiefland	Brasilianisches Bergland
Ebene	Hochgebirge	Tiefland	Mittelgebirge
schmale Küstenebene	bis 7000 m hoch, nach Westen steil abfallend	Tiefland, durchzogen von einer Vielzahl von Flüssen	durchschnittlich 300 bis 1000 m hoch, nur höchste Gipfel bis 2000 m

M4 *Kausalprofil A–B*

1 Nennen Sie Merkmale eines Kausalprofils (**M4**).
2 Verfolgen Sie anhand der Checkliste, wie das Kausalprofil von A nach B entstanden ist (**M3, M4**).
3 Werten Sie das Kausalprofil aus und fassen Sie die Informationen in einem zusammenhängenden Text zusammen (**M4**).
4 Diskutieren Sie in der Klasse, ob die geographischen Zusammenhänge leichter mithilfe des Kausalprofils oder des Textes zu verstehen sind (**M4**).
5 Zeichnen und beschriften Sie mithilfe der Checkliste ein Kausalprofil von C nach D oder wählen Sie einen anderen Raum für ein Kausalprofil aus, zum Beispiel Afrika entlang des Äquators (**M1, M2, M3, M5**).

M5 *Das Brasilianische Bergland*

Amazonien – die Schatzkammer wird geplündert

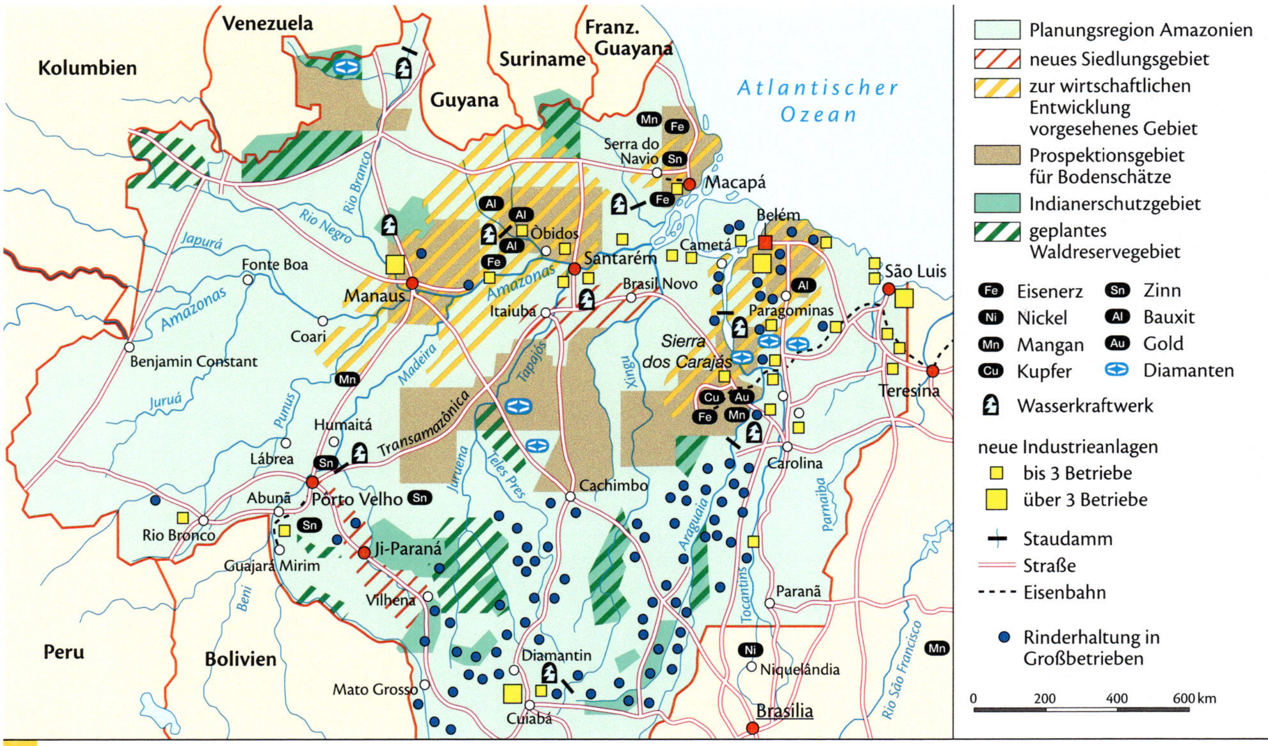

M 1 *Rohstoffvorkommen und Erschließung Amazoniens*

Amazonien

Der Regenwald im Amazonastiefland ist ein sehr altes Ökosystem, das sich durch eine hohe pflanzliche Primärproduktion und Artenfülle auszeichnet. Viele Pflanzen sind endemisch, das heißt, sie kommen weltweit nur in Amazonien vor.

Der tropische Regenwald in Amazonien bietet vielfältige Rohstoffe. Tropenholz, tropische Früchte, Grundstoffe für die chemische Industrie und die Arzneimittelherstellung, aber auch Erze und andere mineralische Rohstoffe sind begehrte Produkte. Deren Verkauf ist eine wichtige Einnahmequelle für den brasilianischen Staat. Deshalb werden immer größere Flächen des tropischen Regenwaldes gerodet und für den Abbau von Bodenschätzen erschlossen.

Bis Anfang des 20. Jahrhunderts erstreckte sich der Amazonas-Regenwald über die unvorstellbare Fläche von rund sechs Millionen Quadratkilometern. Schätzungen gehen jedoch davon aus, dass in den vergangenen 50 Jahren rund 40 Prozent des Waldes zerstört wurden. Bis heute konnte die Zerstörung des Regenwaldes nicht gestoppt werden. Sie hat in den letzten Jahren sogar wieder zugenommen. Allein zwischen August 2020 und Juli 2021 wurden im Amazonasgebiet 13 235 Quadratkilometer tropischer Regenwald zerstört. Über 90 Prozent der Abholzungen sind illegal.

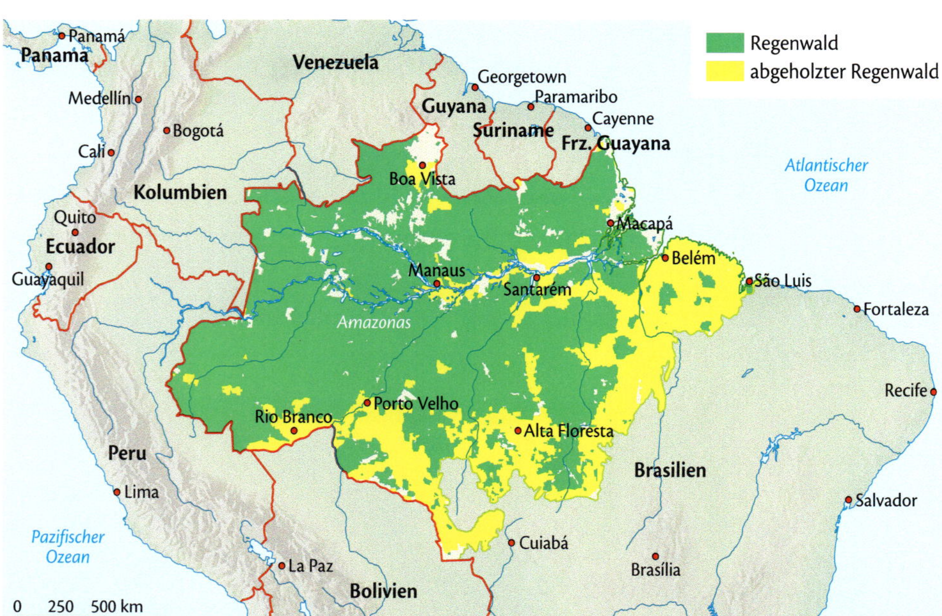

M 2 *Brasilianisches Amzonastiefland – der tropische Regenwald schrumpft*

Zerstörung durch menschliche Nutzung

Zur Erschließung der Bergbaugebiete müssen Straßen, Pipelines und Staudämme angelegt werden. Entlang der Straßen und Wasserwege schlagen

Der Erzbergbau führt zum Abbau ganzer Berge in Amazonien, zu Stauseen, die Tausende von Quadratkilometern intakten Regenwaldes überfluten. Mehr als zehntausend Waldbewohner verloren ihre Existenzgrundlage. Für zwei Indianerstämme war es das Ende. Indirekt führte die Erschließung zur Entwaldung riesiger Gebiete.
Die Hüttenwerke mit ihrem unersättlichen Appetit auf Holzkohle fressen zusätzlich die Wälder auf.
Genauso zerstörerisch wie die Bergbaugesellschaften sind die illegalen Schatzsucher, die ohne Rücksicht auf die Natur oder die Bewohner des Regenwaldes nach Gold, Diamanten oder anderen Bodenschätzen graben.

M 3 *Augenzeugenbericht aus Carajás*

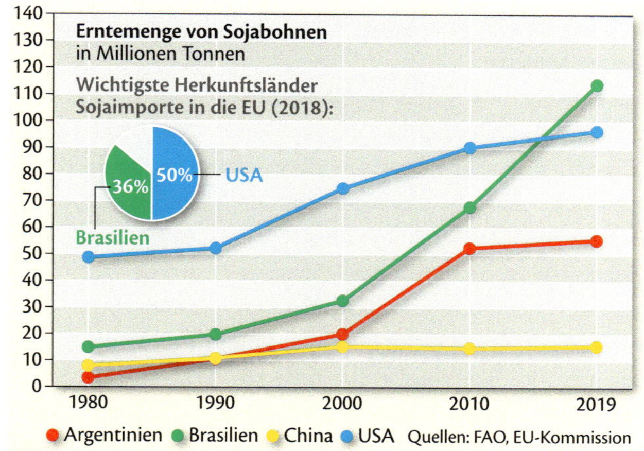

M 4 *Erntemengen der führenden Anbauländer von Sojabohnen*

Holzgesellschaften die wertvollen Tropenbäume wie zum Beispiel Mahagoni, Meranti und Teak. Schon das Schlagen eines Urwaldriesen zerstört eine große Waldfläche, denn der riesige Baum reißt beim Fallen viele andere Gehölze mit. Die weniger wertvollen Holzarten werden zu Holzkohle verarbeitet, das Unterholz durch Brandrodung entfernt.
Auf Rodungsweiden im tropischen Regenwald grasen tausende Rinder, deren Bestand sich in den letzten Jahren mehr als verdoppelt hat. Es wurden riesige Plantagen angelegt, auf denen Soja als Viehfutter für den Export angebaut wird. Seit in Europa die Fütterung von Kühen und Rindern mit Tiermehl verboten ist, wird als Ersatz Futter aus Sojamehl importiert. Die Sojaimporte der EU stammen zu 36 Prozent aus Brasilien. Auch Deutschland gehört zu den Importeuren von Sojabohnen. Die Sojaindustrie erwirtschaftet ein Sechstel der Exporteinnahmen Brasiliens.

Folgen der Regenwaldzerstörung

Die zerstörerischen Eingriffe des Menschen bedrohen das Fortbestehen der reichen Artenvielfalt im tropischen Regenwald Amazoniens. Nicht nur die Brandrodung vernichtet den Wald, sondern auch der Zusammenbruch des Wasserkreislaufes. Die Kreisläufe von Energie und Nährstoffen werden zerstört. Der noch existierende Wald stirbt an Wassermangel. Der gerodete Regenwald kann keine Feuchtigkeit mehr produzieren und an die Atmosphäre abgeben.
Die Abholzung der tropischen Regenwälder beeinflusst das Weltklima und treibt den Klimawandel weiter voran. Der Regenwald im Amazonastiefland gehört zu den größten Kohlenstoffsenken der Welt: Er nimmt jährlich Millionen Tonnen Kohlenstoff aus der Atmosphäre auf und wandelt das CO_2 durch Photosynthese in Sauerstoff um. Der Regenwald ist also ein natürlicher Speicher und Filter. Geschätzte 80 bis 120 Milliarden Tonnen Kohlenstoff sind im Amazonasregenwald gespeichert. Deshalb wird die Region auch als „grüne Lunge der Erde" bezeichnet. Sollten diese negativen Eingriffe durch den Menschen in gleichem Maße weiter erfolgen, könnte dies eine Gefährdung für unsere grüne Lunge darstellen und die globale wie lokale Erwärmung weiter anheizen.

1. Beschreiben Sie die geographische Lage und die Ausdehnung des Amazonastieflandes (**M 1**, Karte S. 143, Atlas).
2. Charakterisieren Sie Amazonien als Schatzkammer der Welt (**M 1**, S. 48 ff).
3. „Die großflächige Zerstörung des Regenwaldes beginnt mit dem Bau einer Straße." Begründen Sie diese Aussage (**M 1**, **M 3** bis **M 5**).
4. Zeichnen Sie ein Fließdiagramm zu den Ursachen für die Zerstörung des tropischen Regenwaldes in Amazonien und erläutern Sie dieses (**M 1**, **M 3** bis **M 5**, ***Fließdiagramme zeichnen***).
5. Beurteilen Sie die Auswirkungen der Erschließung und Nutzung des tropischen Regenwaldes weltweit und auf die Region selbst (**M 1** bis **M 5**).
6. „Inwieweit können die Verbraucher in den Industrieländern durch ihr Konsumverhalten Einfluss auf die Zerstörung des Regenwaldes in Amazonien nehmen?" Diskutieren Sie diese Frage mit einem Partner oder in Kleingruppen (**M 1** bis **M 5**).

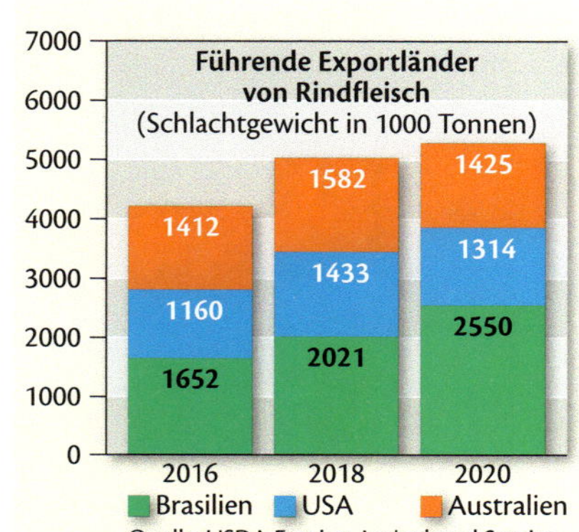

M 5 *Die drei größten Rindfleischproduzenten im Vergleich*

Nachhaltige Nutzung des Regenwaldes

Schutz des Natur- und Lebensraums

Für eine nachhaltige Entwicklung müssen die Nutzung und die Erhaltung des tropischen Regenwaldes als zwei gemeinsame Aufgaben gesehen werden, die sich nicht ausschließen dürfen. Der Regenwald ist nicht nur ein schützenswerter Naturraum, sondern auch Lebensraum für zahlreiche **indigene Völker** wie zum Beispiel die Zoé oder die Yanomami. Diese traditionellen Gemeinschaften und Kleinbauern werden international als **forest dependent people** bezeichnet. Sie betreiben **Subsistenzwirtschaft**, um Nahrungsmittel für ihre Selbstversorgung zu erzeugen. Die Walderhaltung muss trotz Nutzung möglich sein und darf sich nicht gegen die Bewohner des Regenwaldes wenden.

Die Forderung nach einer nachhaltigen Waldnutzung ist erst seit etwa 20 Jahren Bestandteil der nationalen und internationalen Schutzprogramme. Zuvor war geplant, die Schutzgebiete als menschenfreie Räume anzulegen und die Bewohner umzusiedeln. Die Anerkennung des Waldes als Lebensraum der forest dependent people hat zu mehr Akzeptanz und Vertrauen in die internationalen Schutzprogramme geführt.

Nachhaltige Waldnutzung

Die häufigste Maßnahme zur Wiederherstellung des Regenwaldes ist die Aufforstung gerodeter Flächen. Dabei werden die Setzlinge erst in kleinen Schonungen angepflanzt und von Hand aufgezogen. Erst nach etwa zehn Jahren werden sie im Regenwald gesetzt. Die jungen Bäume werden in kleinen Gruppen gepflanzt, um der Erosion entgegenzuwirken. Würden sie in Reihen gesetzt werden, könnten die ergiebigen Regenfälle die Wurzeln unterspülen und die Standfestigkeit beeinträchtigen. Die jungen Bäume können den Boden noch nicht mit ihrem Blattwerk schützen und der typische Stockwerkbau muss sich erst ausbilden. Diesen Wald bezeichnet man als Sekundärwald.

Nachhaltige landwirtschaftliche Nutzung

Die Methode der Aufforstung wird zunehmend durch den **Agroforst** in Mischkulturen abgelöst. Als Agroforst bezeichnet man den Anbau mehrerer landwirtschaftlicher Kulturen auf einer Fläche. Auch Tierhaltung wie zum Beispiel Geflügelhaltung ist möglich.

Im Regenwald können typische Kulturen wie Kakao, Kaffee oder Bananen mit anderen Nutzpflanzen wie Tomaten, Bohnen oder Kürbissen in unterschiedlichen Etagen angebaut werden. Diese Form des Anbaus ist dem Stockwerkbau nachempfunden. Darüber hinaus werden Gräben, in denen das Regenwasser abfließen kann, angelegt.

Bereits vor Jahrtausenden nutzten die Bewohner des Regenwaldes diese Bewirtschaftungsform, die viele Vorteile bietet: Schädlinge und Krankheiten können besser kontrolliert werden, die Nährstoffe des Bodens werden gleichmäßig genutzt und der Boden wird durch den dichten Bewuchs vor Erosion geschützt.

Ein großer Nachteil ist, dass diese Form der Landwirtschaft nur für die Subsistenzwirtschaft oder den ökologischen Anbau geeignet ist. Da die Pflanzen sich gegenseitig am Wachstum hindern und sich bei der Ernte gegenseitig beschädigen können, sind die Erntemengen gering. Für die Erzeugung von Exportprodukten ist Agroforst im tropischen Regenwald deshalb nicht geeignet.

M1 *Aufforstung in Bolivien*

M2 *Agroforst-Mischkultur mit Kakao und Bananen in Peru*

Der wichtigste Ansatzpunkt für die nachhaltige Bewirtschaftung des Regenwaldes ist die Zertifizierung des Tropenholzes. Dazu wurde die internationale Organisation „The Forest Stewardship Council" (FSC) gegründet. Sie arbeiten nach strengen Richtlinien, die Unternehmen anerkennen müssen, wenn sie beitreten möchten. Das bietet viele Vorteile: neue Märkte, bessere Verdienstmöglichkeiten und hochwertige Baustoffe für die Verbraucher. Eine weitere traditionelle Bewirtschaftungsform ist die Gummigewinnung. Gummizapfer ritzen die Bäume an, sodass das Latex heraustropft.
Sie übernutzen die Bäume damit nicht und können ihr eigenes Einkommen dauerhaft sichern. Auch die Früchte der Acai-Palme, die zu Wein verarbeitet werden können, und die Palmherzen, die aus dem oberen weichen Teil von Palmen gewonnen werden, werden von der lokalen Bevölkerung täglich konsumiert. Sie bieten eine gute Alternative zu anderen Monokulturen. Auch in Europa und den USA werden Palmherzen oder die Camu-Camu-Frucht wegen ihres hohen Vitamingehalts immer beliebter.
Eine bedeutende Einnahmequelle im Regenwald ist auch der Ökotourismus. Die Reisenden kommen, um mit den Indianern zu leben und ihre Traditionen kennenzulernen, Wildwasser-Rafting-Touren zu machen oder an einer geführten Safari durch den Regenwald teilzunehmen. Sie schätzen die Natur sehr und bringen viel Geld nach Pará. Damit können wir dann die lokalen Projekte unterstützen.

M 3 *Überlegungen im Bundesstaat Pará zur nachhaltigen Nutzung des Regenwaldes*

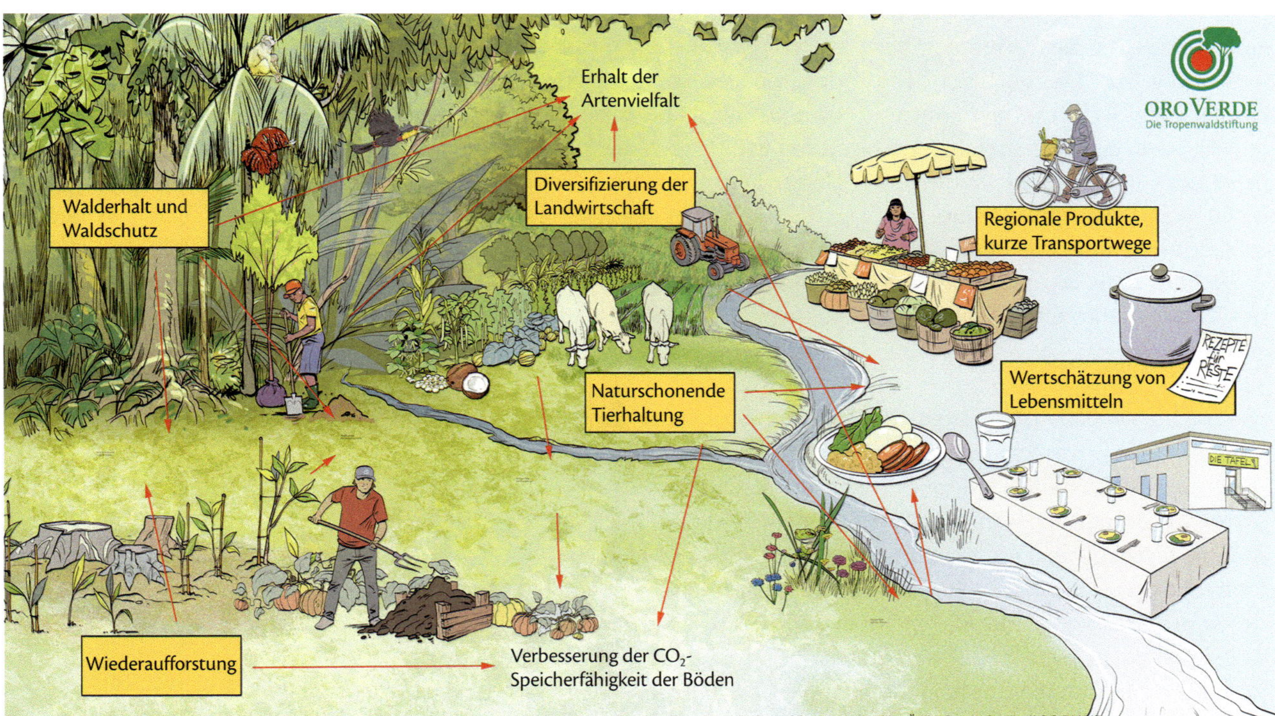

M 4 *Nachhaltiges Wirtschaften im Regenwald*

1 Erläutern Sie, welche Prozesse bei der Aufforstung des Regenwaldes beachtet werden müssen (**M 1**, **M 2**, **M 4**).

2 Stellen Sie den Anbau von Agroforst in Mischkulturen in einem Schaubild dar (**M 2**).

3 Benennen Sie nachhaltige Produkte aus dem Regenwald und begründen Sie Ihre Auswahl (**M 3**).

4 Begründen Sie, warum eine nachhaltige Nutzung des Regenwaldes sinnvoll ist (**M 4**).

5 Gestalten Sie einen Kurzvortrag zu einem Nachhaltigkeitsprojekt im Regenwald Südamerikas (**M 3**, **M 4**, ***Einen Kurzvortrag, ein Kurzreferat halten***).

Bananen aus Ecuador

Wachstumsbedingungen

Bananenpflanzen benötigen viel Sonne und eine gleichmäßige Wärme mit Jahresdurchschnittstemperaturen von über 20 °C. Die Niederschläge sollten über 2000 Millimeter im Jahr liegen und möglichst gleichmäßig über das ganze Jahr verteilt sein. Deshalb gedeiht die Bananenpflanze nur in den Tropen und feuchten Subtropen. Wenn die Niederschlagsmengen nicht ausreichen, müssen die Bananenpflanzen bewässert werden.

Anbau auf Plantagen und in Kleinbetrieben

Es wird geschätzt, dass mehr als 80 Prozent der weltweit geernteten Bananen von Kleinbetrieben mit einer Größe von 0,1 bis 10 Hektar erzeugt werden. Diese werden für die Versorgung der Bevölkerung vor Ort genutzt, denn Kochbananen decken in den ärmsten Ländern bis zu einem Viertel des täglichen Kalorienbedarfs. Dort werden bis zu 100 Kilogramm Bananen pro Kopf und Jahr verzehrt. In den Industrieländern sind es dagegen durchschnittlich etwa 12 Kilogramm Obstbananen pro Kopf und Jahr. Wir Deutschen bringen es auf etwa 11,9 Kilogramm.
Bananen für den Export sind Obstbananen und werden auf **Plantagen** angebaut. Das sind landwirtschaftliche Großbetriebe von mindestens 100 Hektar Größe. Viele Plantagen in den Tropen wurden im 19. Jahrhundert von Europäern angelegt, die sie auch leiteten. Inzwischen sind die meisten Plantagen im Besitz internationaler Konzerne oder von wenigen Einheimischen. Sie beschäftigen Landarbeiter oder Saisonarbeiter, die häufig schlecht bezahlt werden.
Für die Anlage der Plantagen wurden riesige Flächen des tropischen Regenwaldes abgeholzt und in landwirtschaftliche Nutzflächen umgewandelt. Dennoch reichen die Nahrungsmittel für die Bevölkerung nicht aus, denn dort, wo Bananen für den Export angebaut werden, können keine Nahrungsmittel wie Hirse, Mais, Kartoffeln und Gemüse mehr angebaut werden.

Anbau in Monokultur

Mehrjährige Nutzpflanzen oder Dauerkulturen wie Kaffee, Kakao, Tee, Bananen oder Kautschuk werden als **Monokultur** angebaut.
Monokulturen sind sehr anfällig für Schädlinge und Krankheiten. Deshalb werden die Bananen, sobald sich die Früchte bilden, mit Plastikfolie umhüllt. Diese ist an der Innenseite mit Pflanzenschutzmitteln versehen. Zusätzlich werden die Bananenstauden während der gesamten Wachstumszeit vom Flugzeug aus mit Pflanzenschutzmitteln besprüht. Diese Chemikalien vergiften nicht nur die Böden und Gewässer, sondern verursachen auch Gesundheitsschäden bei den Arbeitskräften.

Bananenernte

Die Bananen werden grün, also im unreifen Zustand, geerntet. Würden die Bananen an der Staude ausreifen, wären sie erst mehlig und dann matschig. Die bis zu 50 Kilogramm schweren Bananenbüschel werden von der Staude geschnitten und zur Verpackungsstation transportiert. Dort werden sie gewaschen und verpackt.

Die Früchte der Bananenpflanze sind die größten Beeren der Welt. Bananen wachsen nicht an Bäumen. Die steifen Blätter der großen Bananenpflanze liegen so dicht aneinander, dass sie wie ein Stamm aussehen. In etwa acht Monaten wächst die Staude vier bis acht Meter in die Höhe. Aus der Blattkrone sprießt die rotviolette Blütendolde. In den Achseln der Deckblätter stehen mehrere Querreihen von Blüten, aus denen sich die „Bananenfinger" entwickeln. Weil diese sich nach oben zum Sonnenlicht hin krümmen, wird die Banane krumm. Nur einmal in ihrem kurzen Leben trägt eine Bananenpflanze Früchte und stirbt danach ab. Bananen können das ganze Jahr über geerntet werden, denn aus der Bananenstaude schießen immer wieder Schösslinge hervor, an denen sich neue Fruchtstände entwickeln. Von der Blüte bis zur Ernte dauert es etwa drei bis vier Monate.
Es gibt etwa 100 verschiedene Bananenarten, die einerseits in die süßen Obstbananen und andererseits in die Kochbananen unterschieden werden.

M 1 *Wissenswertes zur Banane*

M2 *Bananenernte in Ecuador*

M3 *„Seilbahn" für Bananen*

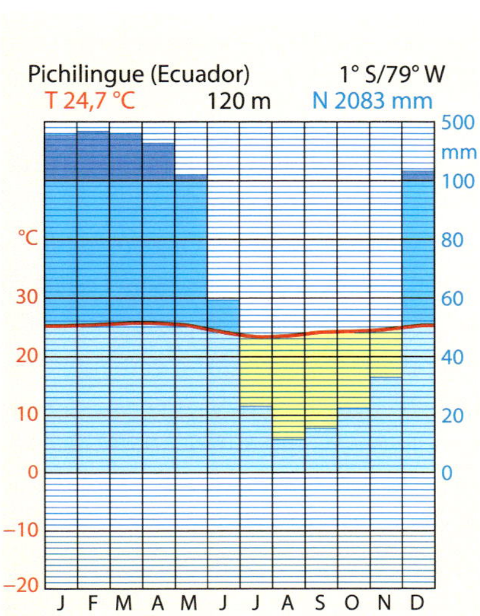

M4 *Klimadiagramm Pichilingue*

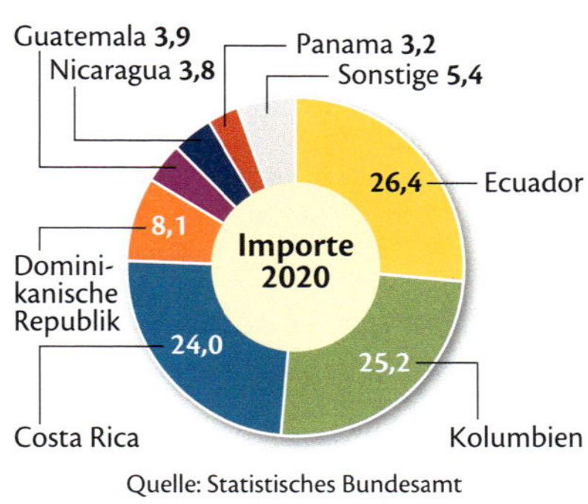

M5 *Deutsche Importe von Obstbananen nach Herkunftsländern (ohne Kochbananen, in Prozent)*

Land	Tonnen/Jahr
Indien	30 460 000
China	11 655 700
Indonesien	7 280 659
Brasilien	6 812 708
Ecuador	6 583 477
Philippinen	6 049 601
Guatemala	4 341 564
Angola	4 036 959
Tansania	3 406 936
Kolumbien	2 914 419
Costa Rica	2 437 381
Mexiko	2 227 173
Welt	**116 780 409**

M6 *Die größten Produzenten von Obstbananen 2019*

„Ein Ernteteam schafft bis zu fünfzig Bananenbüschel am Tag", erklärt der Vorarbeiter. Stolz blitzt es aus seinen Augen, er ist einer von vier Aufsehern auf der Plantage und hat viele Arbeiter wie Jiménez und Herra angelernt. Insgesamt arbeiten auf der 204 Hektar großen Plantage etwa 200 Menschen. Zu den etwa hundert Erntehelfern und ihren Aufsehern kommen Spezialisten für neue Setzlinge, Dünger, Pestizide und Pflanzenpflege. Außerdem waschen, sortieren und verpacken rund vierzig Männer und Frauen die Bananen in der Packstation. Weitere zwanzig Mitarbeiter sind in der Verwaltung tätig. Jede Plantage ist wie ein kleines Unternehmen – und wer dort arbeitet, weiß: Es lebt davon, dass die Bananen in möglichst gutem Zustand beim Kunden ankommen, bei jeder Lieferung. Die Arbeiter werden nach Menge und Qualität der geernteten und verschifften Bananen bezahlt, mal gibt es mehr, mal etwas weniger Geld. Auch deshalb achten sie penibel darauf, dass die empfindlichen Früchte keine Kratzer oder Druckstellen bekommen.

Quelle: verändert nach: Zierul, Sarah: Billig. Billiger. Banane. Wie unsere Supermärkte die Welt verramschen. München 2015, S. 39

M7 *Bananenernte*

1 Charakterisieren Sie den Anbau von Bananen und gehen Sie auf die wesentlichen Merkmale des Anbaus und die Arbeitsbedingungen ein (**M2** bis **M4**, **M7**).

2 Erklären Sie, warum man bei uns das ganze Jahr Bananen kaufen kann (**M4**).

3 Vergleichen Sie die größten Produzenten von Bananen und die deutschen Importe nach ihrer geographischen Lage (**M5**, **M6**, Karte S. 198/199, Atlas).

4 Erörtern Sie die Aussage: „Die Banane ist eine problematische Frucht."

5 Diskutieren Sie, inwiefern die Plantagenwirtschaft Entwicklungsimpulse für die Anbauländer setzen kann.

Die Banane kann auch „fair" sein

Bananen für Deutschland

Jährlich werden rund 1,3 Millionen Tonnen Bananen nach Deutschland eingeführt, denn der Pro-Kopf-Verzehr von Bananen liegt in Deutschland bei etwa 11 Kilogramm im Jahr.

Auf den Bananen sind nicht nur Etiketten mit den Namen der großen internationalen Konzerne, sondern auch Siegel gemeinnütziger Organisationen wie „Rainforest Alliance certified", „BanaFair" oder „FAIRTRADE" zu finden. Diese Organisationen arbeiten mit Kleinbauern und Plantagen in den Anbauländern zusammen. Ihr Ziel ist es, die Situation der Bananenbauern zu verbessern und umweltfreundlichen Anbau zu fördern. Sie bezahlen den Bauern einen Mindestpreis und eine Prämie für soziale, ökonomische und ökologische Projekte. Dafür garantieren die Bauern, dass die Bananen und die anderen landwirtschaftlichen Produkte nach bestimmten Vorschriften angebaut werden und dies auch kontrolliert wird.

Nur 5 Prozent der in Deutschland angebotenen Bananen stammen aus dem **fairen Handel**. Anders sieht dies jedoch bei Biobananen aus. Knapp die Hälfte der in Deutschland gehandelten Biobananen haben das „FAIRTRADE"-Siegel.

Faire Bananen aus Ecuador – die Kooperative El Guabo

Seit 1997 existiert die Kooperative El Guabo, in der sich drei Kleinbauerngenossenschaften zusammengeschlossen haben. El Guabo bedeutet für die Kleinbauern nicht nur Unabhängigkeit von großen Fruchthändlern, sondern auch Beratung bei Anbau und Verkauf ihrer Bananen.

Heute gehören etwa 220 Kleinbauern der Kooperative an, die 20 000 der insgesamt vier Millionen wöchentlich aus Ecuador exportierten Kisten Bananen produzieren. Die Früchte werden ökologisch angebaut und im fairen Handel verkauft. Die Arbeiter verdienen hier mehr als den durchschnittlichen Lohn für Bananenarbeiter in Ecuador. Männer und Frauen erhalten den gleichen Lohn. Es gibt für alle außerdem täglich eine warme Mahlzeit. Mit den verlässlichen Mehreinnahmen aus dem fairen Handel konnten ein Bewässerungssystem und eine Kläranlage für die Bauern von El Guabo gebaut werden. Der Aufbau einer Gesundheitsstation ist in Planung. Alle Arbeiter und Arbeiterinnen der Kleinbauernvereinigung sind sozialversichert. Ihre Kinder gehen zur Schule. Die Kooperative bietet Weiterbildungen für ihre Mitglieder an. Aus einem Gemeinschaftsfonds werden Kleinkredite finanziert.

Außerdem wurde ein spezieller Bio-Flüssigdünger zur Verbesserung des Wachstums der Wurzeln entwickelt. Die Bauern können den Dünger aus natürlichen Zutaten wie zum Beispiel Kuhdung, Wasser, Kuhmilch und Knochenmehl selbst herstellen. Auf diese Weise brauchen sie keine teuren Düngemittel zu kaufen. Mehreinnahmen aus dem fairen Handel sollen es in Zukunft ermöglichen, weitere Tanks für die Herstellung des Bio-Düngers zu kaufen.

Fairer Handel auch für Obst und Gemüse in Ecuador?

Kooperativen wie El Guabo gehören meist einem überregionalen Dachverband an, der viele Kooperativen unter dem Dach des Verbandes vereinigt. Das bringt Vorteile beim Verkauf von Bananen, aber vor allem beim Einkauf von Maschinen und Geräten, bei der Beschaffung von Krediten und bei der Verbesserung von Bildung und Gesundheitswesen.

Ende 2012 entwickelte UROCAL die Idee, ein Geschäft in der Stadt Machala

FAIRTRADE steht für bessere Arbeits- und Lebensbedingungen der Kleinbauern und Beschäftigten in Afrika, Asien und Lateinamerika. 1,5 Millionen Kleinbauern und Beschäftigte profitieren bereits von stabilen Mindestpreisen, der FAIRTRADE-Prämie für Gemeinschaftsprojekte und der Förderung von umweltschonendem Anbau.

FAIRTRADE
Das Siegel für fairen Handel

M 1 *Fairtrade*

M 2 *Bananenplantage der Kooperative „El Guabo"*

Der Verein BanaFair handelt seit 1998 mit Bio-Bananen aus Süd- und Mittelamerika. Die Bananen kommen aus kleinen Betrieben. Ein kleiner Teil des Preises wird dazu verwendet, die Umwelt-, Lebens- und Arbeitsbedingungen im Herkunftsland zu verbessern. Neben einer gerechteren Bezahlung und bezahlten Überstunden erhalten die Plantagenarbeiter feste Arbeitsverträge, eine kostenlose Gesundheitsversorgung und preiswerte Grundnahrungsmittel. Ihre Kinder können die Schule besuchen. Die Bananen mit dem BanaFair-Siegel erfüllen sowohl die international festgelegten Anforderungen an fair gehandelte Produkte als auch die EG-Öko-Verordnung.

M 3 *BanaFair*

zu eröffnen. Die Bauern sollten dort nicht nur für Bananen, sondern auch für ihr anderes Obst und Gemüse und für alles, was sie auf ihrem Acker anbauen, bessere Verkaufschancen haben und zu fairen Preisen verkaufen können. Für die Stadtbewohner bietet sich damit die Möglichkeit, Nahrungsmittel direkt vom Erzeuger zu kaufen – für Ecuador etwas nicht Alltägliches. Im Jahr 2014 wurde das Geschäft eröffnet. UROCAL nennt es stolz „El Arbolito" (Das Bäumchen). Es ist gleichzeitig auch Anlaufstelle, damit UROCAL über seine Arbeit und Ziele zum Wohle der Bauern informieren kann.

Der Laden bietet frische Produkte im Thekenverkauf und einen Lieferservice ins Haus für Früchte und Gemüsekisten an. Die städtischen Kunden können auf direktem Weg die Erzeugnisse aus biologischer Landwirtschaft von Bauernfamilien der umliegenden Landgemeinden kaufen. Kunden und Produzenten erleben durch die faire Preisgestaltung und die Qualität der Produkte die Vorteile der Direktvermarktung von Erzeugnissen. UROCAL fördert damit Kenntnisse über den fairen Handel bei den Frauen. Darüber hinaus können die Frauen einen Beitrag zum Familieneinkommen leisten.

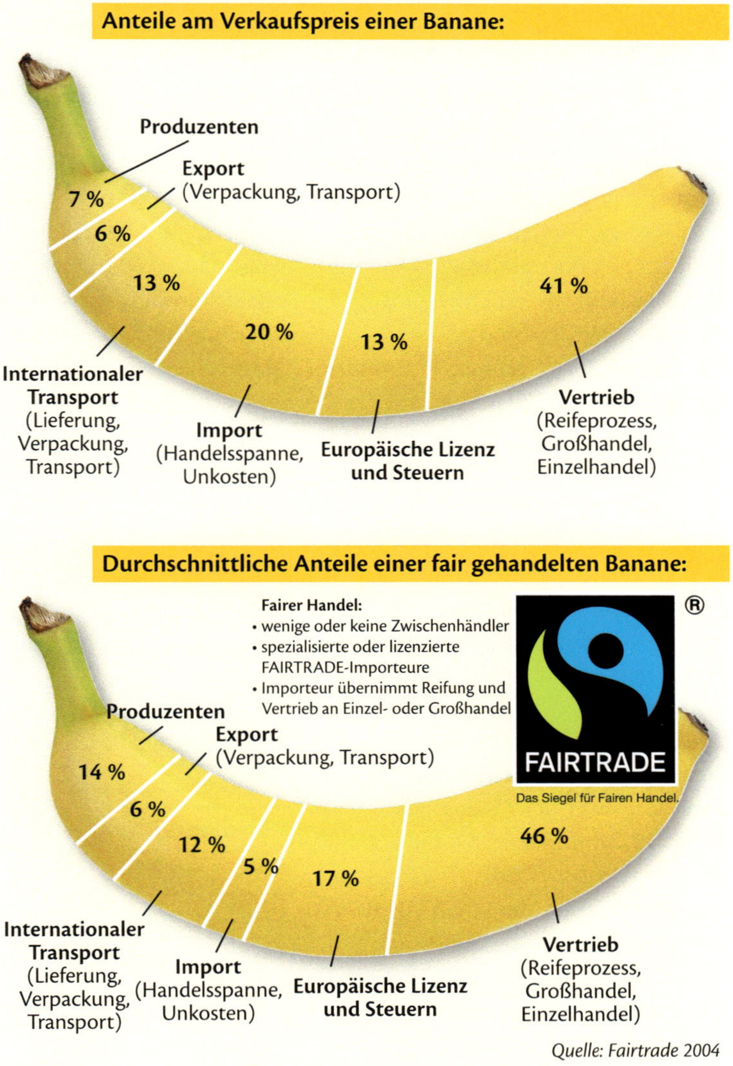

M 4 *Wer verdient wie viel an der Banane?*

1 Vergleichen Sie das Fairtrade-Siegel und das BanaFair-Siegel. Recherchieren Sie nach anderen Siegeln, die es für fair produzierte und gehandelte Bananen gibt (**M 1, M 3**, ***Eine Internetrecherche durchführen***).

2 Erläutern Sie, worin der Beitrag der Verbraucher besteht, wenn sie Bananen mit dem FAIRTRADE-Siegel oder dem BanaFair-Siegel kaufen (**M 1, M 3**).

3 Begründen Sie die Richtigkeit der Aussage: Die Banane ist ein „krummes Ding" (**M 4**).

4 Zeigen Sie am Beispiel der Kooperative „El Guabo" und des Dachverbandes UROCAL auf, welche Möglichkeiten sich durch ökologische Landwirtschaft und fairen Handel eröffnen. Setzen Sie dazu die Partnerinterview-Methode ein (**M 2, M 4**,).

5 Bewerten Sie die Vorteile fair gehandelter Bananen für die Produzenten und die Verbraucher (**M 1, M 3, M 4**).

6 Vergleichen Sie in verschiedenen Supermärkten und Bio-Geschäften die Siegel auf den Bananen und deren Preise (**M 1, M 3, M 4**).

Wachstum der Städte

Stadtgründungen

Als die Spanier und Portugiesen nach 1492 Mittel- und Südamerika eroberten, fanden sie indianische Städte, zum Beispiel der Inka und Azteken, vor. Viele dieser Städte wurden durch die Eroberer zerstört und andernorts Städte völlig neu gegründet. Manche wurden auch auf den Ruinen der alten indianischen Siedlungen errichtet, wie beispielsweise Mexiko-Stadt.

Die Spanier und Portugiesen gründeten aber auch Hafenstädte und Handelsniederlassungen für den Verkehr nach Spanien und Portugal. Deshalb haben die meisten der heutigen Städte Mittel- und Südamerikas ihren baulichen Ursprung in der Kolonialzeit. Sie wurden planmäßig angelegt. Allein die Spanier gründeten bis zum Ende des 16. Jahrhunderts über 200 Städte in Lateinamerika.

Wachstum der Städte

Das Wachstum der Städte setzte ein, als im 19. Jahrhundert die Industrialisierung begann. Damals wanderten Hunderttausende Menschen, vor allem Italiener und Polen, aus und siedelten sich in den Städten Mittel- und Südamerikas an. Dort gab es in den Häfen, in den Handelsniederlassungen und ersten Industriebetrieben Arbeit. Diese Entwicklung dauerte etwa bis 1930.

Seit Ende der 1960er-Jahre kam es bis zum Ende der 1980er-Jahre zu einem sprunghaften Wachstum der Bevölkerung in Städten dieser Region durch **Landflucht**. Vor allem junge Menschen wanderten aus den ländlichen Räumen in die Städte. Diese Entwicklung wird als **Verstädterung** bzw. **Metropolisierung** bezeichnet und durch **Push- und Pullfaktoren** gesteuert. Die Städte wuchsen aber nicht nur durch Zuzug vom Lande, sondern auch durch ein schnelles Anwachsen der Geburtenzahlen in den Städten. Die junge Bevölkerung in den Städten wuchs und wuchs. Die Schattenseiten dieser Entwicklung sind ein Ausufern von **Marginalsiedlungen** und **Slums**, Arbeitslosigkeit, Verkehrsprobleme, unzureichende Entwicklung des öffentlichen Personennahverkehrs, Umweltprobleme, zunehmende Kriminalität und vieles mehr.

Städte wachsen weiter, aber langsamer

Die Städte Lateinamerikas sind über Jahrzehnte ungeplant gewachsen. So entstanden zahlreiche Millionen- und

Stadt (Staat)	Einwohnerzahl in Millionen Einwohnern
São Paulo (Brasilien)	22,43
Mexiko-Stadt (Mexiko)	21,78
Buenos Aires (Argentinien)	15,15
Rio de Janeiro (Brasilien)	13,46
Bogotá (Kolumbien)	10,98
Lima (Peru)	10,72
Santiago de Chile (Chile)	6,77
Belo Horizonte (Brasilien)	6,08
Brasília (Brasilien)	4,65
Porto Alegre (Brasilien)	4,14

M 1 *Die 10 größten Städte Mittel- und Südamerikas im Jahr 2020*

Staat/größte Stadt	Grad der Verstädterung (in %)				
	1950	1970	1990	2010	2020
Argentinien/Buenos Aires	65	79	87	92	92
Brasilien/São Paulo	36	56	74	86	87
Chile/Santiago de Chile	58	75	83	88	88
Ecuador/Guayaquil	28	39	55	66	64
Kolumbien/Bogotá	37	57	70	75	77
Mexiko/Mexiko-Stadt	43	59	71	77	73
Peru/Lima	35	57	69	71	78
Uruguay/Montevideo	78	82	89	92	95

M 2 *Grad der Verstädterung in ausgewählten Staaten Mittel- und Südamerikas*

Staat	größte Stadt	Anteil der Einwohner der größten Stadt an der Gesamtbevölkerung	Einwohner Land in Millionen	Einwohner Stadt in Millionen
Argentinien	Buenos Aires	33,37 %	45,4	15,15
Brasilien	São Paulo	10,59 %	211,8	22,43
Chile	Santiago de Chile	34,72 %	19,5	6,77
Ecuador	Guayaquil	17,09 %	17,5	2,99
Kolumbien	Bogotá	22,23 %	49,4	10,98
Mexiko	Mexiko-Stadt	17,04 %	127,8	21,78
Peru	Lima	32,68 %	32,8	10,72
Uruguay	Montevideo	39,43 %	3,5	1,38

Quelle: DSW 2021, Statista 2021, Vereinte Nationen 2021, World Bank 2021

M 3 *Anteil der Einwohner der größten Stadt an der Gesamtbevölkerung des Landes*

Megastädte. Die öffentliche Infrastruktur wie Straßen, Wasserver- und -entsorgung, Elektrizität und Müllentsorgung sind im Vergleich zum Umfang der städtischen Bevölkerung unterentwickelt. Große soziale Probleme treten zutage. Dennoch werden die Städte auch in Zukunft für viele Menschen attraktive Zuwanderungsziele sein: Sie sind Zentren von Wirtschaftswachstum und Innovation, hier gibt es besonders viele und sehr unterschiedliche Arbeitsmöglichkeiten.

Noch wesentlich stärker als die Megastädte werden allerdings in den nächsten Jahren die kleinen und mittelgroßen Großstädte unter 500 000 Einwohnern wachsen. Sie sind ein wichtiges Ziel für Unternehmen geworden und ziehen deshalb immer mehr Menschen an, die den Problemen der Megastädte entfliehen möchten und können.

Das weltweite Anwachsen der städtischen Bevölkerung findet bis 2030 zu vier Fünfteln in Afrika und Asien statt. Sie wird sich dort von 1,7 Millionen auf 3,4 Millionen verdoppeln. In Lateinamerika werden die Städte langsamer wachsen.

Nachhaltige Stadtentwicklung

Die Megaprobleme der Megastädte Lateinamerikas erfordern eine nachhaltige Stadtentwicklung. Das heißt eine ökologisch und sozial verträgliche Stadtplanung, um zukunftsfähig zu werden. Die in Europa dazu entwickelten Maßnahmen sind jedoch nicht einfach übertragbar, denn in Lateinamerika herrschen andere gesellschaftliche und politische Bedingungen.

Beträchtlicher Flächenverbrauch und zunehmende Bodenversiegelung, die Grundwasserabsenkung, Belastungen durch Müll und Abwasser, hohe Luftverschmutzung und verstärkte Anfälligkeit für Umweltkatastrophen zwingen die Stadtverwaltungen allerdings zum Handeln. Städtische Sanierungsprogramme allein reichen längst nicht mehr aus. Die Beteiligung und Kontrolle der Maßnahmen durch die Bürger ist auch in Lateinamerika notwendig.

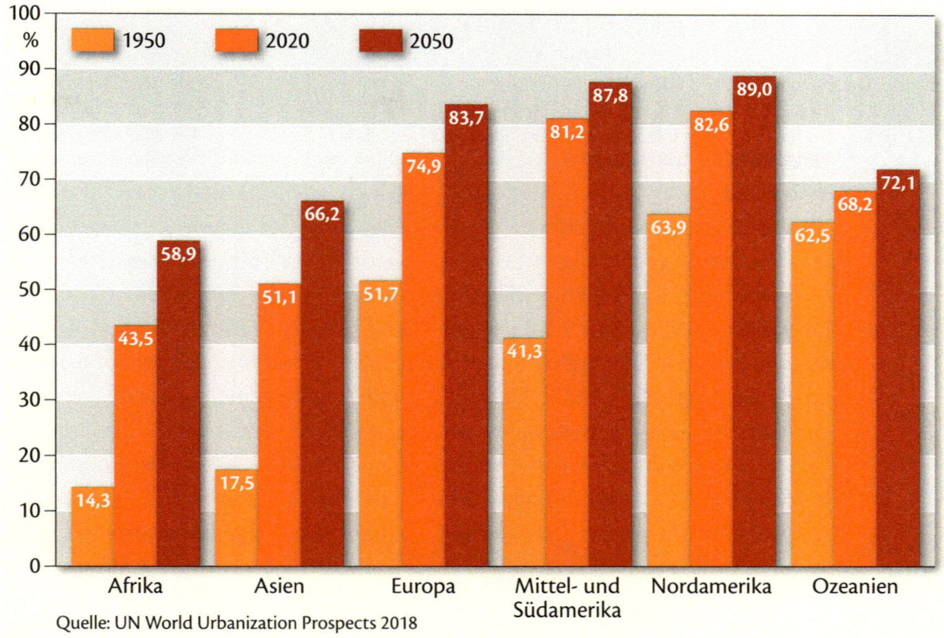

M 4 *Anteil der städtischen Bevölkerung nach Regionen*

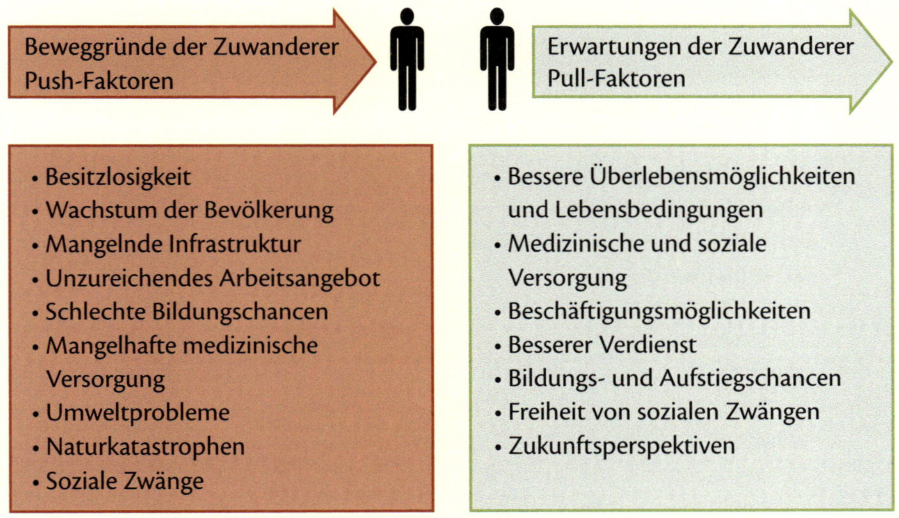

M 5 *Push- und Pull-Faktoren der Verstädterung*

1 Zeichnen Sie eine Faustskizze, in der Sie die 10 größten Städte Mittel- und Südamerikas verorten (**M 1**, Karte S. 196, Atlas).

2 Beschreiben und begründen Sie die geographische Lage der 10 größten Städte Mittel- und Südamerikas (**M 1**, Karte S. 196, Atlas).

3 Erläutern Sie die Begriffe Verstädterung, Grad der Verstädterung und Metropolisierung im Zusammenhang mit dem Wachstum der Städte in Mittel- und Südamerika (**M 2**, **M 3**).

4 Analysieren und bewerten Sie die Push- und Pull-Faktoren der Verstädterung (**M 5**).

5 Vergleichen Sie die Entwicklung der städtischen Bevölkerung in Lateinamerika sowie in der Welt (**M 2** bis **M 4**).

6 Gestalten Sie einen Kurzvortrag zu einer Stadt in Mittel- und Südamerika. Berücksichtigen Sie dabei folgende Inhalte: Gründung und historische Entwicklung, Bevölkerungswachstum im 20. und 21. Jahrhundert, nachhaltige Stadtentwicklung ( ).

Megastädte – Megaprobleme

Megastädte und deren Probleme

Viele Megastädte sehen sich wachsenden Problemen gegenüber, besonders die Megastädte in den Entwicklungsländern. Durch die große Zahl der Zuwanderer aus den ländlichen Räumen stoßen die Interessen sehr vieler Menschen auf engstem Raum aufeinander. Die Stadtverwaltungen müssen versuchen, diese in Einklang zu bringen und die Grundversorgung der Bevölkerung mit medizinischer Betreuung, mit Energie und Trinkwasser, Bussen und Bahnen sowie anderen Dienstleistungen zu gewährleisten.

Probleme ergeben sich in den Megastädten Mittel- und Südamerikas auch daraus, dass die Bevölkerung eine deutliche Spaltung in Arme und Reiche aufweist. Die meisten Zuwanderer in die Städte müssen aufgrund ihrer Armut auf illegal errichtete, selbstgebaute **Marginalsiedlungen** ausweichen, die in Mittel- und Südamerika als „Barriadas", **„Favelas"** oder „Villas miserias" bezeichnet werden.

Die obere Mittelschicht und die Oberschicht der Städte wohnt in **Gated Communities**. Diese Siedlungsgebiete werden durch Sicherheitseinrichtungen und Absperrungen – wie Alarmanlagen, Mauern, Zäune, Kameraüberwachung, privates Sicherheitspersonal – von der übrigen Gesellschaft getrennt. Die Größe von Gated Communities variiert von einzelnen bewachten Appartementblöcken bis hin zu großflächigen Siedlungen mit eigener Infrastruktur wie Einkaufsmöglichkeiten, Gemeinschaftseinrichtungen, Schulen und Krankenhäusern. Dadurch geschieht eine **Segregation** der Gesellschaft, in erster Linie auf Basis des sozialen Standes und möglicher Unterschiede in Kultur, Hautfarbe und Religion.

Ein besonderes Problem: Marginalsiedlungen

Marginalsiedlungen sind dadurch gekennzeichnet, dass viele Menschen auf engstem Raum leben, die Gebäude einfach sind, es keinen oder nur mangelhaften Zugang zur öffentlichen Versorgung mit Wasser, Strom und Abwasser gibt sowie die Eigentumsverhältnisse durch den illegalen Bau der Gebäude unsicher sind. Oft liegen die Slums an steilen Hängen oder in überflutungsgefährdeten Stadtteilen. Die Bewohner dieser Siedlungen sind häufiger von infektiösen Erkrankungen wie Fieber, Tuberkulose, Durchfall sowie AIDS betroffen. Die Armut führt in den Slums zu zahlreichen sozialen Problemen wie Kriminalität und Drogenhandel.

Aber die Slums ernähren auch Millionen Menschen, denen es gelungen ist, der Armut auf dem Land zu entfliehen. Lange galten Elendssiedlungen als illegal. Langsam setzt sich jedoch in einigen Megastädten die Auffassung durch, dass sie nicht mit Bulldozern abgeräumt werden können. „Aufwertung der Slums" und „Ordnung und Gesetz für die Slums" heißen die neuen Initiativen der Stadtplaner.

Besonderheiten des informellen Sektors

Viele Bewohner der Marginalsiedlungen sind arbeitslos und üben deshalb Tätigkeiten im informellen Sektor aus. Sie erfordern nur eine geringe Qualifikation, für die kein Schulabschluss nötig ist. Wer im informellen Sektor tätig ist, erhält keinen Mindestlohn, genießt

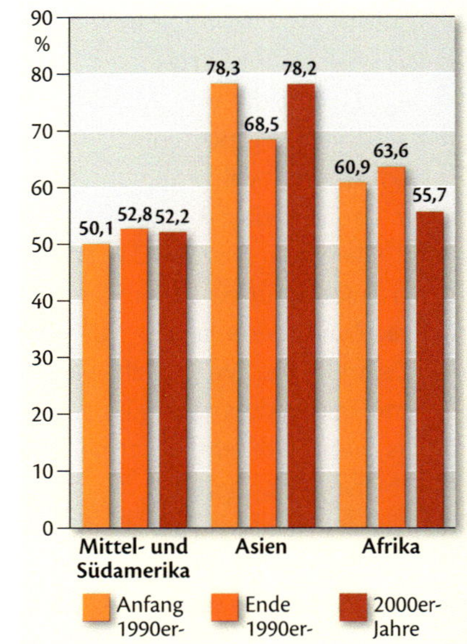

M 1 *Anteil der Beschäftigten im informellen Sektor*

Art der Tätigkeit
- Handel
- Herstellung, Verarbeitung
- Dienstleistungen wie Instandhaltung, Reparatur, Wartung, Pflege, Beherbergung, Spar- und Kreditdienste, Bau, Transport
- Kleinbergbau

Geschlecht
auffallend hoher Anteil von Frauen, in manchen Branchen bis zu 90 Prozent, im Durchschnitt bei 60 Prozent

Voraussetzungen für die Arbeit
- geringe Berufskenntnisse
- wenige eigene Produktionsmittel

Grad der Selbstständigkeit
- selbstständige Arbeit als Einzelperson oder als Eigentümer eines Kleinstbetriebes oder Kleinbetriebes mit Mitarbeitern
- abhängige Heimarbeit für einen Arbeitgeber, der Stücklohn bezahlt
- unselbstständige Tätigkeit als mitarbeitendes, nicht entlohntes Familienmitglied oder als entlohnte Arbeitskraft

Berufsgruppen
Dorfschmied, Töpfer, Schlosser, Maurer, Mechaniker, Elektriker, Näher, Straßenhändler, Losverkäufer, Lastenträger, Handkarrenschieber, Rikschafahrer, Müllsammler

Mitarbeiterzahl
- Einzelperson, Familienmitglieder, Betrieb mit 1 bis 10 Mitarbeitern
- häufig unbezahlte Mithilfe von Kindern und Alten bei Frauen, die zu Hause produzieren

Arbeitsstätte
- Wohnung
- eigene Werkstatt
- eigener Grund
- öffentliche Straße, öffentlicher Platz

M 2 *Merkmale des informellen Sektors*

„Brauchen Sie Zimt? Oder vielleicht eine Plastiktüte?" Ein ums andere Mal sprechen Nacho und sein Bruder Ronaldo die Kunden auf dem Markt an. Viele schütteln einfach nur den Kopf, manche machen eine abwehrende Handbewegung. Sie finden es lästig, von den Kindern angesprochen zu werden. Etwa drei Euro nimmt jeder der Jungs an einem Nachmittag ein. Geld, das sie zum größten Teil ihren Eltern geben.

Nacho und Ronaldo sind zwölf und acht Jahre alt. Sie leben in Puente Piedra, einem der vielen tristen Vororte im Norden Limas in einer provisorischen Hütte […]. Gerade haben ihre Eltern ein Stückchen Land gekauft. Es ist ganze fünf Mal zehn Meter groß. Irgendwann soll darauf ein kleines Haus stehen. Doch im Moment ist für Ziegelsteine kein Geld da, deshalb lebt die Familie vorerst in einer aus Sperrholz und alten Werbebannern errichteten Hütte. Adaliza und Bertin haben fünf Kinder. „Wir Eltern können alleine nicht den Unterhalt für die ganze Familie verdienen", erklärt Bertin. Er und seine Frau erwirtschaften jeweils fünf bis sechs Euro am Tag. Bertin fährt in einem dreirädrigen, klapprigen „Taxi" Kunden bis zur nächsten größeren Straße, auf der Busse verkehren, Adaliza arbeitet als fliegende Händlerin. „Fürs Essen würde es vielleicht gerade so reichen", meint der Vater. „Aber es müssen ja auch Materialen für die Schule angeschafft und der Bus bezahlt werden. Das ist mit unserem Einkommen alleine nicht zu schaffen. Da müssen die Jungs schon mithelfen." […]

Quelle: Nickoleit, Katharina: Kinderarbeit nicht an die nächste Generation vererben. Kindernothilfe. November 2017.

M 3 *Nacho und Ronaldo wohnen in diesem Stadtteil von Lima*

Maria ist 12 Jahre alt und hilft ihrer Mutter, frisch gepressten Orangensaft an die Kunden auszuliefern. Vor der Schule bringt sie die Getränke zu Privatkunden und zur Polizeistation, seit ein paar Monaten zieht sie manchmal auch alleine mit ihrem mobilen Stand los, um Saft zu verkaufen. „Mit meiner Arbeit verdiene ich jeden Tag etwas mehr als vier Euro. Das ist fast ein Drittel des Familieneinkommens", erklärt Maria Gracia stolz.

Dass sie das so genau weiß, verdankt sie einem Projekt von IFEJANT, einer Partnerorganisation der Kindernothilfe. Dort hat Maria Gracia gelernt, wie man die Kosten für ein Geschäft berechnet, einen Finanzplan aufstellt und Rücklagen bildet. Für Elvira Figueroa, die Leiterin der Organisation, dient das Projekt als berufliche Bildung für Kinder. „Sie sollen dadurch nicht nur besser und mehr Geld verdienen können, sondern wir wollen, dass sie über die Arbeit so viel wie möglich lernen", erläutert sie den Ansatz. Elvira Figueroa muss schmunzeln, als sie hört, was Maria Garcias Mutter zu dem Workshop sagt: „Meine Tochter hat mir erzählt, wie sie das mit dem Sparen angeht. Ich lege jetzt auch Geld für Anschaffungen beiseite und kann nun viel besser planen." Ja, so ist es gedacht: Die ganze Familie soll von dem Projekt profitieren. Maria Gracia darf ein Drittel ihres Verdienstes behalten, und sie spart eisern. Eigentlich auf ein Kleid für ihren 15. Geburtstag, der in Peru auch von den Armen groß gefeiert wird. „Aber als meine kleine Schwester krank wurde, da waren meine Eltern froh, dass ich ihnen aus dieser Kasse etwas leihen konnte, weil doch der Arzt bezahlt werden musste", erzählt sie.

Quelle: Nickoleit, Katharina: Kinderarbeit nicht an die nächste Generation vererben. Kindernothilfe. November 2017.

M 4 *Maria arbeitet auf einem Markt in Lima*

keinen Gesundheits- sowie Arbeitsschutz und bezieht keine Leistungen einer Renten- oder Arbeitslosenversicherung.

1 Erläutern Sie die Aussage: „Megastädte – Megaprobleme" (**M 2**, **M 3**, S. 162/163).

2 Charakterisieren Sie Merkmale und Probleme von Marginalsiedlungen (**M 3**).

3 Erarbeiten Sie eine Präsentation zum Thema „Favelas in Rio de Janeiro". Nutzen Sie auch Satellitenbilder ( ).

4 Kennzeichnen Sie die Merkmale und Bedeutung des informellen Sektors für die Stadtbevölkerung in Mittel- und Südamerika (**M 1**, **M 2**).

5 Vergleichen Sie die Berichte der Kinder und beurteilen Sie das Für und Wider von Kinderarbeit im informellen Sektor in Peru (**M 3**, **M 4**).

Cuzco – eine Stadt in Peru

M 1 *Der zentrale Platz in Cuzco*

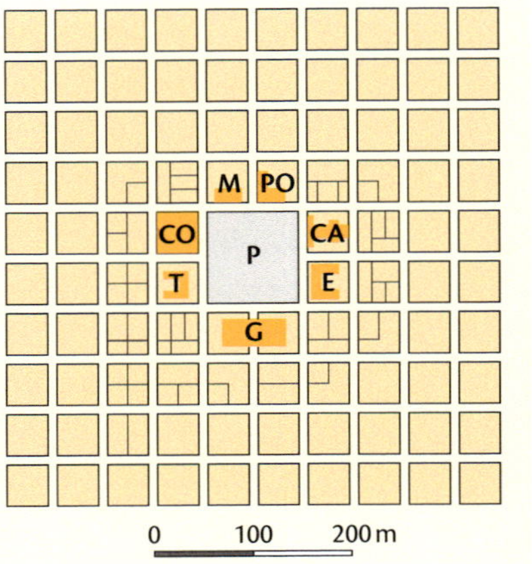

M 2 *Modell der spanisch-amerikanischen Kolonialstadt*

Stadt der Inka – Stadt der Spanier

Schon die Inka, die vor der Eroberung Lateinamerikas durch die Spanier in Peru lebten, bewohnten Städte. Einige dieser Städte hatten bis zu 250 000 Einwohner, doch die meisten heutigen Städte haben ihren Ursprung in der **Kolonialzeit**.

Während der Eroberungsfeldzüge im 16. Jahrhundert zerstörten die Spanier die bestehenden Inka-Siedlungen weitestgehend. Häufig gründeten sie aber an gleicher Stelle eine neue Stadt, da sie es auf die Ausbeutung der Edelmetalle abgesehen hatten, die dort zu finden waren. Auch Cuzco gründeten die Spanier an der Stelle, an der sie eine Inka-Stadt zerstört hatten. Viele heutige Gebäude stehen auf Grundmauern aus der Inkazeit.

Charakteristisch für die spanisch-amerikanische Kolonialstadt ist der planmäßig angelegte Schachbrettgrundriss der Straßen. Das Schachbrettmuster hatte den Vorteil, dass die Stadt schnell erweitert werden konnte. Außerdem war dieser Grundriss für die Verteilung der Baugründe und Kontrolle der Steuereinnahmen vorteilhaft. Den Mittelpunkt der Stadt bildet ein unbebautes Quadrat, die Plaza mayor, mit bedeutenden Bauten der Kirche und des Staates. Der Grundriss der Altstädte im regelmäßigen Schachbrettmuster zeigt, dass die Städte planmäßig angelegt wurden. Die Höhe der Häuser und die soziale Zugehörigkeit ihrer Bewohner nehmen mit zunehmender Entfernung von der Plaza ab.

Jahr	Einwohner
1900	20 000
1950	59 000
1980	177 000
2000	298 000
2015	420 000
2030 (Prognose)	547 000

Quelle: UNO, World Urbanization Prospects 2018

M 3 *Einwohner in Cuzco*

Wandel durch Wachstum

In der Mitte des 20. Jahrhunderts begann auch Cuzco rasant zu wachsen. Im Hochland der Anden erbringt die Landwirtschaft nur geringe Erträge. Deshalb hofften viele Menschen in der Stadt durch die wachsende Industrie auf Arbeit und bessere Lebensbedingungen. Die Industriebetriebe siedelten sich entlang der Verkehrswege an. Das hatte zur Folge, dass in unmittelbarer Nähe Arbeitersiedlungen entstanden. Die wohlhabenderen Familien zogen dagegen in attraktivere Wohnviertel am Stadtrand. Die Gebiete um die Plaza wandelten sich von bevorzugten Wohngebieten zur City. Nach und nach wurde die Struktur der Kolonialzeit überprägt.

Marginalsiedlungen

Die große Zahl der in die Stadt ziehenden, meist armen Landbevölkerung siedelte sich zunächst in den ehemals bürgerlichen Wohngegenden in der Nähe des Stadtkerns an. Die oft überbelegten Häuser wurden nicht gepflegt und verfielen, die Infrastruktur brach zusammen. Es bildeten sich innerstädtische Slums. Die Behörden bauten am Stadtrand Siedlungen im sozialen Wohnungsbau, dennoch mussten die

meisten Zuwanderer aufgrund ihrer Armut auf Marginalsiedlungen ausweichen.
Die Oberschicht lebt in neu errichteten Wohnbezirken, die durch Zäune oder Mauern von den übrigen Stadtbezirken getrennt sind und von Kameras und Personal bewacht werden. So sollen die **Barrios privados** vor Überfällen geschützt werden.

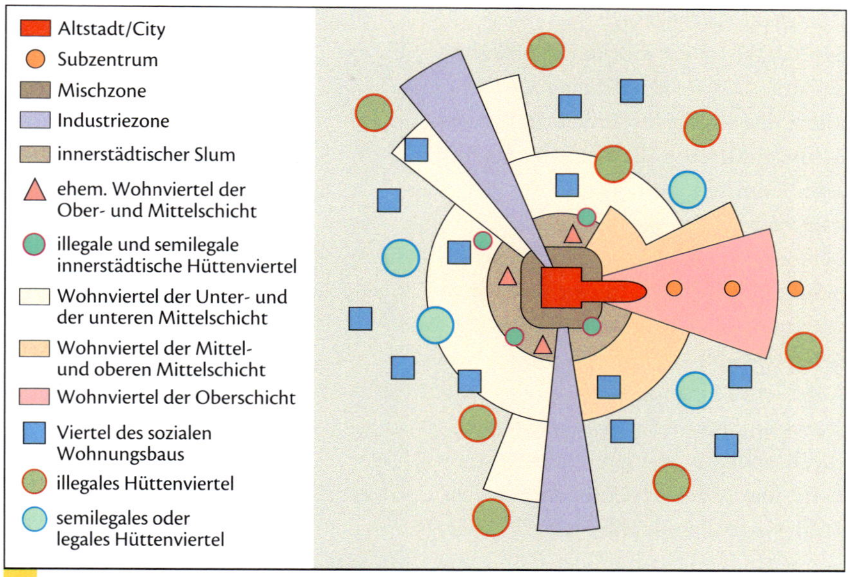

M 4 *Modell der spanisch-amerikanischen Stadt*

1. Lokalisieren Sie Cuzco und beschreiben Sie die geographische Lage der Stadt (Karten S. 143, S. 196, Atlas).
2. Nennen Sie Merkmale einer spanisch-amerikanischen Kolonialstadt und erläutern Sie diese am Beispiel Cuzco (**M 1**, **M 2**, **M 4**, **M 5**).
3. Erläutern Sie Veränderungen in der Struktur der spanisch-amerikanischen Stadt (**M 4**).
4. Erklären Sie wirtschaftliche, soziale, politische und ökonomische Probleme, die mit dem Wachstum der Stadt verbunden sind (**M 4**). Fertigen Sie dazu eine Tabelle an.
5. Diskutieren Sie die Auswirkungen der anhaltenden Landflucht auf Cuzco und seine Bewohner (**M 3** bis **M 5**).

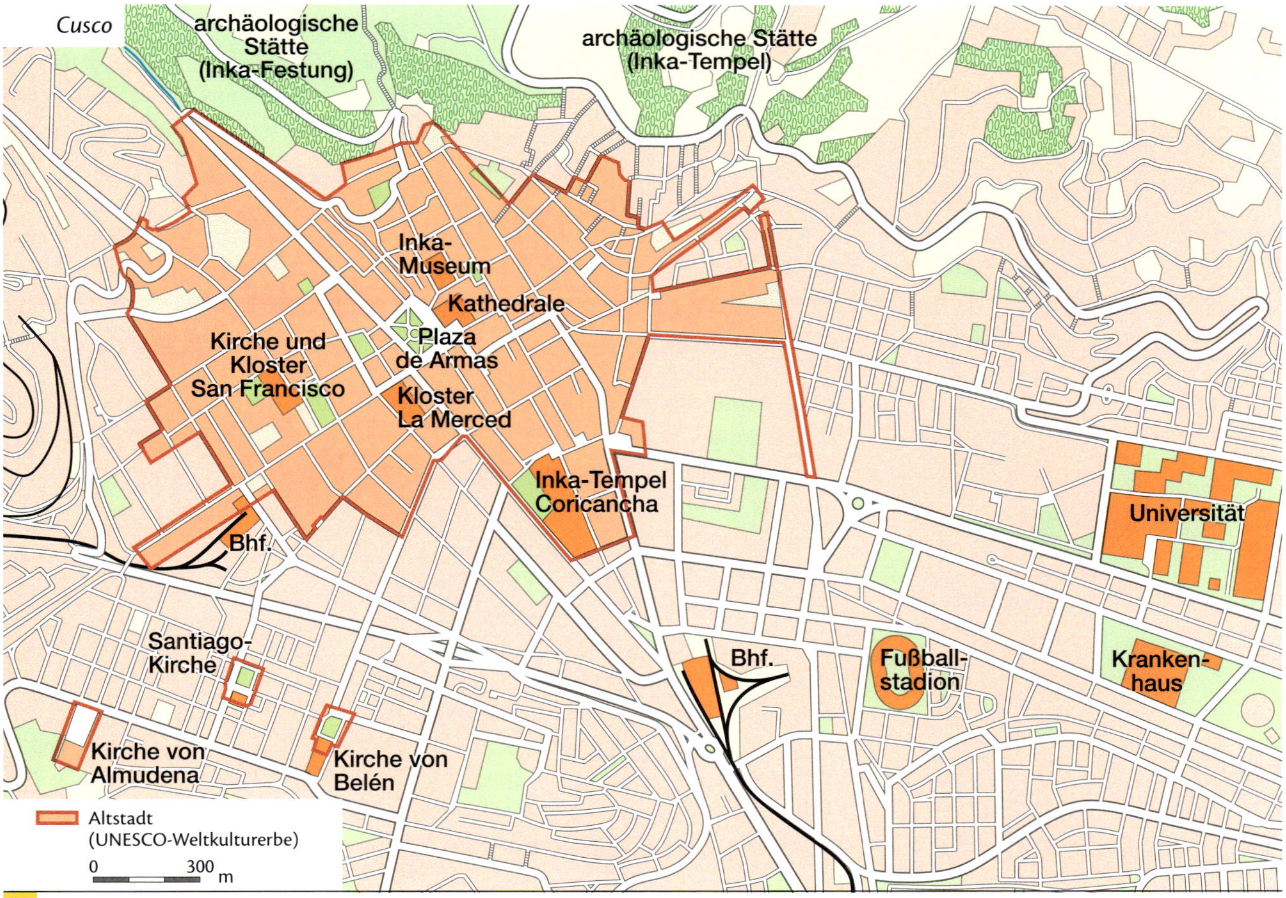

M 5 *Stadtplan Cuzco*

Tourismus – ein „Fluch der Karibik“?

Reiseziel Karibik

Die Karibik ist ein ganzjährig beliebtes Reiseziel. Das wechselfeuchte tropische Klima, die weißen Strände und die abwechslungsreiche Landschaft begeistern Touristen aus aller Welt. Hinzu kommen die Städte, die vom Einfluss unterschiedlicher Kolonialmächte geprägt sind. Auch die touristische Infrastruktur ist gut ausgebaut. Es gibt vielseitige Hotels mit unterschiedlichen Angeboten, Einkaufsmöglichkeiten wie Shops und große Shoppingzentren sowie Beachbars und gehobene Restaurants, die Meeresfrüchte und andere lokale Spezialitäten anbieten.
Vor allem die US-Amerikaner und Kanadier besuchen die Karibik gerne. Mehr als 60 Prozent der Touristen stammen aus dieser Region. Besonders im Winter ist das Reiseziel beliebt, um der Kälte zu entfliehen.

Ferne Welten erkunden

Der **Ferntourismus** boomt: Wie keine andere Tourismusbranche nehmen die Reisen in ferne Regionen an Attraktivität zu. Besonders die Destinationen, die weit weg vom eigenen Wohnort liegen, sind begehrt. Die günstigen Preise für Langstreckenflüge und die Attraktivität von Pauschalangeboten locken immer mehr Europäer und Asiaten in die Karibik. Immer weniger Menschen buchen Individualreisen, sondern sie entscheiden sich für eine Pauschalreise.

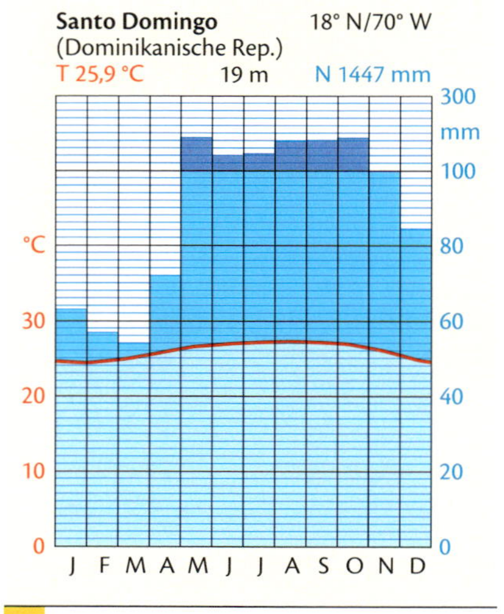

M 2 *Klimadiagramm Santo Domingo*

M 1 *Andrang am Karibik-Strand in Nassau auf den Bahamas*

Kreuzfahrttourismus in der Karibik

Kreuzfahrten werden immer beliebter: 1997 machten 8,5 Millionen Menschen eine Kreuzfahrt, heute sind es mehr als 26 Millionen. Auf den größten Kreuzfahrtschiffen können mehr als 5000 Menschen die Meere bequem bereisen. Kreuzfahrtpassagieren mangelt es an nichts, da die Schiffe „schwimmende Hotels“ sind. Zu den Vorteilen einer Kreuzfahrt gehört, dass man nicht nur ein Urlaubsziel bereisen kann, sondern mehrere.
Der Begriff Kreuzfahrt geht auf das englische „cruise“ zurück. Damit ist das „Kreuzen“, das Hin- und Herfahren zwischen verschiedenen Häfen gemeint. Das Hotel braucht nicht gewechselt zu werden. Jedes Kreuzfahrtprogramm sieht mehrere Landgänge vor. Die Kreuzfahrtschiffe laufen die Hafenstädte an, wo sie Liegeplätze benötigen. Von dort strömen tausende Menschen gleichzeitig an Land und besuchen zu Fuß oder mit Bussen die jeweiligen Sehenswürdigkeiten. Diesen Ansturm an Touristen können viele Orte kaum noch bewältigen. Kreuzfahrttouristen verschaffen den Hafenstädten kaum Einnahmen, da sie nur kurz verweilen und auf ihren Schiffen voll verpflegt werden.

Staat/ Gebiet	Einwohnerzahl	Anzahl der Touristen
Jamaika	2 816 000	790 240
Bahamas	352 655	400 152
St. Lucia	166 637	108 545
Aruba (NL)	120 917	317 673
St. Kitts und Nevis	54 149	27 237
Anguilla (GB)	18 403	24 060

Quelle: CIA World Factbook, Caribbean Tourism Organization 2021

M 3 *Ausgewählte Zahlen zum Tourismus in der Karibik 2021*

Folgen des Tourismus

Der Tourismus ist in vielen Staaten der bedeutendste Wirtschaftszweig, da die Reisenden Geld ausgeben und viele Arbeitskräfte gebunden werden. Gleichzeitig bringt der **Massentourismus** Probleme mit sich. Flächen werden gerodet, um große Hotel- und Badelandschaften zu bauen. Viele kleine Inseln sind bereits lückenlos bebaut. Die Reisenden verursachen neben viel Müll auch Abwässer, die teilweise ins Meer geleitet werden. Die Kreuzfahrtschiffe fuhren auf hoher See bis 2020 noch mit Schweröl. Das ist ein Restprodukt, das in den Raffinerien bei der Verarbeitung von Erdöl anfällt. Bei der Verbrennung entstehen Schwefelverbindungen, Stickoxide, Ruß und Feinstaub. Diese sind nicht nur klimaschädlich, sondern gefährden auch die Gesundheit. Neuere Kreuzfahrtschiffe werden mit Rauchgasreinigungsanlagen, Reinigungsfiltern und Katalysatoren wie bei einem Lkw auf der Straße ausgerüstet. Eine neue Generation von Schiffen fährt seit 2019 mit umweltfreundlicherem Flüssiggas.

Staat/Gebiet	2019	2020
Aruba (NL)	69,2	44,0
St. Lucia	68,1	28,7
Britische Jungferninseln	53,6	27,1
St. Kitts und Nevis	52,0	22,0
Bahamas	44,4	20,0
Anguilla (GB)	43,4	15,7
Grenada	40,7	16,6

Quelle: World Travel Tourism Council 2021

M 4 *Anteil des Tourismus am BIP 2019 und 2020 in Prozent*

In vielen der kleinen Karibik-Staaten stellt der Tourismus die Einnahmen und Arbeitsplätze der Bevölkerung. Auch auf den größeren Inseln wie Jamaika ist ein Drittel der Menschen direkt oder indirekt vom Tourismus abhängig. 2019 besuchten mehr als 31 Mio. Menschen die Karibik, etwa die Hälfte der Touristen stammt aus den USA. Die strengen Auflagen bedingt durch die Covid-19-Pandemie haben dazu geführt, dass die Einnahmen aus diesem Bereich um fast 60 Prozent zurückgegangen sind. Etwa 25 Prozent der Arbeiter haben ihren Job verloren. Und eine Erholung ist nicht in Sicht.
Die einseitige Ausrichtung auf den Tourismus hat den karibischen Staaten über viele Jahre Wachstum beschert: Die Infrastruktur wurde ausgebaut, Unternehmen mit direktem Bezug zum Tourismus, wie Reise- und Veranstaltungsbüros, wurden gegründet und die Kauffreude der Bewohner stieg an. Sie führt aber auch dazu, dass fast alles, was für das tägliche Leben notwendig ist, importiert werden muss. Das betrifft vor allem Nahrungsmittel. Neuere Bestrebungen gehen jetzt in die Richtung, dass es nach der Pandemie eine andere Art des Tourismus geben wird. Auch wenn „Sonne, Strand und Meer" weiterhin dominierend bleiben, wollen die Staaten weg vom Billigtourismus hin zu einer vielfältigeren und diverseren Wirtschaftsstruktur. Insbesondere die Landwirtschaft und die Veredelungswirtschaft dürften wieder an Bedeutung gewinnen. Zudem gehen die Experten davon aus, dass Reisen nachhaltiger und der Umgang der Touristen mit der Natur rücksichtsvoller wird.

M 5 *Karibik – Tourismus nach der Corona-Pandemie?*

Flucht in die heile Karibik – zu Besuch auf der Kunstinsel „Ocean Cay"
Eine ehemalige Industrieinsel der Bahamas ist ein neues Urlaubsparadies geworden. Die Insel liegt etwa 100 km östlich von Miami und soll in Zukunft das Zentrum eines Meeresschutzgebietes mit einem intakten Ökosystem und neuen Angeboten für Touristen werden. Mit einem Startkapital von 200 Mio. Euro hat eine europäische Reederei neue Palmen gepflanzt und den feinen Pudersand maschinell über mehrere Jahre abgesaugt. „Das Eiland war eine ehemalige Mine. Rund um die Insel lag Metallschrott im Meer. Mehrere tausend Tonnen Industrieabfälle mussten eingesammelt und entsorgt werden, um die Insel wieder in ihren ursprünglichen Zustand zu versetzen", berichtet der Eigentümer der Reederei. Im Gegensatz zu anderen aufgerüsteten Touristen-Hotspots fährt Ocean Cay ein anderes Konzept: authentisch und nachhaltig. Der Reiseveranstalter hat die Insel komplett unter eigener Kontrolle. Innerhalb von vier Jahren entstand neben einer großen Anlegestelle für Kreuzfahrtschiffe ein 165 km^2 großes Meeresschutzgebiet. Dafür mussten eine Fahrrinne vertieft und die gesamte Landmasse teilweise verschoben werden. Auch eine Lagune wurde neu ausgebaggert. Für die Inselbewohner entstanden neue Unterkünfte. Shops, Restaurants und Beachbars werden von den Einheimischen betrieben. Die Insel ist wieder grün und auch die Unterwasserwelt erholt sich. Meeresbiologen konnten etwa 400 bedrohte Korallenarten neu ansiedeln.

M 6 *Das Projekt Ocean Cay*

1 Erläutern Sie, warum die Karibik ein attraktives Reiseziel darstellt (**M 1**, **M 2**).

2 Erklären Sie, warum der Kreuzfahrttourismus in der Karibik einen so hohen Stellenwert hat (**M 2**, Atlas).

3 Entwickeln Sie ein Wirkungsgefüge zu den Folgen des Massentourismus (**M 1**, **M 3**).

4 Charakterisieren Sie die aktuellen Entwicklungen der Tourismusbranche in der Karibik (**M 4** bis **M 6**).

5 Erstellen Sie am Beispiel der Karibik Handlungsrichtlinien für eigene Fernreisen und Kreuzfahrten (**M 1**).

6 Bilden Sie Gruppen und diskutieren Sie in einem Rollenspiel über das Projekt der Kunstinsel „Ocean Cay" (**M 6**).

Geo-Check: Herausforderungen und Entwicklungen in Mittel- und Südamerika diskutieren

Sich orientieren

M 1 *Südamerika-Reise*

1 Stationen einer Reise durch Südamerika: Die Ziffern geben die Reiseziele an. Ermitteln Sie mithilfe der Beschreibung die Namen der Länder und deren Hauptstädte (**M 1**).

1. In der Sprache der indianischen Ureinwohner hieß ein Flüsschen „Birú" (= Wasser). Danach benannten die Spanier das Land an der Pazifikküste.
2. Der Lage am Äquator verdankt das Land seinen Namen.
3. Mit dem Staatsnamen wird der große Entdecker der Neuen Welt geehrt.
4. Als „Klein-Venedig" bezeichneten die spanischen Eroberer die Küstenregion, weil sie die Pfahlbauten der Indianer an Venedig erinnerten.
5. Nach der Tabakpflanze benannte man nicht nur eine bestimmte Zigarrensorte, sondern auch den Staat.
6. Der Name des Landes stammt aus der spanischen Kolonialzeit und leitet sich von der lateinischen Bezeichnung für Silber („Argentum") ab, weil man hoffte, dort Edelmetalle zu finden.
7. Im Indianischen heißt „Tschili" „Ende des Landes."
8. „Fluss des bunten Vogels" heißt in der Indianersprache der Name eines Flusses, der auf das Land ausgedehnt wurde.

Wissen und verstehen

2 Ordnen Sie jedem dieser Begriffe mindestens zwei Merkmale zu, die ihn erklären oder beschreiben (**M 2**).

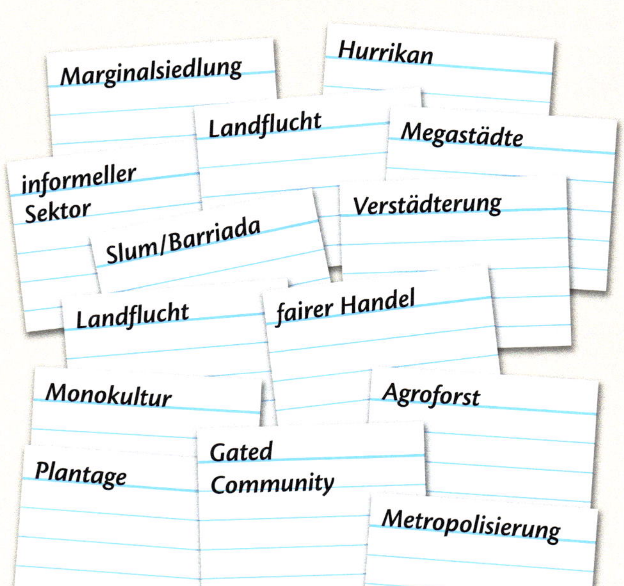

M 2 *Geo-Begriffestapel*

3 Sortieren Sie die Aussagen in richtige und falsche Aussagen. Verbessern Sie die falschen Aussagen und schreiben Sie diese richtig auf.

Richtig oder falsch?

- Der Anbau als Monokultur bringt Vorteile für die Umwelt und gute Gewinne für die Plantagenbesitzer.
- Agroforst ist auch in den Tropen eine Form der nachhaltigen landwirtschaftlichen Nutzung.
- Am Amazonas befindet sich das größte zusammenhängende Regenwaldgebiet der Erde.
- In Amazonien werden auf riesigen Plantagen Kartoffeln und Weizen angebaut.
- Die Oberschicht wohnt in südamerikanischen Millionenstädten in Barrios privados oder ist in mittelgroße Städte abgewandert.
- Die Höhenstufen der Vegetation im tropischen Amerika reichen vom Bergwald bis zur Eis- und Schneeregion.
- In Südamerika hat die städtische Bevölkerung einen geringeren Anteil als in Deutschland.
- Große Teile Südamerikas liegen in den Tropen.

Sich verständigen, beurteilen und handeln

4 Erläutern Sie die Umweltbelastungen durch den Anbau von Bananen (**M 3**). Zeigen Sie Möglichkeiten zur Verringerung der Folgen für Mensch und Umwelt.

5 Erörtern Sie das Für und Wider des Anbaus von Bananen in Mittel- und Südamerika.

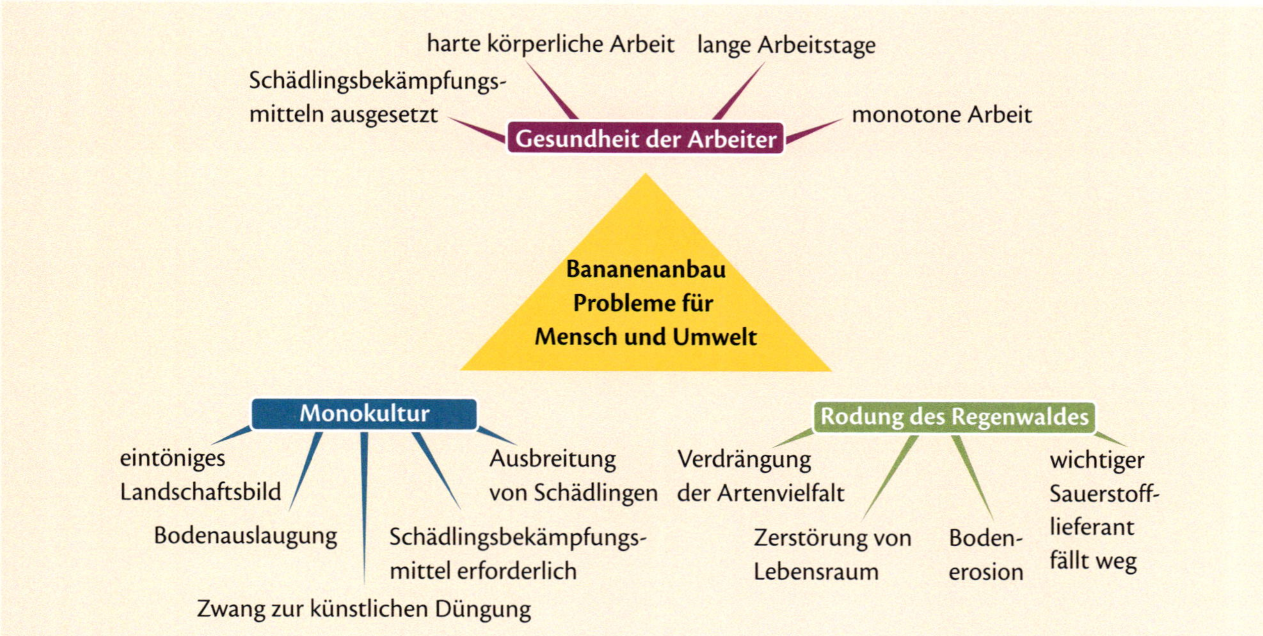

M 3 *Umweltbelastungen durch den Anbau von Bananen*

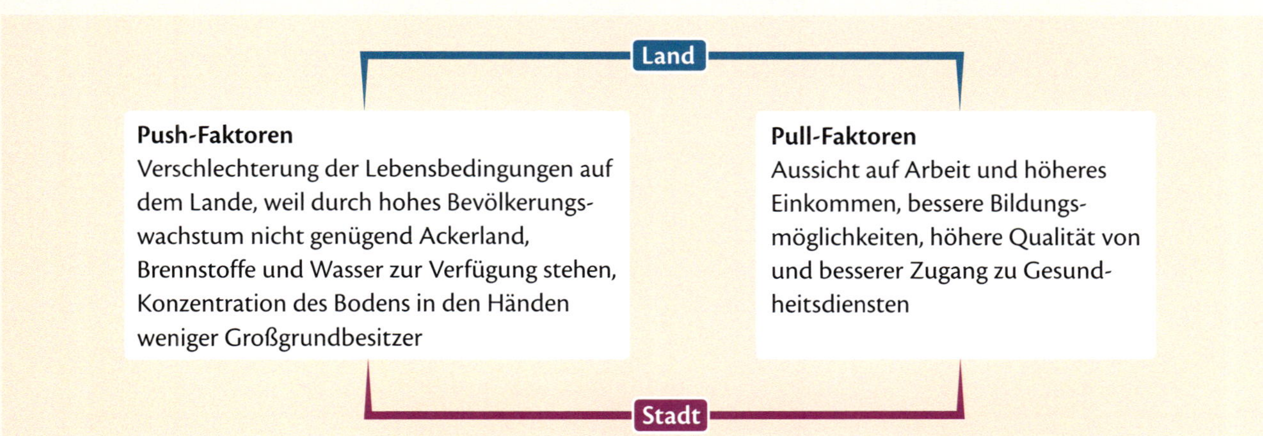

M 4 *Leben auf dem Land oder in der Stadt?*

6 Diskutieren Sie die Vor- und Nachteile des Lebens in den Städten Südamerikas. Ergänzen Sie die in **M 4** genannten Argumente und zeigen Sie mögliche Lösungswege für den „Kontinent der Städte" auf (**M 4**, **M 5**).

M 5 *Favela neben Gated Community in São Paulo*

Die Aufgabe 1 findest du als Arbeitsblatt unter:

cornelsen.de/codes
Code: maquqi

Daten von Klimastationen weltweit

Zone	Station		J	F	M	A	M	J	J	A	S	O	N	D	Jahr
Polare Zone	**Dudinka, Russland**		J	F	M	A	M	J	J	A	S	O	N	D	Jahr
	69°24' N/86°10' O	°C	−29,5	−25,7	−22,5	−16,0	−6,4	3,8	12,0	10,4	3,2	−8,4	−21,8	−26,9	−10,7
	20 m	mm	12	11	9	10	12	29	32	49	33	28	18	13	256
	Kirkenes, Norwegen		J	F	M	A	M	J	J	A	S	O	N	D	Jahr
	71°18' N/156°47' W	°C	−11,5	−11	−7	−2	3,5	9	12,6	11	6,7	0,9	−5	−9,2	−0,2
	10 m	mm	34	25	23	22	25	42	61	63	48	37	35	35	450
	Inuvik, Kanada		J	F	M	A	M	J	J	A	S	O	N	D	Jahr
	68°18' N/133°29' W	°C	−28,8	−28,5	−24,1	−14,1	−0,7	10,6	13,8	10,5	3,3	−8,2	−21,5	−26,1	−9,5
	59 m	mm	16	11	11	13	19	22	34	44	24	30	17	17	257
Gemäßigte Zone	**München, Deutschland**		J	F	M	A	M	J	J	A	S	O	N	D	Jahr
	48° 9' N/11° 42' O	°C	−2,4	−1,2	3,0	7,6	12,2	15,4	17,2	16,6	13,3	7,8	2,9	−0,9	7,6
	527 m	mm	59	55	51	62	107	125	140	104	87	67	57	50	964
	Nürnberg, Deutschland		J	F	M	A	M	J	J	A	S	O	N	D	Jahr
	49° 30' N/11° 6' O	°C	−1,4	−0,4	3,7	8,2	13,0	16,5	18,0	17,3	13,8	8,4	3,7	0,0	8,4
	310 m	mm	43	39	35	40	55	71	90	75	46	46	41	42	623
	Warschau, Polen		J	F	M	A	M	J	J	A	S	O	N	D	Jahr
	52°09' N/20°59' O	°C	−3,5	−2,5	1,4	8,0	14,0	17,5	19,2	18,2	13,9	8,1	3,0	−0,6	8,1
	107 m	mm	23	26	24	36	44	62	79	65	41	35	37	30	502
	Edmonton, Kanada		J	F	M	A	M	J	J	A	S	O	N	D	Jahr
	53°34' N/113°13' W	°C	−14,1	−11,6	−5,5	4,2	11,2	14,3	17,3	15,6	10,8	5,1	−4,2	−10,4	2,7
	206 m	mm	24		21	28	46	80	85	65	34	23	22	25	473
	Montreal, Kanada		J	F	M	A	M	J	J	A	S	O	N	D	Jahr
	45°30' N/73°35' W	°C	−8,7	−7,8	−2,1	6,2	13,6	18,9	21,6	20,5	15,6	9,4	2,3	−5,9	6,9
	17 m	mm	87	76	86	83	81	91	102	87	95	83	88	89	1048
	Denver, USA		J	F	M	A	M	J	J	A	S	O	N	D	Jahr
	39°46' N/104°53' W	°C	−1,1	0,3	3,3	8,6	13,7	19,4	23,0	22,2	17,5	11,3	4,0	0,6	10,2
	1610 m	mm	14	18	31	54	69	37	39	33	29	26	18	12	380
Subtropische Zone	**Rom, Italien**		J	F	M	A	M	J	J	A	S	O	N	D	Jahr
	41°54' N/12°29' O	°C	7,3	8,3	10,1	12,8	17,0	20,9	23,9	23,9	20,8	16,3	11,6	8,3	15,1
	46 m	mm	103	98	67	65	48	34	23	33	68	94	130	111	875
	Madrid, Spanien		J	F	M	A	M	J	J	A	S	O	N	D	Jahr
	40°25' N/3°41' O	°C	6,1	7,9	10,7	12,3	16,1	21,0	24,8	24,4	20,5	14,6	9,7	7,0	14,6
	667 m	mm	37	35	26	47	52	25	15	10	28	49	56	56	436
	Los Angeles, USA		J	F	M	A	M	J	J	A	S	O	N	D	Jahr
	33°56' N/118°24' W	°C	13,8	14,2	14,4	15,6	17,1	18,7	20,6	21,4	21,1	19,3	16,4	13,8	17,2
	30 m	mm	61	64	50	18	4	1	1	4	8	9	45	42	307
	Tunis, Tunesien		J	F	M	A	M	J	J	A	S	O	N	D	Jahr
	36°50' N/10°14' O	°C	11,5	12,0	13,2	15,6	19,3	23,2	26,3	26,8	24,4	,4	15,9	12,5	18,4
	3 m	mm	59	57	47	38	23	10	3	7	33	66	56	67	466
Tropische Zone	**Manaus, Brasilien**		J	F	M	A	M	J	J	A	S	O	N	D	Jahr
	3°08' S/60°01' W	°C	26,1	26,0	26,1	26,3	26,3	26,4	26,5	27,0	27,5	27,6	27,3	26,7	26,7
	72 m	mm	260	288	314	300	256	114	88	58	83	126	183	217	2287
	Nairobi, Kenia		J	F	M	A	M	J	J	A	S	O	N	D	Jahr
	1°19' S/36°55' O	°C	19,4	20,2	20,7	20,2	19,1	17,7	16,7	17,3	18,6	19,7	19,3	19,0	19,0
	1624 m	mm	42	48	69	157	108	27	12	14	25	43	121	80	745
	Khartum, Sudan		J	F	M	A	M	J	J	A	S	O	N	D	Jahr
	15°36' N/32°33' O	°C	23,2	25,0	28,7	31,9	34,5	34,3	32,1	31,5	32,5	32,4	28,1	24,5	29,9
	380 m	mm	0	0	0	1	4	11	46	75	25	5	1	0	168
	Bamako, Mali		J	F	M	A	M	J	J	A	S	O	N	D	Jahr
	12°32' N/7°57' W	°C	25,1	27,8	30,2	31,6	31,4	29,1	26,8	26,1	26,6	27,7	26,5	24,8	27,8
	380 m	mm	0	0	2	25	46	121	218	234	165	65	2	0	878
	Timbuktu, Mali		J	F	M	A	M	J	J	A	S	O	N	D	Jahr
	16°43' N/3°00' W	°C	21,3	24,2	27,4	31,1	34,2	34,1	32,0	30,3	31,3	30,7	36,2	21,7	28,7
	263 m	mm	0	0	0	1	4	15	45	64	27	2	1	0	159

Lösungstipps zu den Aufgaben

Kapitel 1 Leben in der Einen Welt analysieren

S. 17

3 Erläutern Sie die Verteilung der Länder mit unterschiedlichem Entwicklungsstand auf der Erde. Legen Sie eine Tabelle an und ordnen Sie jeder der drei Gruppen jeweils fünf Länderbeispiele zu. Recherchieren Sie wenn nötig im Internet (**M 2**, Karte S. 198/199, Atlas, 🔑).

▶ Berücksichtigen Sie die Arbeitstechnik ***Eine Internetrecherche durchführen***.

▶ Die Tabelle könnte so aussehen:

	Länder
Industrieland	Norwegen, Schweiz, ...
Schwellenland	...
...	...

S. 19

1 Beschreiben Sie die geographische Lage von Bangladesch (Karte S. 192/193, Atlas).

▶ Beachten Sie dabei die Lage im Kontinent Asien und zum Ozean, die Nachbarländer, die Gewässer, die Landeshauptstadt sowie weitere große Städte.

5 Erörtern Sie die Herausforderungen, vor denen Bangladesch steht, in einem Kurzvortrag (**M 1** bis **M 3**).

▶ Recherchieren Sie dazu auch im Internet, zum Beispiel beim Bundesministerium für wirtschaftliche Zusammenarbeit und Entwicklung (BMZ) oder bei der Deutschen Gesellschaft für internationale Zusammenarbeit (GIZ). Nutzen Sie die Arbeitstechniken ***Einen Kurzvortrag, ein Kurzreferat halten*** und ***Eine Internetrecherche durchführen*** im Anhang.

S. 21

1 Beschreiben Sie Malaysias geographische Lage (Karte S. 192/193, Atlas).

▶ Beachten Sie dabei die Lage im Kontinent Asien und zum Ozean, die Nachbarländer, die Landeshauptstadt und weitere große Städte.

4 Fertigen Sie eine Tabelle an, in der Sie Gunst- und Ungunstfaktoren für die gesellschaftliche Entwicklung in Malaysia gegenüberstellen (**M 2** bis **M 4**).

▶ Die Tabelle könnte so aussehen:

Gunstfaktoren	**Ungunstfaktoren**
...	große Zahl von Menschen, die Bildungschancen nicht nutzen können
Bekämpfung der Armut durch höhere Einkommen	...
...	...

S. 23

1 Beschreiben Sie die geographische Lage Brasiliens (Karte S. 196, Atlas).

▶ Beachten Sie dabei:
- die Lage im Kontinent Südamerika und zum Ozean,
- die Nachbarländer,
- die Landeshauptstadt und weitere große Städte,
- die Entfernungen.

4 Erörtern Sie Vor- und Nachteile der exportorientierten brasilianischen Wirtschaft (**M 1** bis **M 4**).

▶ Beachten Sie folgende Aspekte bei der Erörterung: Größe des brasilianischen Binnenmarktes, Preise und Art der Export- und Importprodukte, Möglichkeiten der Verarbeitung von Exportprodukten, Konsequenzen für die Staatseinnahmen.

Kapitel 2 Klima und Vegetation in den Tropen und trockenen Subtropen erklären

S. 35

3 Drei gleich große Strahlenbündel (A, B, C) bescheinen auf der Erdoberfläche unterschiedliche Flächen. Erklären Sie, wo die Erwärmung am stärksten ist (**M 1**).

▶ Vergleichen Sie die Größe des Einfallswinkels der Sonnenstrahlen (α_1 bis α_3) und die Größe der Flächen A bis C.

▶ Formulieren Sie nun drei Sätze nach folgendem Muster: Die beleuchtete Fläche A ist klein, die Sonnenstrahlen fallen aber senkrecht auf die Erde, deshalb wird diese Fläche sehr stark erwärmt.

4 Erläutern Sie die Ursachen für die Entstehung der Temperaturzonen (**M 1**, **M 3**).

▶ Beachten Sie bei der Beantwortung, dass die Erde eine Kugelgestalt hat und welche Folgen sich daraus für die Erwärmung der Erde durch die Sonne ergeben.

5 Erklären Sie, warum es gerade an diesen Orten zu den Temperaturrekorden gekommen ist (**M 2**, Atlas)

▶ Berücksichtigen Sie dabei:
- die Breitenlage,
- die Lage zum Meer,
- Meeresströmungen,
- die unterschiedliche Erwärmung von Kontinenten und Ozeanen.

S. 37

5 Erklären Sie die Zirkulation der Atmosphäre und benennen Sie Unterschiede zwischen der Nord- und Südhalbkugel. Nutzen Sie dazu auch das Modell des Wärmetransportes auf der Erde (**M 2**, **M 3**, S. 38/39).

▶ Beschreiben Sie zunächst die Lage der Hochdruckgürtel und Tiefdruckrinnen und ziehen Sie daraus Schlussfolgerungen für die Entstehung der Windgürtel. Vergleichen Sie danach die Verteilung der Druckgürtel und die Windrichtungen auf der Nord- und der Südhalbkugel.

S. 41

1 Erklären Sie, warum die Luft im Bereich des Äquators aufsteigt (**M 1**).

▶ Verwenden Sie für die Erklärung folgende Begriffe: Zenitstand der Sonne, Erwärmung der Erdoberfläche, Verdunstung, Entstehung von Wolken, Abkühlung mit zunehmender Höhe, Zenitalregen.

2 Erläutern Sie den Passatkreislauf und die Entstehung des Nordostpassats und des Südostpassats (**M 2** bis **M 4**, S. 36/37, S. 38/39).

▶ Die Lösung der Aufgabe sollte eine Antwort auf folgende Fragen beinhalten:
- Zwischen welchen Breitenkreisen findet dieser Kreislauf statt?
- Warum wird dieses Gebiet so stark erwärmt?
- Welche Folgen hat die starke Erwärmung und das Aufsteigen der Luft bis in große Höhen?
- Wie verändert sich der Luftdruck dadurch am Boden?
- Was passiert mit der Luft und dem Luftdruck an den Wendekreisen?
- Wie heißt die bodennahe Ausgleichsströmung zwischen dem hohen Luftdruck an den Wendekreisen und dem tiefen Luftdruck am Äquator?
- Warum weht der Passat auf der Nordhalbkugel als Nordostpassat?
- Und warum weht der Passat auf der Südhalbkugel als Südostpassat?

6 Erläutern Sie das „Wandern des Zenitstands der Sonne" und vergleichen Sie diese mit der Verlagerung der ITC. Warum können die Zenitalregen die Wendekreise nicht erreichen (**M2**, **M3**)?

▶ Berücksichtigen Sie den Wärmetransport auf der Erde, die Verteilung der Druckgebiet und Windgürtel sowie die geographische Lage von Hawaii.

S. 44

3 Erläutern Sie, wie sich das Klima vom Äquator nach Norden und nach Süden verändert (**M 1**).

▶ Beachten Sie dabei die Merkmale des Klimas: durchschnittliche Jahrestemperatur, Jahresniederschläge, Auftreten von Trockenzeiten, Jahresschwankung der Temperaturen.

5 Erläutern Sie die Zusammenhänge zwischen Klima und Vegetation (**M 1** bis **M 7**).

▶ Beachten Sie dabei Temperatur, Niederschlag, Höhe und Art der Pflanzen.

S. 49

1 Beschreiben Sie die geographische Lage der Tropen und lokalisieren Sie den „Tropengürtel" (Karte S. 31 oben).

▶ Beachten Sie dabei folgende Lagemerkmale des Tropengürtels:
- Auf welchen Kontinenten liegt er und in welchen Teilen der Kontinente?
- Welche Länder gehören zu den Tropen?

3 Werten Sie die Klimadiagramme und Thermoisoplethendiagramme aus und vergleichen Sie das Klima am Äquator und in Deutschland (**M 4** bis **M 7**,).

▶ Beachten Sie die Arbeitstechnik: ***Ein Thermoisoplethendiagramm auswerten***.

S. 51

4 Vergleichen Sie den tropischen Regenwald mit dem europäischen Wald (**M 3**).

▶ Berücksichtigen Sie dabei insbesondere die Böden und den Nährstoffkreislauf.

S. 55

2 Vergleichen Sie die Merkmale von Shifting Cultivation und Dauerfeldbau (**M 1** bis **M 3**).

▶ Berücksichtigen Sie bei Ihrem Vergleich:
- die vorbereitenden und ganzjährigen Arbeiten,
- die Erträge,
- ökologische Gesichtspunkte.

S. 56

2 Erklären Sie die unterschiedlichen Anpassungsformen der Vegetation an die Trockenzeit (**M 1** bis **M 8**).

▶ Folgende unterschiedliche Anpassungsformen sollten Sie erklären:
- Kakteen und den Stamm des Baobab,
- Dornen und kleine lederartige Blätter,
- die tiefe Wurzel des Schirmbaumes.

3 Stellen Sie die Merkmale der drei Savannenarten in einer Tabelle zusammen: Dauer der Regen- und Trockenzeit, Vegetation (**M 3** bis **M 8**).

▶ Die Tabelle könnte folgendermaßen aussehen:

	Anzahl der Regen-zeiten	Länge der Trocken-zeiten	Pflanzen
Feuchtsavanne	...	...	...
Trockensavanne	...	...	...
Dornsavanne	...	...	...

S. 59

4 Entwickeln Sie ein Wirkungsgefüge, an dem Sie die Probleme der Landnutzung in den Wechselfeuchten und Trockenen Tropen erklären (**M 4**, **M 5**,).

▶ Beachten Sie dabei die Arbeitstechnik ***Ein Wirkungsgefüge erstellen***.

S. 61

3 Erläutern Sie die Entstehung von Hamada, Serir und Erg (**M 3** bis **M 6**).

▶ Erläutern Sie, welche Kräfte in der Wüste dazu führen, dass aus Fels- und Gesteinswüsten Kies- und Sandwüsten werden. Unterscheiden Sie, wodurch das Gestein zerkleinert und wodurch Material transportiert wird.

4 Stellen Sie die Anpassungsmechanismen von Pflanzen und Tieren in der Wüste dar. Wählen Sie dazu eine Pflanze, zum Beispiel die Wüstenrose, oder ein Tier, zum Beispiel den Fennek, aus (**M 4**).

▶ Berücksichtigen Sie bei Ihrer Antwort z. B., wie Wüstenpflanzen an Wasser kommen, wie sie bei Wassermangel überleben können und wie sie sich an den Wassermangel anpassen können.

S. 63

1 Beschreiben Sie die geographische Lage Rondônias (Karte S. 196).

▶ Die Lagebeschreibung sollte folgende Merkmale beinhalten: Lage des Bundesstaats im Kontinent, zum Meer, zu Flüssen und Nachbarstaaten, Lage in Brasilien, Lage zum Äquator.

3 Charakterisieren Sie die Landschaftsveränderungen, indem Sie die Satellitenbilder auswerten (**M 3**).

▶ Achten Sie bei der Auswertung der Satellitenbilder auf:
- den Umfang der Rodungsflächen,
- die Lage der Rodungsflächen,
- den Ausbau der Infrastruktur.

Kapitel 3 Ursachen und Folgen des Klimawandels untersuchen

S. 71

2 Stellen Sie in einem Wirkungsgefüge die extraterrestrischen sowie die terrestrischen Ursachen von Klimaschwankungen und deren Folgen dar (**M 2**).

▶ Weitere Informationen finden Sie im Textabschnitt „Temperaturen steigen".

4 Bewerten Sie die Rolle des Eises im Klimasystem (**M 3**, **M 5**).

▶ Beachten Sie, was mit Eis geschieht, wenn es erwärmt wird. Wie wirkt sich das
a) auf die Meere und
b) auf die Küsten und Inseln aus?

S. 73

2 Erläutern Sie mithilfe der Ergebnisse aus Aufgabe 1 den natürlichen und den anthropogenen Treibhauseffekt (**M 6**).

▶ Lesen Sie dazu die entsprechenden Textabschnitte. Begründen Sie, warum der natürliche Treibhauseffekt lebensnotwendig ist. Erklären Sie, wodurch dieser verstärkt wird, sodass der anthropogene Treibhauseffekt entsteht. Benennen Sie auch die dafür hauptsächlich verantwortlichen Treibhausgase.

5 Werten Sie die Karikatur aus (**M 1**,).

▶ Beachten Sie die Arbeitstechnik ***Karikaturen auswerten***. Erläutern Sie in wenigen Sätzen, was in der Karikatur kritisiert wird und zu welchem Handeln sie auffordert.

6 Erörtern Sie die Notwendigkeit der Reduzierung von Treibhausgasen in der Atmosphäre (**M 1** bis **M 6**).

▶ Beachten Sie dabei auch die Verursacher und den Anteil am Treibhauseffekt.

S. 79

3 Beschreiben Sie die Höhenlage der größeren Städte nach Kontinenten und erläutern Sie, welche Folgen ein weiterer Meeresspiegelanstieg hätte (**M 3**, **M 4**, Karte S. 198/199, Atlas).

▶ Beachten Sie sowohl die Höhenlage der Städte als auch ihre Entfernung zum Meer – entsprechende topographische Karten finden Sie im Atlas. Untersuchen Sie, auf welchen Kontinenten Millionenstädte in tiefen Lagen am Meer liegen, und erläutern Sie die Folgen bei einem weiteren Anstieg des Meeresspiegels. Weitere Informationen finden Sie im Textabschnitt „Anstieg des Meeresspiegels".

S. 81

2 Erläutern Sie anhand eines Fließdiagramms, unter welchen Bedingungen der Wald Kohlenstoffsenke oder Kohlenstoffquelle ist (**M 2**, **M 4**,).

▶ Beachten Sie dabei die Arbeitstechnik ***Fließdiagramme zeichnen***. Weitere Informationen finden Sie im Textabschnitt „Der Wald im Kohlenstoffkreislauf“.

4 Werten Sie das Kartogramm aus und beurteilen Sie, welche Auswirkungen die anhaltende Vernichtung von Wäldern für das Klima hat (**M 5**).

▶ Stellen Sie die Kontinente mit dem größten Verlust an Wald fest. Wie stellt sich die Entwicklung der Wälder weltweit dar? Welche Aussage kann getroffen werden unter Berücksichtigung der Bedeutung der Wälder als Kohlenstoffsenke?

Kapitel 4 Nordafrika, den Nahen und Mittleren Osten als Spannungsfeld aufgrund von Ressourcen darstellen

S. 91

3 Erläutern Sie, wie der Islam Nordafrika sowie den Nahen und Mittleren Osten prägt (**M 1**, **M 7**).

▶ Weitere Informationen finden Sie in dem Textabschnitt „Der Orient – vom Islam geprägt“.

S. 93

1 Beschreiben Sie die geographische Lage von Marrakesch (Karten S. 87 oben, S. 190, Atlas).

▶ Beachten Sie bei der Beschreibung der geographischen Lage:
- den Kontinent,
- das Land,
- naturräumliche Besonderheiten.

2 Erklären Sie den Aufbau einer orientalischen Altstadt am Beispiel von Marrakesch (**M 1**, **M 4**, **M 5**, Karte S. 87 unten).

▶ Ihre Erläuterung sollte eine Beschreibung des Aussehens und eine Benennung der wichtigsten Gebäude der Medina enthalten sowie eine Erklärung, warum das so ist. Beachten Sie dabei die Religion.

S. 97

1 Erklären Sie, wo in der Wüste Oasen zu finden sind, und vergleichen Sie die Grundwasseroase mit der Flussoase hinsichtlich der Herkunft des Wassers, der Zuleitung auf die Felder sowie der Lage der Felder und Siedlungen (**M 2**, **M 3**).

▶ Erklären Sie die Voraussetzungen, die gegeben sein müssen, damit in der Wüste dauerhaftes Wohnen und Landwirtschaft möglich sind. Beim Vergleich der Oasentypen können Sie so vorgehen:
- Beschreiben Sie zunächst die beiden Abbildungen.
- Erklären Sie, woher das Wasser kommt.
- Erläutern Sie, wie es zu den Feldern geleitet wird.
- Beschreiben Sie die Lage der Felder und der Siedlung.
- Weitere Informationen finden Sie im Textabschnitt „Bewohnte Orte in der Wüste“.

2 Suchen Sie eine Flussoase und eine große Oasenstadt in der Sahara und beschreiben deren Lage (Karte S. 191, Atlas).

▶ Suchen Sie auf der Atlaskarte die Sahara. Nutzen Sie möglichst eine Karte von Nordafrika. Suchen Sie nun Flüsse, die die Sahara queren oder am Rande entlang fließen und immer Wasser führen. Die Städte sind gut erkennbar. Für das Beschreiben der Lage können Sie Himmelsrichtungen, zum Beispiel im Osten der Sahara, oder Länder verwenden.

4 Benennen Sie Merkmale des Nomadismus und erläutern Sie, wie Oasenwirtschaft und Nomadismus miteinander verknüpft waren (**M 1**, **M 4**, **M 5**).

▶ Beschreiben Sie zunächst die traditionelle Lebensweise der Nomaden in der Sahara und erläutern Sie dann, wie Nomadismus und Oasenwirtschaft miteinander verknüpft sind. Unterscheiden Sie zwischen früher und heute. Weitere Informationen finden Sie in den Textabschnitten „Nomaden – Wanderhirten und Händler“ sowie „Oasen im Wandel“.

5 Erläutern Sie Ursachen und Folgen für die Veränderungen in den Oasen der Sahara. Fertigen Sie dazu ein Fließdiagramm an ().

▶ Gehen Sie folgendermaßen vor: Wählen Sie eine Veränderung in den Oasen aus und benennen Sie die Ursache und die sich daraus ergebenden Folgen. Benutzen Sie dazu auch den Text. Beachten Sie dazu außerdem die Arbeitstechnik ***Fließdiagramme zeichnen***.

S. 99

1 Beschreiben Sie den Verlauf des Nils (**M 5**, Karte S. 190, Atlas).

▶ Beachten Sie dabei: die Quellen des Nils, seine Zuflüsse, die Art der Mündung. Benennen Sie auch die Vegetationszonen und die Länder, durch die der Nil fließt.

2 Werten Sie das Satellitenbild aus und begründen Sie, warum man den Nil „die Lebensader Ägyptens“ nennt (S. 101 **M 2**; **M 1**, **M 5**).

▶ Beim Auswerten des Satellitenbildes hilft Ihnen die Checkliste auf S. 100.

3 Erklären Sie folgende Aussage: „Die Nilschwelle erreichte Ägypten von Juni bis Oktober. Im Frühjahr und Frühsommer herrschte Trockenheit“ (**M 4**).

▶ Beachten Sie dabei die Niederschlagsdiagramme und die Länge des Nils.

S. 103

3 Bewerten Sie die Verfügbarkeit von Wasser in den Gebieten mit Konflikten um Wasser (**M 3**, **M 4** bis **M 6**).

▶ Beziehen Sie in die Bewertung auch die klimatischen Bedingungen und den natürlichen Wasserhaushalt ein.

S. 107

1 Beschreiben Sie die geographische Lage Saudi-Arabiens (Karte S. 87, Atlas).

▶ Beachten Sie dabei die Lage zu den Nachbarstaaten und die Nähe zu Gebirgen und Meeren.

5 Beurteilen Sie, welche Bedeutung das Großprojekt „Vision 2030" für Saudi-Arabien hat (**M 1** bis **M 4**).

▶ Beachten Sie dabei sowohl wirtschaftliche Aspekte als auch Auswirkungen auf die Umwelt und für die Bevölkerung. Weitere Informationen finden Sie im Textabschnitt „Neom – Stadt der Zukunft".

S. 109

1 Beschreiben Sie die geographische Lage sowie die natürlichen Bedingungen Dubais (**M 2**, Karte S. 87).

▶ Beschreiben Sie mithilfe der Informationen der Karten:
- die geographische Lage Dubais (Kontinent, Nachbarländer, angrenzende Gewässer, Lage im Gradnetz, ...)
- die Lage in einer Vegetations- und Klimazone
- das Aussehen der Landschaft (Oberflächenform (flach, hügelig, bergig), Vegetation (bewaldet, vegetationslos, ...), ...
- das Klima (Temperaturen, Niederschläge)
- Wirtschaftsformen und Bodenschätze
- ...

3 Nehmen Sie Stellung zu der Empfehlung, Urlaub in Dubai zwischen Oktober und April zu planen (**M 2**).

▶ Werten Sie das Klimadiagramm aus und entscheiden Sie, bei welchen Bedingungen Sie gerne reisen würden.
- Betrachten Sie dabei besonders die Temperaturen im Verlauf des Jahres.
- Bedenken Sie, dass Sie sich nicht nur am Strand, sondern auch in der Stadt und auf Ausflügen in Dubai im Freien aufhalten.

4 Beschreiben und bewerten Sie Maßnahmen, die Dubai zu einem ganzjährig geeigneten Urlaubsziel machen (**M 1**, **M 2**, **M 5**, **M 7**).

▶ Überlegen Sie, welche Aktivitäten auch bei großer Hitze für Urlauber interessant sind. Denken Sie dabei nicht nur an einen Urlaub am Strand, sondern auch an Ausflüge in Umgebungen mit kühlen Temperaturen zum Beispiel am Abend oder in Gebäuden mit Klimaanlagen.

▶ Bewerten Sie die einzelnen Maßnahmen, indem Sie sich eine eigene Meinung darüber bilden. Beachten Sie dabei Vor- und Nachteile der Maßnahmen.

S. 111

2 Erläutern Sie Ursachen und Auswirkungen von Migration (**M 1**, **M 2**, **M 4**).

▶ Unterscheiden Sie bei Ihrer Erläuterung bei den Ursachen zwischen Migration und Flucht und nach Beweggründen im Heimatland oder im Zielland.

▶ Bei den Auswirkungen unterscheiden Sie zwischen dem Heimatland, den betroffenen Personen selber und dem Zielland.

5 Erläutern Sie die Migrationsbewegungen in und nach Europa und benennen Sie mögliche Gefahren, die dabei auftreten können (**M 6**, Atlas).

▶ Nennen Sie die Staaten, die im Verlauf der einzelnen Routen durchquert werden müssen, und ob die Route über Land oder über das Meer verläuft. Überlegen Sie, welche Gefahren mit einer Flucht auf dem Land und auf dem Seeweg verbunden sind.

Kapitel 5 Entwicklungsperspektiven in Afrika südlich der Sahara untersuchen

S. 121

1 Beschreiben Sie die geographische Lage der Sahelzone (**M 4**, Karte S. 190, Atlas).

▶ Beachten Sie folgende Lagemerkmale zur Sahelzone:
- In welchem Kontinent liegt sie und in welchem Teil des Kontinents?
- Welche Meere grenzen an die Sahelzone?
- Welche Länder gehören zur Sahelzone?

S. 123

2 Erklären Sie mithilfe eines Wirkungsgefüges Maßnahmen zur Bekämpfung der Desertifikation sowie deren Wirkung (**M 2**, **M 3**, **M 5**, **M 7**).

▶ Lesen Sie dazu die Textabschnitte „Kontursteinwälle als Basis", „Maßnahmen der Zai-Methode" sowie „Eine grüne Mauer im Sahel".

3 Erläutern Sie das Great Green Wall Projekt und beurteilen Sie die Vor- und Nachteile dieses Projektes (**M 5** bis **M 7**,).

▶ Beachten Sie die Arbeitstechnik ***Eine Internetrecherche durchführen***. Weitere Informationen finden Sie im Textabschnitt „Eine grüne Mauer im Sahel".

S. 125

5 Erläutern Sie die Folgen von Hunger und Unterernährung (**M 1** bis **M 6**).

▶ Überlegen Sie zunächst, wo Sie beginnen möchten, und achten Sie dann darauf, dass Ihre Sätze sinnvoll verknüpft sind. Dazu müssen Sie passende Konjunktionen einfügen (zum Beispiel: weil, obwohl, dadurch, deshalb …). Sie können so beginnen: „Wo Hunger herrscht, sind die Menschen unterernährt. Unterernährte Mütter gebären untergewichtige Kinder, da sie während der Schwangerschaft unterversorgt waren. …"

S. 127

1 Erläutern Sie mithilfe eines Fließdiagramms, welche Faktoren eine ausreichende Produktion von Nahrungsmitteln in Afrika südlich der Sahara erschweren (**M 1**,).

▶ Bitte beachten Sie die Arbeitstechnik ***Fließdiagramme zeichnen***.

2 Erklären Sie, was man unter nachhaltigem Wirtschaften versteht (**M 2**, **M 4**).

▶ Beachten Sie dabei sowohl den Umgang mit den natürlichen Ressourcen als auch die Folgen für den Menschen. Hinweise hierzu finden Sie in dem Textabschnitt „Nachhaltig Wirtschaften".

5 Vergleichen Sie die verschiedenen Bereiche bei den Maßnahmen zur Ernährungssicherung und erörtern Sie deren Zusammenwirken (**M 2**).

▶ Gehen Sie dabei so vor: Lesen Sie sich die vier Bereiche aufmerksam durch und überlegen Sie, wie sie miteinander in Beziehung stehen. Nehmen Sie einzelne Punkte heraus, wie zum Beispiel die Verbesserung landwirtschaftlicher Anbaumethoden, und überlegen Sie, welche Maßnahmen aus den anderen drei Bereichen umgesetzt werden müssten, damit die Verbesserung der Anbaumethoden gelingt.

6 Nehmen Sie begründet Stellung zu der Aussage, dass nachhaltiges Wirtschaften unbedingt erforderlich ist (**M 1** bis **M 4**).

▶ Erläutern Sie zum Beispiel, welche Folgen es für die Ernährungssicherung in den Entwicklungsländern hätte, wenn nicht nachhaltig gewirtschaftet würde. Beachten Sie die Folgen für die natürlichen Ressourcen und die Menschen.

S. 129

1 Beschreiben Sie die geographische Lage der DR Kongo sowie die der Vorkommen der dortigen Bodenschätze (**M 1**, Karten S. 115 und S. 191, Atlas).

▶ Beachten Sie dabei die Lage innerhalb Afrikas, Nachbarstaaten, Gebirge, Flüsse und Städte.

▶ Verwenden Sie die Himmelsrichtungen und die Breitengrade zur Beschreibung der Lagebeziehungen.

5 Beurteilen Sie die Zukunftschancen der Jugendlichen in der DR Kongo. Vergleichen Sie mit Ihren Möglichkeiten (**M 2**, **M 4**, **M 5**; S. 131 **M 4** und **M 5**).

▶ Berücksichtigen Sie dabei
- Bildungschancen,
- Lebenserwartung und Gesundheitsvorsorge,
- Arbeitsmöglichkeiten und Einkommen und vergleichen Sie mit Ihrer Situation und der Ihrer Eltern.

S. 131

1 Beschreiben Sie die geographische Lage Ruandas (Karten S. 115 und S. 190, Atlas).

▶ Beachten Sie dabei die Lage innerhalb Afrikas, Nachbarstaaten, Gebirge, Flüsse und Städte.

▶ Verwenden Sie die Himmelsrichtungen und die Breitengrade zur Beschreibung der Lagebeziehungen.

2 Erläutern Sie, wie sich die Lebensbedingungen in Ruanda verändern (**M 1** bis **M 3**).

▶ Berücksichtigen Sie dabei
- Bildungschancen,
- Arbeitsmöglichkeiten,
- die Rolle der Frauen sowie
- die Bedeutung der Regierung und der Gemeinschaftsarbeit.

▶ Weitere Informationen finden Sie in den Textabschnitten „Boom-Land" und „Die Rolle der Frauen".

S. 133

4 Recherchieren Sie Gründe für die Unterschiede bei den ADI innerhalb Afrikas südlich der Sahara und begründen Sie diese an Beispielstaaten (**M 3**, **M 5**, **M 6**, Karte S. 191, , Atlas).

▶ Betrachten Sie zunächst die Schwächen und Risiken in **M 4** und erklären Sie, warum diese Schwächen Investitionen verhindern können. Wählen Sie einen oder zwei Staaten aus, in die besonders wenig ausländische Direktinvestitionen fließen, und recherchieren Sie mithilfe von Atlaskarten und einer Internetrecherche, ob einige der Schwächen und Risiken auf diese Staaten zutreffen. Betrachten Sie anschließend die Chancen und Stärken der Region und überprüfen Sie, inwieweit diese Merkmale für die Top-5-Staaten in **M 5** gelten. Weitere Informationen finden Sie auch im Textabschnitt „Regionale Verteilung von Direktinvestitionen".

5 Diskutieren Sie in der Klasse Chancen und Risiken von ADI in Afrika südlich der Sahara für das investierende Unternehmen sowie das Zielland (**M 3** bis **M 6**, Atlas).

▶ Sammeln Sie zunächst Argumente für die Diskussion. Dafür bietet sich die Anlage einer Tabelle an, die folgendermaßen aussehen könnte:

	Vorteile	Nachteile
Investierende Unternehmen	• neue Absatzmärkte • …	• …
Zielländer der ADI	• …	• …

Nutzen Sie auch die Informationen auf S. 132/133 sowie die Karte S. 191.

S. 135

1 Beschreiben Sie die geographische Lage der Zentren der Automobilindustrie in Südafrika und begründen Sie die Standortwahl (**M 2**, Karten S. 190 und S. 191, Atlas).

▶ Beachten Sie dabei die Nähe zu größeren Städten, Häfen, Eisenbahnlinien und Flughäfen. Überlegen Sie, was für die Standortwahl eines Automobilherstellers und ausländischen Direktinvestors von Bedeutung sein könnte. Beachten Sie dabei folgende Aspekte: Verkehrsanbindung, Arbeitnehmerpotenzial, Infrastruktur.

2 Vergleichen Sie die wirtschaftlichen Stärken und Schwächen Südafrikas mit denen Afrikas südlich der Sahara (**M 3**; S. 132 **M 3**).

▶ Beginnen Sie mit den Stärken. Vergleichen Sie konkrete Elemente im jeweiligen Sektor und ermitteln, in welchen Bereichen Südafrika Vor- oder Nachteile gegenüber der Gesamtregion aufweist.

6 Beurteilen Sie, ob BMW als Direktinvestor seinem Anspruch „We build more than just cars“ in Südafrika gerecht geworden ist.

▶ Sie können für Ihre Beurteilung Ergebnisse aus Aufgabe 5 heranziehen. Weitere Informationen finden Sie im Textabschnitt „Direktinvestitionen als Investition in die Zukunft“.

S. 137

4 Beurteilen Sie die Zukunftschancen Afrikas südlich der Sahara (**M 2** bis **M 5**; S. 126 **M 3**; S. 132 **M 1** und **M 3**).

▶ Vergleichen Sie Afrika südlich der Sahara mit anderen Regionen/Kontinenten. Berücksichtigen Sie dabei Schulbildung, die Teilhabe am Welthandel, Art der Exportprodukte sowie Stärken und Schwächen der Region. Weitere Informationen finden Sie im Textabschnitt „Afrika – Verlierer der Globalisierung?“.

Kapitel 6 Herausforderungen und Entwicklungen in Mittel- und Südamerika diskutieren

S. 149

4 Begründen Sie, weshalb die Klimazonen in Amerika nicht parallel zu den Breitenkreisen verlaufen (**M 2**, **M 3**, Karte S. 31, Atlas).

▶ Bedenken Sie die Faktoren, die das Klima beeinflussen.

7 Vergleichen Sie die Höhenstufen der Vegetation in den Anden und den Alpen (**M 4**,).

▶ Recherchieren Sie dazu im Internet nach einer vergleichbaren Darstellung zu den Höhenstufen in den Alpen.

S. 151

4 Begründen Sie, warum es trotz rechtzeitiger Warnung für viele Bewohner der Karibik kaum möglich ist, sich wirkungsvoll zu schützen.

▶ Berücksichtigen Sie zum Beispiel die Topographie und Infrastruktur der karibischen Inseln sowie die soziale Lage eines Großteils der Bevölkerung.

S. 155

3 „Die großflächige Zerstörung des Regenwaldes beginnt mit dem Bau einer Straße.“ Begründen Sie diese Aussage (**M 1**, **M 3** bis **M 5**).

▶ Beachten Sie dazu die Methode „Wir werten ein Satellitenbild aus“ auf S. 100 und die Arbeitstechnik ***Eine Internetrecherche durchführen***.

S. 157

1 Erläutern Sie, welche Prozesse bei der Aufforstung des Regenwaldes beachtet werden müssen (**M 1**, **M 2**, **M 4**).

▶ Nutzen Sie dazu den Textabschnitt „Nachhaltige landwirtschaftliche Nutzung“.

4 Begründen Sie, warum eine nachhaltige Nutzung des Regenwaldes sinnvoll ist (**M 4**).

▶ Beachten Sie den Aufbau und die klimatischen Verhältnisse im Regenwald.

S. 159

1 Charakterisieren Sie den Anbau von Bananen und gehen Sie auf die wesentlichen Merkmale des Anbaus und die Arbeitsbedingungen ein (**M 2** bis **M 4**, **M 7**).

▶ In der Charakterisierung sollten die Begriffe Plantage und Monokultur vorkommen und die Auswirkungen dieser Anbauarten für Mensch und Umwelt dargelegt werden.

4 Erörtern Sie die Aussage: „Die Banane ist eine problematische Frucht.“

▶ Die „problematische Frucht“ sollte unter zwei Gesichtspunkten erörtert werden:
- Probleme für die Menschen in den Anbauländern,
- Probleme für die Umwelt.

S. 161

4 Zeigen Sie am Beispiel der Kooperative „El Guabo“ und des Dachverbandes UROCAL auf, welche Möglichkeiten sich durch ökologische Landwirtschaft und fairen Handel eröffnen. Setzen Sie dazu die Partnerinterview-Methode ein (**M 2**, **M 4**, 🔑).

▶ Beachten Sie dabei die Arbeitstechnik ***Ein Partnerinterview durchführen***.

5 Bewerten Sie die Vorteile fair gehandelter Bananen für die Produzenten und die Verbraucher (**M 1**, **M 3**, **M 4**).

▶ Gesichtspunkte für Ihre Bewertung könnten zum Beispiel sein:
- für die Produzenten: Einkommen, Bildung, Arbeit für Frauen, Gesundheitswesen.
- für die Verbraucher: Bananenpreis, Einkaufsgewohnheiten, Einfluss der Verbraucher.

S. 163

2 Beschreiben und begründen Sie die geographische Lage der 10 größten Städte Mittel- und Südamerikas (**M 1**, Karte S. 196, Atlas).

▶ Beziehen Sie dazu die historische Entwicklung Lateinamerikas ein. Ermitteln Sie das Datum der Stadtgründung. Beachten Sie bei der geographischen Lage die Lage in Staaten, in Landschaften und zum Meer.

4 Analysieren und bewerten Sie die Push- und Pull-Faktoren der Verstädterung (**M 5**).

▶ Berücksichtigen Sie dabei insbesondere die Erwartungen der Menschen und die Möglichkeiten für deren Realisierung.

6 Gestalten Sie einen Kurzvortrag zu einer Stadt in Mittel- und Südamerika. Berücksichtigen Sie dabei folgende Inhalte: Gründung und historische Entwicklung, Bevölkerungswachstum im 20. und 21. Jahrhundert, nachhaltige Stadtentwicklung (🔑)

▶ Recherchieren Sie dazu im Internet und beachten Sie die Arbeitstechnik ***Einen Kurzvortrag, ein Kurzreferat halten***. Berücksichtigen Sie auch Ansätze einer nachhaltigen Stadtentwicklung.

S. 165

3 Erarbeiten Sie eine Präsentation zum Thema: „Favelas in Rio de Janeiro“. Nutzen Sie auch Satellitenbilder (🔑).

▶ Berücksichtigen Sie dabei die Arbeitstechnik: ***Eine Präsentation erstellen*** und die Methode auf S. 100 „Wir werten ein Satellitenbild aus“.

4 Kennzeichnen Sie die Merkmale und Bedeutung des informellen Sektors für die Stadtbevölkerung in Mittel- und Südamerika (**M 1**, **M 2**).

▶ Zur Kennzeichnung der Bedeutung des informellen Sektors sind folgende Gesichtspunkte wichtig:
- die Verdienstmöglichkeiten zur Sicherung des Lebensnotwendigen,
- die Anforderungen an die Bildung der im informellen Sektor arbeitenden Menschen,
- die Art der Tätigkeiten bzw. „Berufe“ im informellen Sektor,
- die sozialen Probleme und Folgen,
- die wirtschaftliche Bedeutung für die Entwicklungsländer.

S. 167

1 Lokalisieren Sie Cuzco und beschreiben Sie die geographische Lage (Karten S. 143, S. 196, Atlas).

▶ Beachten Sie bei der Beschreibung der geographischen Lage:
- die Lage im Kontinent,
- die Lage im Land,
- naturräumliche Besonderheiten, insbesondere die Höhenlage.

5 Diskutieren Sie die Auswirkungen der anhaltenden Landflucht auf Cuzco und seine Bewohner (**M 3** bis **M 5**).

▶ Diskutieren Sie folgende Fragen:
- Was treibt die Menschen in Peru in Städte wie Cuzco?
- Welche Folgen hat der Zuzug von Menschen für die Stadt?
- Kann eine Stadt wie Cuzco sich immer weiter in das Umland ausdehnen?

S. 169

2 Erklären Sie, warum der Kreuzfahrttourismus in der Karibik einen so hohen Stellenwert hat (**M 2**, Atlas).

▶ Erläuterungen dazu erhalten Sie im Abschnitt „Kreuzfahrttourismus in der Karibik“.

6 Bilden Sie Gruppen und diskutieren Sie in einem Rollenspiel über das Projekt der Kunstinsel „Ocean Cay“ (**M 6**).

▶ Die Rollen für das Spiel könnten sein: Reedereibesitzer, Urlauber, Meeresbiologe, Bürgermeister, Anwohner. Bedenken Sie auch spezielle Szenarien, die sich auf die Entwicklungen der Insel auswirken könnten, z. B. Einbruch des Flugverkehrs, globale Pandemie usw.

Arbeitstechniken

Eine Befragung durchführen

A Vorbereitung

1. Zunächst müssen Sie sich überlegen, welches Ziel Ihre Befragung haben soll. Entsprechend müssen verständliche Fragen formuliert werden. Sie sollten darauf achten, Fragen so zu stellen, dass Ihre Antworten später auch gut ausgewertet und dargestellt werden können.
2. Es wird zwischen offenen und gebundenen Fragen unterschieden.
   - Bei offenen Fragen ist die Antwort offen. Dies führt zu einer Vielzahl unterschiedlicher und unterschiedlich langer Antworten. Die Ergebnisse sind genauer, doch ist es schwierig, diese auszuwerten und darzustellen.
   - Gebundene Fragen mit vorgegebenen Antworten schränken den Befragten ein. Deshalb ist es wichtig, sich schon im Vorfeld zu überlegen, welche Antworten gegeben werden können, sodass der Befragte auch eine mögliche Antwort findet.

   Der besondere Vorteil ist, dass sich gebundene Fragen aufgrund der eingeschränkten Anzahl an Antwortmöglichkeiten gut auswerten und darstellen lassen.

   Häufig wird bei gebundenen Fragen nach einer Wertung gefragt. Hierbei sollten Sie darauf achten, dass es keine ungerade Zahl an Bewertungsmöglichkeiten gibt, da sonst die Mehrzahl schnell zur Mitte tendiert.

B Durchführung

1. Möglichst die gesamte Zielgruppe ansprechen, also bei einer Passantenbefragung alle Altersgruppen befragen.
2. Gehen Sie freundlich auf die Passanten zu und fragen Sie, ob sie an einer Befragung teilnehmen möchten. Hierbei erscheint es sinnvoll, dass Sie sich mit einem „Ausweis mit Schulstempel" ausweisen können. Seien Sie höflich, denn nun vertreten Sie Ihre Schule in der Öffentlichkeit.
3. Für aussagekräftige Ergebnisse benötigt man eine gewisse Anzahl von Befragten. Um keine Passanten mehrfach zu befragen, sollten Sie zu Beginn immer danach fragen, ob sie schon befragt wurden.

C Auswertung

Die Antworten der gebundenen Fragen können computerunterstützt dargestellt werden. Somit erhalten Sie einen Überblick über die Menge an Daten. Zugleich bietet sich nun eine vernetzte Auswertung zusammen mit den Ergebnissen der offenen Fragen, der Kartierung und Zählung an. Aufgrund einer solch umfangreichen Informationsgrundlage können Sie sicherlich auch mögliche Problemlösungen skizzieren. Auf Plakaten oder per Computer können Sie nun die zentralen Ergebnisse präsentieren.

Eine Collage erstellen

Collagen sind Bildplakate zu einem bestimmten Thema. Als Material können Sie Bilder aus Zeitungen und Zeitschriften ausschneiden, Fotos und Postkarten auf ein großes Blatt Papier kleben, aber auch selbst dazu malen und beschriften.

Mit digitalen Globen arbeiten

Ein digitaler Globus ist eine Software zur digitalen dreidimensionalen Darstellung der Erde. Er bietet vielfältige Möglichkeiten zur Visualisierung von Geoinformationen.

1. Vorbereitung:
   Das Angebot an digitalen Globen ist groß. Wählen Sie eine geeignete Software zur digitalen Darstellung der Erde aus und laden Sie diese auf Ihren Computer oder Ihr Smartphone.
2. Anwendung:
   Nutzen Sie den digitalen Globus gemäß Ihrer Fragestellung. Sie können zum Beispiel Orte suchen, indem Sie den Globus als dreidimensionales Modell drehen. Satelliten- und Luftbilder können Sie mit Geodaten überlagern und mit der Funktion „Lineal" Entfernungen vermessen. Orte oder Räume lassen sich in Zeitreihen betrachten, sodass Veränderungen deutlich werden.
3. Auswertung:
   Beantworten Sie mithilfe der gewonnenen Informationen Ihre Frage und diskutieren Sie die Ergebnisse.

Entscheidungsspiele durchführen

Entscheidungsspiele sind eine Erweiterung des Rollenspiels, bei der Sie nicht nur in die Rolle der Diskussionsteilnehmer schlüpfen und Argumente für oder gegen ein geplantes Projekt sammeln, sondern auch eine begründete Entscheidung treffen.

1. Leitfrage und Teilnehmer festlegen
   - Überlegen Sie sich eine Leitfrage oder ein Problem, welches zu lösen ist.
   - Legen Sie fest, welche Personen an Ihrem Entscheidungsspiel teilnehmen. Achten Sie darauf, dass ein ausgeglichenes Verhältnis der Interessen herrscht.
2. Gruppen bilden und Argumente sammeln
   - Finden Sie sich in gleichen Gruppen zusammen, in denen Sie über die Argumente einer Person sprechen.
   - Machen Sie sich mit der Person vertraut, indem Sie die Informationen lesen, die Ihnen aus Rollenkarten oder anderen Materialien bekannt sind.
   - Tragen Sie in der Gruppe wesentliche Argumente zusammen, mit denen Sie Ihre Meinung in der Diskussion begründet vertreten können.
3. Versammlung einberufen und Argumente austauschen
   - Bestimmen Sie einen Gruppensprecher, der Sie vertreten soll. Der Sprecher hat die Aufgabe, Ihre Argumente mit viel Überzeugungskraft vorzutragen.
   - Versuchen Sie, die anderen Teilnehmer der Versammlung für Ihre Position zu überzeugen.
   - Sie können auch nach einigen Minuten einen Sprecherwechsel vornehmen.
   - Stimmen Sie am Ende über die Leitfrage ab.
   - Reflektieren Sie die Gruppenarbeit und das Entscheidungsspiel.

Erklärvideos erstellen

Erklärvideos sind eigenproduzierte Filme, in denen erläutert wird, wie man etwas macht oder wie etwas funktioniert. Sie können komplexe Zusammenhänge anschaulich erklären.

1. Leitfrage und Informationsrecherche:
   - Überlegen Sie sich eine Leitfrage oder ein Problem, welches Sie in Ihrem Video lösen wollen.
   - Sammeln Sie Ideen für eine Geschichte, an der Sie Ihre Leitfrage beantworten möchten.
   - Recherchieren Sie wichtige Informationen im Internet oder in Büchern und Zeitschriften.
   - Fragen Sie Ihre Lehrkraft nach Bewertungskriterien.
2. Drehbuch erstellen:
   - Verteilen Sie die Aufgaben Ihrer Gruppe: Statisten, Regisseur, Videobearbeitung, Zeitmanager usw.
   - Erstellen Sie ein Storyboard, auf dem Sie den Handlungsstrang chronologisch darstellen.
3. Erklärvideos drehen und Videomaterial bearbeiten:
   - Prüfen Sie, ob Ihre Kameras funktionieren und ob Sie geeignete Programme zur Bearbeitung des Materials nutzen können.
   - Nutzen Sie Tools und Apps, die Ihnen vertraut sind.
   - Sprechen Sie mit Ihrer eigenen Stimme und bauen Sie neben Fotos auch selbstgedrehte Ausschnitte mit ein.
   - Informieren Sie sich bei der Verwendung oder Erstellung von Bild- und Tonaufnahmen über die urheber- und datenschutzrechtlichen Vorgaben und beachten Sie diese.
4. Erklärvideos präsentieren:
   - Schauen Sie sich alle Erklärvideos an und prüfen Sie, ob die Leitfrage oder das Problem gelöst wurde.
   - Beurteilen Sie die Erklärvideos nach den Bewertungskriterien und reflektieren Sie das Arbeiten an den Videos.

Fließdiagramme zeichnen

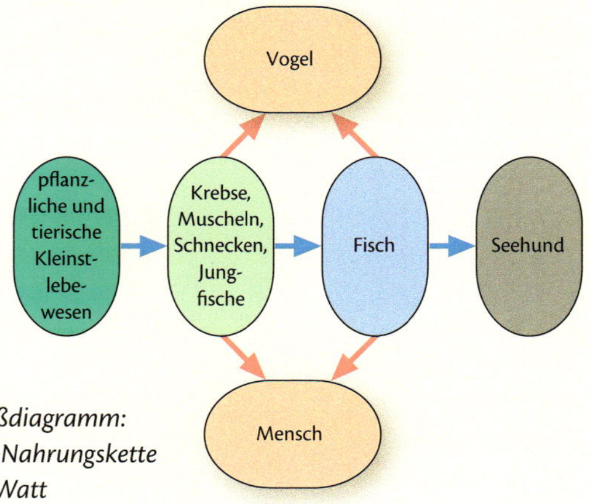

Fließdiagramm: Die Nahrungskette im Watt

Mit Fließdiagrammen können Abläufe und Entwicklungen anschaulich dargestellt werden, wie bei diesem Beispiel die Nahrungskette im Watt.

Eine Internetrecherche durchführen

Eine gute Möglichkeit, Informationen zu beschaffen, bietet das Internet. Allerdings sollten Sie bei der Arbeit mit dem Internet folgende Hinweise beachten.
Zunächst sollten Sie prüfen, ob die Internetrecherche sinnvoll ist. Sie kann sinnvoll sein, wenn

- Sie schnell Informationen benötigen,
- Sie aktuelles Datenmaterial suchen,
- Sie Material benötigen, über das die örtlichen Bibliotheken nicht oder nicht so schnell verfügen können,
- Sie vielleicht noch nicht genau wissen, welche Informationen es zu einem Thema gibt.

Wie finde ich was im Internet?

Am einfachsten ist es, wenn man die Adresse kennt. Sehr häufig wird inzwischen in Zeitungen, Zeitschriften und im Fernsehen die Internetadresse angegeben – sie beginnt mit „www". Achten Sie darauf, die Adresse genau anzugeben – vor allem die Punkte. Manche Adressen sind naheliegend: www.deutschland.de oder www.bayern.de
Viele Adressen sind hingegen unbekannt. Sie müssen über „Suchmaschinen" herausgefunden werden. Einige wichtige Suchmaschinen sind www.bing.de und www.google.de.

Mit Suchmaschinen arbeiten

1. Schritt: Geben Sie die Adresse einer Suchmaschine ein.
2. Schritt: Auf der Startseite der Suchmaschine geben Sie den Suchbegriff ein: „Wattenmeer". Die Suchmaschine durchforstet das ganze Web und Sie erhalten eine Liste mit Internetadressen. An der Statuszeile können Sie ablesen, wie viele Einträge diese Liste umfasst.
3. Schritt: Die Liste ist zu lang? Sie können Ihre Auswahl auch durch zwei oder mehr Suchbegriffe einschränken (z. B. „Gefährdungen", „Naturschutzpark").
4. Schritt: Sobald Sie eine vielversprechende Adresse haben, klicken Sie auf den Link. Finden Sie dort Informationen zur Lösung Ihrer Fragestellung, sollten Sie diese komplett oder in Auszügen speichern und ausdrucken. Geben Sie die Adresse dieser Seite als „Quelle" an, auch wenn Sie nur Auszüge verwenden. **Und Achtung:** Jeder kann im Internet Inhalte ungeprüft veröffentlichen. Darum prüfen Sie, von wem die Informationen stammen.

Karikaturen auswerten

Karikaturen sind bewusst übertriebene Darstellungen eines Sachverhalts oder eines Problems. Um die Aussage einer Karikatur herauszufinden, müssen Sie so vorgehen:

- Betrachten Sie die Karikatur genau und beschreiben Sie, was dargestellt wird. Welche Bedeutung haben die dargestellten Personen und Gegenstände?
- Stellen Sie fest, auf welchen Sachverhalt, welches Problem sich die Karikatur bezieht.
- Wie sieht der Zeichner die Situation/das Problem? Welche Meinung haben Sie zur Aussage der Karikatur?

Einen Kurzvortrag, ein Kurzreferat halten

Ein Kurzvortrag ist eine mündliche Form der Präsentation, also der Darstellung eines Themas. Ein Kurzvortrag ist in drei Abschnitte gegliedert: Einleitung – Hauptteil – Schluss. Wenn Sie einen Kurzvortrag zu einem bestimmten Thema halten sollen, beachten Sie folgende Schritte:

1. Das Thema/Problem erfassen: Wie genau lautet das Thema Ihres Vortrages? Formulieren Sie eine passende Überschrift oder Fragestellung.
2. Informationen recherchieren, sammeln und ordnen: Informationsquellen können Ihr Schulbuch, weitere Bücher aus Bibliotheken oder das Internet sein. Angesichts der Fülle der Informationen müssen Sie Schwerpunkte festlegen und das vorhandene Material sortieren.
3. Erstellen Sie eine Gliederung für Ihr Referat. Bedenken Sie, dass Sie nur fünf bis zehn Minuten Zeit für den Vortrag haben.
4. Sie können bei Ihrem Vortrag auch Anschauungsmaterial einsetzen: Bilder, Gegenstände, Tabellen, ein Poster oder Ähnliches sowie Schlüsselwörter an die Tafel schreiben.
5. Referate sollen frei vorgetragen werden. Dabei hilft Ihnen eine Zusammenstellung der wichtigsten Stichwörter auf Karteikarten. Achten Sie dabei auf eine gut lesbare und große Schrift. Beschränken Sie sich auf das Wesentliche.
6. Damit Ihr Minireferat gelingt, müssen Sie den Vortrag üben. Es empfiehlt sich, alles einem Freund oder einer Freundin oder der Familie vorzutragen.
7. **Tipps für den eigentlichen Vortrag:**
   - Stellen Sie sich so hin, dass Sie von allen gesehen werden.
   - Versuchen Sie frei zu sprechen.
   - Orientieren Sie sich an Ihren Stichwörtern.
   - Schauen Sie beim Sprechen die Zuhörer/Mitschüler an.
8. Nach dem Vortrag können die Zuhörer Rückfragen stellen, um Begriffe und Sachverhalte präzisieren zu können.

Eine Mindmap erstellen

Eine Mindmap ist eine Gedankenlandkarte. Sie hilft, Informationen zu ordnen und besser im Gedächtnis zu behalten. Bei einer Mindmap fängt man in der Mitte an. Mindmaps bestehen aus Hauptästen und Nebenästen. Es werden immer nur Stichwörter aufgeschrieben.

Eine Mindmap zu erstellen, funktioniert in drei Schritten:

- Nehmen Sie ein unliniertes Blatt Papier und schreiben Ihr Thema/den zentralen Begriff in die Mitte des Blattes.
- Überlegen Sie, welche wichtigen Oberbegriffe Ihnen zu dem Thema einfallen. Von der Mitte ausgehend zeichnen Sie für jeden gefundenen Oberbegriff die Hauptstränge (Äste) und an jedem Ast notieren Sie den Oberbegriff.
- Von den Ästen gehen Zweige ab, an denen Sie die untergeordneten Gesichtspunkte und Begriffe notieren können.
- Tipp: Verwenden Sie für Ihre Mindmap Druckbuchstaben. Sie sind besser lesbar als Schreibschrift.

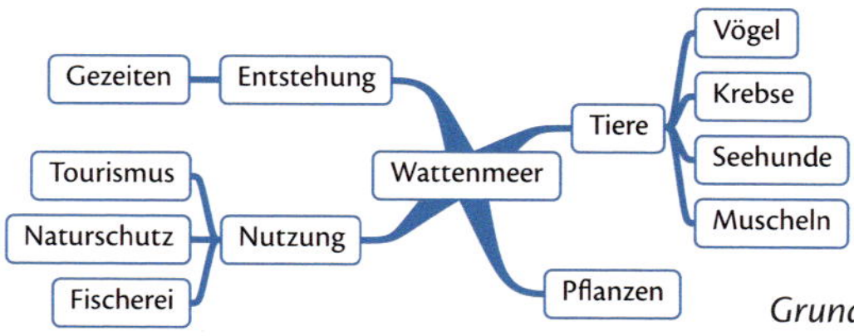

Grundstruktur einer Mindmap

Ein Partnerinterview durchführen

Im Partnerinterview befragen Sie einen Mitschüler oder eine Mitschülerin zu einer bestimmten Frage innerhalb einer vorgegebenen Zeit. Jeder von Ihnen ist Interviewer und Befragter. Anschließend präsentieren Sie Ihre Ergebnisse der Klasse.

Durchführung:

1. Bearbeiten Sie zunächst in Einzelarbeit die Fragestellung.
2. Legen Sie fest, wer zuerst der Interviewer ist.
3. Wechseln Sie nach der Hälfte der Zeit die Rollen.
4. Fassen Sie Ihre Ergebnisse zusammen.
5. Präsentieren Sie Ihre Ergebnisse in der Klasse.

Tipps:

- Nutzen Sie einen Notizzettel für Stichpunkte.
- Hören Sie Ihrem Partner konzentriert zu und stellen Sie Fragen, wenn Sie etwas nicht verstanden haben.
- Klären Sie vor dem Interview untereinander ab, wer von Ihnen der Zeitwächter ist.

Tipps zum Erstellen von Plakaten und Folien

- Überschrift: Jedes Plakat/jede Folie hat einen Namen.
- Große Schrift: Nur so ist der Text auch lesbar. Bei Plakaten am besten dicke Stifte verwenden.
- Struktur: Der Aufbau muss mit einem Blick erkennbar sein. Da helfen
  - Blockbildung,
  - Trennlinien,
  - Kästen.
- Sinneinheiten sollen räumlich nah beieinander stehen.
- Wichtiges hervorheben: durch farbige Schrift, Unterstreichen, Umrahmen oder Schraffieren.
- Farben: Sie beleben das Plakat/die Folie. Pro Darstellung maximal drei Farben verwenden.
- Bild schlägt Wort: Nicht nur Text, sondern auch Schemazeichnungen, Diagramme oder Bilder verwenden.
- Mut zur Lücke: Auch Freiflächen sind Gestaltungselemente. Mindestens ein Drittel freilassen.
- Fernwirkung: Plakate müssen aus fünf Metern Entfernung und Folien auch aus der letzten Reihe lesbar sein.

Eine Präsentation erstellen

1. Schritt: Legen Sie das Thema Ihrer Präsentation fest.

2. Schritt: Besorgen Sie sich Informationen zu Ihrem Thema. Achtung: Wenn Sie Materialien in Ihrer Präsentation übernehmen, müssen Sie die Quelle angeben.

3. Schritt: Erstellen Sie eine Gliederung der Präsentation. Achten Sie dabei darauf, dass sie sinnvoll aufgebaut und der Raum auf einer Karte lokalisiert werden kann. Überlegen Sie sich einen Einstieg, der neugierig auf das Thema macht und das Interesse der Zuschauer/Zuhörer weckt.

4. Schritt: Legen Sie fest, welches Präsentationsmedium Sie einsetzen wollen, und stellen Sie sicher, dass die erforderlichen Geräte zur Verfügung stehen.

5. Schritt: Stellen Sie die Präsentation zusammen. Ordnen Sie die Materialien in der richtigen Reihenfolge Ihrem Vortragstext zu. Achten Sie darauf, dass Abbildungen gut erkennbar sowie Text und Zahlen in Grafiken und Diagrammen lesbar sind.

6. Schritt: Üben Sie Ihre Präsentation, denn sie sollte möglichst frei vorgetragen und nicht abgelesen werden. Dabei hilft Ihnen eine Zusammenstellung der wichtigsten Stichwörter auf Karteikarten. Beachten Sie, dass die Medien Ihren Vortrag nur unterstützen sollen. Setzen Sie sie sparsam an den Stellen ein, an denen es sinnvoll ist.

Eine Pro-und-Kontra-Diskussion führen

In einer Pro-und-Kontra-Diskussion werden unterschiedliche Positionen kurz und prägnant einander gegenübergestellt und argumentativ begründet. Die Arbeitstechnik eignet sich für strittige Sachverhalte, die aus Ihrer Sicht kontrovers diskutiert werden können. Dabei müssen Sie auch Sichtweisen und Begründungen vertreten, die vielleicht nicht Ihrer eigenen Meinung entsprechen.

A Vorbereitungen:

Folgende Rollen müssen vorab festgelegt werden: Moderator, zwei Anwälte und ein bis vier Sachverständige. Alle übrigen Schülerinnen und Schüler bilden das Publikum. Der Moderator erhält einen Ablaufplan.

Sachverständige und Anwälte bereiten sich in vorgelagerten Arbeitsgruppen intensiv auf ihre Aufgabe vor. Das spätere Publikum kann daran beteiligt werden.

B Ablauf:

Eine Pro-und-Kontra-Diskussion kann in sieben Phasen unterteilt werden:

1. Eröffnung (5 Min.): Der Moderator eröffnet die Diskussion, begrüßt die Teilnehmer, verweist auf die Spielregeln und nennt das Thema.
2. Erste Abstimmung (5 Min.): Vor der Diskussion stimmt das Publikum das erste Mal geheim über eine strittige Frage zum Thema ab. Das Ergebnis wird festgehalten.
3. Plädoyers (2 Min.): Die Anwälte halten Eingangsplädoyers: Sowohl der Pro-Anwalt als auch der Kontra-Anwalt erhalten dafür je eine Minute Zeit. Beide begründen ihre Position und werben um Zustimmung.
4. Befragung der Sachverständigen (5 bis 20 Min.): Maximal vier Sachverständige, die nicht diskutieren dürfen, sondern nur auf Fragen antworten, werden von den Anwälten abwechselnd befragt.
5. Schlussplädoyers (2 Min.): Jeder Anwalt erhält wiederum eine Minute Zeit, um seine Position zu verdeutlichen, indem er auf die Aussagen der Sachverständigen eingeht.
6. Zweite Abstimmung (5 Min.): Nach der Diskussion stimmt das Publikum erneut ab, um festzustellen, ob einige Zuhörer ihre Meinung geändert haben.
7. Auswertungsgespräch (20 bis 30 Min.): Im Anschluss an eine Pro-und-Kontra-Diskussion findet eine Auswertung statt. Bei diesem Gespräch werden die Plausibilität und Überzeugungskraft der Argumente diskutiert.

C Tipps zur Umsetzung:

Das Thema sollte auf eine Entscheidungsfrage zugespitzt werden, damit aus der Pro-und-Kontra-Diskussion keine ausufernde Debatte wird. Vor einer solchen Diskussion sollten Sie mit dem Problem bereits vertraut sein und unterschiedliche Positionen kennengelernt haben.

Wichtig ist es, genau zuzuhören, abzuwarten, Aussagen der Gesprächspartner genau wiederzugeben, sie zu kommentieren, Gegenthesen zu bilden oder stützende Argumente zu finden.

Thermoisoplethendiagramme auswerten

Thermoisplethendiagramme veranschaulichen den tageszeitlichen Temperaturverlauf über das Jahr hinweg. Die mittlere Temperatur eines Ortes zu einer bestimmten Uhrzeit im Jahr kann daraus abgelesen werden. Bei der Auswertung müssen Sie so vorgehen:

1. Angaben zur Klimastation:
   Nennen Sie den Namen der Station und das Land, in dem diese liegt und geben Sie die Höhenlage und die Lage im Gradnetz an.
2. Wärmste und kälteste Zeit bestimmen:
   Ermitteln Sie die wärmsten und kältesten Temperaturen. Lesen Sie an den Achsen den Monat und die Uhrzeit ab.
3. Tagesamplituden bestimmen:
   Berechnen Sie für einen Monat aus jeder Jahreszeit (z.B. Januar, April, Juli, Oktober) die Tagesamplitude, indem Sie dazu die höchsten und niedrigsten Temperaturwerte dieser Monate ablesen und die Differenz bilden.
4. Jahresamplituden bestimmen:
   Berechnen Sie für jede Tageszeit (z.B. 6 Uhr, 12 Uhr, 18 Uhr und 24 Uhr) die Jahresamplitude, indem Sie dazu die höchsten und niedrigsten Temperaturwerte dieser Uhrzeiten ablesen und die Differenz bilden.
5. Zuordnung zu Tages- oder Jahreszeitenklima:
   Vergleichen Sie die Temperaturamplituden und ordnen Sie zu, ob es sich um ein Tages- oder Jahreszeitenklima handelt. Leiten Sie weitere zonale Zuordnungen ab, z.B. Klimazone, Vegetationszone.

Lexikon

Fachbegriffe in oranger Farbe sind Ihnen bekannt aus Band 5 und Band 7.
Fachbegriffe in blauer Farbe sind Ihnen neu.

Agroforst (S. 156): Landwirtschaftliche Produktionsform, bei der Ackerbau oder Tierhaltung mit Forstwirtschaft, das heißt der Anpflanzung von Bäumen kombiniert wird.

Agronomische Trockengrenze (S. 58): Grenze des Regenfeldbaus. In den ariden Subtropen sind dafür mindestens 400 bis 500 Millimeter Niederschlag verteilt über vier Monate nötig.

Albedo (S. 71): Spezifisches Reflexionsvermögen von Körpern. Eine Verhältnisgröße, die angibt, wie viel Prozent der ankommenden Strahlung reflektiert werden.

arid (S. 43, S. 56): (lat. = trocken) In einem ariden Gebiet fallen weniger Niederschläge, als Wasser verdunsten könnte. Das kann sich auf Monate oder das Jahr (arides Klima) beziehen.

Asyl (S. 110): Mehrdeutiger Begriff, unter dem man einen Zufluchtsort oder einen Schutz vor Verfolgung und Gefahr, aber auch eine (vorübergehende) Aufnahme von Verfolgten versteht (z. B. „Kirchenasyl"). Gemäß der Genfer Flüchtlingskonvention von 1951 sind → *Flüchtlinge* Menschen, die sich außerhalb ihres Heimatstaates aufhalten und eine berechtigte Furcht haben müssen, aufgrund ihrer Hautfarbe, Religion, Nationalität, politischen Gesinnung oder Zugehörigkeit zu einer (sozialen) Gruppe verfolgt zu werden.

Atmosphäre (S. 36): (griech.) Lufthülle, die unsere Erde umgibt. Sie besteht aus Stickstoff (ca. 78 %) und Sauerstoff (ca. 21 %) sowie Spurengasen wie → *Kohlenstoffdioxid* und → *Methan*, Staub und Wasser.

Bad Governance (128): politische Korruption, mangelnde Rechtsstaatlichkeit und schwache, staatliche Institutionen.

Barrio privado (S. 167): (span.) Abgeschlossene und zugangsbeschränkte Wohnanlage der Mittel- und Oberschicht in Lateinamerika; entspricht der → *Gated Community* (engl.).

Beleuchtungszone (S. 34): → *Temperaturzone.*

Binnenflüchtling (S. 110): → *Flüchtling*, der innerhalb seines Heimatstaates seine Heimatregion verlassen hat.

Binnenmigration (S. 110): Eine → *Migration* innerhalb der Grenzen eines Staates.

Binnenwüste (S. 60): Wüste im Inneren eines Kontinents.

Bodendegradation (S. 121): Die dauerhafte oder nicht umkehrbare Veränderung der Strukturen und Funktionen von Böden, die zu einer Verschlechterung der Bodenqualität bis hin zum Verlust der Funktion des Bodens für das Ökosystem führt.

Bodenerosion (S. 121): Vorgang, bei dem lockere Teile der Erdoberfläche durch Wasser fortgespült oder Wind weggeweht werden. Dadurch werden Böden unfruchtbar. → *Brandrodung* kann den Prozess weiter verstärken.

Brandrodung (S. 54): Abbrennen von Wald, Busch- oder Grasland, damit es als Ackerland genutzt werden kann. Die Brandrodung ist hauptsächlich in den Tropen verbreitet.

Brettwurzel (S. 51): Oberirdische, bis zu 10 m hohe, flügelförmige Wurzeln von hohen Bäumen im tropischen Regenwald.

Bruttonationaleinkommen (S. 16): Maß für die wirtschaftliche Leistung einer Volkswirtschaft in einem Jahr in Geldwerten; es umfasst den Wert der Sachgüter und Dienstleistungen, die über einen Markt abgesetzt werden, also nicht die Leistungen im Privathaushalt. Nicht einbezogen werden Produktionen ausländischer Unternehmen im Inland, wohl aber die Erträge von inländischen Unternehmen im Ausland.

Cash Crop (S. 21): Landwirtschaftliches Erzeugnis, das im Gegensatz zu Agrarprodukten für die Selbstversorgung für den (Welt-)Markt produziert wird.

Corioliskraft (S. 37): Gibt jene Beschleunigung an, die durch die Erdrotation einem bewegten Körper zuteilwird. Sie bewirkt auf der Nordhalbkugel eine Ablenkung nach rechts (im Uhrzeigersinn) und auf der Südhalbkugel nach links (gegen den Uhrzeigersinn). Benannt nach Gaspard Gustave de Coriolis, dem Entdecker der Corioliskraft.

Dauerfeldbau (S. 54): Bei ganzjährigem Pflanzenwachstum in den Immerfeuchten Tropen und Subtropen ist eine durchgehende Nutzung mit mehreren Ernten im Jahr möglich.

Deforestation (S. 63): Zielgerichtete und geplante Entwaldung großer Flächen.

Desertifikation (S. 121): Ausbreitung der Wüste durch Übernutzung oder unangepasste Landnutzung.

Diversifizierung (S. 106): Eine Entwicklungsstrategie, die auf der Ausweitung der Wirtschaftszweige basiert und ein wirtschaftliches Wachstum garantieren soll. Durch die Überwindung der für viele Staaten typischen Abhängigkeit von nur einem einzigen oder wenigen Wirtschaftszweigen soll die Krisenanfälligkeit reduziert werden.

Düne (S. 60): Sandhügel, der vom Wind angeweht worden ist.

Einstrahlungswinkel (S. 34): Winkel, unter dem die von der Sonne ausgesendeten Lichtstrahlen auf die Erdoberfläche treffen.

Emigrant (S. 110): Mensch, der ein Land verlässt (Auswanderer).

endogene Faktoren (S. 124): Im jeweiligen Land bestehende Ursachen oder Faktoren der Unterentwicklung.

Entwicklungsland (S. 17): Land, das wirtschaftlich, politisch, sozial und technisch hinter dem Stand der → *Industrieländer* weit zurückliegt.

Entwicklungszusammenarbeit (S. 18): Maßnahmen zur Unterstützung des Wirtschaftswachstums und der sozialen Entwicklung in → *Entwicklungsländern.*

Erg (S. 60): Bezeichnet eine Sandwüste. Typisch für einen Erg sind → *Dünen.*

erneuerbare Energie (S. 21): Mitunter auch als „regenerative Energie“ bezeichnet. Sie wird aus nicht endlichen Quellen wie Sonne oder Wind gewonnen. Solarenergie, Windenergie, Wasserkraft und Geothermie sind Beispiele für erneuerbare Energien, die immer mehr an Bedeutung gewinnen.

exogene Faktoren (S. 124): Faktoren oder Ursachen von Unterentwicklung, die sich nicht aus der internen (traditionellen) Struktur von Wirtschaft und Gesellschaft eines Landes erklären.

Export (S. 136): Ausfuhr von Rohstoffen, Waren und Dienstleistungen in das Ausland.

extraterrestrisch (S. 70): außerhalb der Erde und ihrer Atmosphäre.

fairer Handel (S. 160): (engl. = fair trade) Bezeichnung für eine faire, also gerechte Handelsweise, welche die Lebens- und Arbeitsbedingungen der Produzentenfamilien in → *Entwicklungsländern* verbessern soll.

Favela (S. 164): Bezeichnung für heruntergekommene Wohn- oder Elendsviertel in Brasilien; meist Barackensiedlungen am Rande oder innerhalb einer großen Stadt.

Feminisierung (S. 127): Weltweit steigt die Zahl der in der Landwirtschaft tätigen Frauen infolge von Bürgerkriegen und Abwanderung auf der Suche nach bezahlter Arbeit.

Ferntourismus (S. 168): Urlaubsreisen, bei denen zwischen Wohnort und Zielort eine große Entfernung liegt und bei denen die Touristen fremde Kulturen, Klimate und Landschaften erkunden.

Flüchtling (S. 110): Mensch, der infolge außerordentlicher Not (Verfolgung) seinen Heimatstaat oder sein Herkunftsgebiet verlassen hat.

forest dependent people (S. 156): Bezeichnung für die Menschen, die im Regenwald leben und von seinen Ressourcen und Produkten abhängig sind.

fossile Energieträger (S. 105): Sind in erdgeschichtlicher Vergangenheit entstanden und nicht erneuerbare Energieträger, wie Braunkohle, Steinkohle, Torf, Erdgas und Erdöl.

fossiles Grundwasser (S. 99): In früheren, oft niederschlagsreicheren Zeiten in seine jetzige, meist in großen Tiefen liegende Lagerstätte gelangtes Wasser, das bereits seit sehr langen Zeiträumen keinen Kontakt mit der Erdatmosphäre oder Oberflächengewässern mehr hatte.

Frontalzone (S. 37): Außertropisches Gebiet in der Atmosphäre zwischen tropischer Warmluft und polarer Kaltluft mit einem starken Druck- und Temperaturgefälle.

Gated Community (engl.)(S. 164): Siedlungsform in großen Städten, meistens in Entwicklungs- und Schwellenländern. Gated Communities sind bewacht und von Mauern umgeben. So grenzen sich die dortigen Bewohner der wohlhabenden Mittel- und Oberschicht gegenüber der ärmeren Bevölkerung ab.

Geburtenrate (S. 17): Zahl der Lebendgeborenen pro 1000 Einwohner in einem bestimmten Gebiet.

Global Player (S. 132): Großes, internationales Unternehmen, das weltweit tätig ist und über weltweit angesiedelte Firmenstandorte verfügt. Dieses Unternehmen ist in der Lage, seine Standorte aufgrund von Unterschieden zwischen den Ländern (z. B. durch günstige Löhne in einer Region oder niedrige Steuern in einem Land) auswählen zu können und damit Wettbewerbsvorteile gegenüber kleineren Unternehmen zu nutzen.

Globalisierung (S. 136): Prozess der zunehmenden weltweiten Verflechtung und Vernetzung von Politik, Kultur, Umwelt, Produktion und Märkten. Der zunehmende technische Fortschritt, insbesondere in der Kommunikationstechnologie, ist als Ursache der Globalisierung zu sehen.

Hackbau (S. 58): einfache Form der Landwirtschaft, bei der der Boden mit Hacken bearbeitet wird. Häufig in den Tropen praktiziert, typische Anbauprodukte sind Kartoffeln, Rüben, Maniok oder Yams.

Hamada (S. 60): Bezeichnet eine Fels- oder Steinwüste, die nur wenig Sand enthält.

Hochdruckgebiet (S. 37): Luftmasse mit einem Luftteilchenüberschuss an der Erdoberfläche und somit höherem Luftdruck. Aus dem Hochdruckgebiet fließen die Luftteilchen seitlich zum → *Tiefdruckgebiet* ab.

Human Development Index (HDI) (S. 16): Eine Maßzahl für die menschliche Entwicklung eines Staates. Der HDI wird jährlich von den Vereinten Nationen (UN) auf einer Skala von 0 bis 1 veröffentlicht. Er umfasst Werte für Einkommen, Lebenserwartung sowie Schulbildung und zeigt den durchschnittlichen Leistungsstand eines Landes an.

humid (S. 43): (lat. = feucht, nass) Feuchte Gebiete oder Jahreszeiten, in denen mehr Niederschlag fällt als verdunstet und so eine hohe Luftfeuchtigkeit vorherrscht.

Hurrikan (S. 150): Als Hurrikan bezeichnet man einen tropischen Wirbelsturm, der über dem Golf von Mexiko entsteht. Hurrikane ziehen in einer gebogenen (parabelförmigen) Bahn über das Karibische Meer und können auf die Küstengebiete der USA und Mittelamerikas treffen. Dort verursachen sie meist schwere Schäden.

Immigrant (S. 110): Mensch, der sich für eine längere Zeit oder den Rest seiner Lebenszeit in ein Land begibt (Einwanderer).

Import (S. 136): Einfuhr von Rohstoffen, Waren und Dienstleistungen in das Ausland.

Indigenes Volk (= Indianer) (S. 156): Eingeborene Bevölkerungsgruppen, die meist in Stämmen organisiert sind und eine enge Bindung an ihren Lebensraum besitzen.

Industrieland (S. 16): Begriff, um die reichen, entwickelten Länder den → *Entwicklungsländern* gegenüberzustellen. Industrieländer zeichnen sich durch ein hohes Pro-Kopf-Einkommen und ein hohes → *Bruttonationaleinkommen* aus, das im Wesentlichen durch Dienstleistungen erzeugt wurde.

innertropische Konvergenzzone (ITC) (S. 40): Schmale Zone tiefen Luftdrucks, in der der Nordostpassat und der Südostpassat zusammenströmen, d. h. konvergieren.

Infrastruktur (S. 130): für die wirtschaftliche Entwicklung eines Gebietes und das Zusammenleben der Menschen notwendige Einrichtungen: z. B. Verkehrswege, Schulen, Krankenhäuser.

Jahreszeitenklima (S. 48): Durch deutliche Temperaturunterschiede zwischen Sommer und Winter entstehen vier Jahreszeiten mit Frühling und Herbst als Übergang.

Karawane (S. 120): Reisegesellschaft von Kaufleuten, die mit Kamelen die → *Wüsten* des Orients durchqueren.

Kältewüste (S. 60): Wüste, die durch den Mangel an Wärme in arktischen und antarktischen Gebieten entsteht.

Kohlenstoffdioxid (S. 36): Gas in der → *Atmosphäre*. Es entsteht bei der Verbrennung von Holz und fossilen Brennstoffen wie Erdöl, Kohle und Erdgas.

Kohlenstoffsenke (S. 79): Eine Kohlenstoffsenke entzieht der → *Atmosphäre* → *Kohlenstoffdioxid*, z. B. Wald und Ozeane.

Kolonialzeit (S. 166): Zeitalter, in dem hauptsächlich europäische Staaten (vor allem Portugal, Spanien, Großbritannien, Frankreich, Niederlande) über Kolonien in den anderen Kontinenten bestimmten. Die ersten europäischen Kolonien entstanden im 15. Jahrhundert, zahlreiche Kolonien wurden erst in der zweiten Hälfte des 20. Jahrhunderts unabhängig.

Kulturraum (S. 90): Region mit einer einheitlichen Kultur.

kurzgeschlossener Nährstoffkreislauf (S. 51): Vorgang, bei dem die Nährstoffe überwiegend in der lebenden Biomasse und nicht im Boden gespeichert werden. Abgestorbene Pflanzen, Blätter und Tiere werden sofort zersetzt und von den Wurzeln direkt wieder aufgenommen.

Küstenwüste (S. 60): Extrem niederschlagsarme Küstengebiete, in denen durch kalte Meeresströmungen keine Regenwolken entstehen können und deshalb keine Niederschläge fallen. Feuchte entsteht nur durch Luftfeuchtigkeit und Tau.

Landflucht (S. 162): Abwanderung von armer Landbevölkerung in große Städte, in denen sich die Menschen Arbeitsplätze und eine bessere Zukunft erhoffen.

Land Grabbing (S. 59): (illegale) Landnahme durch (Groß-) Unternehmen in Ländern oder Regionen des Globalen Südens.

Lebenserwartung (S. 16): Die durchschnittliche Zeitspanne, die ein Lebewesen von seiner Geburt bis zu seinem Tod hat.

Mangrovenwald (S. 19): Salzverträgliche Pflanzengesellschaft an tropischen Gezeitenküsten, vor allem in geschützten Buchten, Lagunen und brackigen Flussmündungen.

Marginalsiedlung (S. 162) Heruntergekommenes Wohn- oder Elendsviertel in → *Entwicklungsländern*, meist durch Barackensiedlungen am Rande einer großen Stadt gebildet.

Massentourismus (S. 169): Sonderform des Fremdenverkehrs, bei dem sehr hohe Gästezahlen erreicht werden. Oft ändert sich das Landschaftsbild durch die großen Besucherströme erheblich, weil zumeist Flughafenanlagen, viele Hotels, Wege, Straßen, Parkplätze und andere Versorgungseinrichtungen gebaut werden müssen. Damit ist auch oft eine hohe Umweltbelastung in den jeweiligen Reisegebieten verbunden.

Medina (S. 92): Altstadt einer islamisch-orientalischen Stadt.

Megastadt (S. 163): Großstadt mit mehr als 10 Millionen Einwohnern.

Methan (S. 36): Farb- und geruchloses, brennbares Gas, das Hauptbestandteil von Erd- und Biogas ist. Methan entsteht bei Fäulnis- und Zersetzungsprozessen von biologischem Material unter Luftabschluss.

Metropolisierung (S. 162): Entwicklung von Städten innerhalb eines Landes, die die anderen Städte des Landes an Größe und Bedeutung weit überragen. Es entstehen Metropolen.

Migration (S. 110): Wanderungen von Bevölkerungsgruppen oder einzelnen Personen. Die Migration kann innerhalb eines Landes erfolgen (→ *Binnenmigration*) oder grenzüberschreitend sein. Sie hat einen längerfristigen oder endgültigen Wohnortwechsel zum Ziel. Die Gründe sind wirtschaftlicher (z. B. Gastarbeiter) oder sozialer Art (z. B. Minderheiten in einem Land). Migrationen können auch erzwungen sein (z. B. Vertriebene oder → *Flüchtlinge*).

Monokultur (S. 55): (lat. mono = eins) Feldbau, bei dem eine Nutzpflanze auf großen Flächen, über viele Jahre angebaut wird.

Mykorrhiza (S. 51): Symbiose zwischen Pilzen und Pflanzenwurzeln.

Niederschlagsvariabilität (S. 120): Schwankungsbreite (Variabilität) des Niederschlags als Abweichung vom langjährigen Mittel.

Nomade (S. 97): Viehhalter, der mit der Herde von Naturweide zu Naturweide zieht, da die Futtergrundlage infolge der Trockenheit nicht für eine Dauernutzung ausreicht.

Nomadismus (S. 96): Wirtschaftsform, die von → *Nomaden* betrieben wird und auf der Wanderbewegung der Nomaden beruht.

Nubisches Sandstein-Aquifer (S. 98): Ein großes unterirdisches Wasserreservoir in Sedimentgestein mit → *fossilem Grundwasser* in der Nubischen Wüste.

Oase (S. 96): Gebiet in einer Wüste, in dem durch dort vorhandenes Wasser üppiges Pflanzenwachstum möglich ist.

OPEC (S. 104): (engl. Organization of the Petroleum Exporting Countries) Vereinigung der ölexportierenden Länder. Die Mitglieder verfügen über den Großteil der weltweiten Erdölvorkommen und beeinflussen stark den Ölmarkt.

Orient (S. 90): (lat. oriens sol) Benannte früher die Gebiete südöstlich von Europa (Land der aufgehenden Sonne). Heute bezeichnet Orient die islamischen Länder in Vorderasien und Nordafrika.

Passat (S. 40): Mäßig starker und sehr beständig wehender Wind, der in tropischen Seegebieten rund um den Erdball auftritt. Man unterscheidet nach der Hauptwindrichtung den Nordostpassat auf der Nordhalbkugel und den Südostpassat auf der Südhalbkugel.

Plantage (S. 158): Landwirtschaftlicher Großbetrieb in den Tropen mit einseitiger Ausrichtung zum Erzeugen von Produkten für den Weltmarkt (z. B. Kaffee).

Push- und Pullfaktoren (S. 162): Faktoren, die die Wanderungen zwischen Gebieten unterschiedlicher Attraktivität beeinflussen.

Regenfeldbau (S. 58): Landwirtschaft, die mit normalen Regenfällen betrieben werden kann und keine Bewässerung benötigt.

Ressource (S. 19): In der Wirtschaft vor allem die Rohstoffe sowie die für die Produktion zur Verfügung stehenden Mittel (z. B. Arbeitskräfte, Raum, Energie und natürliche Ressourcen wie mineralische und pflanzliche Rohstoffe).

Regenzeit (S. 43): Jahreszeit, die auf eine relativ trockene Zeit folgt und in der regelmäßig Regen fällt. Regenzeiten sind charakteristisch für die Tropen und Subtropen.

Schrägluftbild (S. 94): Das Schrägluftbild ist ein schräg von einem Flugkörper oder einem erhöhten Ort aus aufgenommenes Bild von einem Teil der Erdoberfläche.

Schwellenland (S. 17): Begriff, der seit den 1970er-Jahren verwendet wird, in der gleichen Bedeutung auch Newly Industrialized Countries (NIC); damit werden Länder bezeichnet, die in vielen Bereichen noch als → *Entwicklungsländer* gelten, wirtschaftlich aber auf dem Weg zu Industrienationen sind.

Segregation (S. 164): Prozess der räumlichen Abgrenzung unterschiedlicher sozialer Gruppen, insbesondere in Siedlungen.

Sekundärwald (S. 54): nach Rodung oder → *Brandrodung* nachwachsender Wald, weniger artenreich als der Primärwald (Urwald).

semiarid (S. 43, 56): Bezeichnung für Klimate, in denen 3 bis 5 Monate der Niederschlag höher ist als die Verdunstung.

semihumid (S. 43, 56): Bezeichnung für Klimate, in denen 6 bis 9 Monate der Niederschlag höher ist als die Verdunstung.

Senkrechtluftbild (S. 94): Das Senkrechtluftbild ist ein senkrecht von einem Flugkörper aus aufgenommenes Bild von einem Teil der Erdoberfläche oder eines anderen Weltkörpers.

Serir (S. 61): Bezeichnet eine Geröll- oder Kieswüste.

Shifting Cultivation (S. 54): (engl. Wanderfeldbau) Verlegung der Anbauflächen und Siedlungen in tropischen Gebieten bei nachlassender Fruchtbarkeit der Böden. Neue Anbauflächen werden meist durch → *Brandrodung* gewonnen.

Slum (S. 162): Innerstädtisches Wohngebiet mit schlechter Bausubstanz und schlechter Ausstattung, zum Beispiel mit Geschäften oder sanitären Einrichtungen. Oft erste Anlaufstation armer Zuwanderer (→ *Landflucht*).

Stockwerkbau (S. 50): Aufbau von verschiedenen Pflanzen; in einer → *Oase* drei Stockwerke (Gemüse und Getreide, Obstbäume, Dattelpalmen), im tropischen Regenwald vier Stockwerke (Bodenschicht, Strauchschicht und junge Bäume, ausgewachsene Bäume, Urwaldriesen).

Subsistenzwirtschaft (S. 156): Wirtschaftsform, die alles oder nahezu alles, was man zum Leben braucht, selbst erzeugt, sammelt oder jagt. Sie dient überwiegend der Versorgung der Familie, der Großfamilie oder der Gruppe und steht damit im Gegensatz zur Marktwirtschaft, die überwiegend für den Verkauf produziert.

Tageszeitenklima (S. 48): In den Tropen sind die täglichen Schwankungen der Temperatur größer als die Jahresschwankung. Es gibt daher weder Sommer noch Winter.

Temperaturamplitude (S. 42): Unterschied zwischen der Temperatur des wärmsten und des kältesten Monats innerhalb eines Jahres. Die Temperaturamplitude wird in Grad angegeben.

Temperaturzone (S. 34): Abhängig von der Breitenlage beleuchtet die Sonne die Erde unterschiedlich stark. Diese Temperatur- oder Beleuchtungszonen sind parallele Streifen, in denen jeweils ähnlich hohe Temperaturen herrschen.

Terms of trade (S. 133): (engl.) Verhältnis der Exportpreise und der Importpreise eines Landes, bezogen auf ein bestimmtes Basisjahr. Terms of Trade geben an, wie viele Mengeneinheiten an Importgütern ein Land für eine Mengeneinheit seiner Exportgüter auf dem Weltmarkt kaufen kann.

terrestrisch (S. 70): die Erde betreffend.

Tiefdruckgebiet (S. 37): Luftmasse mit Mangel an Teilchen in der Lufthülle und geringerem Luftdruck. In das Tiefdruckgebiet der Nordhalbkugel fließen Moleküle entgegengesetzt zum Uhrzeigersinn vom → *Hochdruckgebiet* hinein.

Treibhauseffekt (S. 73): Spurengase in der → *Atmosphäre* schwächen die Sonneneinstrahlung im sichtbaren Spektralbereich kaum, absorbieren aber die von der Erdoberfläche zurückgestrahlte Wärmestrahlung im Infrarotbereich und geben sie partiell an die Erdoberfläche zurück. Dadurch ergibt sich der natürliche Treibhauseffekt der Atmosphäre. Dagegen ist ein anthropogener Treibhauseffekt durch Menschen verursacht (ánthropos, griech. = Mensch).

Trockengrenze des Anbaus (S. 58): Grenze des Ackerbaus zwischen Gebieten mit trockenem und feuchtem Klima, an der sich Niederschlag und Verdunstung im Gleichgewicht befinden. Dabei müssen mindestens 250 Millimeter Niederschlag fallen.

Trockenzeit (S. 43): Niederschlagsarme oder niederschlagsfreie Jahreszeit der Wechselfeuchten Tropen und Subtropen.

Tropischer Wirbelsturm (S. 150): Rotierender, wandernder Luftwirbel mit Unterdruck im Zentrum und orkanartigen Windgeschwindigkeiten in warmen, tropischen Meeresgebieten.

Überweidung (S. 121): Übernutzung von Weideland durch zu großen Viehbestand. Die Tiere fressen mehr Futter als nachwachsen kann und zertreten die Grasnarbe, wodurch es zu → *Bodenerosion* und Entstehung von → *Wüsten* kommen kann.

Verstädterung (S. 162): Zunahme von Städten und des Wachstums von Städten nach Bevölkerungszahl und Fläche.

Verwitterung (S. 60): Zerkleinerung und Zersetzung festen Gesteins zu lockerem Material (Gesteinsschutt, Minerale). Entsprechend der beteiligten Prozesse unterscheidet man zwischen physikalischer, chemischer und biologischer Verwitterung.

Vulnerabilität (S. 151): Maß für die Anfälligkeit eines Raumes bzw. von Personen für die Folgen eines Ereignisses.

Wadi (S. 60): (arab.) Bezeichnung für ein Flusstal ohne Wasserführung in den Wüsten Nordafrikas und Westasiens. Nach Niederschlägen kann es wieder Wasser führen.

Wendekreis-/Passatwüste (S. 60): Wüste, die im Einflussbereich der trockenen Passate an den Wendekreisen liegen.

Wüste (S. 60): Gebiet mit geringem oder ohne Pflanzenwachstum, bedingt durch Trockenheit oder durch Kälte.

Zai-Methode (S. 122): In der Sahelzone verbreitete traditionelle Anbaumethode zur Wiederinstandsetzung degradierter Trockengebiete und zur Erhöhung der Bodenfruchtbarkeit.

Zenitalregen (S. 40): Mittagsgewitter der inneren Tropen. Wegen der starken Erwärmung schießt heiße Luft in große Höhe (bis 18 km). Dabei entstehen gewaltige Gewitterwolken, die sich am frühen Nachmittag in heftigen Schauern ausregnen.

Zenitstand (S. 40): Senkrechter Stand der Sonne über einem Ort in den Tropen zur Mittagszeit.

Zirkulation (S. 36): Beschreibung der globalen Druck- und Temperaturverhältnisse und der dadurch bedingten Luftströmungen.

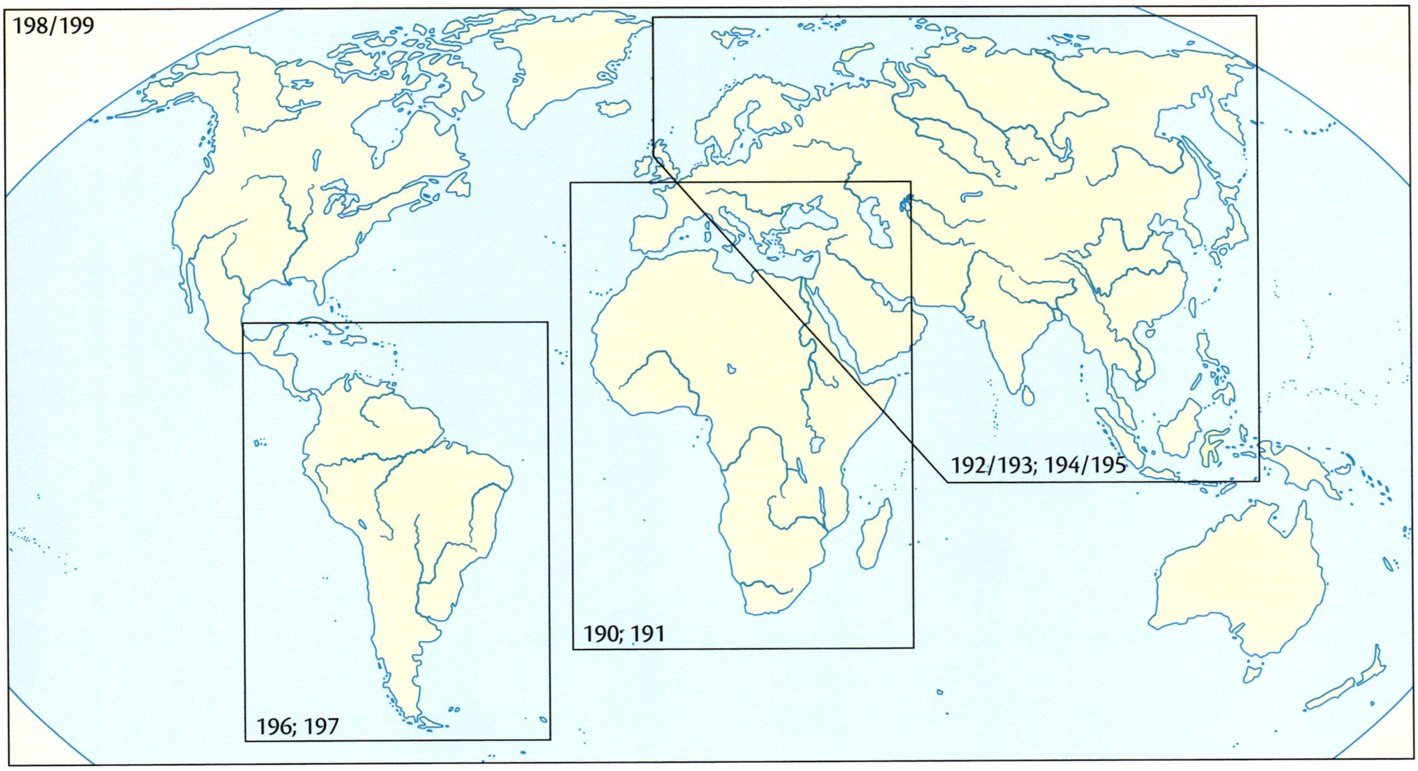
198/199
192/193; 194/195
190; 191
196; 197

Orte

- über 1 000 000 Einwohner
- 500 000 – 1 000 000 Einwohner
- 100 000 – 500 000 Einwohner
- unter 100 000 Einwohner
- Algier Hauptstadt eines Staates

Eisenbahn
Autobahn und andere Fernverkehrsstraße
Piste
Staatsgrenze
Umstrittene Grenze

Stausee
Wasserfall
Sumpf
Salzbecken
Wadi
Periodischer Fluss

Oase
Ruinenstätte

•5895 Höhenzahl
5759 Tiefenzahl

Korallenriff
Nationalpark

Meerestiefen 6000 4000 2000 200 0

Landhöhen unter 0 0 100 200 500 1000 2000 4000 m

westl. 0 östl. Länge v. Greenwich

1 : 38 500 000 — 0 500 1000 1500 2000 km — 1 cm ≙ 385 km

ATLANTISCHER OZEAN
INDISCHER OZEAN
Mittelmeer
Schwarzes Meer
Kaspisches Meer
Rotes Meer
Persischer Golf
Golf von Aden
SAHARA
SAHEL
Kongobecken
Kalahari
Shaba
Gesireh
Madagaskar
Äquator
Nördlicher Wendekreis
Südlicher Wendekreis
Sankt Helena
Komoren
Sokotra
Tropischer Regenwald
Feuchtsavanne
Trockensavanne
Dornsavanne
Halbwüste und Wüste
Steppe, in Hochgebirgen Grasland
Hartlaubgewächse der Subtropen und Macchie
Wald in der gemäßigten Zone
Fels- und Eisregion
Anbau tropischer Handelspflanzen
Anbau von Hirse und Mais
Bewässerungskulturen und Oasen
Getreideanbau in der gemäßigten Zone
Grünland
Viehhaltung
Rinder
Schafe
Landwirtschaftliche Spezialkulturen
Kaffee
Kakao
Bananen
Erdnüsse
Oliven
Tabak
Ölpalmen
Kokospalmen
Kautschuk
Zuckerrohr
Reis
Baumwolle
Sisal
Dattelpalmen
Obst
Zitrusfrüchte
Tee
Gewürze
Erdölpipeline
Erdgaspipeline
Erklärung der Bergbau- und Industriesignaturen in der Generallegende
Korallenriff
Fischereihafen
Hauptfischfanggebiet
Fremdenverkehrsort
Staatsgrenze
westl. 0 östl. Länge v. Greenwich
1 : 38 500 000
0 500 1000 1500 2000 km
1 cm ≙ 385 km

Asien: Physische Karte, Staaten, Bevölkerungsdichte

① Asien: Staaten

INDIEN	Unabhängiger Staat
1947	Jahr der Unabhängigkeit

ARM. = Armenien 1991	GE. = Georgien 1991	LIB. = Libanon 1941
AS. = Aserbaidschan 1991	IS. = Israel 1948	V.A.E. = Vereinigte Arabische Emirate 1971
BD. = Bangladesch 1971	JORD. = Jordanien 1946	ZYP. = Zypern 1960
BH. = Bhutan	KAMB. = Kambodscha 1954	

② Bevölkerungsdichte

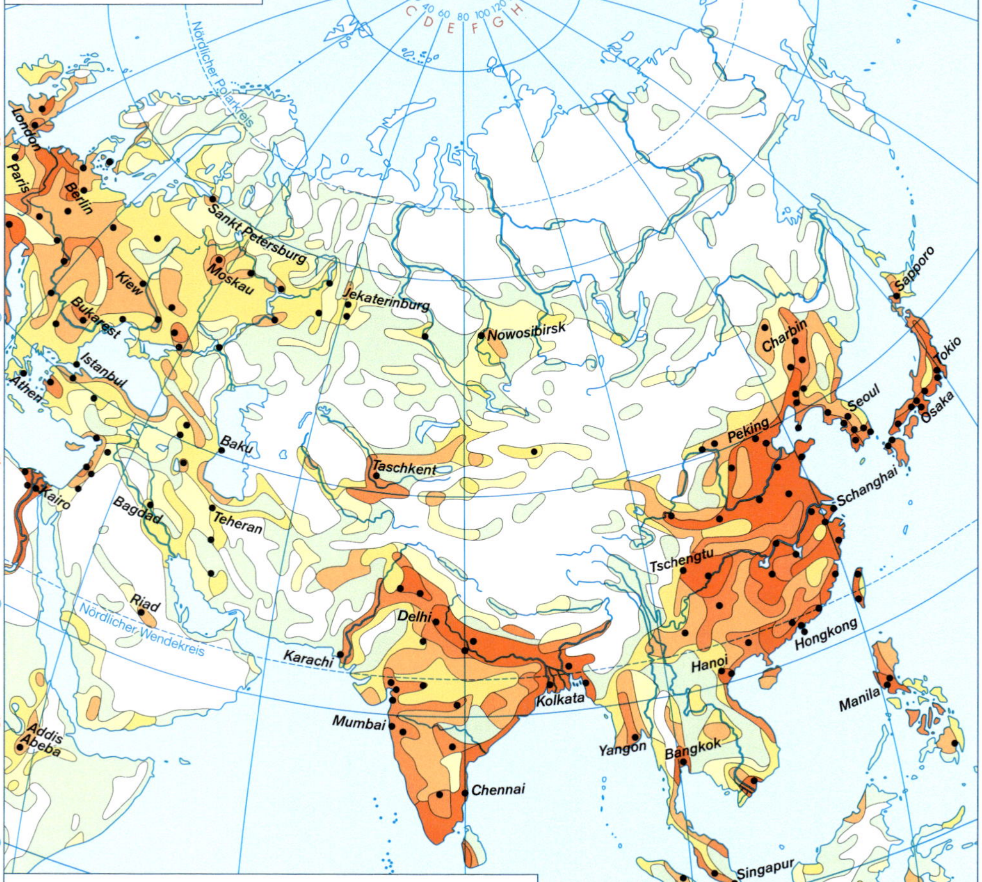

über 200 Einwohner auf 1 km²	10 – 20 Einwohner auf 1 km²
100 – 200 Einwohner auf 1 km²	1 – 10 Einwohner auf 1 km²
50 – 100 Einwohner auf 1 km²	weniger als 1 Einwohner auf 1 km²
20 – 50 Einwohner auf 1 km²	• Orte über 1 000 000 Einwohner

60 östl. Länge von Greenwich

1 : 77 000 000 — 0 1000 2000 3000 km — 1 cm ≙ 770 km

Orte

über 1 000 000 Einwohner	Eisenbahn
500 000 – 1 000 000 Einwohner	Staatsgrenze
100 000 – 500 000 Einwohner	Grenze nicht festgelegt
unter 100 000 Einwohner	Grenze von …
Peking Hauptstadt eines Staates	Teilungslinie

Grönland (dän., Selbstverwaltung)
Nordpol
Nordpolarmeer
Eurasienbecken
Spitzbergen (norw.)
Longyearbyen
Franz-Josef-Land
Sewernaja Semlja
Kap Tscheljuskin
Nowaja Semlja
Barentssee
Karasee
Laptewsee
Neusibirische Inseln
Ostsibirische See
Wrangel-insel
Kap Deschnew
Anadyrgolf
Sankt-Lorenz-Insel (zu USA)
Anadyr
Anadyrgebirge
Beringmeer
Aleuten (zu USA)
Aleutengraben
Kamtschatka
Petropawlowsk-Kamtschatski
Kamtschatka-Graben
Ochotskisches Meer
Magadan
Ochotsk
Kolymagebirge
Tscherskigebirge
Werchojansker Gebirge
Werchojansk
Oimjakon
Sredne-kolymsk
Kolyma
Indigirka
Tiksi
Lena
Jakutsk
Aldan
Olekminsk
Wiljui
Nordwik
Chatanga
Taimyr
Dickson
Norilsk
Turuchansk
Untere Tunguska
Jenissei
Jenisseisk
Angara
Bratsk
Irkutsk
Baikalsee
Krasnojarsk
Kirensk
Bodaibo
Stanowoigebirge
Skoworodino
Jablonowygebirge
Tschita
Ulan-Ude
Dschugdschurgebirge
Ajan
Nikolajewsk
Sachalin
Juschno-Sachalinsk
Komsomolsk
Chabarowsk
Sichote-Alin
Amur
Blagoweschtschensk
Großer Chingan
Tsitsikar
Charbin
Kirin
Mandschurei
Mandschuli
Wladiwostok
Tschongdschin
Japanisches Meer
Sapporo
Hokkaido
Hakodate
Aomori
Akita
Sendai
Niigata
Tokio
Jokohama
Nagoja
Kioto
Osaka
Kobe
Hiroshima
Kitakiuschu
Kumamoto
Kiuschu
Honschu
Schikoku
Japan
Japangraben
Kurilen
Kurilengraben
Pazifischer Ozean
Murmansk
Kola
Archangelsk
Workuta
Salechard
Jamal
Westsibirisches Tiefland
Surgut
Ob
Irtysch
Tobolsk
Serow
Perm
Kirow
Kasan
Jekaterinburg
Ufa
Tscheljabinsk
Samara
Magnitogorsk
Orenburg
Omsk
Nowosibirsk
Nowokusnezk
Barnaul
Abakan
Sajangebirge
Kysyl
Tannu-Ola
Altai
Belucha
Semei
Nur-Sultan
Karaganda
Kasachische Schwelle
Kasachstan
Saissansee
Balchaschsee
Tarbagataigebirge
Dsungarei
Urumtschi
Hami
Almaty
Bischkek
Issyk-Kul
Tienschan
Pik Pobedy
Taschkent
Samarkand
Duschanbe
Aschgabad
Turkmenistan
Usbekistan
Kirgistan
Tadschikistan
Andischan
Kaschgar
Kongur
Pamir
Tarim
Tarimbecken
Altyntag
Kunlun
Tsaidam
Kukunor
Nanschan
Jümen
Mongolei
Mongolischer Altai
Changaigebirge
Ulan-Bator
Selenga
Kerulen
Gobi
Paotou
Huhehot
Peking
Tientsin
Schenjang
Tschangtschun
Fuschun
Anschan
Dalian
Pjöngjang
Nordkorea
Seoul
Südkorea
Taegu
Pusan
Gelbes Meer
Tsingtau
Tsinan
Taijuan
Tschengtschou
Hwangho
Lantschou
Xian
Nanking
Schanghai
Hangtschou
Sütschou
Wuhan
Nantschang
Ostchinesisches Meer
Nanseiinseln
Wentschou
Futschou
Taipeh
Taiwan
Formosastraße
Tschangscha
Tschungking
Tschengtu
Jangtsekiang
China
Tibet
Lhasa
Tsangpo
Himalaya
Mount Everest
Kathmandu
Nepal
Bhutan
Kanton
Hongkong
Macau
Swatou
Kaohsiung
Kunming
Kweijang
Liutschou
Nanning
Haikou
Hainan
Hanoi
Haiphong
Vientiane
Laos
Vietnam
Hué
Qui Nhon
Ho-Tschi-Minh-Stadt
Kambodscha
Phnom Penh
Bangkok
Thailand
Golf von Thailand
Myanmar
Mandalay
Chiengmai
Naypyidaw
Yangon (Rangun)
Moulmein
Golf von Martaban
Andamanen (ind.)
Nikobaren (ind.)
Landenge von Kra
Malakka
Malaysia
Kuala Lumpur
Singapur
Malakkastraße
Sumatra
Medan
Padang
Palembang
Mentawai-Inseln
Sundagraben
Bandar Lampung
Jakarta
Bandung
Jogjakarta
Semarang
Surabaja
Java
Javasee
Bali
Lombok
Sumbawa
Flores
Sumba
Kleine Sundainseln
Timor
Bandasee
Indonesien
Große Sundainseln
Borneo
Pontianak
Kutsching
Sarawak
Sabah
Brunei
Bandar Seri Begawan
Kinabalu
Banjarmasin
Makassar
Celebes
Celebessee
Manado
Molukkensee
Südchinesisches Meer
Palawan
Philippinen
Philippinenbecken
Luzon
Quezon City
Manila
Iloilo
Cebu
Samar
Mindanao
Davao
Zamboanga
Suluinseln
Suluseee
Afghanistan
Kabul
Herat
Kandahar
Hindukusch
Islamabad
Rawalpindi
Pakistan
Quetta
Multan
Lahore
Srinagar
Karakorum
Pandschab
Ludhiana
Indus
Sukkur
Haiderabad
Karachi
Gwadar
Wüste Thar
Delhi
Neu-Delhi
Agra
Lacknow
Kanpur
Varanasi
Allahabad
Patna
Ganges
Brahmaputra
Cherrapunji
Dibrugarh
Myitkyina
Bangladesch
Dhaka
Chittagong
Kolkata (Kalkutta)
Jamshedpur
Raipur
Nagpur
Jaipur
Ahmedabad
Indore
Vadodara
Rajkot
Kathiawar
Surat
Mumbai (Bombay)
Pune
Godavari
Haiderabad
Hubballi-Dharwad
Westghats
Ostghats
Indien
Vijayawada
Visakhapatnam
Cuttack
Golf von Bengalen
Chennai (Madras)
Bengaluru
Maisur (Mysuru)
Madurai
Lakkadiven (ind.)
Arabisches Becken
Malediven
Palkstraße
Jaffna
Sri Lanka
Colombo
Indischer Ozean
Kanal
Wasserfall
Stausee
Sumpf
Salzsumpf
Korallenriff
Gletscher
• 8848 Höhenzahl
4039 Tiefenzahl
Pass
Meerestiefen
8000
6000
4000
2000
200
0
Landhöhen
unter 0
0
100
200
500
1000
2000
4000 m
90 östl. Länge von Greenwich
1 : 38 500 000
0
500
1000
1500
2000 km
1 cm ≙ 385 km

Asien: Wirtschaftskarte, Jahresniederschläge, Monsun

① Jahresniederschläge

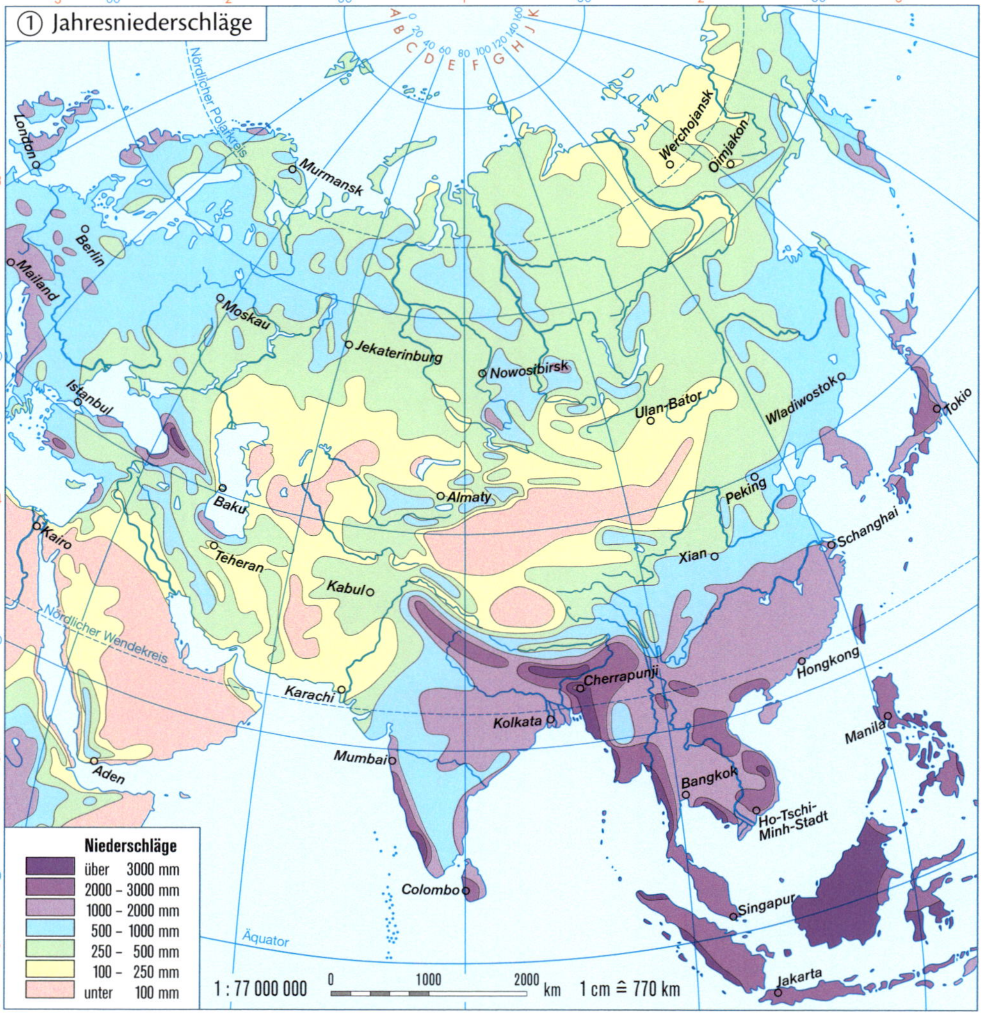

② Sommermonsun in Südostasien

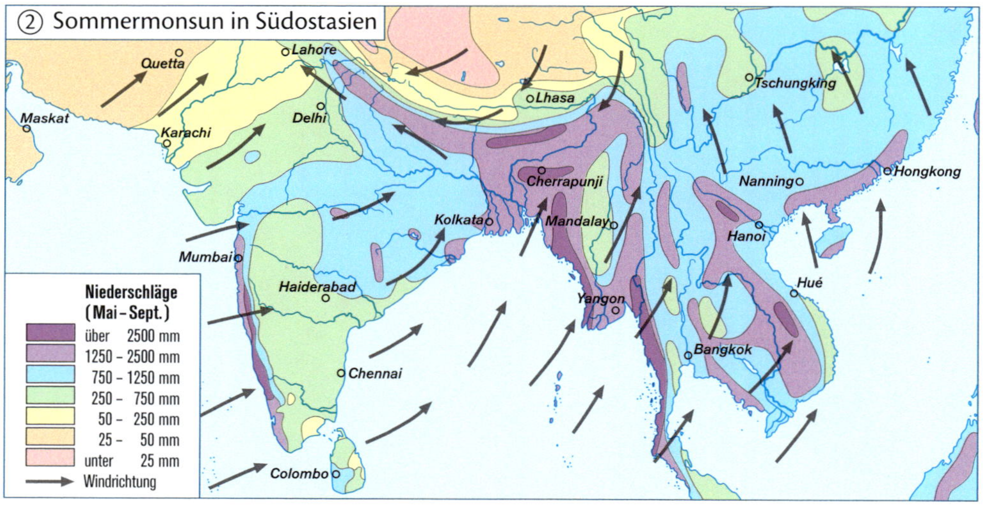

③ Wintermonsun in Südostasien

1 : 44 000 000 0 500 1000 1500 2000 km 1 cm ≙ 440 km

④ Wirtschaftskarte

1 : 38 500 000 — 0 500 1000 1500 2000 km — 1 cm ≙ 385 km

Südamerika: Physische Karte

Orte		
über	1 000 000 Einwohner	
500 000 –	1 000 000 Einwohner	
100 000 –	500 000 Einwohner	
unter	100 000 Einwohner	

Staatsgrenze

Brasília Hauptstadt eines Staates
La Paz Regierungssitz eines Staates

Eisenbahn
Autobahn und andere Fernverkehrsstraße

Wasserfall / Stausee
Sumpf / Salzbecken
Korallenriff

Gletscher
• 6958 Höhenzahl
4636 Tiefenzahl
Ruinenstätte
Pass

Meerestiefen: 8000 · 6000 · 4000 · 2000 · 200 · 0

Landhöhen: unter 0 · 0 · 100 · 200 · 500 · 1000 · 2000 · 4000 m

1 : 33 000 000 — 0 · 500 · 1000 · 1500 km — 1 cm ≙ 330 km

Kuba
Camagüey
Moa
Hispaniola
Jamaika
Kingston
Port-au-Prince
Santo Domingo
San Juan
Puerto Rico
Saint Croix
Guadeloupe
Martinique
Barbados
Trinidad
Karibisches Meer
Tegucigalpa
Managua
San José
Panama-Kanal
Colón
Panamá
Aruba
Curaçao
Santa Marta
Barranquilla
Cartagena
Maracaibo
Valencia
Caracas
El Tigre
Mérida
Ciudad Guayana
Cerro Bolívar
Medellín
Bucaramanga
Paz de Río
Bogotá
Cali
Georgetown
Paramaribo
Cayenne
Guayana
Boa Vista
Serra do Navio
Macapá
Tumaco
Pasto
Esmeraldas
Quito
Äquator
Guayaquil
Cuenca
La Libertad
Iquitos
Manaus
Balbina
Santarém
Curuá-Una
Altamira
Belém
Paragominas
São Luís
Parnaíba
Fortaleza
Teresina
Natal
Tucuruí
Marabá
Serra dos Carajás
Serra Pelada
Talara
Piura
Bayóvar
Chiclayo
Trujillo
Chimbote
Pucallpa
Selvas
Rio Branco
Porto Velho
Ji-Paraná
Recife
Paulo Afonso
Maceió
Aracajú
Salvador
Ilhéus
Cerro de Pasco
La Oroya
Callao
Lima
Cuzco
Marcona
Arequipa
Puno
Toquepala
Ilo
Arica
Iquique
La Paz
Cochabamba
Santa Cruz
Oruro
Potosí
Tupiza
Cuiabá
Niquelândia
Brasília
Goiânia
Corumbá
Urucum
Belo Horizonte
Caravelas
Vitória
Ouro Preto
Volta Redonda
Ribeirão Preto
Tocopilla
Chuquicamata
Antofagasta
Embarcación
Jujuy
Salta
Londrina
São Paulo
Santos
Rio de Janeiro
Itaipú
Asunción
Südlicher Wendekreis
Potrerillos
El Salvador
Copiapó
Tucumán
Corrientes
Posadas
Curitiba
Blumenau
Florianópolis
La Rioja
La Serena
Coquimbo
San Juan
Córdoba
Santa Fe
Santa Maria
Salto
Porto Alegre
Rio Grande
Juan-Fernández-Inseln
Valparaíso
Santiago
Mendoza
El Teniente
Rosario
Buenos Aires
La Plata
Montevideo
Rio de la Plata
Talca
Talcahuano
Concepción
Malargüe
Bahía Blanca
Mar del Plata
Temuco
Neuquén
Valdivia
Puerto Montt
San Carlos de Bariloche
Sierra Grande
Viedma
Puerto Madryn
Comodoro Rivadavia
El Toqui
Patagonien
Falklandinseln
Río Turbio
Río Gallegos
Magellanstraße
Manantiales
Feuerland
Punta Arenas
Ushuaia
Südgeorgien
Atlantischer Ozean
Pazifischer Ozean
Tropischer Regenwald
Feuchtsavanne
Trockensavanne
Halbwüste und Wüste
Steppe
Fels- und Eisregion
Hochgebirgsvegetation in den Anden (Puna und Páramo)
Wald in der gemäßigten Zone
Anbau tropischer Handelspflanzen
Bewässerungskulturen
Ackerland, vorwiegend Getreideanbau
Landwirtschaftliche Spezialkulturen
Kaffee
Kakao
Bananen
Erdnüsse
Zuckerrohr
Reis
Kautschuk
Tabak
Sisal
Baumwolle
Obst
Zitrusfrüchte
Wein
Tee
Viehhaltung
Rinder
Schafe
Hauptfischfanggebiet
Wasserkraftwerk
Kernkraftwerk
Erdölpipeline
Erdgaspipeline
Fischereihafen
Fremdenverkehrsort
Korallenriff
Staatsgrenze
Erklärung der Bergbau- und Industriesignaturen in der Generallegende
1 : 33 000 000
0 500 1000 1500 km 1 cm ≙ 330 km

① Politiseho
A 160 B 140 C 120 D 100 E 80 F 60 G 40 H 20
Alaska (USA)
Aleuten
Juneau
Mackenzie
Baffinland
K A N A D A
Vancouver
Winnipeg
Seattle
Neufundland
Saint-Pierre und Miquelon (frz.)
Minneapolis
Montreal
Ottawa
V E R E I N I G T E
S T A A T E N
(U S A)
Chicago
New York
Washington
San Francisco
Saint Louis
Los Angeles
Mississippi
Houston
New Orleans
Miami
Bermudainseln (brit.)
Grönland (dän.; Selbstverwaltung)
Jan Mayen (norw.)
Nuuk
Reykjavik
ISLAND
Färöer (dän.)
VEREINIGTES KÖNIG- REICH
IRLAND
Azoren (port.)
Lissabon
Madrid
SPANIEN
Gibraltar (brit.)
Rabat
Madeira (port.)
MAROKKO
ALGER
Kanarische Inseln (span.)
Sahara
MAURETANIEN
MALI
A T L A N T I S C H E R
O Z E A N
Hawaii-In. (USA)
Honolulu
Nördlicher Wendekreis
M E X I K O
Havanna
BAHAMAS
KUBA
JAMAIKA
HAITI
DOM.REP.
Puerto Rico (USA)
ST. KITTS UND NEVIS
ANTIGUA UND BARBUDA
Guadeloupe (frz.)
DOMINICA
Martinique (frz.)
ST. LUCIA
ST. VINCENT
BARBADOS
GRENADA
TRINIDAD U. TOBAGO
Ndl. Antillen
Mexiko
Revilla-Gigedo-Inseln (mex.)
BELIZE
GUATEMALA
HONDURAS
EL SALVADOR
NICARAGUA
COSTA RICA
PANAMA
Clippertoninsel (frz.)
P A Z I F I S C H E R
KAP VERDE
Dakar
SEN.
GAMBIA
GUINEA-BISSAU
Bamako
BURKINA FASO
GUINEA
SIERRA LEONE
LIBERIA
CÔTE D'IVOIRE
GHANA
TOGO
Caracas
VENEZUELA
GUYANA
SURINAME
Frz.-Guayana
Bogotá
KOLUMBIEN
Quito
ECUADOR
Galápagosinseln (ecuad.)
Christmas-I. (brit.)
Äquator
Jarvis-I. (USA)
Sankt Paul (bras.)
SÃO TOMÉ UND PRÍN
Manaus
Amazonas
Fernando de Noronha (bras.)
B R A S I L I E N
Recife
Ascension (brit.)
P E R U
Lima
BOLIVIEN
La Paz
Brasília
Sankt Helena (brit.)
Marquesas-In. (frz.)
Tuamotu-In. (frz.)
Gesellschafts-In. (frz.)
Tahiti
O Z E A N
Niue (neus.)
Cook-In. (neus.)
Südlicher Wendekreis
Tubuai-In. (frz.)
Pitcairn (brit.)
Sala-y-Gomez (chil.)
Osterinsel (chil.)
San Félix (chil.)
PARAGUAY
Asunción
Rio de Janeiro
São Paulo
Trindade (bras.)
Juan-Fernández-Inseln (chil.)
Santiago
C H I L E
A R G E N T I N I E N
URUGUAY
Montevideo
Buenos Aires
Tristan da Cunha (brit.)
Goughinsel (brit.)
Falklandinseln (brit.)
Feuerland
Punta Arenas
Südgeorgien (brit.)
Süd-Sandwich-Inseln (brit.)
Süd-Orkney-Inseln (brit.)
Grahamland (brit.)
Südlicher Polarkreis
ARM. = ARMENIEN
AS. = ASERBAIDSCHAN
BD. = BANGLADESCH
BH. = BHUTAN
BU. = BURUNDI
DOM. REP. = DOMINIKANISCHE REPUBLIK
GE. = GEORGIEN
IS. = ISRAEL
JORD. = JORDANIEN
KAMB. = KAMBODSCHA
KIRG. = KIRGISISTAN
LIB. = LIBANON
R. = RUANDA
SEN. = SENEGAL
TAD. = TADSCHIKISTAN
V.A.E. = VEREINIGTE ARABISCHE EMIRATE
austr. = australisch
bras. = brasilianisch
brit. = britisch
chil. = chilenisch
dän. = dänisch
ecuad. = ecuadorianisch
frz. = französisch
ind. = indisch
jap. = japanisch
jem. = jemenitisch
maurit. = mauritisch
mex. = mexikanisch
ndl. = niederländisch
neus. = neuseeländisch
norw. = norwegisch
port. = portugiesisch
russ. = russisch
span. = spanisch
südafr. = südafrikanisch
Besitzungen europäischer Staaten in Übersee sind schraffiert.

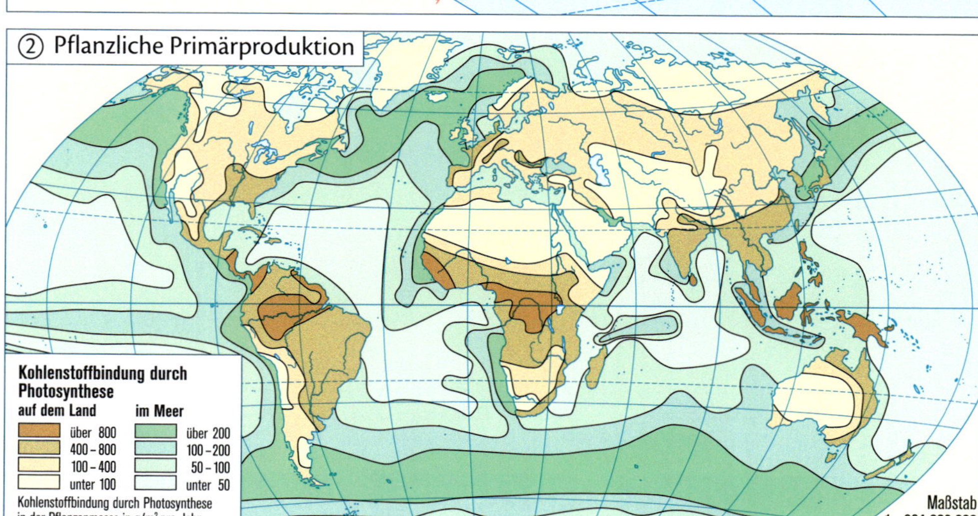
② Pflanzliche Primärproduktion
Kohlenstoffbindung durch Photosynthese
auf dem Land
über 800
400 – 800
100 – 400
unter 100
im Meer
über 200
100 – 200
50 – 100
unter 50
Kohlenstoffbindung durch Photosynthese in der Pflanzenmasse in g/m² pro Jahr
Maßstab 1 : 264 000 000

③ Kontinente und Ozeane
NORD-AMERIKA 25 Mio. km²
ATLANTI- SCHER OZE 106 Mi
PAZIFISCHER OZEAN 180 Mio. km²
Äquator
SÜDAMERIKA 18 Mio. km²

④ Naturkatastrophen

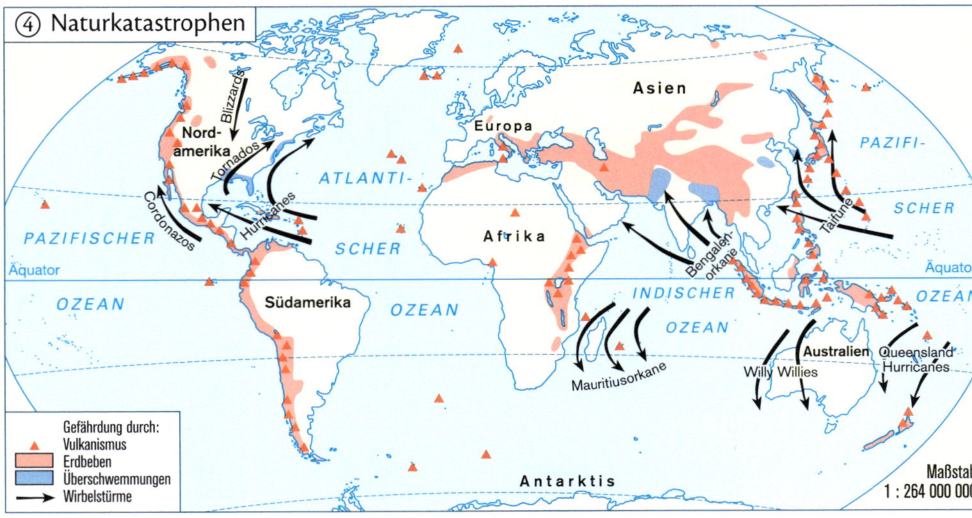

Atlasregister

G

H

I

J

K

L

M

N

O

P

Q

R

S

Bildquellen

Fotos
Cover + Rückcover: Shutterstock.com/Sergey Uryadnikov;
S. 3 o. r.: Shutterstock.com/Chanyanuch Wannasinlapin; u.l. mauritius images/alamy/Sarah Crake;
S. 4 l.: Shutterstock.com/YegoroV; r. Shutterstock.com/evenfh;
S. 5: Shutterstock.com/David Gonzalez-Rebollo;
S. 12: mauritius images/alamy/Sarah Crake;
S. 13: dpa Picture-Alliance/Bildagentur-online;
S. 15 M4: stock.adobe.com/Monkey Business Images/micromonkey;
S. 15 M5: Imago Stock&People GmbH/Friedrich Stark;
S. 16 M1. l.: Rodrigo/toonpool.com;
S. 16 M1.r.: Jeander/toonpool.com;
S. 17 M4: dpa Picture-Alliance;
S. 17 M5: Aktion Deutschland Hilft;
S. 18 M1: dpa Picture-Alliance/Mamunur @Rashidd/ZUMAPRESS.com;
S. 19: stock.adobe.com/HongKi;
S. 20 M1: Shutterstock.com/Food Travel Stockforlife;
S. 22 M1: sciencephotolibrary/Jangoux, Jacques;
S. 24 M2: dpa Picture-Alliance/dpa-infografik;
S. 24 M3: o. terre des hommes; 2.v.o.l GIZ GmbH, Bonn; mi.l. DSW ; 2.v.u.l. Brot für die Welt e.V., Berlin; u.l. BGR, Hannover; 2.v.o.r. KfW Bankengruppe; mi.r. Deutsche Welthungerhilfe e.V., Bonn; 2.v.u.l. MISEREOR e. V.; u.r. PTB.;
S. 25 M4: United Nations, New York;
S. 26 M2: stock.adobe.com/pit24; mi.r. dpa Picture-Alliance/Nicolas Armer;
S. 27 M3: dpa Picture-Alliance/dpa-infografik;
S. 29 M5 o.l.: Brot für die Welt e.V., Berlin; o.mi. MISEREOR e. V.; o.r. terre des hommes; u.l. KfW Bankengruppe; 2.v.u.l. GIZ GmbH, Bonn; 2.v.u.r. Deutsche Welthungerhilfe e.V., Bonn; u.r. DSW;
S. 33: NASA, Washington D.C./lambert azimutal;
S. 38; o. l.: mauritius images/alamy/frans lemmens; m.l. stock.adobe.com/Uwe Moser; u.l. mauritius images/alamy/B.A.E. Inc.; Shutterstock.com/Grisha Bruev;
S. 39 o. r.: mauritius images/Bard Loken; 2 v.o.r. imago images/Pacific Press Agency; m.r. sciencephotolibrary/NASA; u.r. stock.adobe.com/A. Karnholz;
S. 43 M3: eskp.de/CC BY 4.0;
S. 45 M2: dpa Picture-Alliance/NHPA/Photoshot;
S. 45 M3. Shutterstock.com/Muskoka Stock Photos;
S. 45 M4: stock.adobe.com/David Brown;
S. 45 M5: dpa Picture-Alliance/R. Philips;
S. 45 M6: stock.adobe.com/africa;
S. 45 M7: stock.adobe.com/PRILL Mediendesign;
S. 48: sciencephotolibrary/Wolfe Art;
S. 50: mauritius images/Mark Moffett/Minden Pictures;
S. 52 o. l.: Adobe Stock/Jag_cz; o.r. Adobe Stock/Simon Dannhauer; u.l. stock.adobe.com/palino666; u.r. Shutterstock.com/Patrick K. Campbell; HG mauritius images/Frans Lanting/Mint Images;
S. 53 u.: stock.adobe.com/Reise-und Naturfoto; u.r. OKAPIA KG/Fritz Pölking;
S. 54 M1: dpa Picture-Alliance/NHPA/photoshot;
S. 56 M1: dpa Picture-Alliance/Norbert Guthier;
S. 56 M2: dpa Picture-Alliance/Sohns/OKAPIA;
S. 58 M1: mauritius images/alamy/Francesco Fiondella;
S. 61 M5: Shutterstock.com/Pichugin Dmitry; M6. Shutterstock.com/Anibal Trejo;
S. 63 M3: USGS/EROS, Sioux Falls;
S. 64 u. l.: stock.adobe.com/Australian-Camera; u.r. akg-images/Herve Champollion;
S. 68/69: stock.adobe.com/Paul Souders/Danita Delimont;
S. 70 M1: dpa Picture-Alliance/NASA;
S. 71 M4: dpa Picture-Alliance/dpa-infografik;
S. 72 M1: Gerhard Mester/Baaske Cartoons Müllheim;
S. 72 M2/M4 dpa Picture-Alliance/dpa-infografik;
S. 74 M1: Alfred-Wegener-Institut/Steffen Graupner (CC-By 4.0);
S. 74 M2: Figure 2.2 from IPCC, Geneva, Switzerland;
S. 75 M3: Figure 2.2 from IPCC, Geneva, Switzerland;
S. 75 M4: Götz Wiedenroth, Flensburg;
S. 77 M2: l. mauritius images/David u. Micha Sheldon;
S. 77 M2 r. Imago Stock&People GmbH/Nature Picture Library;
S. 77 M4: stock.adobe.com/ThomBal;
S. 77 M5: sciencephotolibrary/ASHLEY COOPER;
S. 79 M3/M4: dpa Picture-Alliance/dpa-infografik;
S. 80 M1: stock.adobe.com/K I Photography;
S. 81 M5: dpa Picture-Alliance/dpa-infografik;
S. 82 M3: dpa Picture-Alliance/Bildagentur-online;
S. 84 M1: HG Shutterstock.com/pio3;
S. 84 M1: 1. mauritius images/alamy/WorldFoto; M1 2. Shutterstock.com/Volodymyr Goinyk; M1 3. dpa Picture-Alliance/abaca/Patrick Bernard; M1 4. Shutterstock.com/D. Gentilcore; M1 5. mauritius images/alamy/Mark Weidman Photography; M1 6. mauritius images/alamy/Bildagentur-online/Exß; M1 7. NASA; M1 8. dpa Picture-Alliance/Arco Images GmbH/Reinhard, H.;
S. 85 M4: Figure 2.6 from IPCC, 2014; 86
S. 84 M5/M6/M7 mauritius images/die Kleinert;
S. 88 Shutterstock.com/RastoS;
S. 90 M1: Imago Stock & People GmbH/Westend61;
S. 91 M4: F1online/Westend61;
S. 92 M1: akg-images/Roland u. Sabrina Michaud;
S. 92 M3: Huber-Images/TC;
S. 93 M6: dpa Picture-Alliance/robertharding/Gavin Hellier;
S. 95 M1: mauritius images/Daniel Reiter;
S. 95 M2: dpa Picture-Alliance/Bildagentur-online;
S. 96 M1: dpa Picture-Alliance/imageBROKER/Wigbert Röth:
S. 97 M4: mauritius images/alamy/blickwinkel;
S. 98 M1: Shutterstock.com/erichon;
S. 98 M2: Imago Stock & People GmbH/Joerg Boethling;
S. 100 M1: Erik Liebermann;
S. 101 M1: NASA, Washington, DC;
S. 102 M3: Picture-Alliance/dpa-infografik;
S. 103 M5: Shutterstock.com/Stanislav71;
S. 103 M6: dpa Picture-Alliance/Adwa Pictures Plc;
S. 104 M1: picture-alliance/ZB/Matthias Toedt;
S. 105 M5: dpa Picture-Alliance/dpa-infografik,
S. 106 M1: Imago Stock&People GmbH/Xinhua;
S. 107 M4: Shutterstock.com/diversepixel;
S. 108 M1: interfoto e.k./Amazing Aerial Agency/Bachir Moukarzel;
S. 109 M5: Shutterstock.com/Dan Rentea;
S. 110 M1: dpa Picture-Alliance/REUTERS;
S. 111 M3/M5. dpa Picture-Alliance/dpa-infografik;
S. 112 M1: NASA, Washington D.C./lambert azimuthal;
S. 113 M3: Imago Stock & People GmbH/Dan Baciu;
S. 113 M4: Imago Stock & People GmbH/Karol Kozlowski;
S. 113 M6: M.Harvey/juniors/wildlife;
S. 114 M7: eoVision/DigitalGlobe 2013;
S. 115 Imago Stock & People GmbH/Westend61;
S. 119 M4: action press/MIN/Rex Features;
S. 119 M5: Milse, T./juniors@wildllife;
S. 119 M6: mauritius images/Stefano Paterna/Novarc;
S. 119 M7: ddp images;
S. 120 dpa Picture-Alliance/EPA/Nic Bothma;
S. 122 M2: Imago Stock & People GmbH/Rainer Unkel;
S. 122 M3: mauritius images/alamy/Charles O. Cecil;
S. 124 M1: dpa Picture-Alliance/dpa-infografik;
S. 126 M3: dpa Picture-Alliance/dpa-infografik;
S. 128 M2: dpa Picture-Alliance/REUTERS/BAZ RATNER;
S. 129 M3: dpa Picture-Alliance/dpa-infografik;
S. 130 M1: Imago Stock&People GmbH/Addictive Stock/AlbertoRuiz;
S. 131 M3: mauritius images/alamy/S. Forster;
S. 131 M4: dpa Picture-Alliance/dpa-infografik;
S. 134 M1: Volkswagen AG;
S. 136 M1: sciencephotolibrary/ALEX BARTEL;
S. 136 M2: dpa Picture-Alliance/dpa-infografik;
S. 137 M5: dpa Picture-Alliance/dpa-infografik;
S. 138 M1: dpa Picture-Alliance/dpa-infografik;
S. 138 M2: mauritius images/alamy/Mlle Sonyah;
S. 138 M3: Imago Stock&People GmbH/blickwinkel/C.Kaiser;
S. 139 M4: dpa Picture-Alliance/ZB/Sascha Steinach;
S. 139 M5: Aktion Tagwerk e.V.;
S. 139 M6: dpa Picture-Alliance/SZ Photo;
S. 141 M5: dpa Picture-Alliance/dpa-infografik;
S. 142 M6: interfoto e.k./UIG/Planet Observer;
S. 143 mauritius images/alamy/David Wall;
S. 147 M5: dpa Picture-Alliance/Uwe Bauch/Zoonar;
S. 147 M6: dpa Picture-Alliance/Westend61;
S. 147 M7: mauritius images/alamy/Paralaxis;
S. 148 M1: mauritius images/H.Heine;
S. 150 M1: dpa Picture-Alliance/ZUMA Press;
S. 151 M4: mauritius images/alamy/AC NewsPhoto;
S. 151 M5: dpa Picture-Alliance/dpa-infografik;
S. 152 M1: interfoto e.k./Alex Robinson;
S. 152 M2: sciencephotolibrary/Jangoux, Jacques;
S. 153 M5: Shutterstock.com/Roberto Delamora;
S. 156 M1: Panther Media GmbH;
S. 156 M2: FiBL/Ecotop Foundation, Ivan Chita Suri;
S. 157 Oroverde/Comix Studio, CC-BY-ND 3.0;
S. 158 mauritius images/alamy/Douglas Peebles Photography;
S. 159 M1: stock.adobe.com/Hartmut Wolf;
S. 159 M2: Imago Stock & People GmbH/Xinhua;
S. 160 M1: TransFair e.V.;
S. 160 M2: mauritius images/alamy/Milla Kontkanen;
S. 161 M3: BanaFair e.V., Gelnhausen;
S. 165 M3: Imago Stock&People GmbH/ZUMA Press;
S. 165 M4: mauritius images/Jutta Ulmer;
S. 166 M1: mauritius images/Alexander Pöschel;
S. 168 M1: stock.adobe.com/Robert;
S. 171 M5: Shutterstock.com/Caio Pederneiras;
S. 171 M3/M4 CMS Cross Media Solutions GmbH

Auftragsillustrationen, -karten und -grafiken
Cornelsen/Inhouse: S. 44 M1
Cornelsen/Volkhard Binder: S. 120 M2
Cornelsen/Franz-Josef Domke: S. 36 M1, S. 46, S. 47, S. 52, (Blockbild), S. 61 M4, S. 82 M1, S. 153 M4, S. 161 M4
Elisabeth Galas: S. 40 M1, S. 41 M5, S. 71 M3, S. 99 M3/M4
Cornelsen/Dietmar Griese: S. 66 M5
Cornelsen/Otto Götzl: S. 60 M3, S. 73 M6, S. 127 M4
Cornelsen/Oliver Hauptstock: S. 72 M3, S. 76 M1, S. 78 M1, S. 80 M2, S. 81 M4
Cornelsen/Peter Kast: S. 11, 30 M6, S. 31, S. 34 M2, S. 64 M1, S. 67, S. 87, S. 90 M3, S. 91 M7, S. 115, S. 118 M1, S. 119 M8, S. 128 M1, S. 140, S. 143, S. 146 M1, S. 153 M3, S. 167 M5
Cornelsen/Michael Kunz: S. 34 M1, S. 34 M3, S. 41 M3, S. 43 M2, S. 60 M1, S. 63 o.l. M3, S. 102 M2, S. 121 M4/M5, S. 137 M3, S. 154 M1, S. 169 M4, S. 183, S. 189–199
Cornelsen/Katrin Pfeil: S. 54 M2, S. 181
Cornelsen/Matthias Pflügner: S. 14, S. 15 M7
Cornelsen/Dieter Stade: S. 16 M2, S. 21 M4, S. 23 M4, S. 26 M1, S. 28 M1, S. 30 M8, S. 36 M1, S. 37 M2, S. 38/39, S. 41 M4, S. 49, 51, S. 55 M3, S. 57 M4/M5, S. 58 M2, S. 62 M1, S. 65 M4, S. 66 M6, S. 70 M2, S. 71 M5, S. 78 M2, S. 79 M5, S. 83 M4, S. 84 M2, S. 91 M5/M6, S. 93 M4/M5, S. 101 M2, S. 104 M1, S. 105 M4, S. 106 M2, S. 107 M3, S. 108 M2, S. 109 M6/M7/M8, S. 111 M6, S. 121 M6, S. 123 M5/M6/M7, S. 124 M3, S. 125 M5/M6, S. 129 M4, S. 130 M2, S. 132 M1/M2, S. 133 M5, S. 134 M2, S. 146 M2, S. 148 M2, S. 149, S. 150 M2, S. 151 M3, S. 154 M2, S. 155 M4/M5, S. 163, S. 164, S. 166
Cornelsen/Hans-Ragnar Steininger: S. 57 M3, S. 60 M2, S. 94 M1, S. 159 M5, S. 167 M4, S. 168 M2, S. 170 M1
Cornelsen/Hans Wunderlich: S. 57 M6, M7, M8, S. 96 M2/M3
Cornelsen/Zweimanns Creative Industries: S. 8 o.

Landwirtschaft

- Zuckerrüben
- Gemüse
- Spargel
- Hopfen
- Tabak
- Flachs, Lein
- Obst
- Zitrusfrüchte
- Wein
- Blumen
- Oliven
- Korkeichen
- Kokospalmen
- Ölpalmen
- Dattelpalmen
- Kaffee
- Kakao
- Erdnüsse
- Bananen
- Soja
- Reis
- Zuckerrohr
- Tee
- Gewürze
- Baumwolle
- Kautschuk
- Sisal, Manilahanf
- Jute

Viehhaltung

- Rinder
- Schafe

Fischerei

- Fischereihafen
- Fischverarbeitung

Fremdenverkehr

- Fremdenverkehrsort

In den Karten erscheinen die Signaturen in drei Größenstufen je nach Bedeutung der einzelnen Standorte, z. B. für Chemische Industrie.

Bergbau und Steingewinnung

- Steinkohle
- Braunkohle
- Erdöl
- Erdgas
- Fe Eisenerz
- Mn Mangan
- Ni Nickel
- Cr Chrom
- W Wolfram
- Mo Molybdän
- Co Kobalt
- Sb Antimon
- Cu Kupfer
- Zn Zink
- Sn Zinn
- Pb Blei
- U Uran
- Al Bauxit (Aluminium)
- Hg Quecksilber
- Au Gold
- Ag Silber
- Pt Platin
- Steinsalz
- Kalisalze
- P Phosphat
- S Schwefel
- Schwefelkies
- Salpeter
- Asbest
- Diamanten
- Kalk
- Marmor

Pipelines

- Erdöl
- Raffinerieprodukte
- Erdgas

Kraftwerke

- Wasserkraftwerk
- Wärmekraftwerk
- Kernkraftwerk

Industrie

- Eisenverhüttung und Stahlherstellung
- Gießerei, Walzwerk, Stahlbau
- Buntmetallverhüttung
- Aluminiumherstellung
- Metall verarbeitende Industrie
- Maschinenindustrie
- Kraftfahrzeugindustrie
- Waggon- und Lokomotivenbau
- Schiffbau
- Flugzeugbau
- Drahtherstellung, Kabelwerk
- Elektroindustrie
- Elektronikindustrie
- Feinmechanische Industrie
- Optische Industrie
- Uhrenindustrie
- Schmuckwarenindustrie
- Chemische Industrie
- Kunststoffindustrie
- Gummiindustrie
- Erdölraffinerie
- Textilindustrie
- Bekleidungsindustrie
- Lederverarbeitung
- Schuhindustrie
- Lederwarenherstellung
- Holzindustrie
- Möbelindustrie
- Papierindustrie
- Druckerei, Verlag
- Spielwarenindustrie
- Musikinstrumentenbau
- Glasindustrie
- Porzellanindustrie
- Zementindustrie
- Herstellung von Sanitärporzellan
- Baustoffindustrie/Keramikindustrie
- Nahrungsmittelindustrie
- Zuckerindustrie
- Getränkeherstellung
- Brauerei
- Süßwarenindustrie
- Tabak verarbeitende Industrie